2024年版
上期・下期対応!

第2種 電気工事士 技能試験 完全図解テキスト

石原鉄郎
毛馬内洋典 著

ナツメ社

2024年(令和6年)

技能試験に出題される 候補問題13問

本年の技能試験問題は次のNO.1～NO.13の配線図の中から出題されます。ただし、配線図、施工条件等の詳細は試験問題に明記されます。試験時間は40分です。

（注）

1　図記号は原則としてJIS C 0303：2000に準拠している。
　また、作業に直接関係のない部分等は省略又は簡略化してある。

2　Ⓡは、ランプレセプタクルを示す。

3　記載のない電線の種類は、VVF1.6とする。

4　器具においては、端子台で代用する場合がある。

No.1

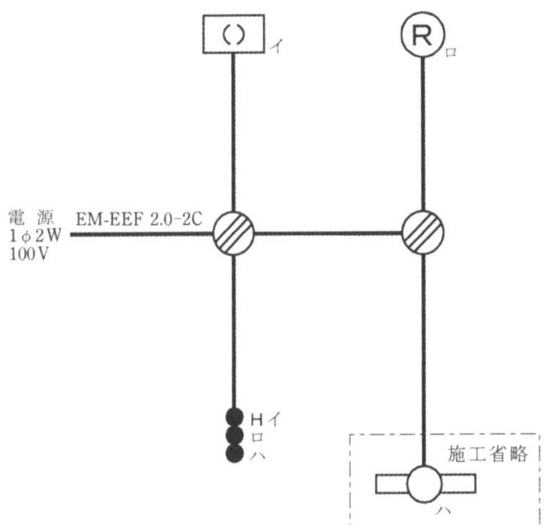

No.2

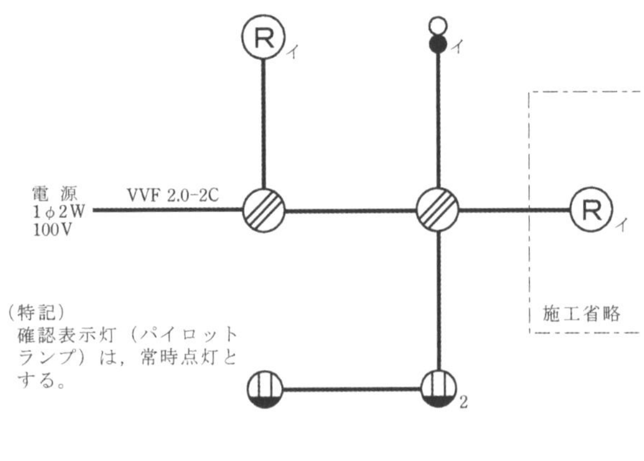

No.3 新問題

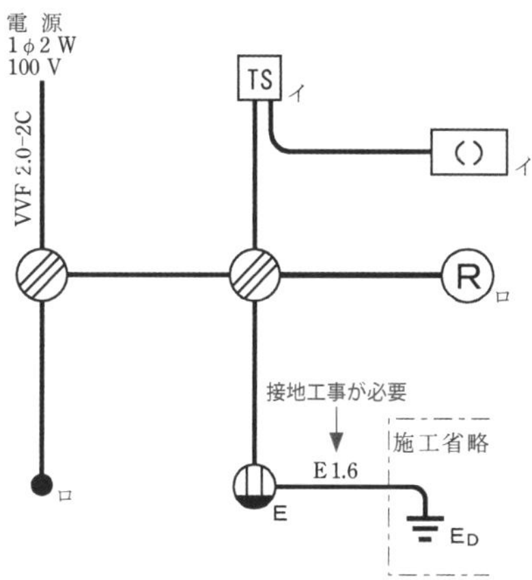

No.4

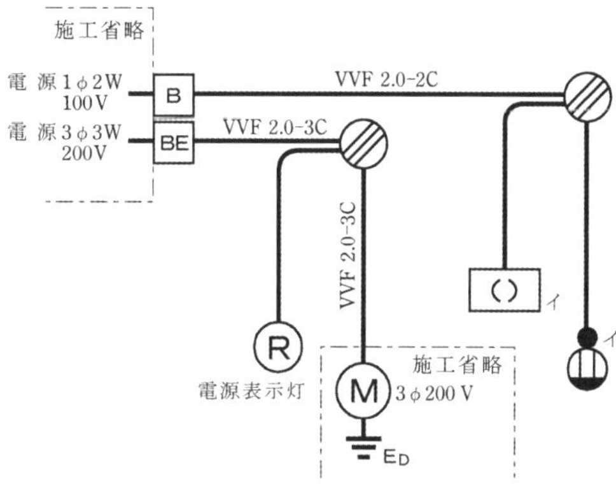

No.5

No.6

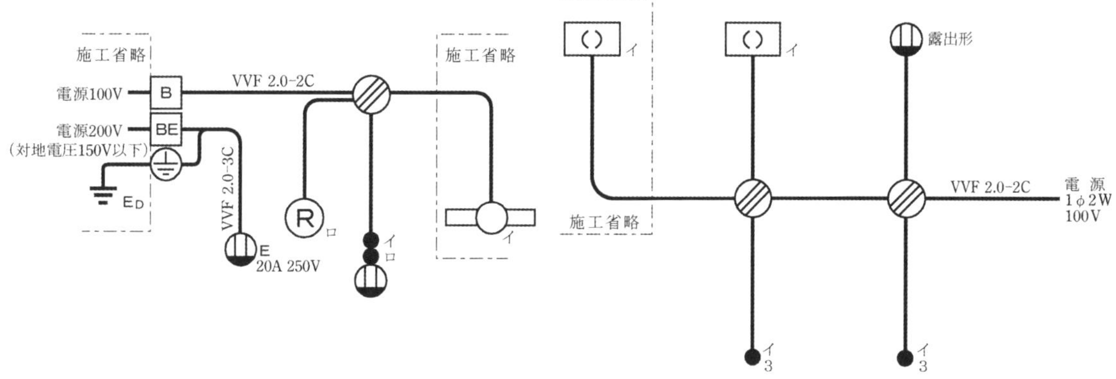

No.7

No.8

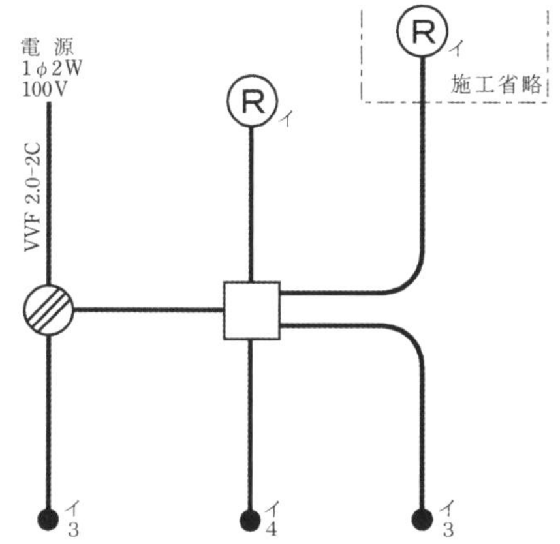

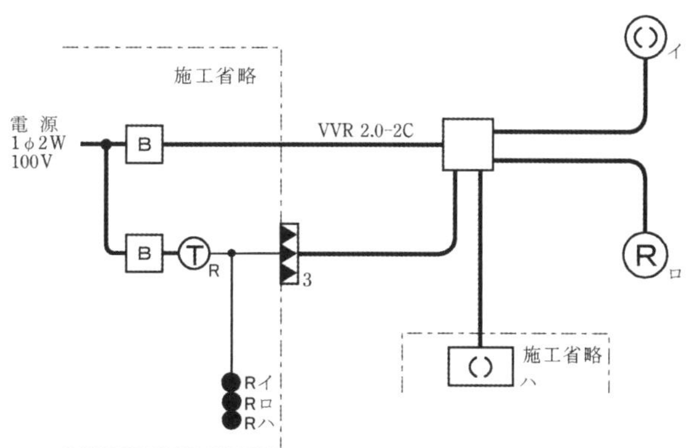

No.9

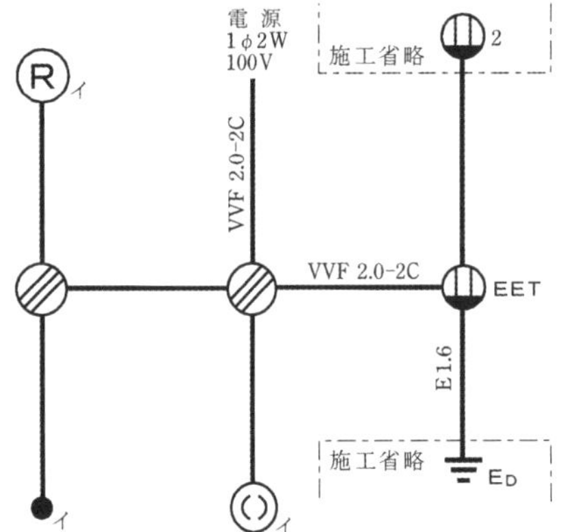

No.10

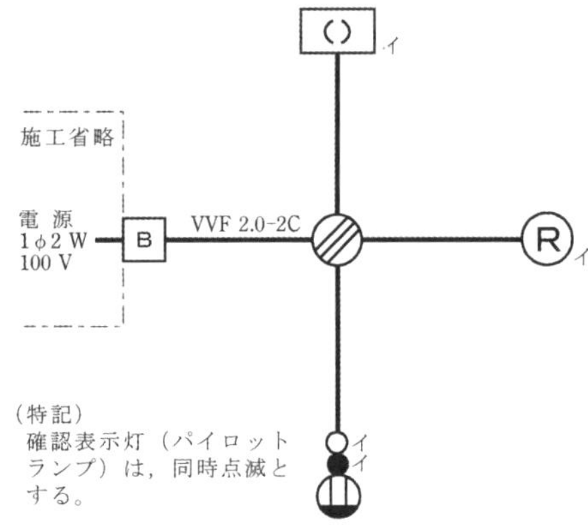

No.11

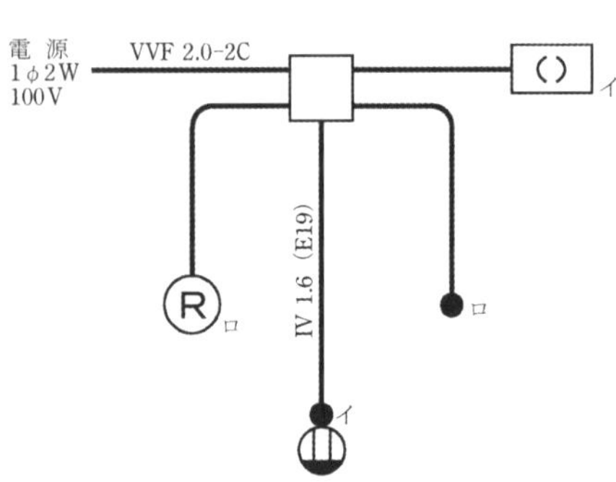

No.12

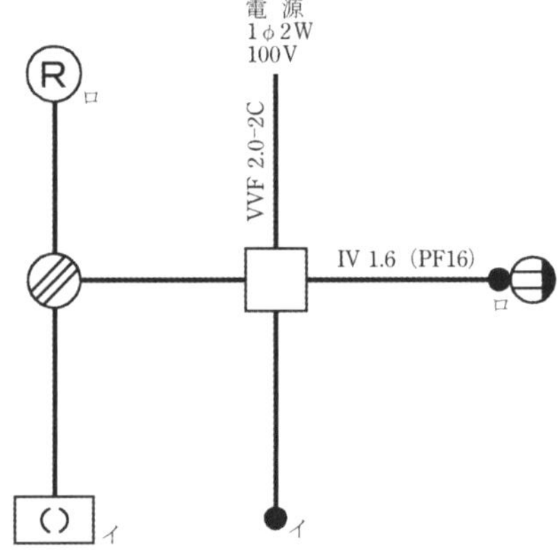

No.13 新問題

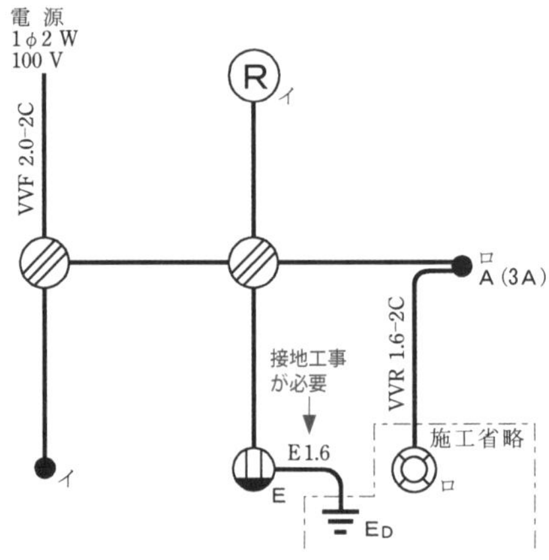

2024年（令和6年度）
第2種電気工事士試験の
実施日程と受験料

			上期試験	下期試験
試験実施日	学科試験	CBT方式※1	4月22日（月）〜5月9日（木）	9月20日（金）〜10月7日（月）
		筆記方式※2	5月26日（日）	10月27日（日）
	技能試験※3		技能1　7月20日（土）または技能2　7月21日（日）	技能1　12月14日（土）または技能2　12月15日（日）
受験申込受付期間 ●申込期間はCBT方式、筆記方式、技能試験（学科免除者）ともに同じ。 ●インターネットによる申込み：初日10時〜最終日17時まで ●郵便による申込み：最終日の消印有効			3月18日（月）〜4月8日（月）	8月19日（月）〜9月5日（木）
受験手数料（非課税）	インターネットによる申込み※4		9,300円	
	郵便による書面申込み※4		9,600円	

※1 CBT方式は、パソコンを用いた試験で、2023年から導入されました。所定期間内に受験場所と試験日時を選択・変更することが可能です。

※2 筆記方式は、一部の会場を除き、午前・午後の2回に分けて実施し、いずれかを受験することになります。ただし、受験者は、午前・午後の選択をすることはできません。

※3 技能試験は47都道府県に試験地を設け、各試験地で土曜日または日曜日に実施されます。

※4 申込方法は、原則、インターネット申込みとなります。インターネットを利用できないなど、やむを得ない事情で書面申込みを希望する場合は、一般財団法人電気技術者試験センターに問い合わせをする必要があります。

(注) 受験案内・申込書は、各申込受付開始の約1週間前から配布されます。
配布場所等の詳細は、「一般財団法人電気技術者試験センター」のホームページの案内をご覧ください。

試験の実施日程などの詳細は変更される場合があります。
「一般財団法人電気技術者試験センター」のホームページや配付資料で必ずご確認ください。

CONTENTS

＊本書は 2024 年 1 月現在、一般財団法人電気技術者試験センターが公表するプレリリースなどをもとに編集しています。

PART 1 候補問題の解答と手順

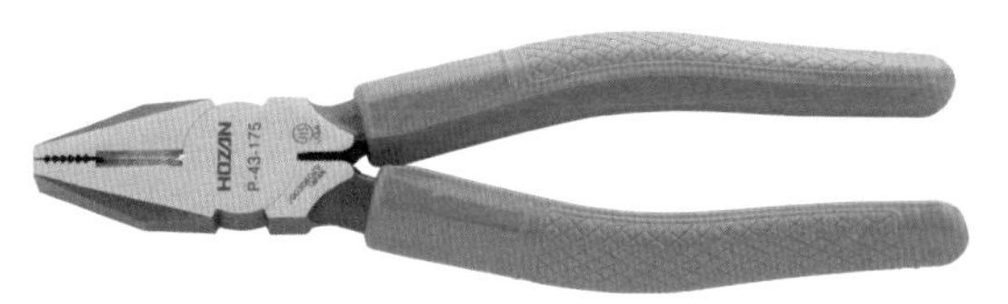

PART 2 複線図の描き方

PART 3 技能の基本技術

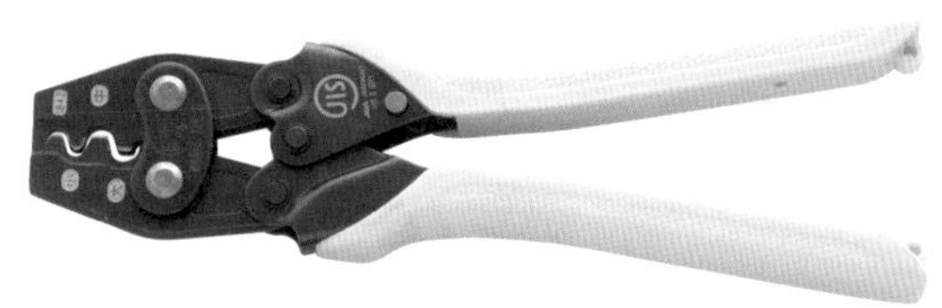

PART 4 技能試験の概要

付録

本書の構成と使い方

本書は公表された候補問題から出題が予想される問題を過去問題から類推し、その対策を解説したテキストです。
第２種電気工事士技能試験に合格するには次の２つが大切です。

①複線図が正確に描けること

本書では、候補問題の単線図から複線図を起こすやり方をていねいに解説しています。複線図を描くのが苦手な人は「PART2 複線図の描き方」で基本手順を確認してから、候補問題の複線図にチャレンジしてみましょう。

②ケーブルの加工、電材の加工、結線が正確にできること

技能試験は時間内に正しい作品を作ることが求められます。電気工事技術には時間を大幅に短縮できる裏ワザ的なテクニックはありません。１つ１つの作業をていねいに行い、徐々にスピーディに行えるように練習するしかありません。

この２つをマスターするために次のように構成してあります。

PART1 候補問題の解答と手順

候補問題から予想される13問を「複線図の描き方→ケーブルの切断寸法などの計算→実際の作業」という手順で解説しています。ここでの解説どおりに作業ができれば、試験はクリアできるはずです。

PART2 複線図の描き方

複線図の描き方をやさしい回路を使っててていねいに解説しました。PART1の複線図が理解できない場合は、ここで確認しましょう。

PART3 技能の基本技術

実際の作業を、初心者向けに解説しました。特にケーブルの加工は最近の受験者の多くが使用している「ケーブルストリッパ」を用いて解説しています。輪作りや埋込連用器具への結線など、難易度の高いものもここでの手順で行えば確実です。

PART4 技能試験の概要

指定工具や持参すべき工具の知識、技能試験に支給される材料、欠陥の基準などをまとめました。

PART1 候補問題の解答と手順の構成

❶候補問題から予想される問題と完成写真

QRコードから予想問題の
作成手順が動画で確認できる。

❷予想問題の複線図の描き方を順を追って解説

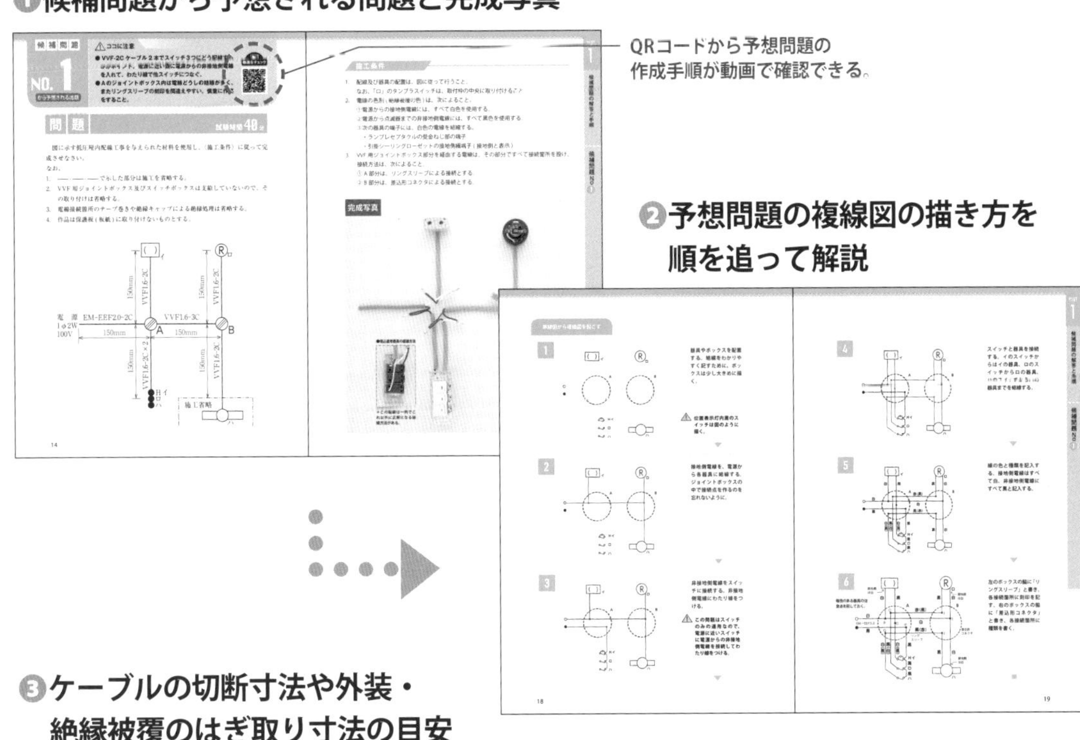

❸ケーブルの切断寸法や外装・絶縁被覆のはぎ取り寸法の目安

❹作業の進め方

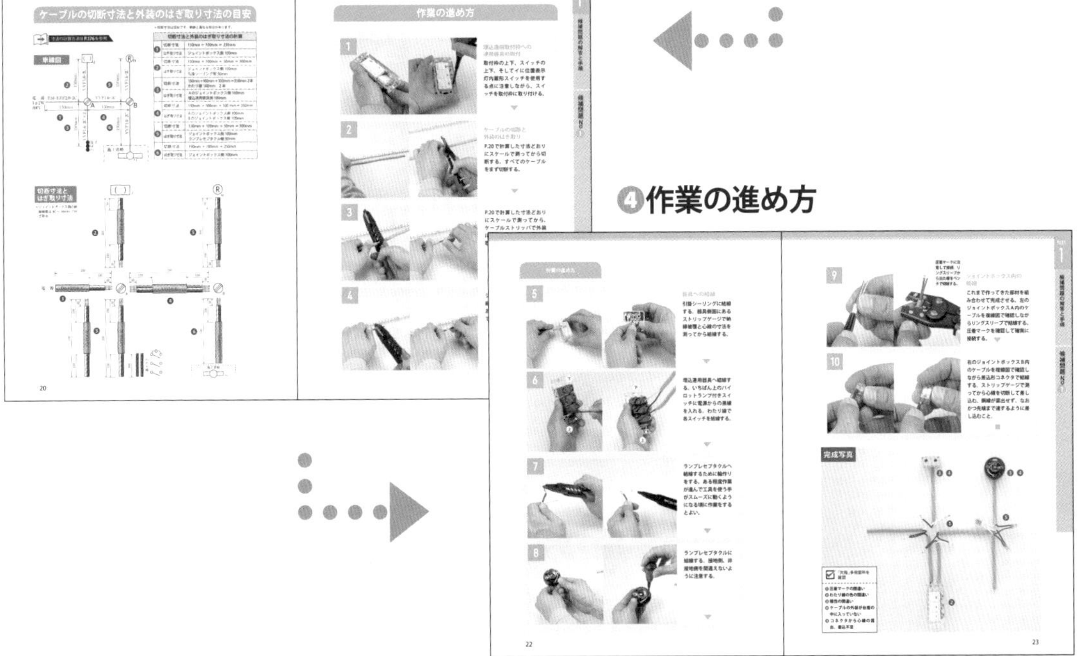

本書が提案する作業の進め方

技能試験は時間との勝負です。時間内に欠陥のない作品を作るためには、作業工程を決めて練習をし、本番でもその工程で行うようにしましょう。PART1 で解説する候補問題 13 問から予想される問題の作業手順は次のようになっています。

単線図から複線図を起こす　5分

①問題用紙の隅に複線図を描く。
②配線のミス、結線のミスがないか単線図や施工条件と照合してチェックする。
③電線の種類や太さ、色別、接続点の種別（リングスリーブか差込形コネクタか）、リングスリーブの刻印の種類を記す。
④ケーブルの切断寸法、外装や絶縁被覆のはぎ取り寸法を記す。

作業開始～作業終了　25分

①埋込連用取付枠に埋込連用器具を取り付ける。

②計算した切断寸法などにしたがってケーブルを加工する。
③器具の加工、ケーブルの取り付けを行う。
④ジョイントボックス内の結線を行う。

欠陥の確認と修正　10分

PART 1

候補問題の解答と手順

候補問題

NO. 1

から予想される出題

⚠ ココに注意

- VVF-2C ケーブル２本でスイッチ３つにどう配線するかがポイント。電源に近い側に電源からの非接地側電線を入れて、わたり線で他スイッチにつなぐ。
- Aのジョイントボックス内は電線どうしの結線が多く、またリングスリーブの刻印を間違えやすい。慎重に作業をすること。

問題

試験時間 **40** 分

図に示す低圧屋内配線工事を与えられた材料を使用し、〈施工条件〉に従って完成させなさい。

なお、

1. ——·——·——で示した部分は施工を省略する。
2. VVF 用ジョイントボックス及びスイッチボックスは支給していないので、その取り付けは省略する。
3. 電線接続箇所のテープ巻きや絶縁キャップによる絶縁処理は省略する。
4. 作品は保護板 (板紙) に取り付けないものとする。

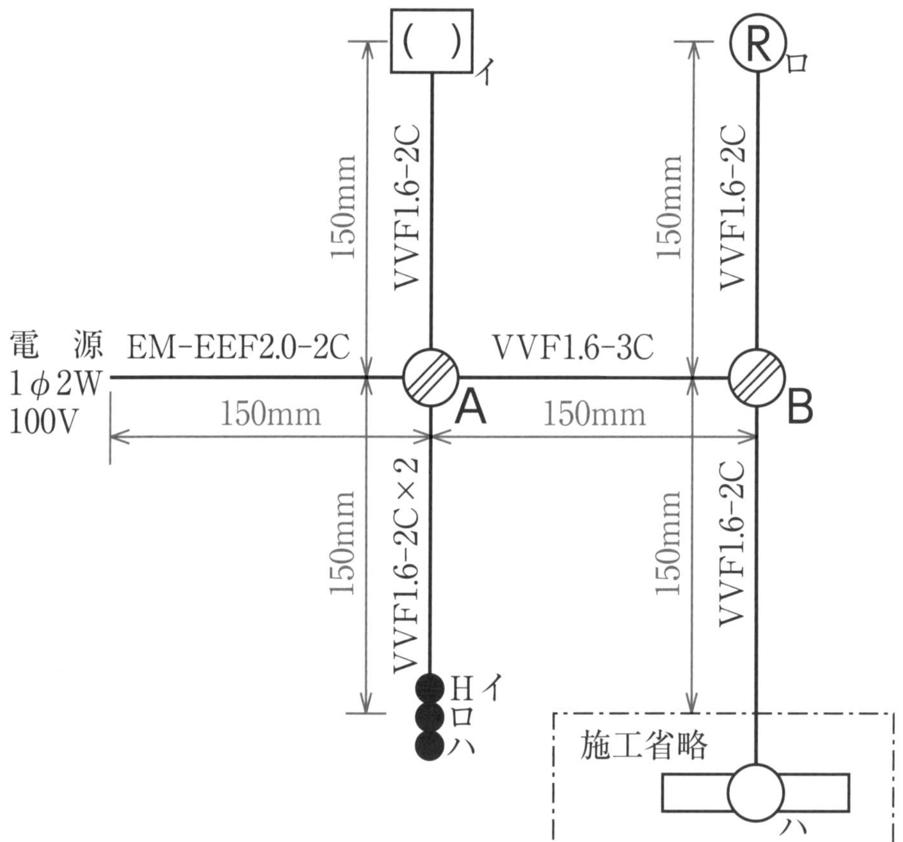

施工条件

1. 配線及び器具の配置は、図に従って行うこと。
   なお、「ロ」のタンブラスイッチは、取付枠の中央に取り付けること。
2. 電線の色別 (絶縁被覆の色) は、次によること。
   ①電源からの接地側電線には、すべて白色を使用する。
   ②電源から点滅器までの非接地側電線には、すべて黒色を使用する。
   ③次の器具の端子には、白色の電線を結線する。
   ・ランプレセプタクルの受金ねじ部の端子
   ・引掛シーリングローゼットの接地側極端子 (接地側と表示)
3. VVF 用ジョイントボックス部分を経由する電線は、その部分ですべて接続箇所を設け、接続方法は、次によること。
   ① A 部分は、リングスリーブによる接続とする。
   ② B 部分は、差込形コネクタによる接続とする。

完成写真

●埋込連用器具の結線方法
＊この配線は一例でこれ以外に正解になる結線方法がある。

支給材料

予想問題から想定される支給材料は次のとおり。ただし、下表のリングスリーブの個数には予備分は含まれていない。実際の試験では、予備が数個支給される。

	材料	寸法	数量
❶	600V ポリエチレン絶縁耐燃性ポリエチレンシースケーブル平形 2.0mm 2 心	約 250mm	1 本
❷	600V ビニル絶縁ビニルシースケーブル平形　1.6mm　2 心	約 900mm	2 本
❸	600V ビニル絶縁ビニルシースケーブル平形　1.6mm　3 心	約 350mm	1 本
❹	ランプレセプタクル（カバーなし）	―	1 個
❺	引掛シーリングローゼット（角形のボディのみ）	―	1 個
❻	埋込連用タンブラスイッチ（位置表示灯内蔵）	―	1 個
❼	埋込連用タンブラスイッチ	―	2 個
❽	埋込連用取付枠	―	1 枚
❾	リングスリーブ (小)	―	5 個
❿	差込形コネクタ（2 本用）	―	2 個
⓫	差込形コネクタ（3 本用）	―	1 個

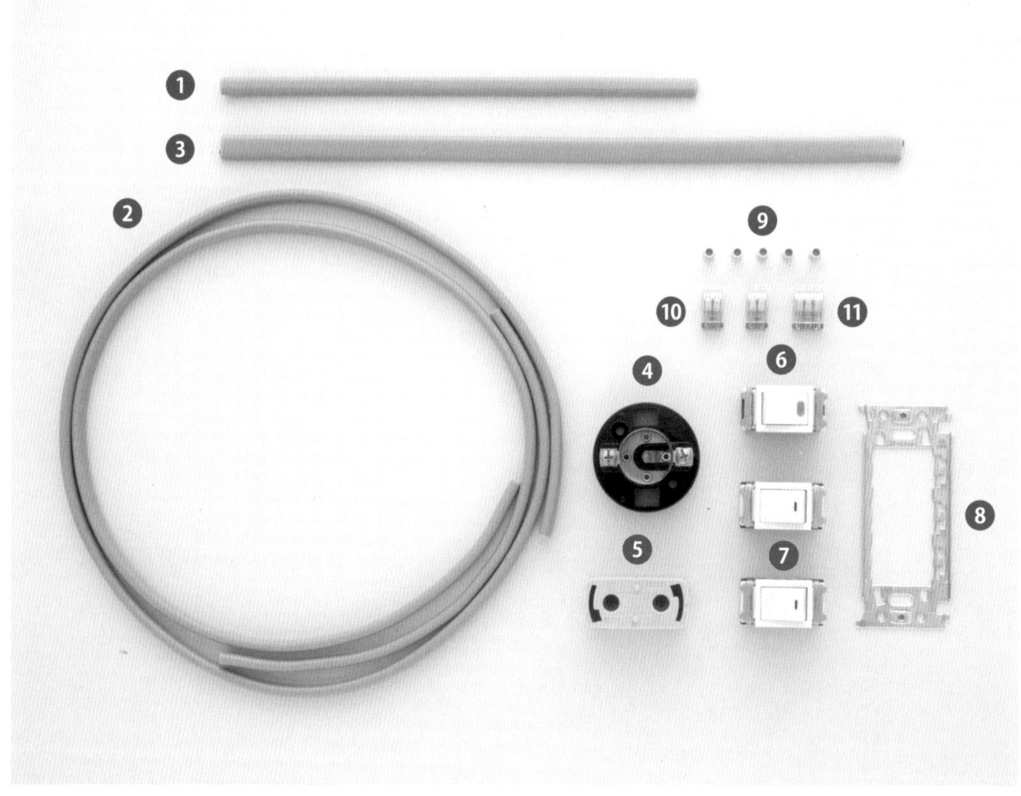

単線図から複線図を起こす

⚠ココに注意

- スイッチのみの連用なので、電源に近い側に電源からの非接地側電線を入れて、わたり線で他スイッチにつなぐ。
- Aのジョイントボックス内は電線どうしの結線が多い。ボックスは大きめに描く。
- リングスリーブの「○」「小」が間違えやすい。慎重に判断して複線図に記入する。

単線図

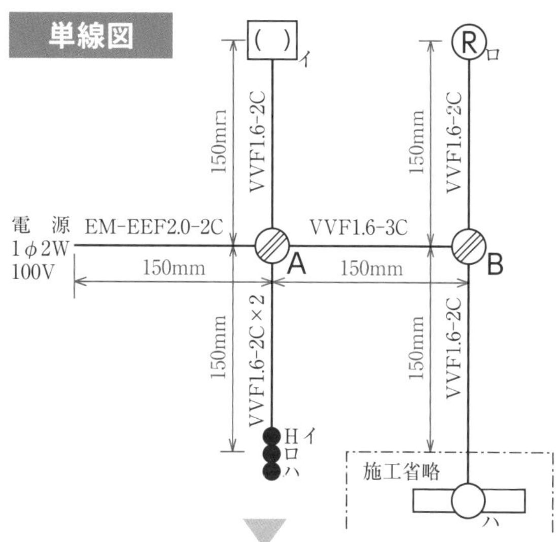

複線図

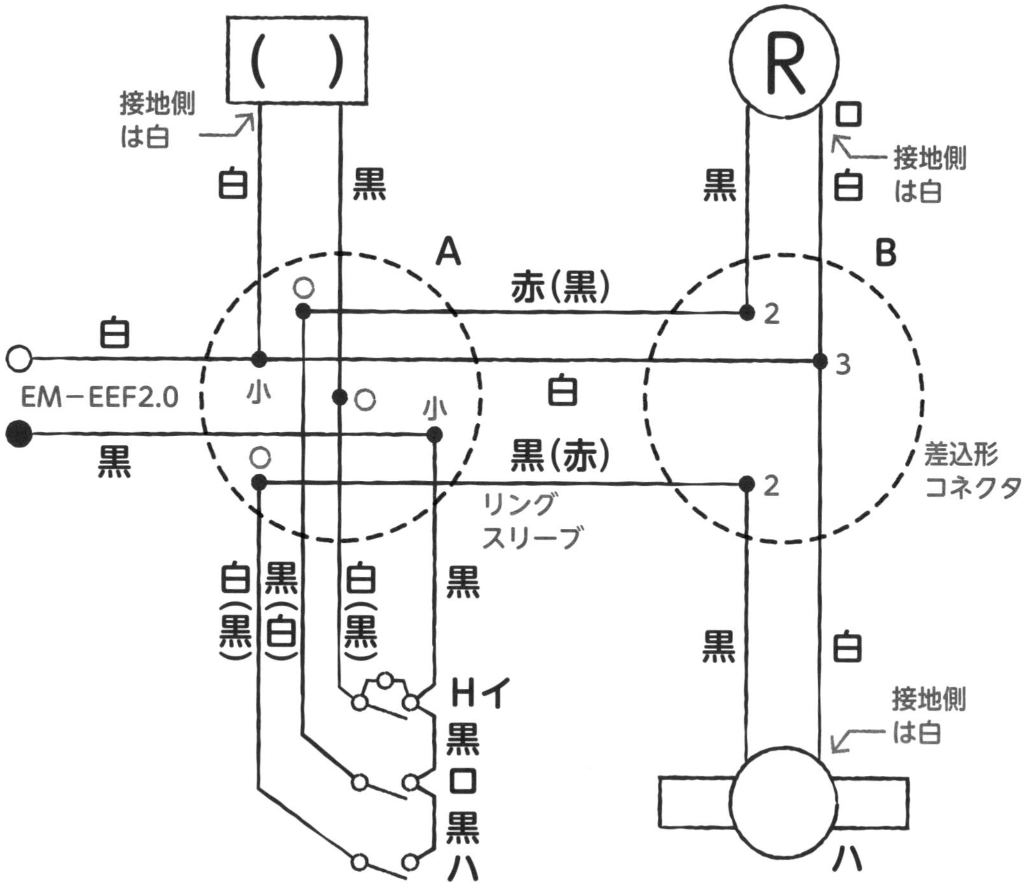

単線図から複線図を起こす

1

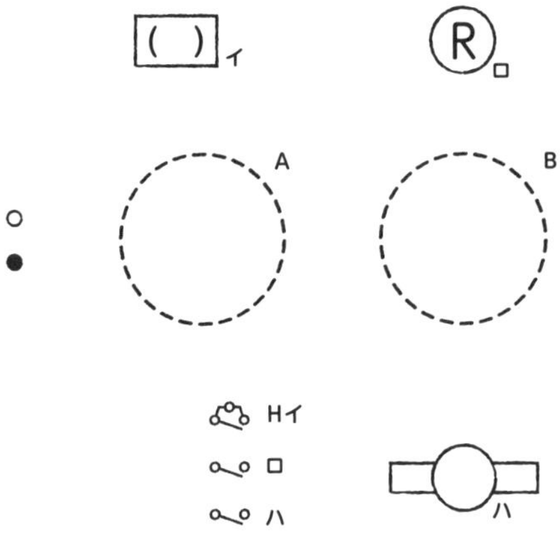

( ) イ
R ロ
A
B
Hイ
ロ
ハ
ハ

器具やボックスを配置する。結線をわかりやすく記すために、ボックスは少し大きめに描く。

⚠ **位置表示灯内蔵のスイッチは図のように描く。**

2

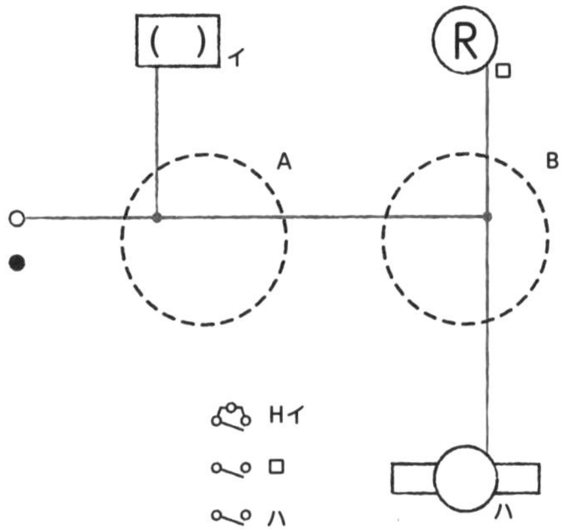

( ) イ
R ロ
A
B
Hイ
ロ
ハ
ハ

接地側電線を、電源から各器具に結線する。ジョイントボックスの中で接続点を作るのを忘れないように。

3

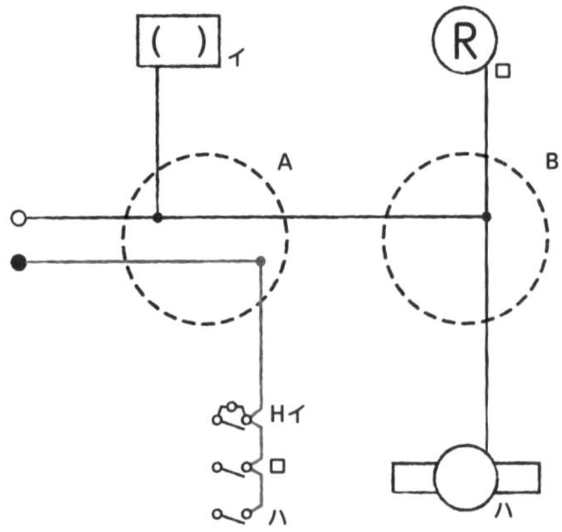

( ) イ
R ロ
A
B
Hイ
ロ
ハ
ハ

非接地側電線をスイッチに接続する。非接地側電線にわたり線をつける。

⚠ **この問題はスイッチのみの運用なので、電源に近いスイッチに電源からの非接地側電線を接続してわたり線をつける。**

4

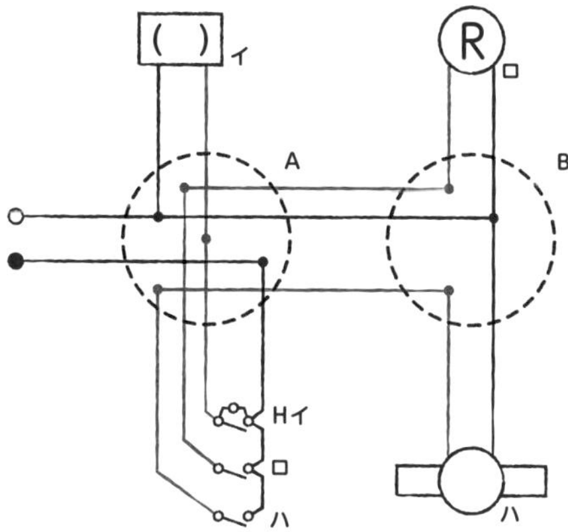

スイッチと器具を接続する。イのスイッチからはイの器具、ロのスイッチからロの器具、ハのスイッチからハの器具までを結線する。

5

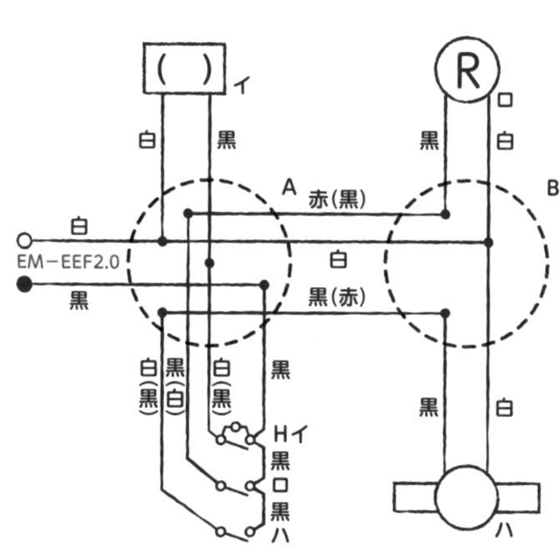

線の色と種類を記入する(VVF1.6は略)。接地側電線はすべて白、非接地側電線にすべて黒と記入する。

6

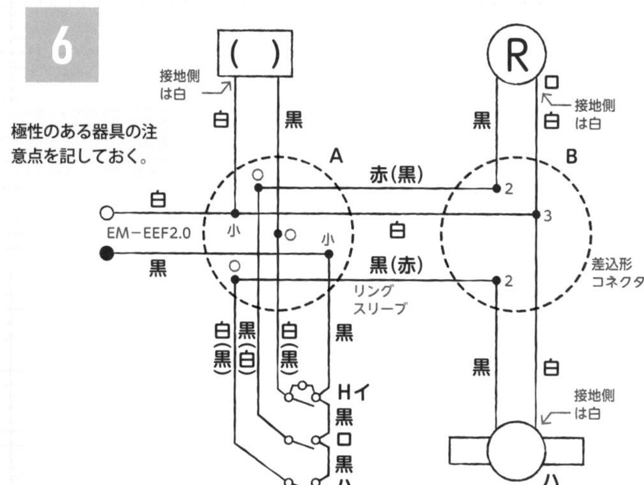

左のボックスの脇に「リングスリーブ」と書き、各接続箇所に刻印を記す。右のボックスの脇に「差込形コネクタ」と書き、各接続箇所に種類を書く。

ケーブルの切断寸法と外装のはぎ取り寸法の目安

寸法の計算方法はP.176を参照

単線図

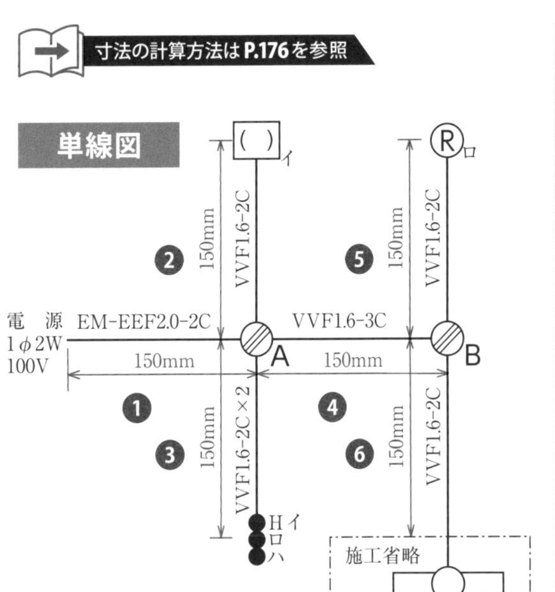

切断寸法は目安です。動画と異なる場合があります。

切断寸法と外装のはぎ取り寸法の計算		
1	切断寸法	150mm + 100mm = 250mm
	はぎ取り寸法	ジョイントボックス側 100mm
2	切断寸法	150mm + 100mm + 50mm = 300mm
	はぎ取り寸法	ジョイントボックス側 100mm 引掛シーリング側 50mm*
3	切断寸法	150mm+100mm+100mm=350mm 2本 わたり線 100mm　2本
	はぎ取り寸法	Aのジョイントボックス側 100mm 埋込連用器具側 100mm
4	切断寸法	150mm + 100mm + 100 mm= 350mm
	はぎ取り寸法	Aのジョイントボックス側 100mm Bのジョイントボックス側 100mm
5	切断寸法	150mm + 100mm + 50mm = 300mm
	はぎ取り寸法	ジョイントボックス側 100mm ランプレセプタクル側 50mm
6	切断寸法	150mm + 100mm = 250mm
	はぎ取り寸法	ジョイントボックス側 100mm

＊引掛シーリング側の外装のはぎ取り寸法はシーリングの高さにあわせてもよい（P.200 参照）

切断寸法とはぎ取り寸法

＊ジョイントボックス側の絶縁被覆は 30 ～ 50mm ではぎ取る。

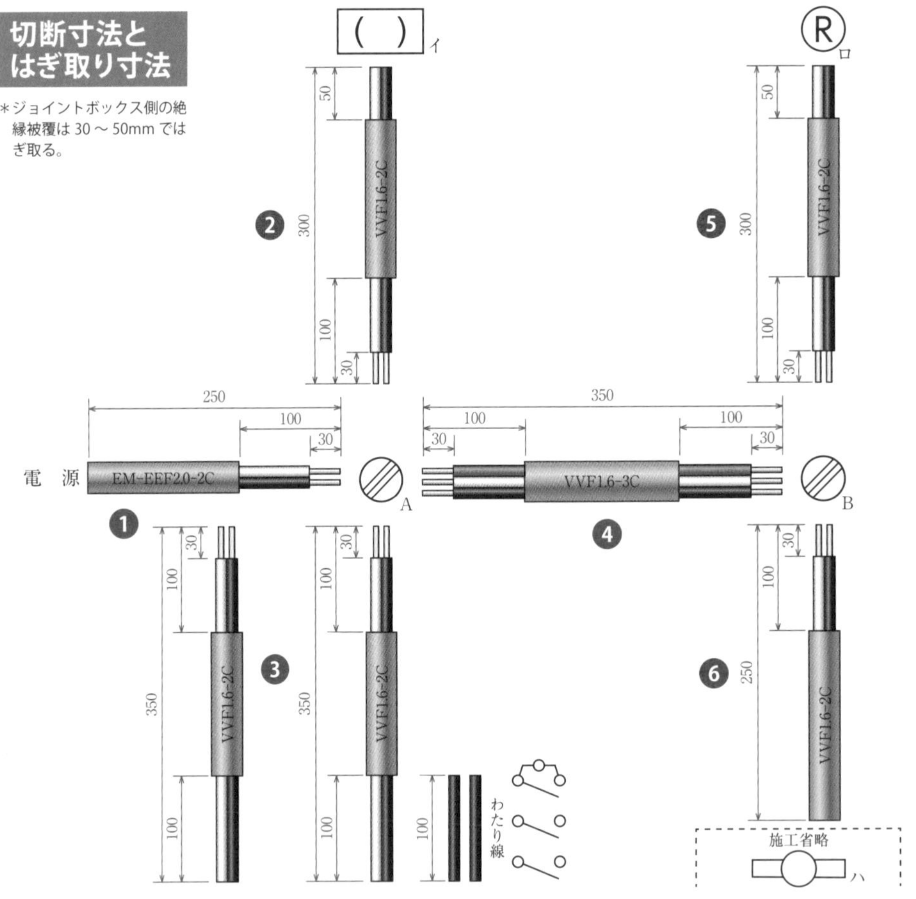

作業の進め方

1

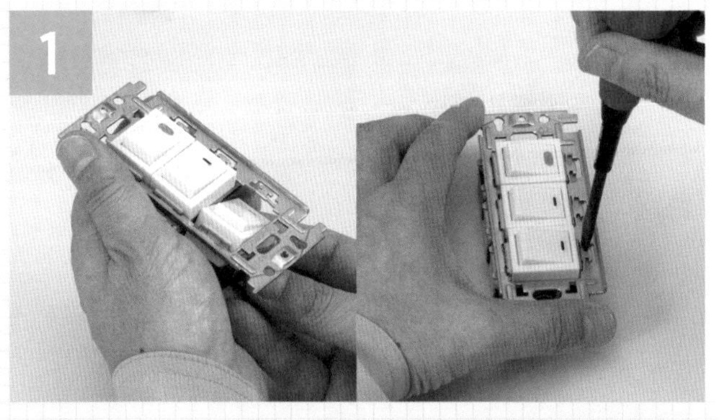

埋込連用取付枠への連用器具の取付

取付枠の上下、スイッチの上下、そしてイに位置表示灯内蔵形スイッチを使用する点に注意しながら、スイッチを取付枠に取り付ける。

▼

2

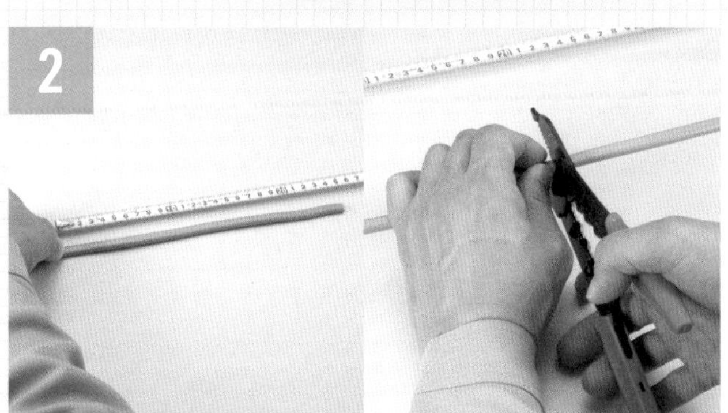

ケーブルの切断と外装のはぎ取り

P.20で計算した寸法どおりにスケールで測ってから切断する。すべてのケーブルをまず切断する。

▼

3

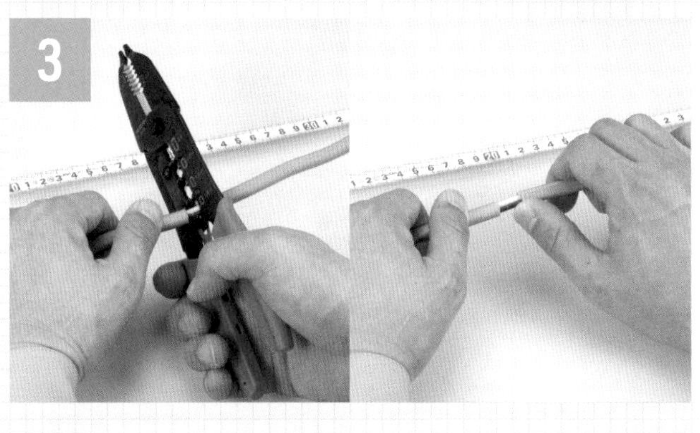

P.20で計算した寸法どおりにスケールで測ってから、ケーブルストリッパで外装に切れ目を入れて手ではぎ取る。

▼

4

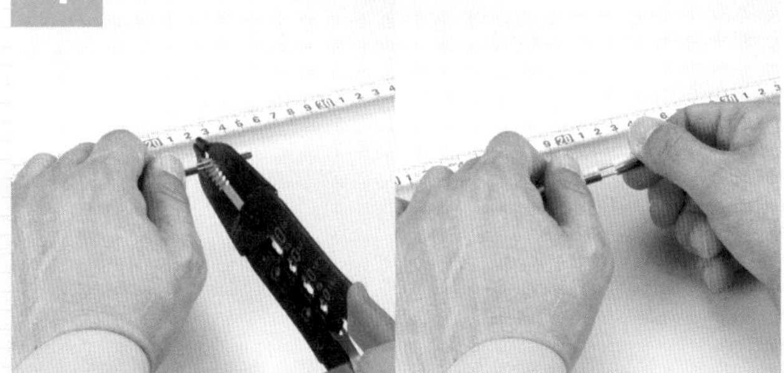

ジョイントボックス側の絶縁被覆を30～50mmむいておく。結線する直前にむいてもよい。

▼

作業の進め方

5

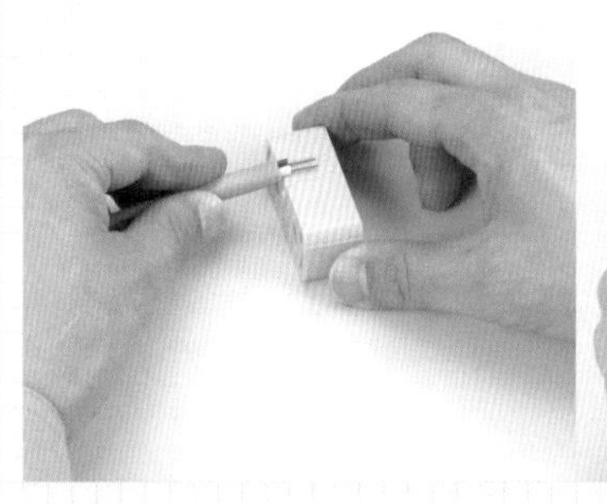

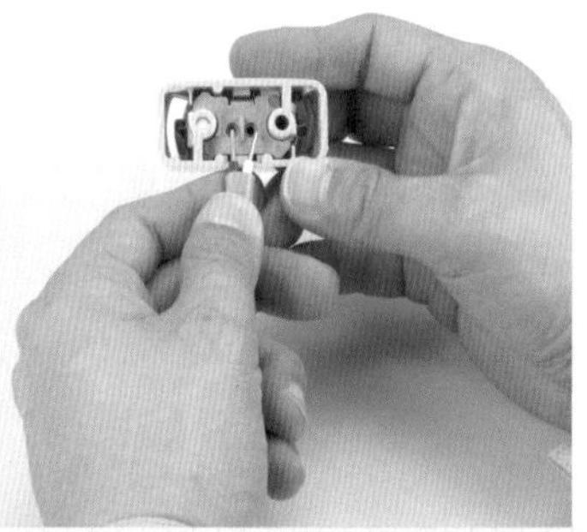

器具への結線

引掛シーリングに結線する。器具側面にあるストリップゲージで絶縁被覆と心線の寸法を測ってから結線する。

▼

6

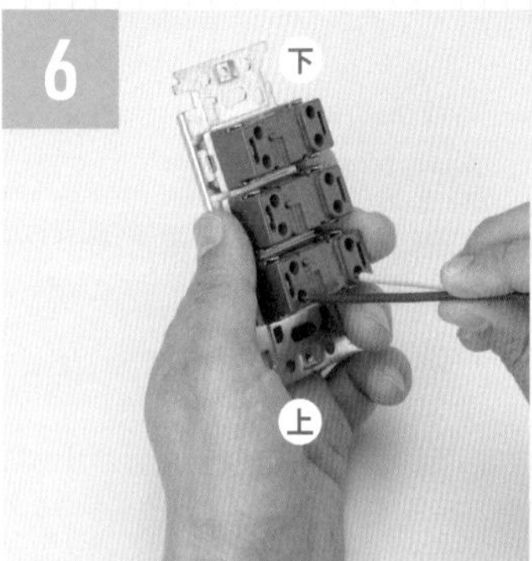

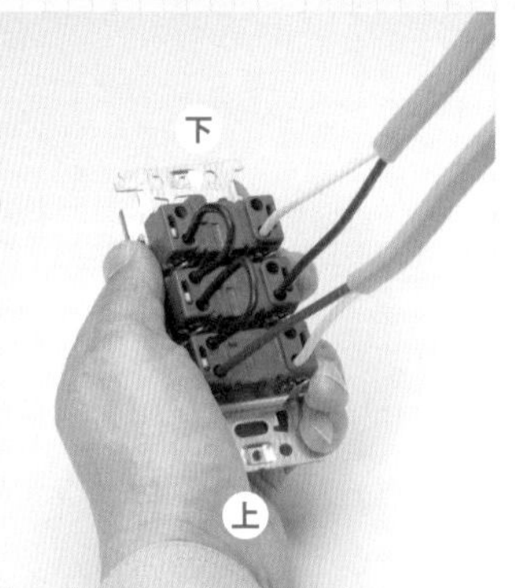

埋込連用器具へ結線する。いちばん上のパイロットランプ付きスイッチに電源からの黒線を入れる。わたり線で各スイッチを結線する。

▼

7

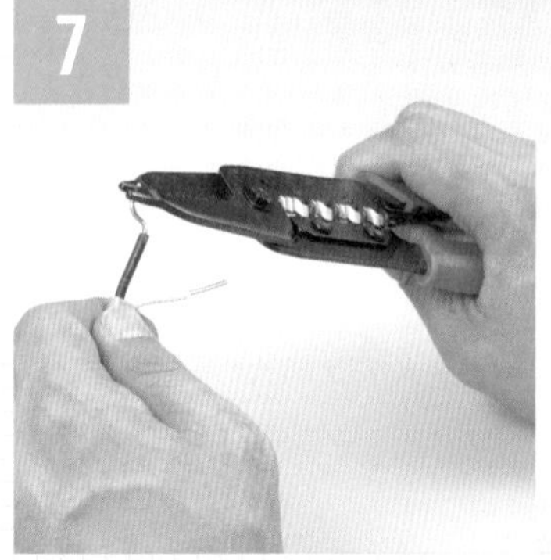

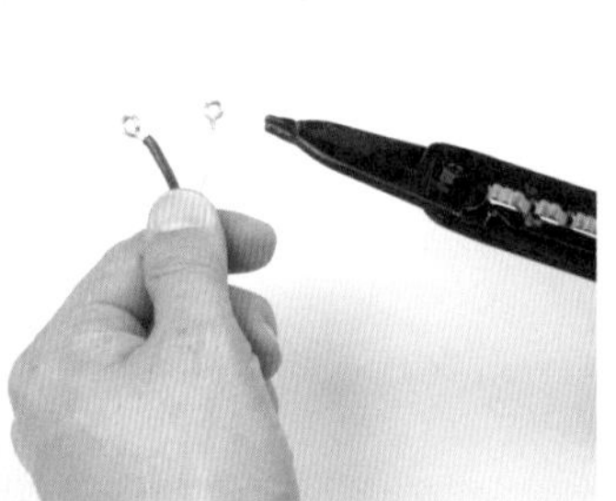

ランプレセプタクルへ結線するために輪作りをする。ある程度作業が進んで工具を使う手がスムーズに動くようになる頃に作業をするとよい。

▼

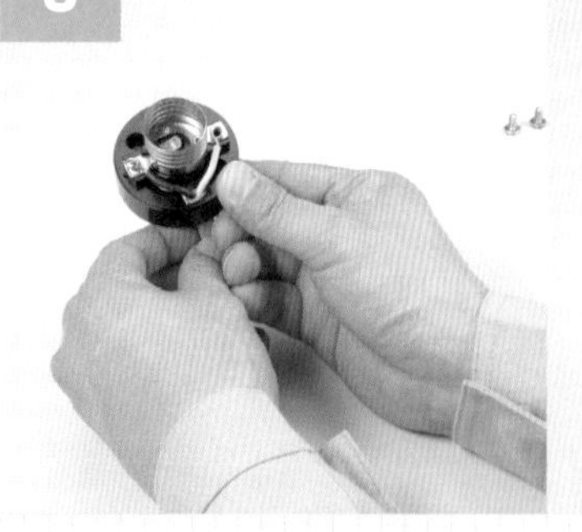

ランプレセプタクルに結線する。接地側、非接地側を間違えないように注意する。

▼

9

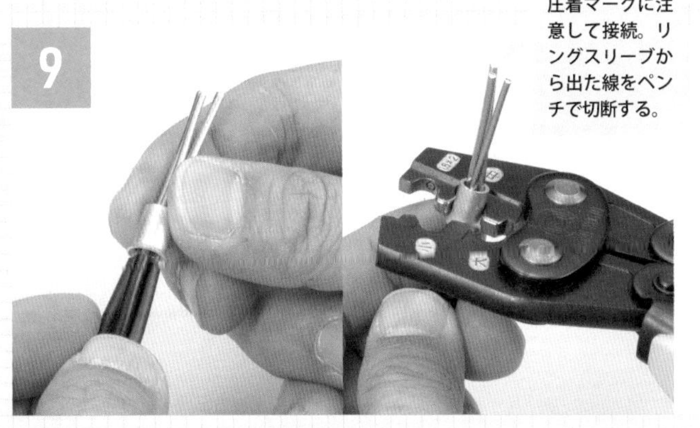
圧着マークに注意して接続。リングスリーブから出た線をペンチで切断する。

ジョイントボックス内の結線

これまで作ってきた部材を組み合わせて完成させる。左のジョイントボックスA内のケーブルを複線図で確認しながらリングスリーブで結線する。圧着マークを確認して確実に接続する。

10

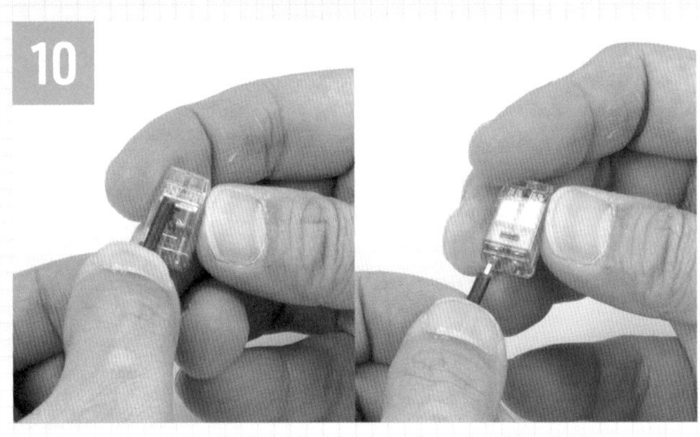

右のジョイントボックスB内のケーブルを複線図で確認しながら差込形コネクタで結線する。ストリップゲージで測ってから心線を切断して差し込む。銅線が露出せず、なおかつ先端まで達するように差し込むこと。

完成写真

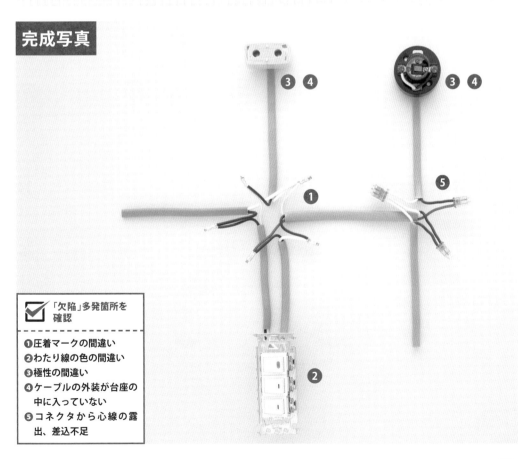

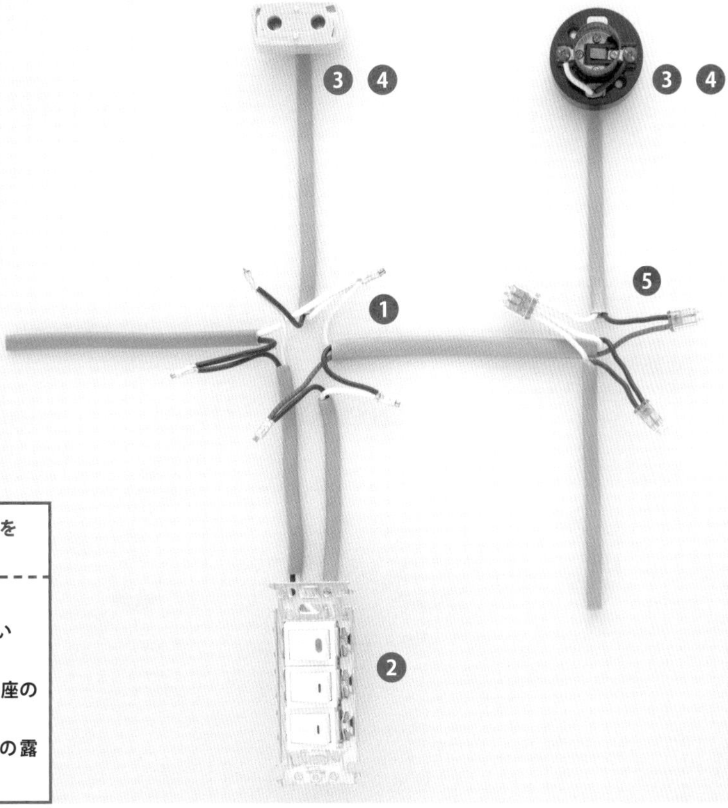

「欠陥」多発箇所を確認

❶圧着マークの間違い
❷わたり線の色の間違い
❸極性の間違い
❹ケーブルの外装が台座の中に入っていない
❺コネクタから心線の露出、差込不足

候補問題

NO.2 から予想される出題

⚠ココに注意

- パイロットランプとスイッチの結線に注意。パイロットランプは常時点灯なので、電源からの線をスイッチを介さずに直接つなげる配線にする。
- 2口コンセントから1口コンセントへの送り配線は、2口コンセントからそのまま配線を延ばして1口コンセントにつなげばよい。

問題

試験時間 40分

図に示す低圧屋内配線工事を与えられた材料を使用し、〈施工条件〉に従って完成させなさい。

なお、

1. ——-——-——で示した部分は施工を省略する。
2. VVF 用ジョイントボックス及びスイッチボックスは支給していないので、その取り付けは省略する。
3. 電線接続箇所のテープ巻きや絶縁キャップによる絶縁処理は省略する。
4. 作品は保護板 (板紙) に取り付けないものとする。

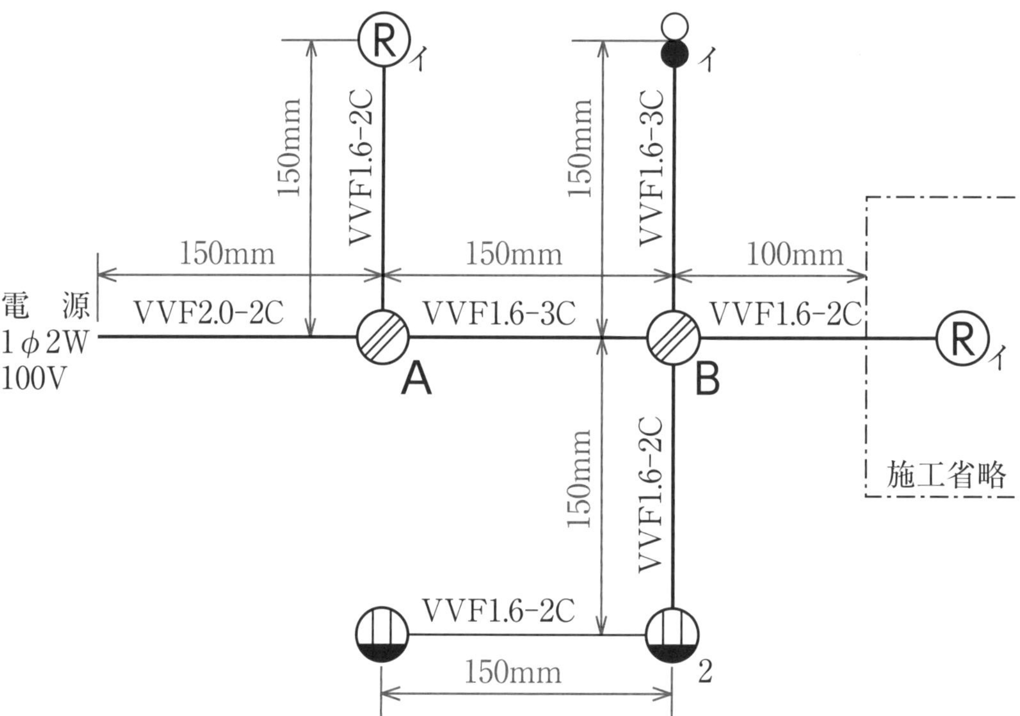

施工条件

1. 配線及び器具の配置は、図に従って行うこと。
2. 確認表示灯(パイロットランプ)は、常時点灯とすること。
3. 電線の色別(絶縁被覆の色)は、次によること。
   ①電源からの接地側電線には、すべて白色を使用する。
   ②電源から点滅器、パイロットランプ及びコンセントまでの非接地側電線には、すべて黒色を使用する。
   ③次の器具の端子には、白色の電線を結線する。
   ・コンセントの接地側極端子(W と表示)
   ・ランプレセプタクルの受金ねじ部の端子
4. VVF 用ジョイントボックス部分を経由する電線は、その部分ですべて接続箇所を設け、接続方法は、次によること。
   ① A 部分は、リングスリーブによる接続とする。
   ② B 部分は、差込形コネクタによる接続とする。
5. 埋込連用取付枠は、タンブラスイッチ及びパイロットランプ部分に使用すること。

完成写真

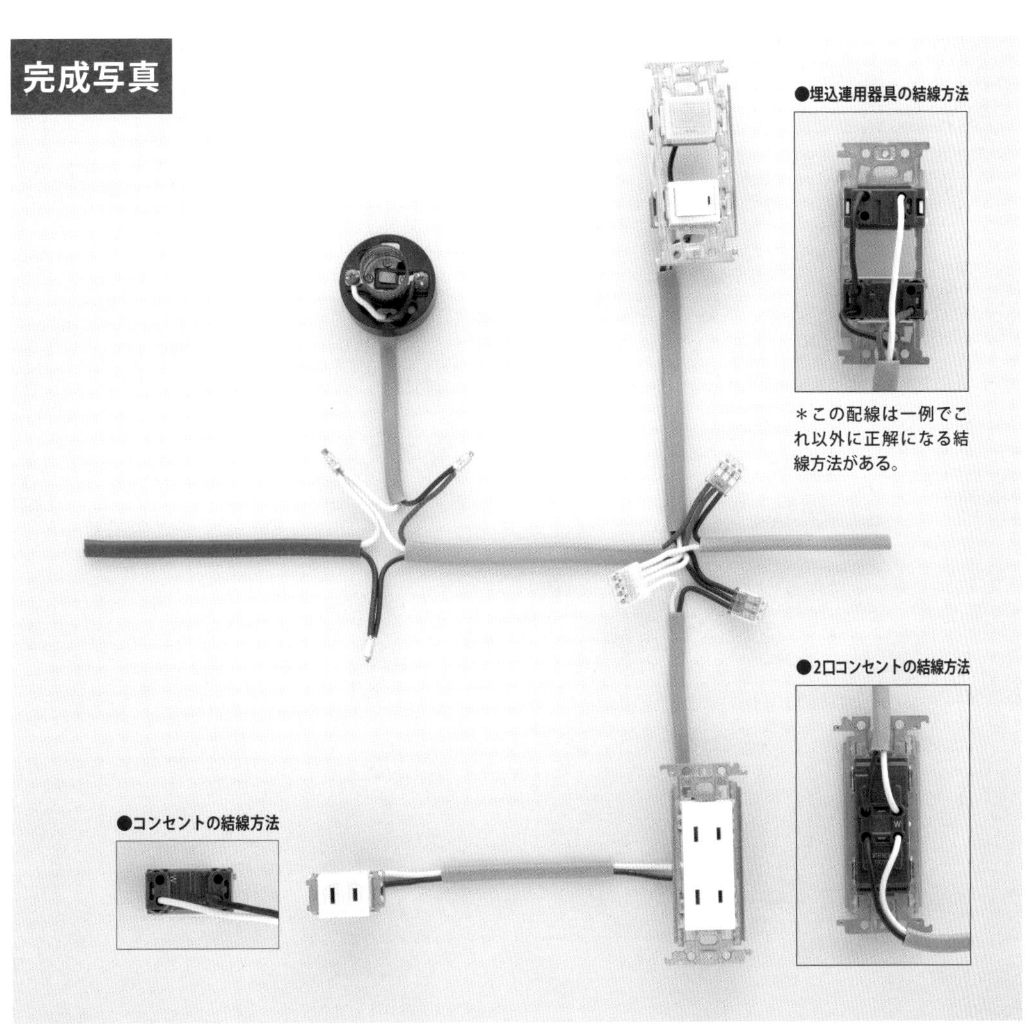

支給材料

予想問題から想定される支給材料は次のとおり。ただし、下表のリングスリーブの個数には予備分は含まれていない。実際の試験では、予備が数個支給される。

	材料	寸法	数量
❶	600V ビニル絶縁ビニルシースケーブル平形（シース青）2.0mm 2 心	約 250mm	1 本
❷	600V ビニル絶縁ビニルシースケーブル平形　1.6mm　2 心	約 1250mm	1 本
❸	600V ビニル絶縁ビニルシースケーブル平形　1.6mm　3 心	約 800mm	1 本
❹	ランプレセプタクル（カバーなし）	―	1 個
❺	埋込連用タンブラスイッチ	―	1 個
❻	埋込連用パイロットランプ	―	1 個
❼	埋込コンセント（2 口）	―	1 個
❽	埋込連用コンセント	―	1 個
❾	埋込連用取付枠	―	1 枚
❿	リングスリーブ(小)	―	3 個
⓫	差込形コネクタ（3 本用）	―	2 個
⓬	差込形コネクタ（4 本用）	―	1 個

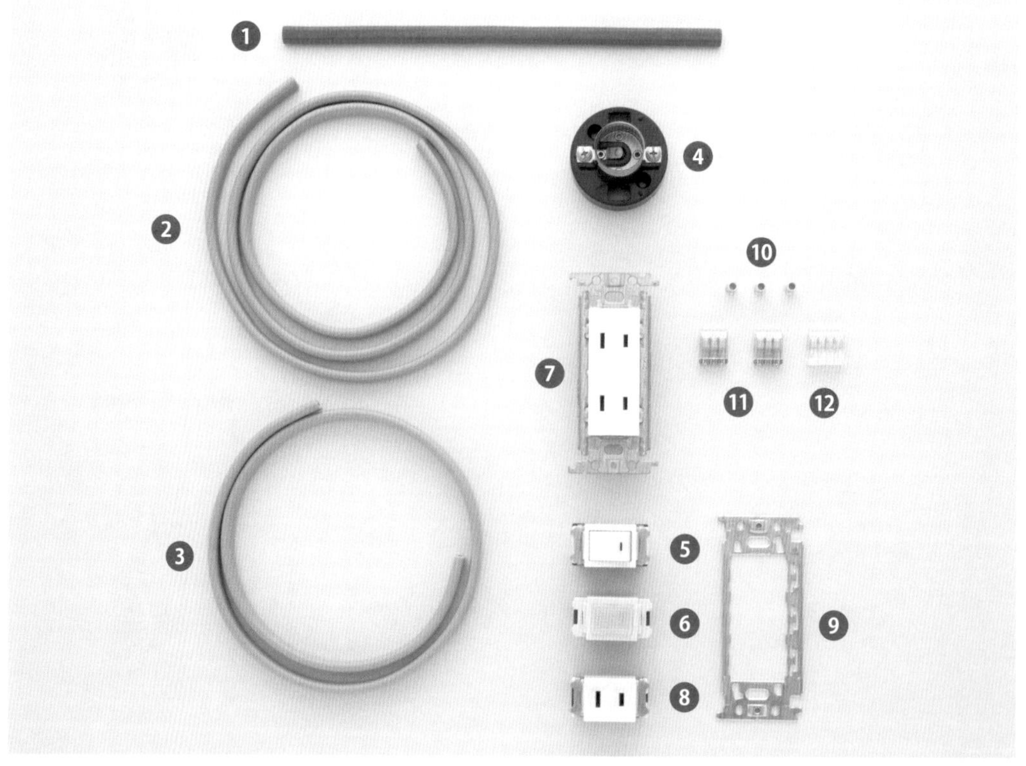

単線図から複線図を起こす

⚠ココに注意

- 常時点灯のパイロットランプは、電源からの線をスイッチを介さずに直接つなげる配線にする。非接地側電線はスイッチからわたり線でつなぐ。
- 2口コンセントから左のコンセントへは直接つなげてOK。
- リングスリーブの「○」「小」が間違えやすい。慎重に判断して複線図に記入する。

単線図

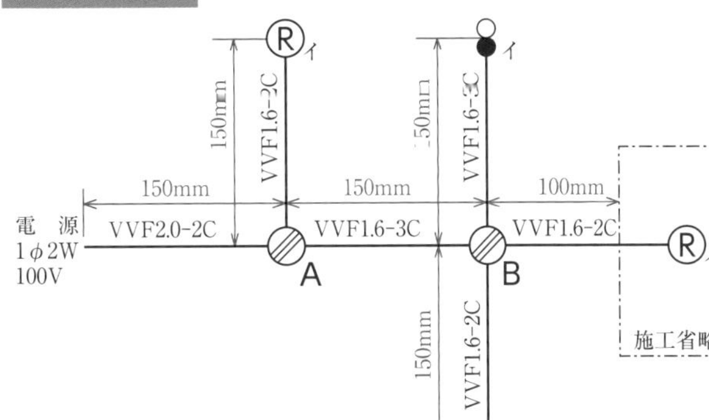

複線図

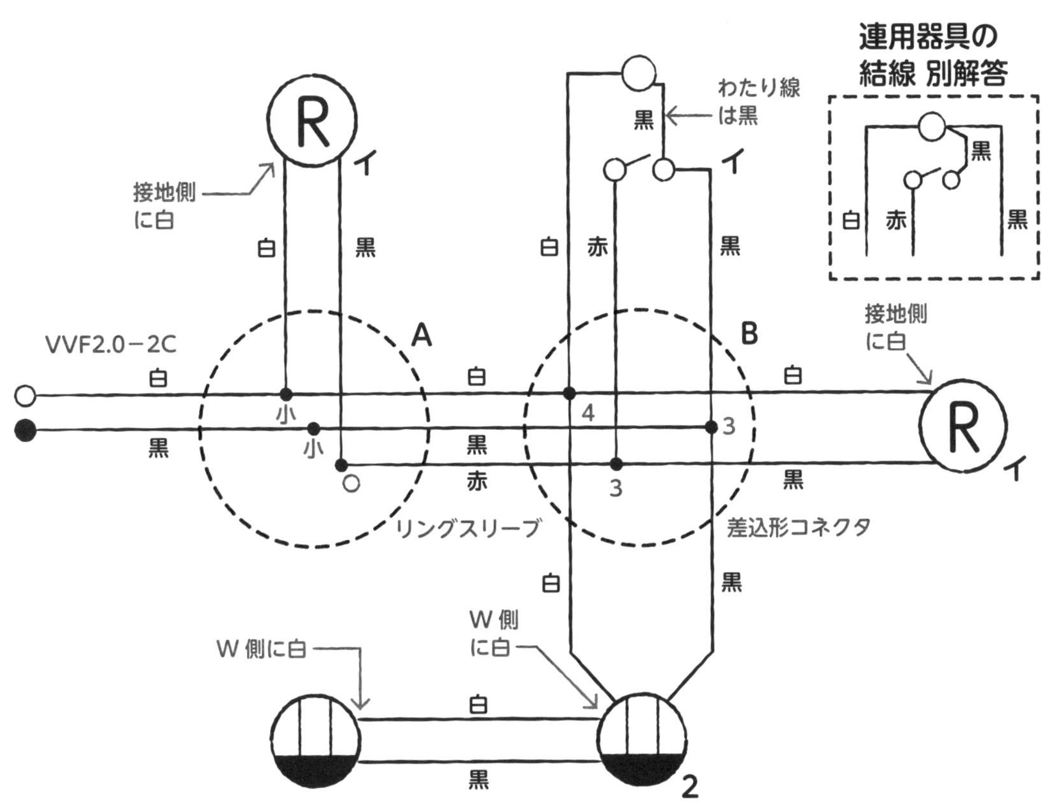

単線図から複線図を起こす

1

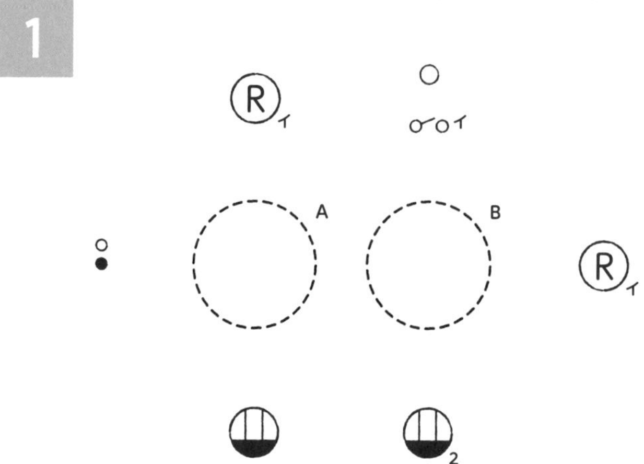

器具やボックスを配置する。結線をわかりやすく記すために、ボックスは少し大きめに描く。

▼

2

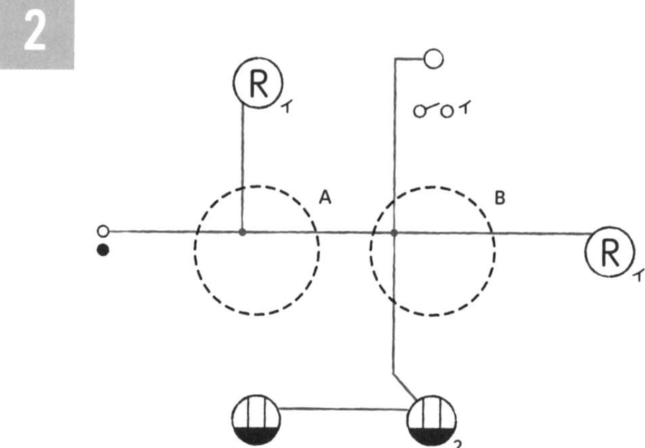

接地側電線を、電源から各器具に結線する。ジョイントボックスの中で接続点を作るのを忘れないように。パイロットランプも器具の1つと見なして接地側電線をつなぐ。

▼

3

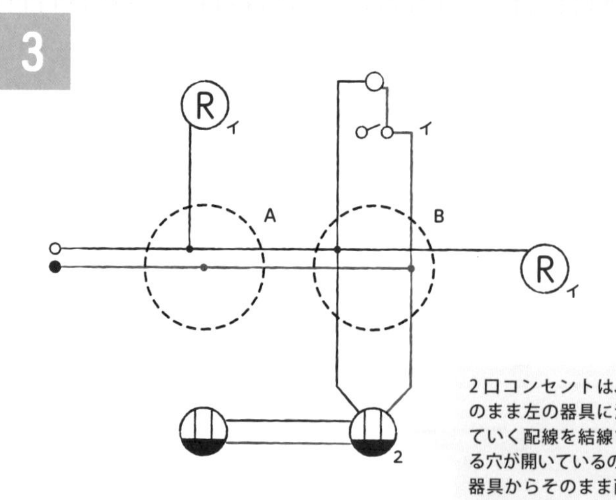

2口コンセントは、そのまま左の器具に渡っていく配線を結線できる穴が開いているので、器具からそのまま配線を延ばすことができる。

非接地側電線をスイッチに接続する。パイロットランプは常時点灯なので、電源からの線をスイッチを介さずに直接つなげる結線にする。非接地側電線はスイッチからわたり線でつなぐ。また、末端の1口コンセントまで非接地側電線を結線する。

▼

4

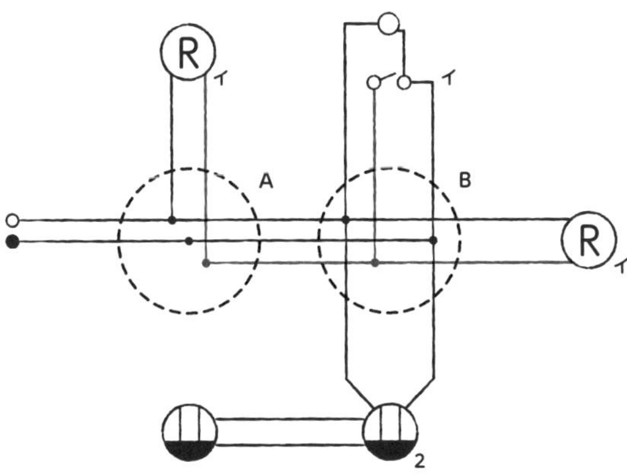

スイッチと器具を接続する。イのスイッチから2つのイの器具に結線する。

5

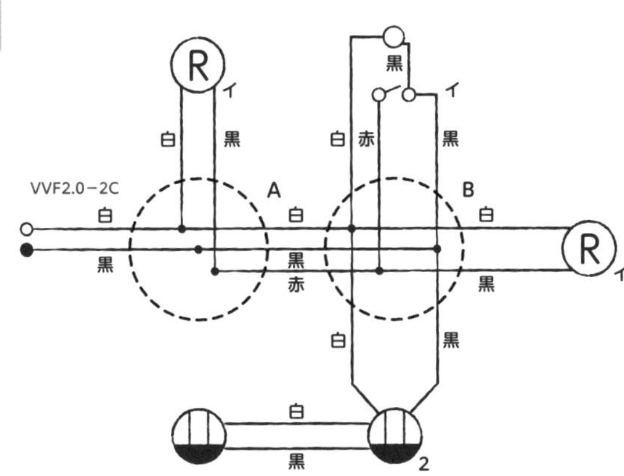

線の色と種類を記入する(VVF1.6は略)。接地側電線はすべて白、非接地側電線にすべて黒と記入。3心の部分は赤を記入する。

6

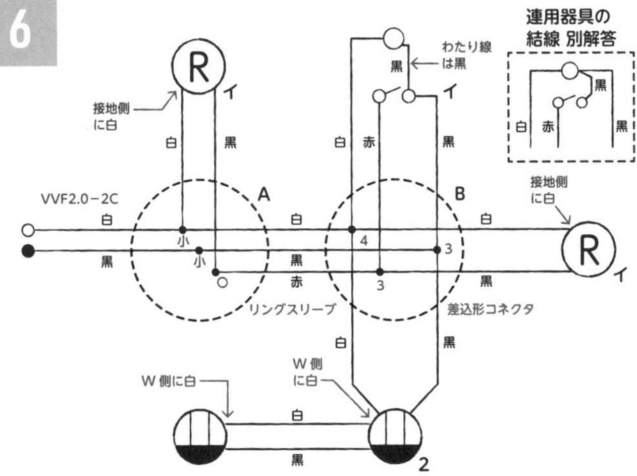

左のボックスの脇に「リングスリーブ」と書き、各接続箇所に刻印を記す。右のボックスの脇に「差込形コネクタ」と書き、各接続箇所に種類を書く。

ケーブルの切断寸法と外装のはぎ取り寸法の目安

寸法の計算方法はP.176を参照

単線図

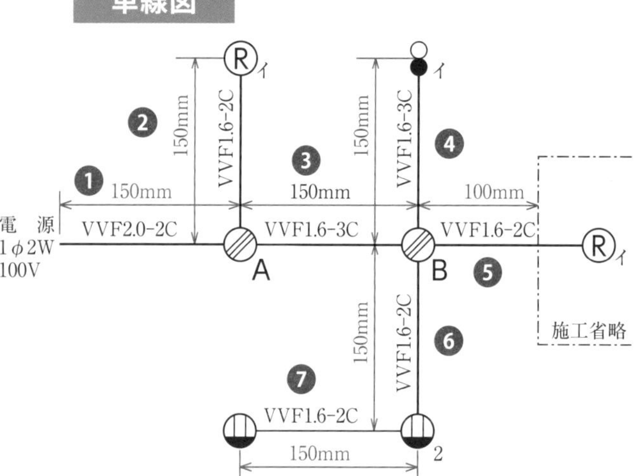

切断寸法は目安です。動画と異なる場合があります。

切断寸法と外装のはぎ取り寸法の計算		
1	切断寸法	150mm + 100mm = 250mm
	はぎ取り寸法	ジョイントボックス側 100mm
2	切断寸法	150mm + 100mm + 50mm = 300mm
	はぎ取り寸法	ジョイントボックス側 100mm ランプレセプタクル側 50mm
3	切断寸法	150mm + 100mm + 100mm = 350mm
	はぎ取り寸法	Aのジョイントボックス側 100mm Bのジョイントボックス側 100mm
4	切断寸法	150mm + 100mm + 100mm = 350mm わたり線 100mm　1本
	はぎ取り寸法	ジョイントボックス側 100mm スイッチ側 100mm
5	切断寸法	100mm + 100mm = 200mm
	はぎ取り寸法	ジョイントボックス側 100mm
6	切断寸法	150mm + 100mm + 100mm = 350mm
	はぎ取り寸法	ジョイントボックス側 100mm コンセント側 100mm
7	切断寸法	150mm + 100mm + 50mm = 300mm
	はぎ取り寸法	2口コンセント側 100mm 1口コンセント側 50mm

切断寸法とはぎ取り寸法

＊ジョイントボックス側の絶縁被覆は 30 ～ 50mm ではぎ取る。

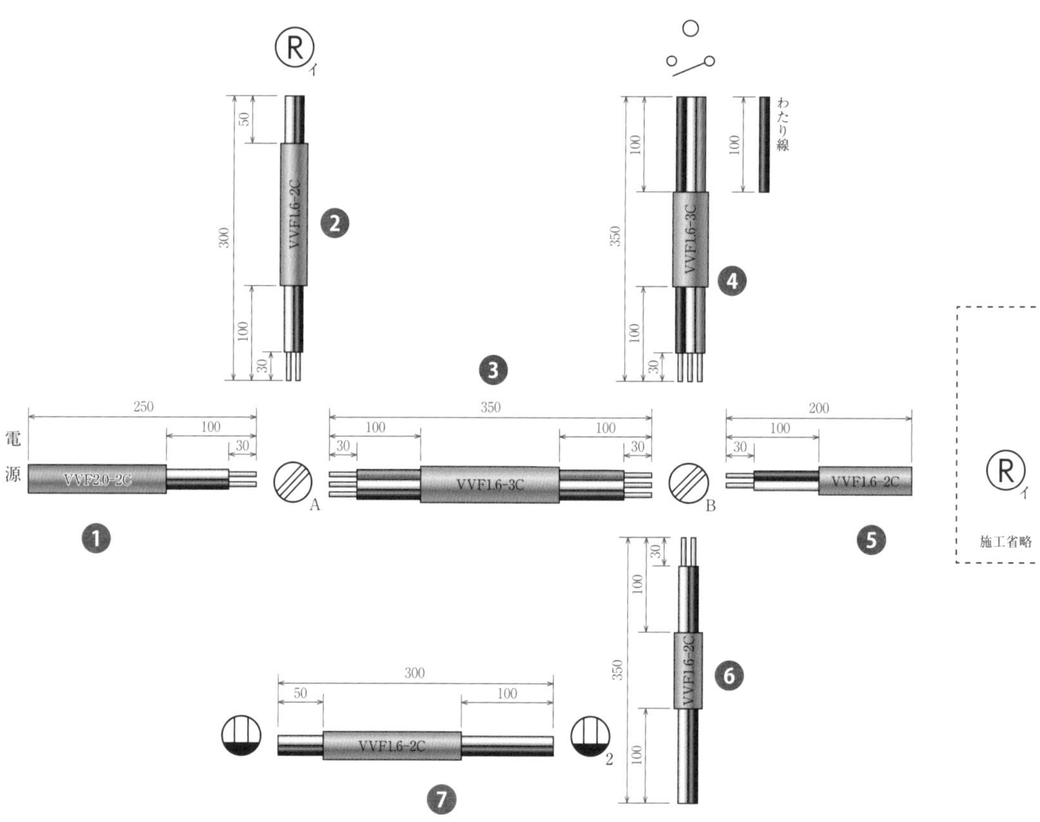

作業の進め方

1

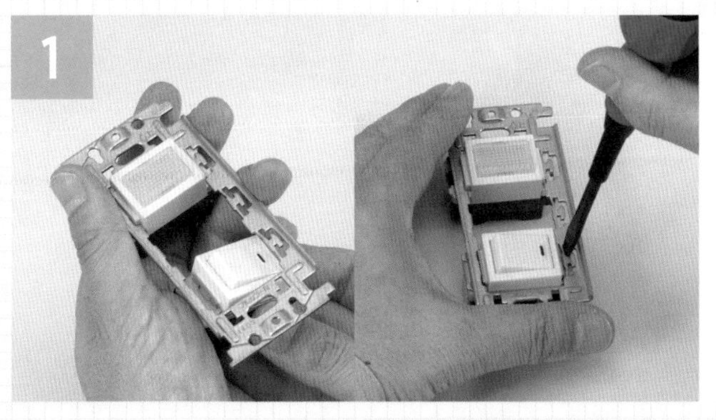

埋込連用取付枠への連用器具の取付

取付枠の上下、スイッチの上下、そして取付順序（上側がパイロットランプ、下側がスイッチ）を誤らないように取り付ける。

2

ケーブルの切断と外装のはぎ取り

P.30で計算した寸法どおりにスケールで測ってから切断する。

VVF2.0-2Cは支給された長さのまま使用してかまわない。

3

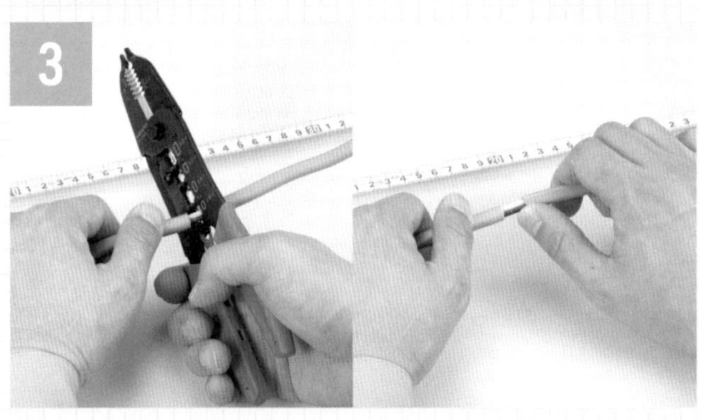

P.30で計算した寸法どおりにスケールで測ってから、ケーブルストリッパで外装に切れ目を入れて手ではぎ取る。外装のはぎ取りまではすべてのケーブルでこの段階でやっておく。

▼

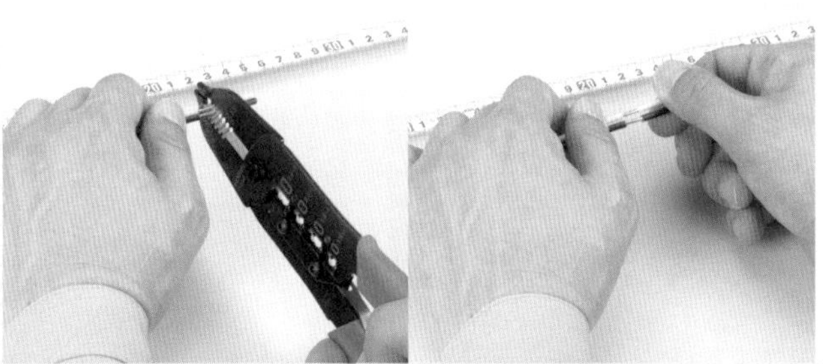

ジョイントボックス側の絶縁被覆を30～50mmむいておく。結線する直前にむいてもよい。

▼

5

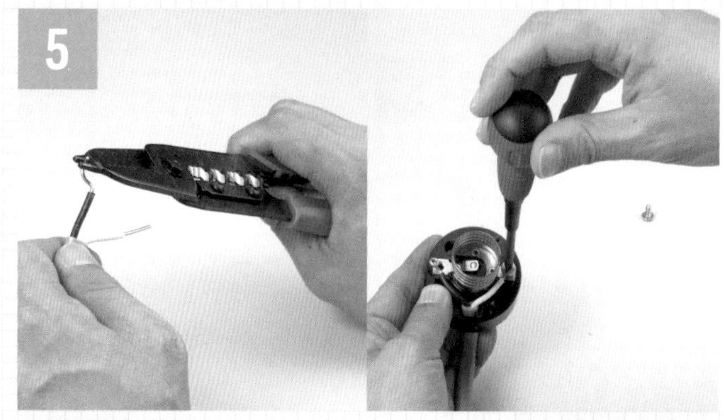

器具への結線

輪作りをし、ランプレセプタクルに結線する。接地側、非接地側を間違えないように注意する。

6

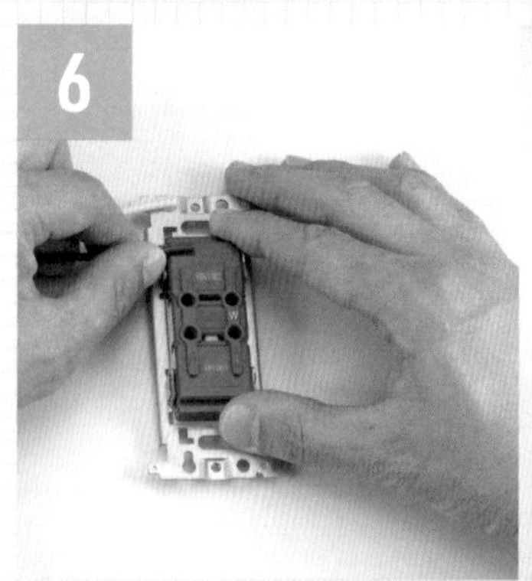

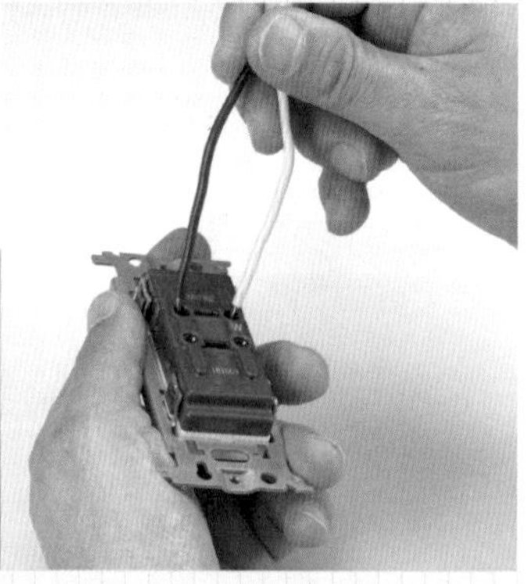

2口コンセントに結線する。ストリップゲージに合わせて心線を出し、接地側に白色、非接地側に黒色を差し込む。

7

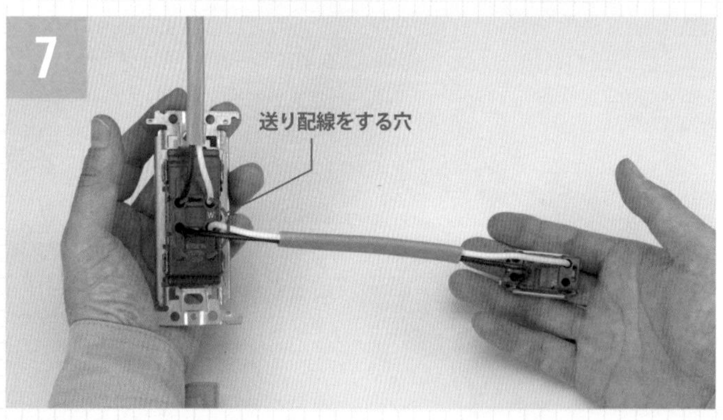

2口コンセントは、そのまま左のコンセントに渡っていく配線を結線できる穴が開いている。ここから配線を伸ばして、左のコンセントと結線する。

8

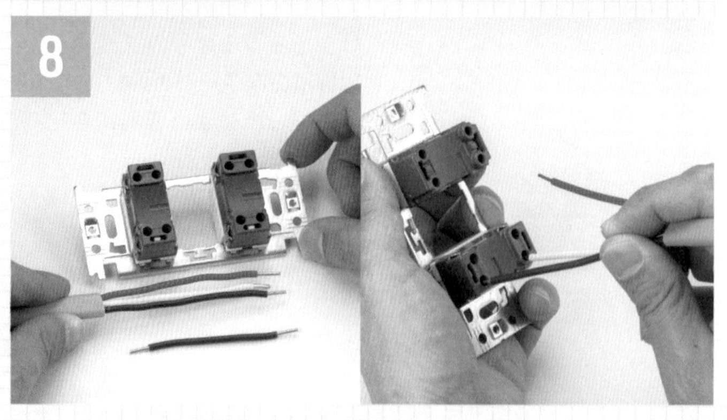

スイッチとパイロットランプは、各々のストリップゲージに合わせて心線をむき、色と結線位置を誤らないよう注意して器具に差し込む。わたり線は黒色と指定されている。

9

圧着マークに注意して接続。リングスリーブから出た線をペンチで切断する。

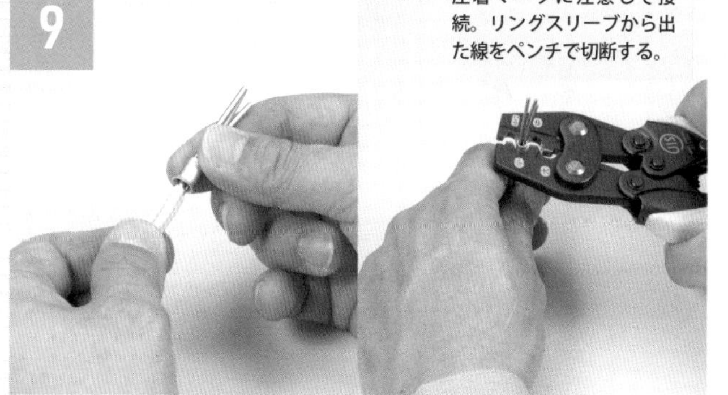

ジョイントボックス内の結線

これまで作ってきた部材を組み合わせて完成させる。左のジョイントボックスA内のケーブルを複線図で確認しながらリングスリーブで結線する。圧着マークを確認して確実に接続する。

10

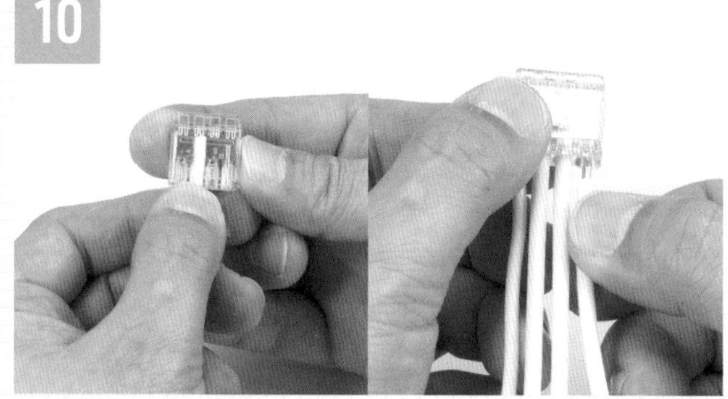

右のジョイントボックスB内のケーブルを複線図で確認しながら差込形コネクタで結線する。ストリップゲージで測ってから心線を切断して差し込む。銅線が露出せず、なおかつ先端まで達するように差し込むこと。

完成写真

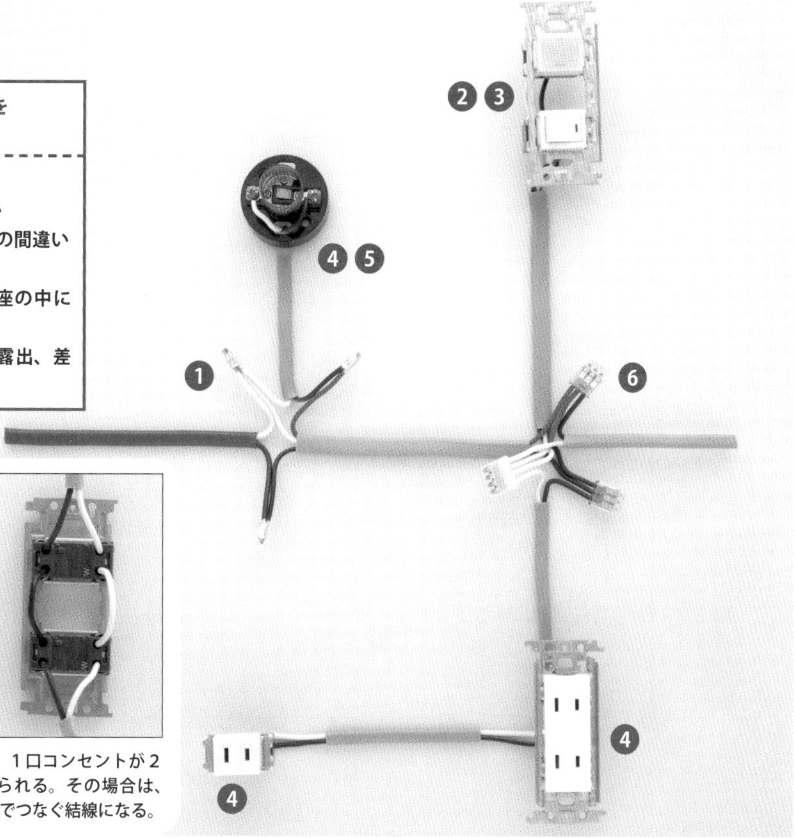

「欠陥」多発箇所を確認

❶圧着マークの間違い
❷わたり線の色の間違い
❸パイロットランプの結線の間違い
❹極性の間違い
❺ケーブルの外装が台座の中に入っていない
❻コネクタから心線の露出、差込不足

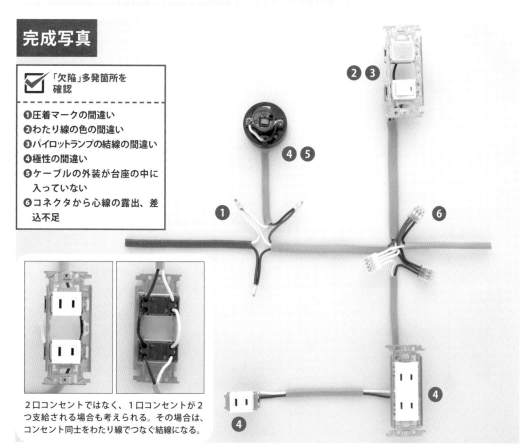

2口コンセントではなく、1口コンセントが2つ支給される場合も考えられる。その場合は、コンセント同士をわたり線でつなぐ結線になる。

候補問題

NO.3 から予想される出題

⚠ココに注意

- タイムスイッチの配線がポイント。タイムスイッチの構造と端子の記号の意味（→ P.166）を覚えて、それぞれの端子につなぐ線を判断すること。
- 端子台への正しい結線を練習しておく。
- ランプレセプタクルと引掛シーリングの極性を間違えないように。

動画をチェック

問題

試験時間 40 分

図に示す低圧屋内配線工事を与えられた材料を使用し、〈施工条件〉に従って完成させなさい。

なお、

1. タイムスイッチは端子台で代用するものとする。
2. VVF 用ジョイントボックス及びスイッチボックスは支給していないので、その取り付けは省略する。
3. 電線接続箇所のテープ巻きや絶縁キャップによる絶縁処理は省略する。
4. 作品は保護板 (板紙) に取り付けないものとする。

図 1　配線図

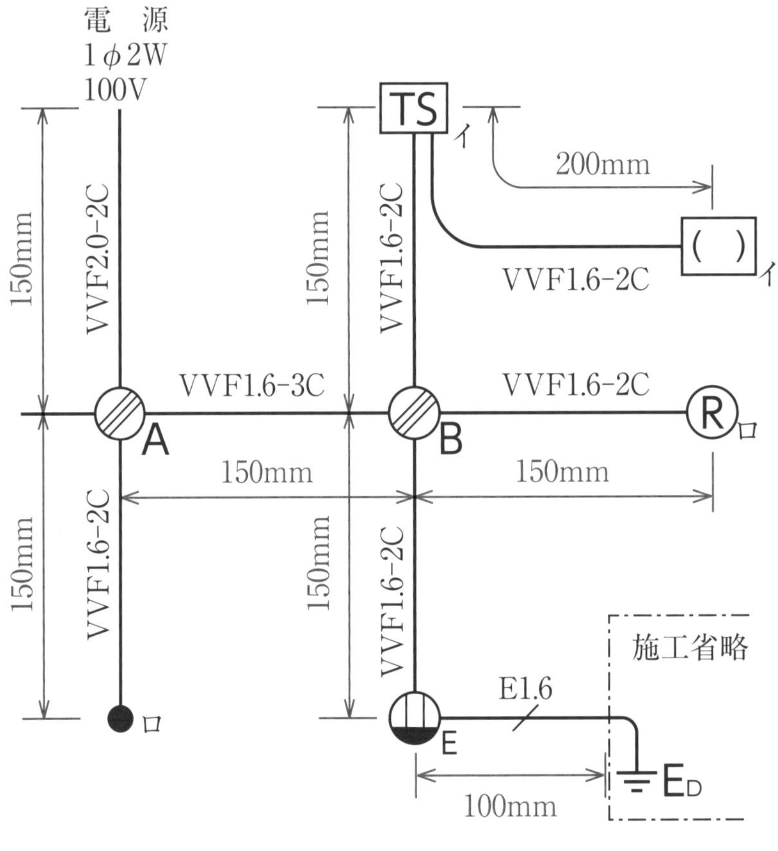

電源
1φ2W
100V
150mm
VVF2.0-2C
TS
イ
200mm
150mm
VVF1.6-2C
( )
イ
VVF1.6-2C
VVF1.6-3C
VVF1.6-2C
R
ロ
A
B
150mm
150mm
150mm
VVF1.6-2C
150mm
VVF1.6-2C
施工省略
E1.6
ロ
E
E_D
100mm

図 2　タイムスイッチ代用の端子台の説明図

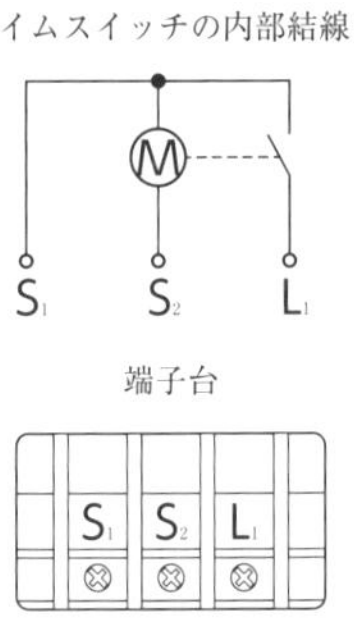

タイムスイッチの内部結線
M
S_1　S_2　L_1
端子台
S_1　S_2　L_1

施工条件

1. 配線及び器具の配置は、図 1 に従って行うこと。
2. タイムスイッチ代用の端子台は、図 2 に従って使用すること。
3. 電線の色別 (絶縁被覆の色) は、次によること。
   ①電源からの接地側電線には、すべて白色を使用する。
   ②電源から点滅器、コンセント及びタイムスイッチまでの非接地側電線には、すべて黒色を使用する。
   ③接地線には緑色を使用する。
   ④次の器具の端子には、白色の電線を結線する。
   - コンセントの接地側極端子 (W と表示)
   - ランプレセプタクルの受金ねじ部の端子
   - 引掛シーリングローゼットの接地側極端子 (接地側と表示)
   - タイムスイッチ (端子台) の記号 S_2 の端子
4. VVF 用ジョイントボックス部分を経由する電線は、その部分ですべて接続箇所を設け、接続方法は、次によること。
   ① A 部分は、リングスリーブによる接続とする。
   ② B 部分は、差込形コネクタによる接続とする。
5. 埋込連用取付枠は、コンセント部分に使用すること。

完成写真

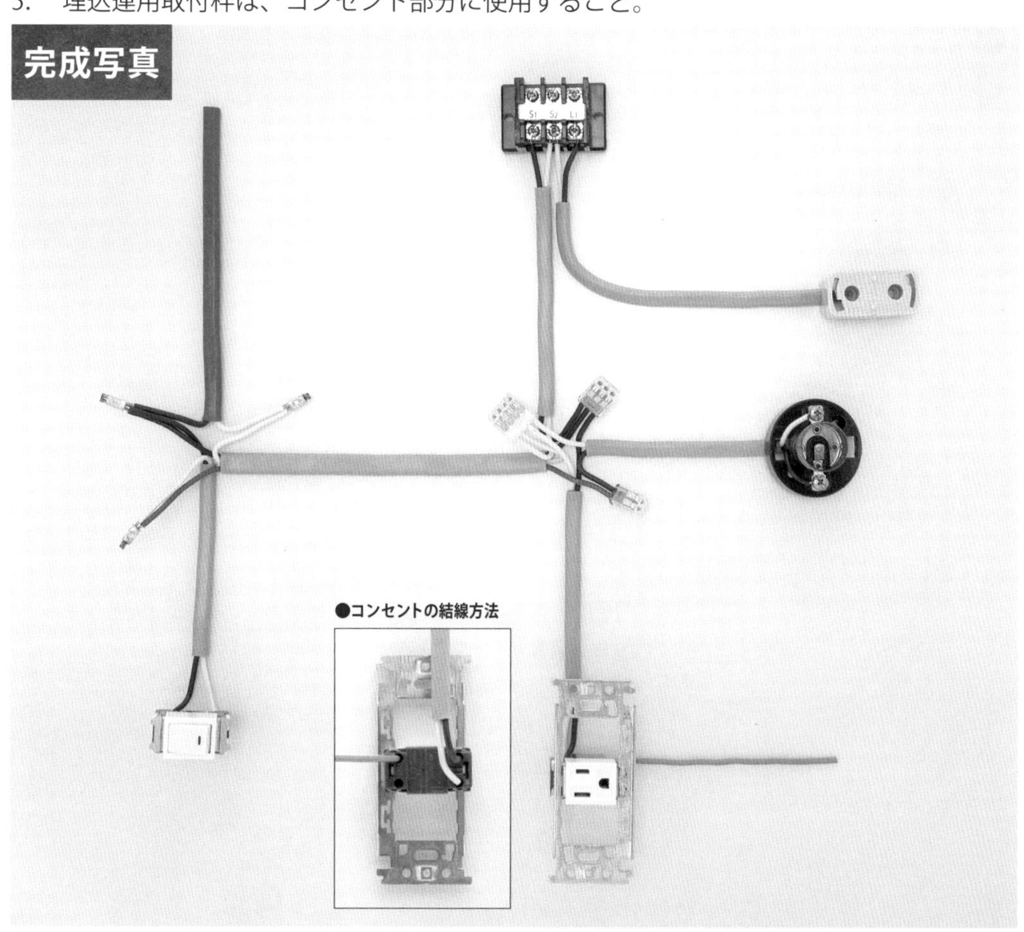

支給材料

予想問題から想定される支給材料は次のとおり。ただし、下表のリングスリーブの個数には予備分は含まれていない。実際の試験では、予備が数個支給される。

	材料	寸法	数量
❶	600V ビニル絶縁ビニルシースケーブル平形 2.0mm 2 心 (シース青)	約 250mm	1 本
❷	600V ビニル絶縁ビニルシースケーブル平形　1.6mm　2 心	約 1650mm	1 本
❸	600V ビニル絶縁ビニルシースケーブル平形　1.6mm　3 心	約 350mm	1 本
❹	600V ビニル絶縁電線（緑）1.6mm	約 150mm	1 本
❺	ランプレセプタクル（カバーなし）	—	1 個
❻	引掛シーリングローゼット（角形のボディのみ）	—	1 個
❼	端子台（タイムスイッチの代用）、3 極	—	1 個
❽	埋込連用タンブラスイッチ	—	1 個
❾	埋込連用接地極付コンセント	—	1 個
❿	埋込連用取付枠	—	1 枚
⓫	リングスリーブ (小)	—	3 個
⓬	差込形コネクタ（2 本用）	—	1 個
⓭	差込形コネクタ（3 本用）	—	1 個
⓮	差込形コネクタ（4 本用）	—	1 個

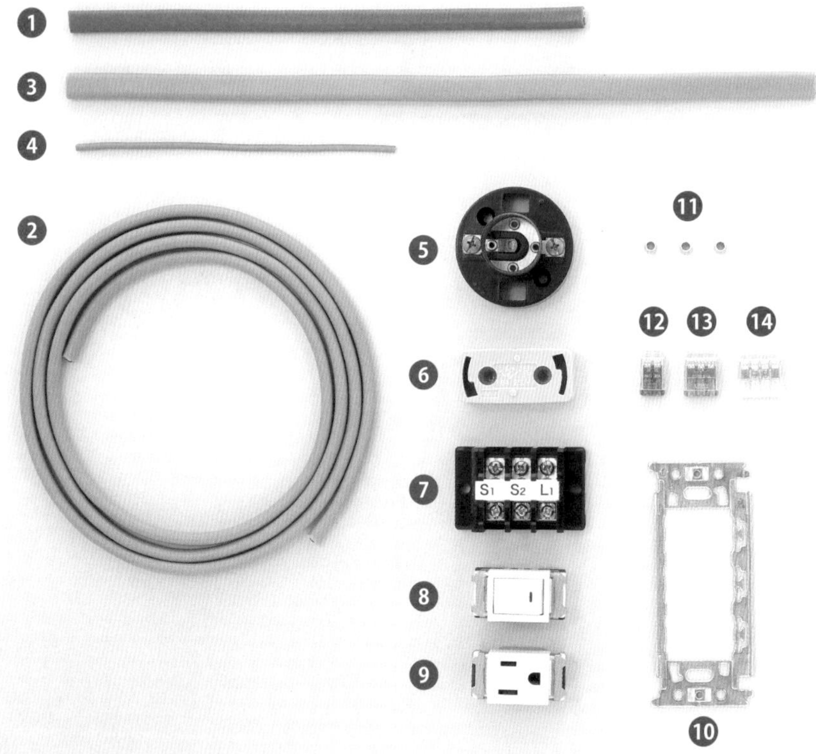

単線図から複線図を起こす

⚠ココに注意

- タイムスイッチの結線に注意する。タイムスイッチの構造から配線を考える。
- S_1 に電源からの非接地側電線、S_2 に電源からきた接地側電線と器具イに向かう接地側電線の２本、そして L_1 に器具イに向かう非接地側電線が結線されることになる。

単線図

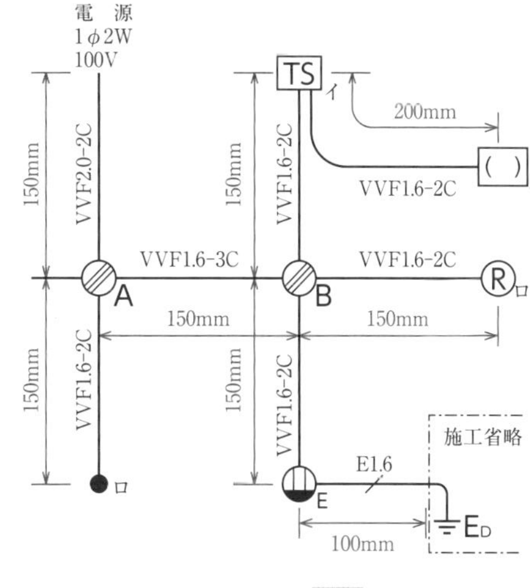

複線図

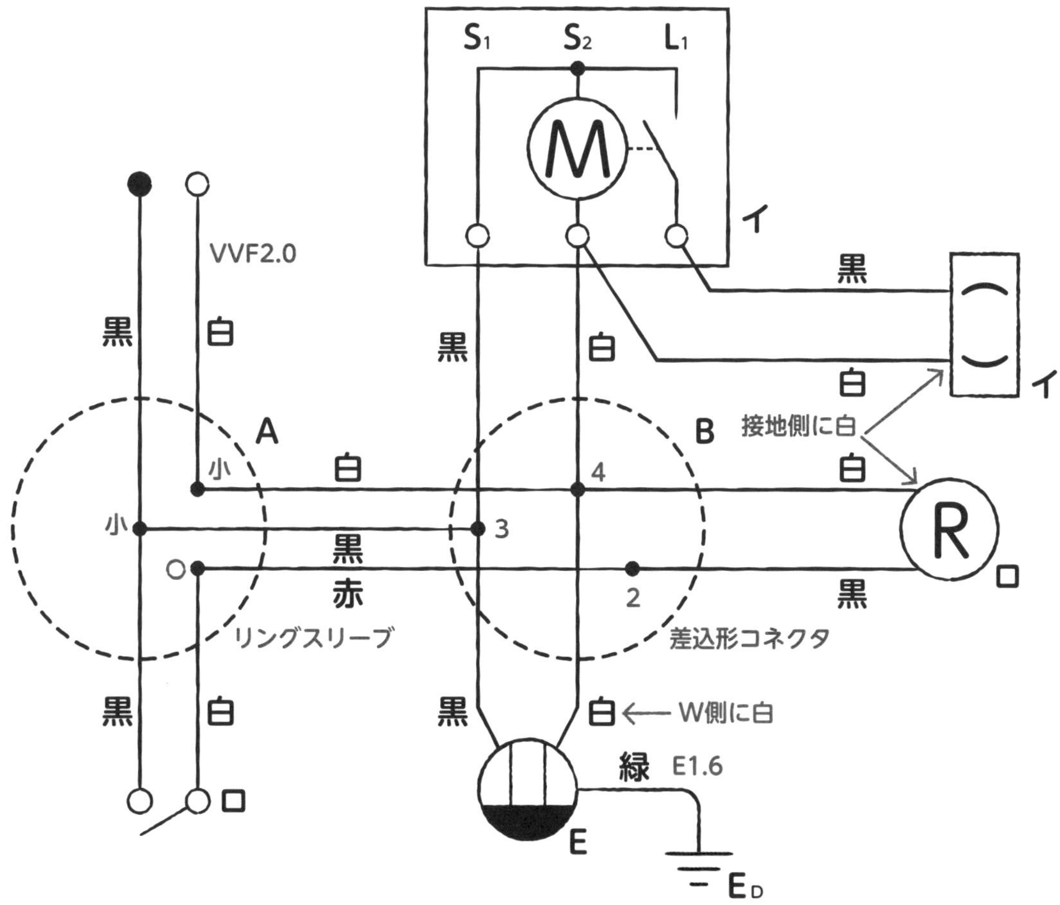

単線図から複線図を起こす

1

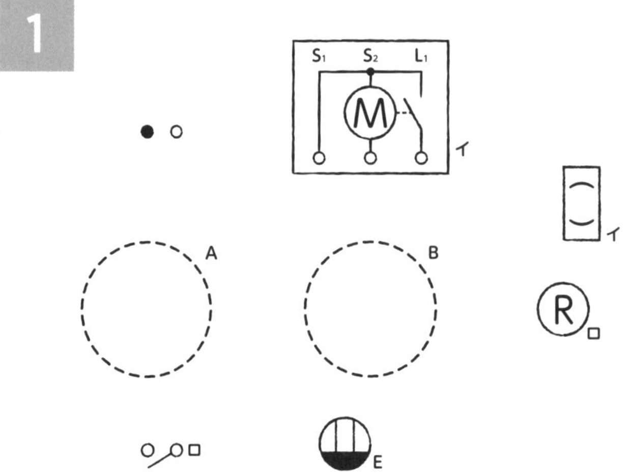

器具やボックスを配置する。結線をわかりやすく記すために、ボックスは少し大きめに描く。

2

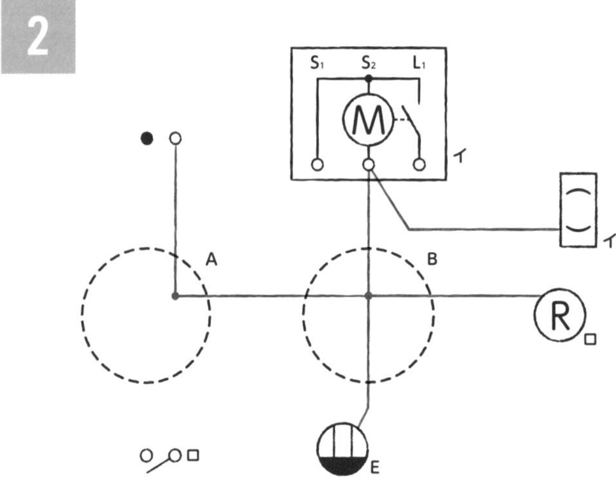

接地側電線を、電源から各器具に結線する。左のジョイントボックス・右のジョイントボックス経由でコンセント、器具ロ、そしてタイムスイッチ経由で器具イまでを結線する。

3

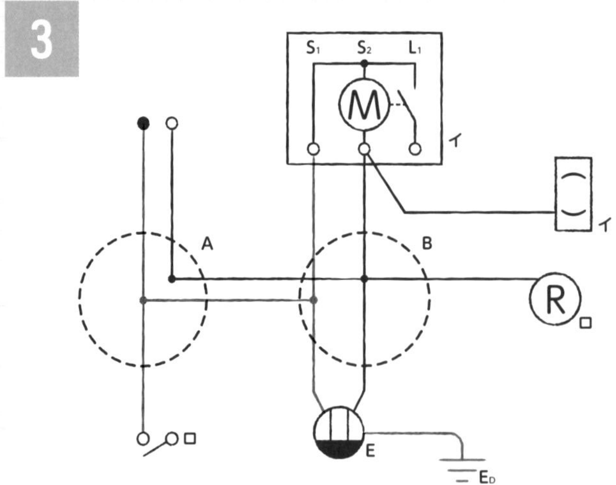

非接地側電線をスイッチとコンセントに結線する。タイムスイッチは常に電源が供給され、それによってタイムスイッチ内部のモーターが動くことで内部の接点をオンオフするので、タイムスイッチにも電源からの非接地側電線を結線する必要がある。接地極付コンセントに接地線を結線する。

4

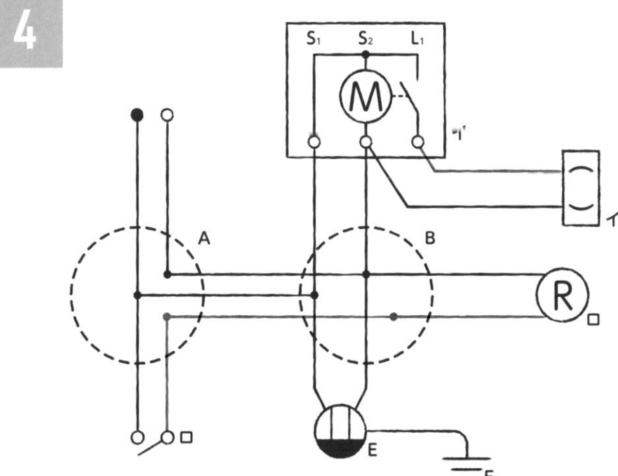

スイッチから器具までを結線する。ロのスイッチからロの器具に結線し、タイムスイッチに内蔵されたイのスイッチから器具イまでを結線する。

5

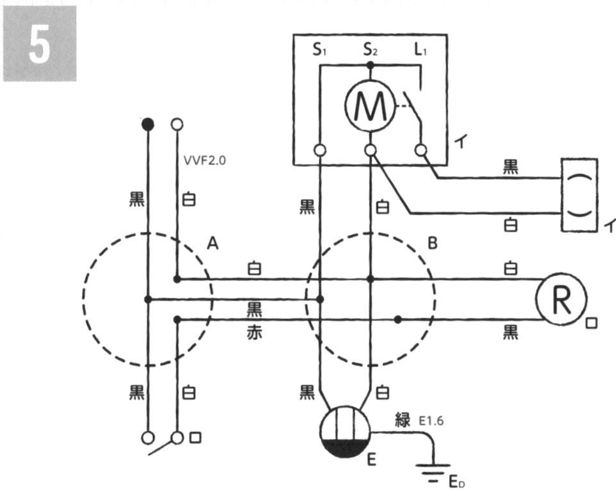

線の色と種類を記入する(VVF1.6は略)。接地側電線はすべて白、非接地側電線にすべて黒と記入する。左のジョイントボックスAと右のジョイントボックスBの間のVVF1.6-3Cは、接地側電線の白と非接地側電線の黒の残りである赤線が器具ロにつながる。

6

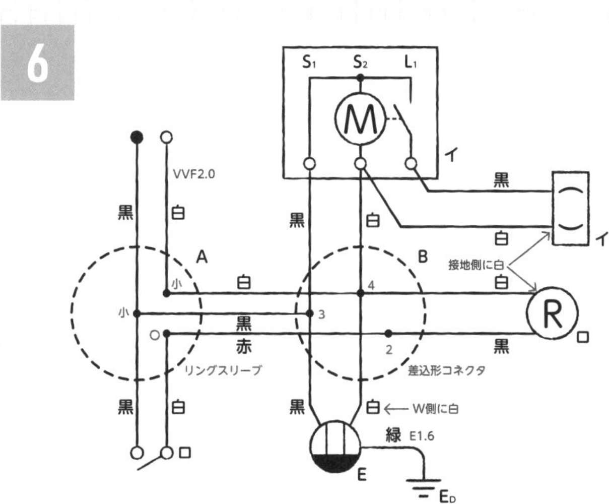

左のボックスの脇に「リングスリーブ」と書き、各接続箇所に刻印を記す。右のボックスの脇に「差込形コネクタ」と書き、各接続箇所に種類を書く。

ケーブルの切断寸法と外装のはぎ取り寸法の目安

寸法の計算方法は P.176 を参照

切断寸法は目安です。動画と異なる場合があります。

切断寸法と外装のはぎ取り寸法の計算		
❶	切断寸法	150mm + 100mm = 250mm
	はぎ取り寸法	ジョイントボックス側 100mm
❷	切断寸法	150mm + 100mm + 50mm = 300mm
	はぎ取り寸法	ジョイントボックス側 100mm スイッチ側 50mm
❸	切断寸法	150mm + 100mm + 100mm = 350mm
	はぎ取り寸法	Aのジョイントボックス側 100mm Bのジョイントボックス側 100mm
❹	切断寸法	150mm + 100mm + 50mm = 300mm
	はぎ取り寸法	ジョイントボックス側 100mm 端子台側 50mm
❺	切断寸法	200mm + 50mm + 50mm = 300mm
	はぎ取り寸法	端子台側 50mm　引掛シーリング側 50mm*
❻	切断寸法	150mm + 100mm + 50mm = 300mm
	はぎ取り寸法	ジョイントボックス側 100mm ランプレセプタクル側 50mm
❼	切断寸法	150mm + 100mm + 50mm = 300mm
	はぎ取り寸法	ジョイントボックス側 100mm コンセント側 50mm
❽	切断寸法	150mm

単線図

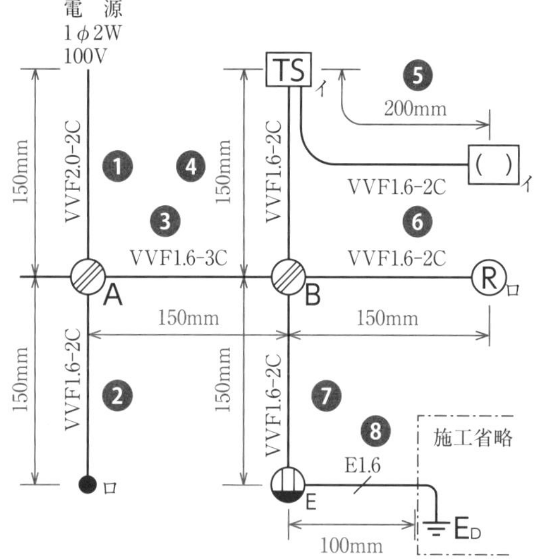

切断寸法とはぎ取り寸法

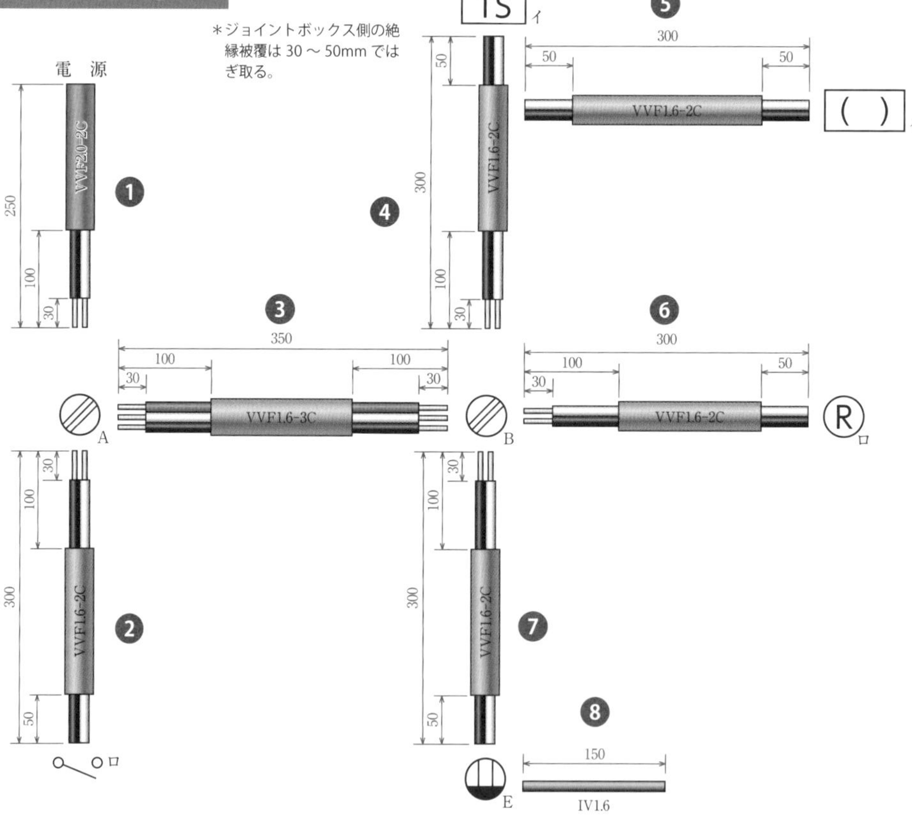

作業の進め方

1

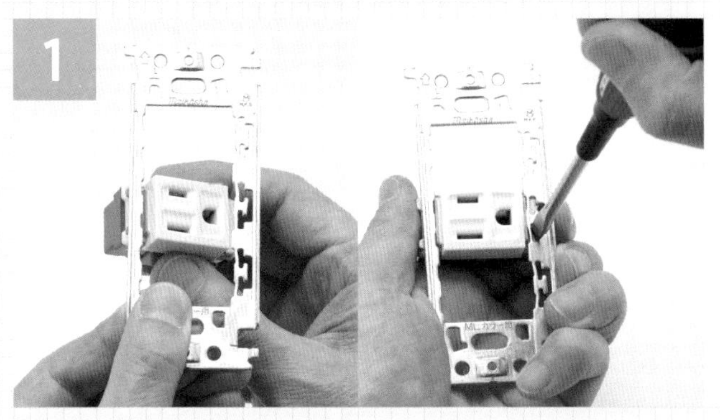

埋込連用取付枠へ連用器具の取付

取付枠の上下と裏表、とコンセントの上下を誤らないように取り付ける（正面から見たとき、接地極が右側にくるようにする）。

▼

2

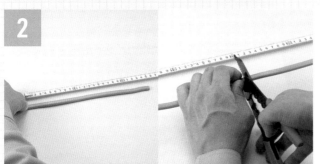

ケーブルの切断と外装のはぎ取り

P.40の切断寸法にあわせてケーブルを切断する。VVF2.0-2Cは、支給された長さのまま使用してかまわない。

▼

3

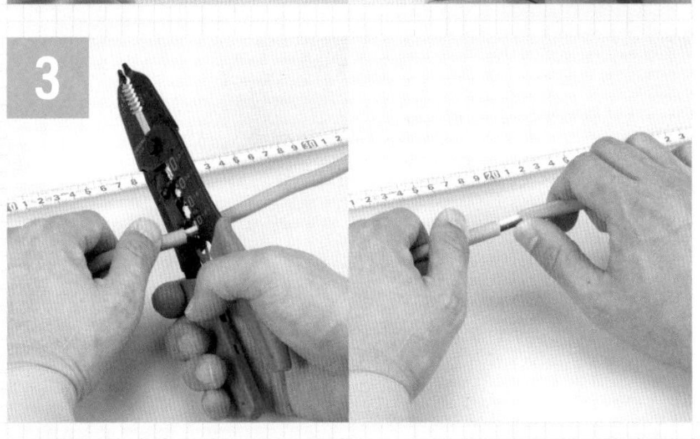

P.40の寸法どおりにスケールで測ってから、ケーブルストリッパで外装に切れ目を入れて手ではぎ取る。外装のはぎ取りまではすべてのケーブルでこの段階でやっておく。

▼

4

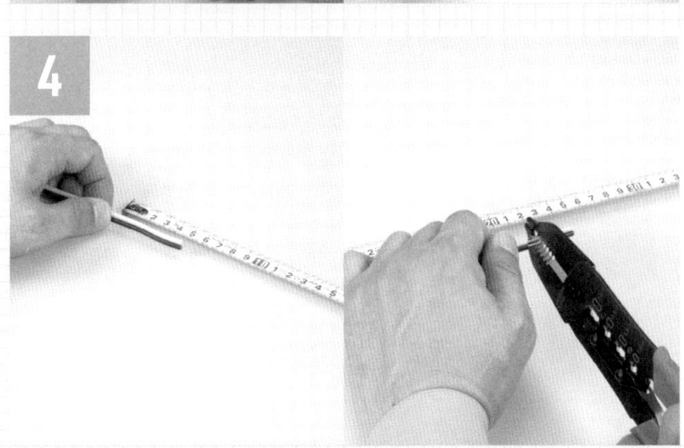

ジョイントボックス側の絶縁被覆を30～50mmむいておく。結線する直前にむいてもよい。

▼

作業の進め方

5

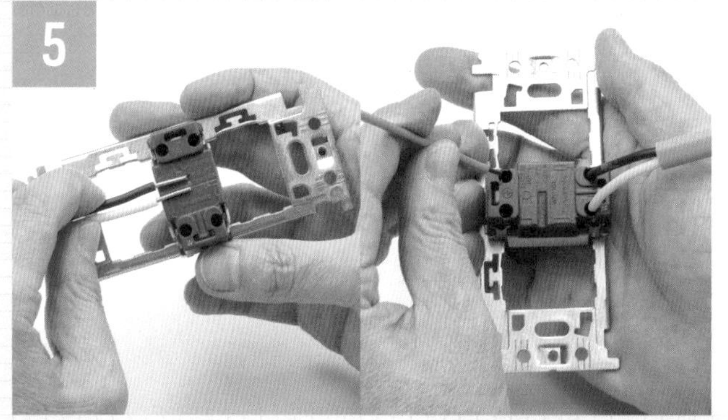

器具への結線

コンセント裏のストリップゲージに合わせて被覆をむき、接地側に白色、非接地側に黒色を挿入する。
接地線側（⏚のついているほうの穴）に接地線を挿入する。

▼

6

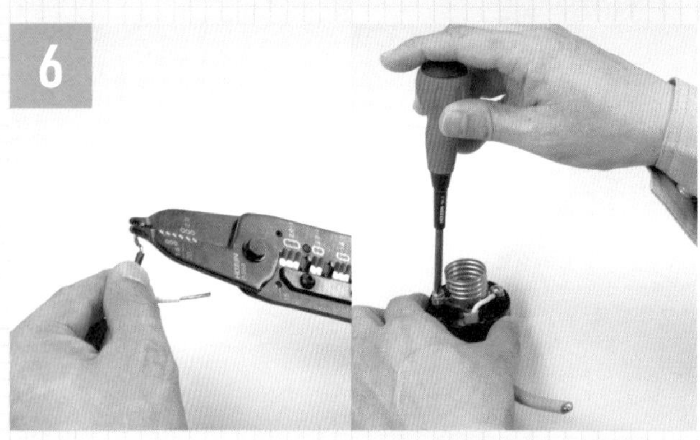

ランプレセプタクルに接続するために輪作りをする。接地側（受け金側）に白線を使用する点に十分注意しながらねじで器具に取り付ける。

▼

7

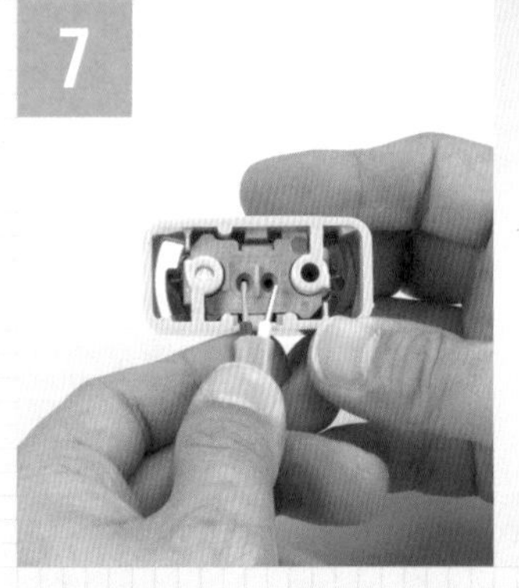

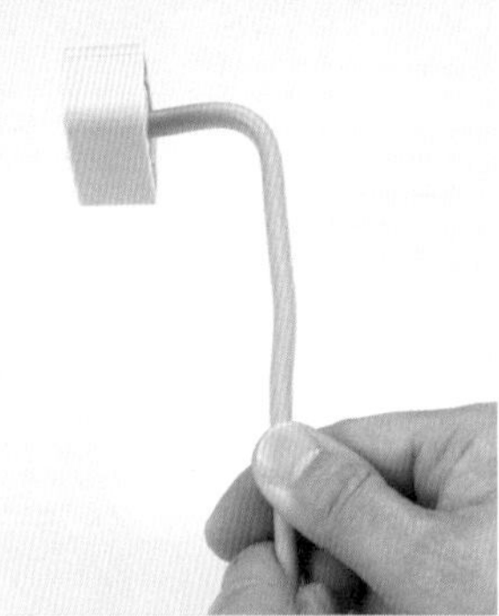

引掛シーリングのストリップゲージにあわせて絶縁被覆をむき、心線を器具に差し込む。

▼

8

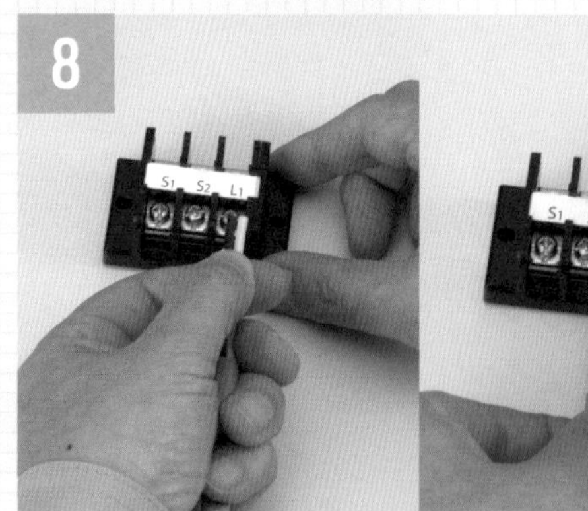

タイムスイッチ側の被覆は3cm程度むき、端子ねじを緩めて挿入してみて長さをニッパーで調整する。

⚠ **端子ねじから心線が1mm程度見えている長さにする（長すぎも欠陥、端子金具に被覆がかんでいるのも欠陥）。**

9

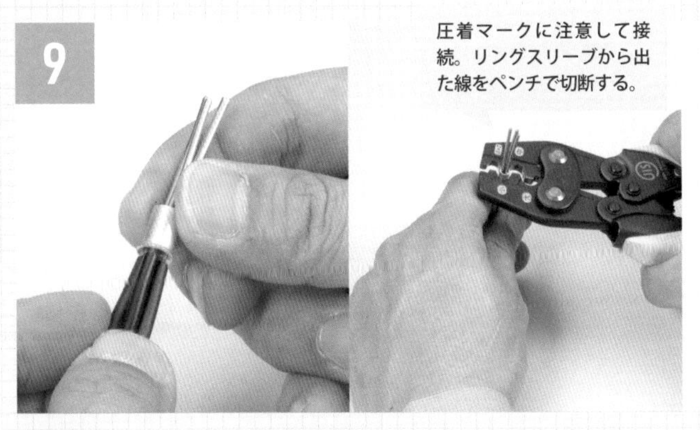

圧着マークに注意して接続。リングスリーブから出た線をペンチで切断する。

ジョイントボックス内の結線

これまで作ってきた部材を組み合わせて完成させる。左のジョイントボックスA内のケーブルを複線図で確認しながらリングスリーブで結線する。

▼

10

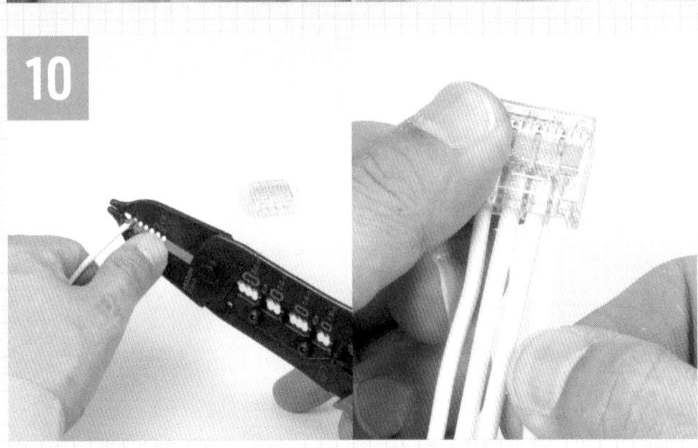

右のジョイントボックス内のケーブルを複線図で確認しながら差込形コネクタで結線する。ストリップゲージで測ってから心線を切断して差し込む。銅線が露出せず、なおかつ先端まで達するように差し込むこと。

■

完成写真

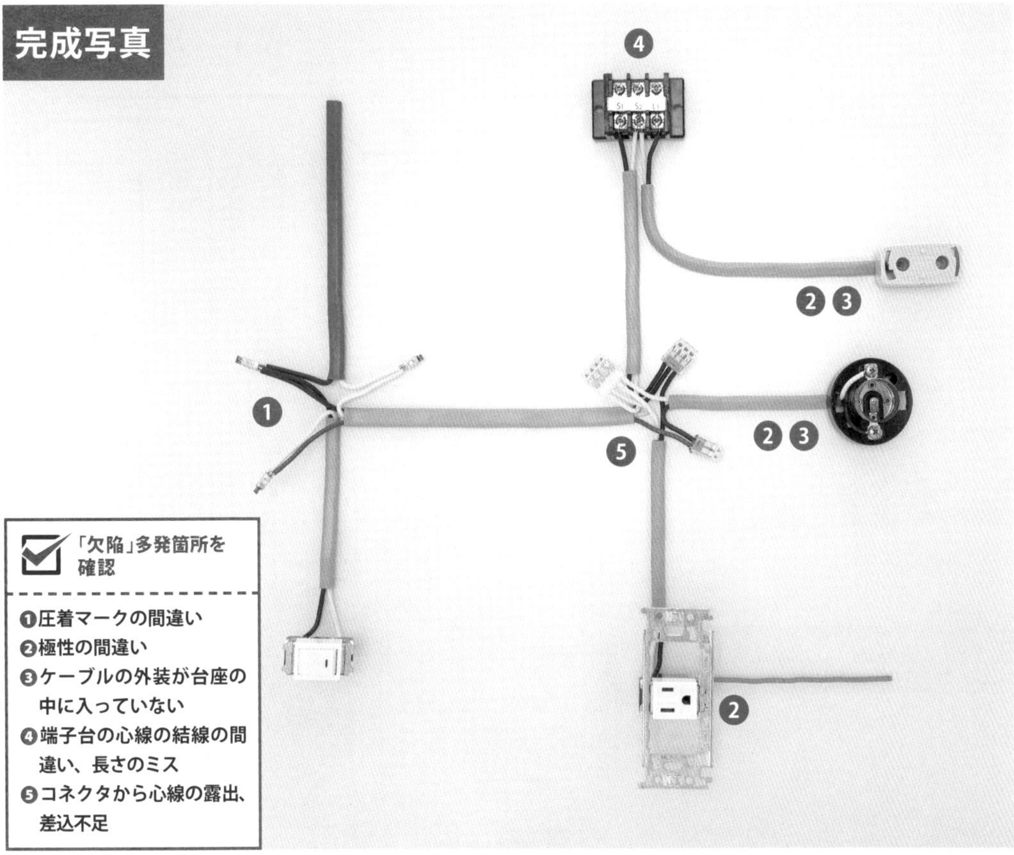

「欠陥」多発箇所を確認

❶圧着マークの間違い
❷極性の間違い
❸ケーブルの外装が台座の中に入っていない
❹端子台の心線の結線の間違い、長さのミス
❺コネクタから心線の露出、差込不足

候補問題

NO.4

から予想される出題

⚠ココに注意

- 2系統の電源がある回路。それぞれの回路を別々に考えて複線図を描き、工事も分けたほうがよい。
- 電源は省略され、端子台に代用される配線用遮断器や漏電遮断器に結線する。端子の記号の意味から接続する電線の色を判断すること。
- コンセントとスイッチの連用は接続ミスに注意。

問題

試験時間40分

図に示す低圧屋内配線工事を与えられた材料を使用し、〈施工条件〉に従って完成させなさい。

なお、

1. 配線用遮断器及び漏電遮断器 (過負荷保護付) は、端子台で代用するものとする。
2. ——-——-——で示した部分は施工を省略する。
3. VVF 用ジョイントボックス及びスイッチボックスは支給していないので、その取り付けは省略する。
4. 電線接続箇所のテープ巻きや絶縁キャップによる絶縁処理は省略する。
5. 作品は保護板 (板紙) に取り付けないものとする。

図1　配線図

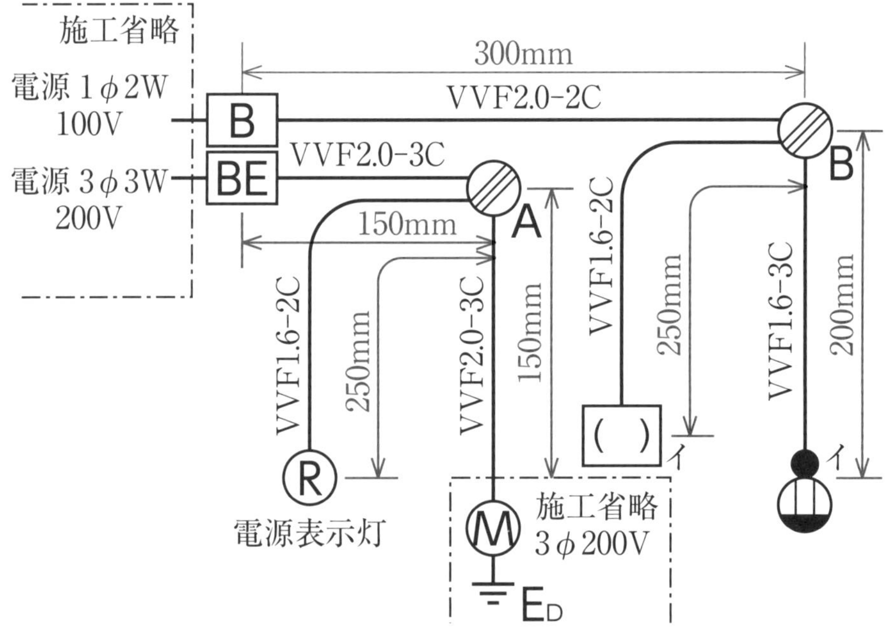

図2　配線用遮断器及び漏電遮断器代用の端子台の説明図

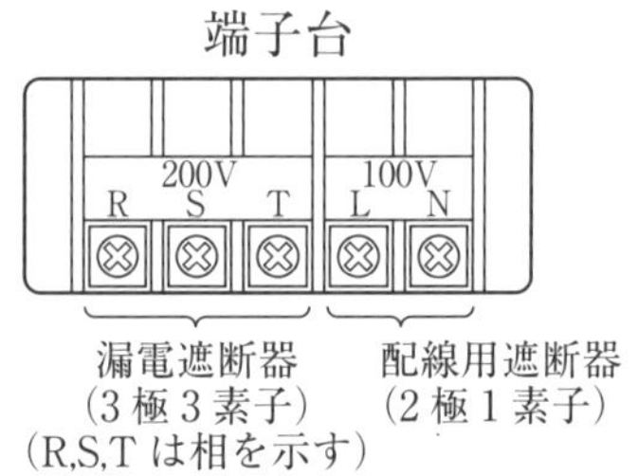

施工条件

1. 配線及び器具の配置は、図 1 に従って行うこと。
2. 配線用遮断器及び漏電遮断器代用の端子台は、図 2 に従って使用すること。
3. 三相電源の S 相は接地されているものとし、電源表示灯は、S 相と T 相間に接続すること。
4. 電線の色別 (絶縁被覆の色) は、次によること。
   ① 100V 回路の電源からの接地側電線には、すべて白色を使用する。
   ② 100V 回路の電源から点滅器及びコンセントまでの非接地側電線には、すべて黒色を使用する。
   ③ 200V 回路の電源からの配線には、R 相に赤色、S 相に白色、T 相に黒色を使用する。
   ④次の器具の端子には、白色の電線を結線する。
   - ・コンセントの接地側極端子 (W と表示)
   - ・ランプレセプタクルの受金ねじ部の端子
   - ・引掛シーリングローゼットの接地側極端子 (接地側と表示)
   - ・配線用遮断器 (端子台) の記号 N の端子
5. VVF 用ジョイントボックス部分を経由する電線は、その部分ですべて接続箇所を設け、接続方法は、次によること。
   ① A 部分は、差込形コネクタによる接続とする。
   ② B 部分は、リングスリーブによる接続とする。

完成写真

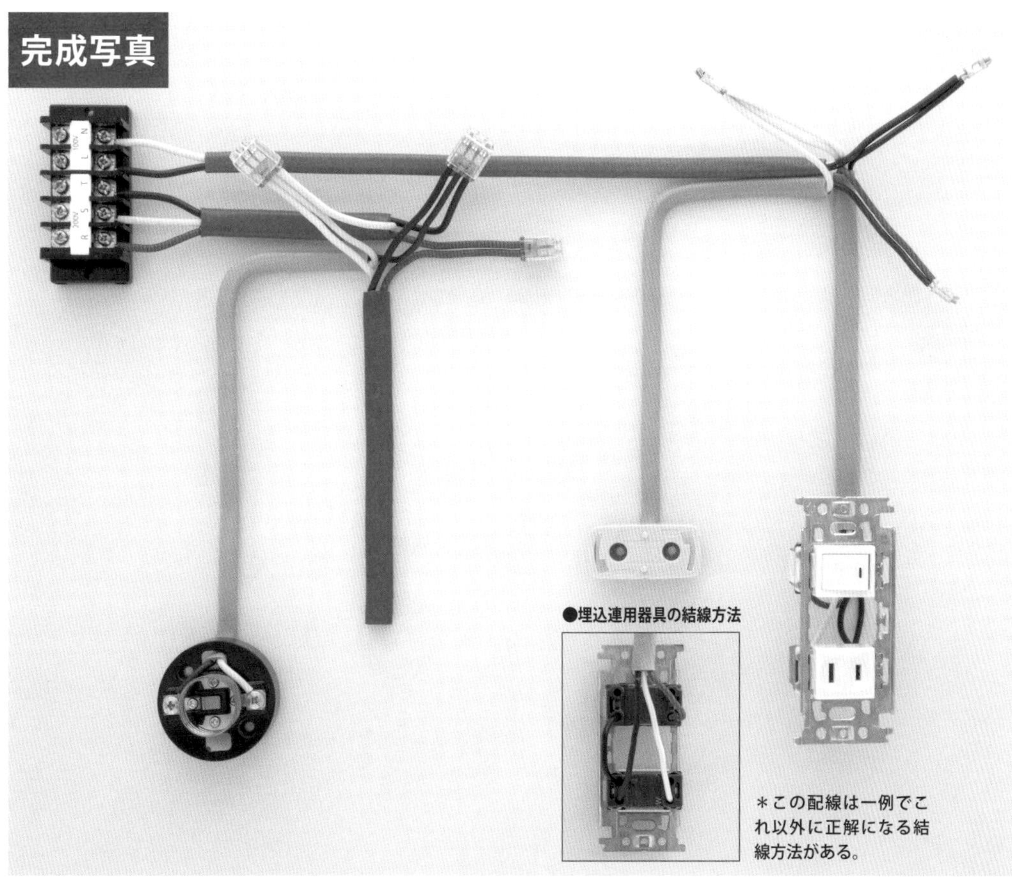
●埋込連用器具の結線方法
＊この配線は一例でこれ以外に正解になる結線方法がある。

支給材料

予想問題から想定される支給材料は次のとおり。ただし、下表のリングスリーブの個数には予備分は含まれていない。実際の試験では、予備が数個支給される。

	材料	寸法	数量
❶	600V ビニル絶縁ビニルシースケーブル平形 2.0mm 2 心（シース青）	約 450mm	1 本
❷	600V ビニル絶縁ビニルシースケーブル平形　2.0mm　3 心（シース青）	約 550mm	1 本
❸	600V ビニル絶縁ビニルシースケーブル平形　1.6mm　2 心	約 850mm	1 本
❹	600V ビニル絶縁ビニルシースケーブル平形　1.6mm　3 心	約 500mm	1 本
❺	端子台（配線用遮断器及び過負荷保護付漏電遮断器の代用）　5 極	―	1 個
❻	ランプレセプタクル（カバーなし）	―	1 個
❼	引掛シーリングローゼット（角形のボディのみ）	―	1 個
❽	埋込連用タンブラスイッチ	―	1 個
❾	埋込連用コンセント	―	1 個
❿	埋込連用取付枠	―	1 枚
⓫	リングスリーブ（小）	―	3 個
⓬	差込形コネクタ（2 本用）	―	1 個
⓭	差込形コネクタ（3 本用）	―	2 個

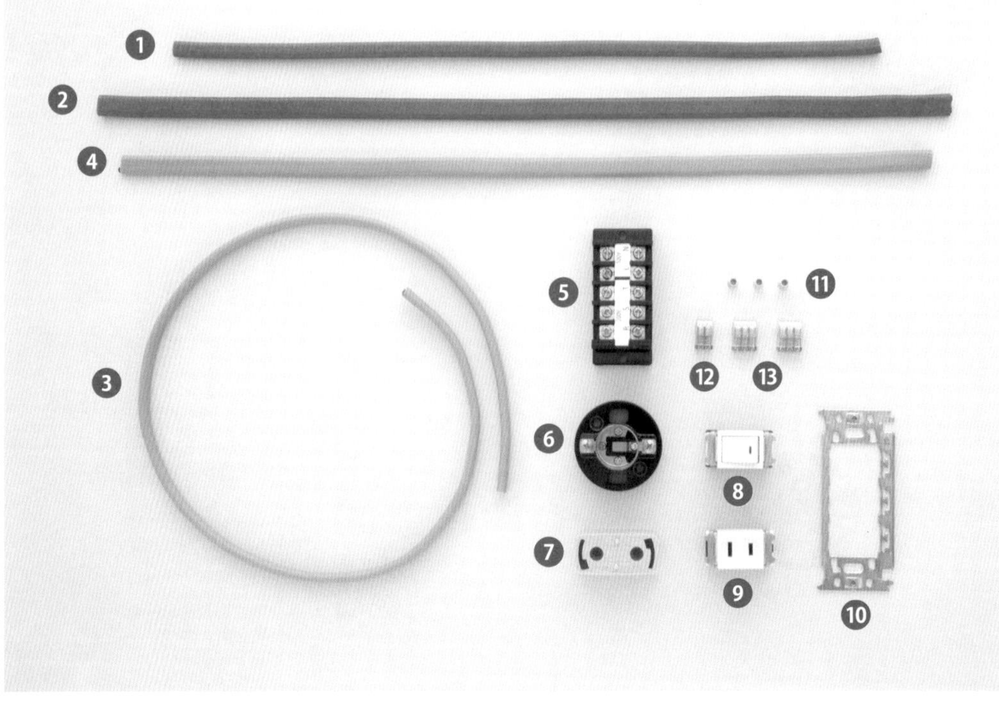

単線図から複線図を起こす

ココに注意

- 電源が２系統あるので、１系統ずつ完成させていく。
- 配線用遮断器の「N」はニュートラル＝neutralの略で接地線を、「L」はライブ＝liveの略で非接地線を接続する。
- 三相交流では「電源表示灯はS相とT相間に結線」という施工条件に注意。本試験では施工条件が異なる場合がある。よく確認すること。

単線図

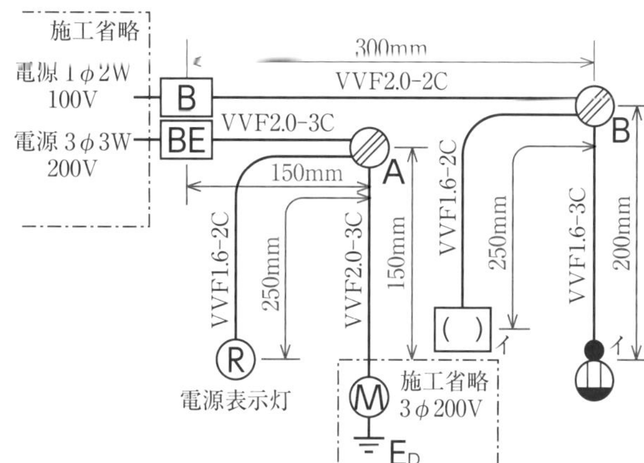

複線図

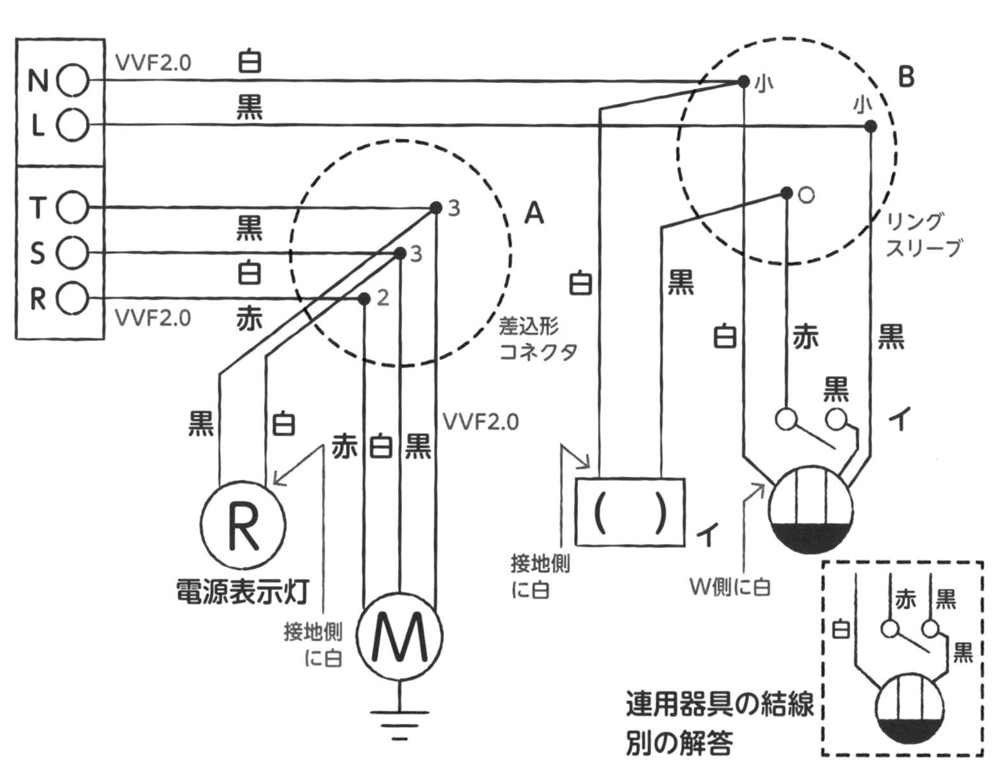

＊動画ではこの結線でつないでいる。

単線図から複線図を起こす

1

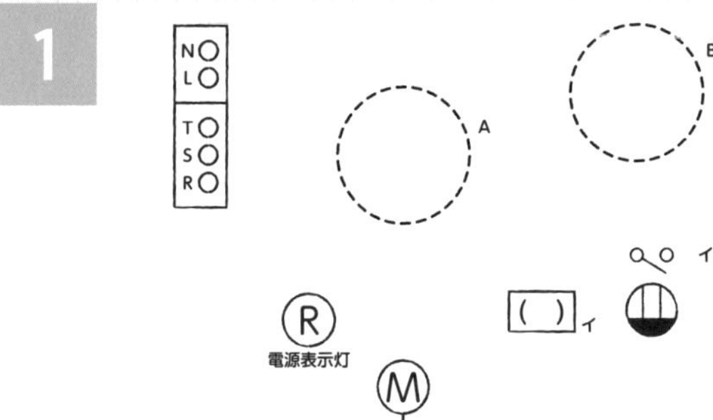

器具やボックスを配置する。結線をわかりやすく記すために、ボックスは少し大きめに描く。

2

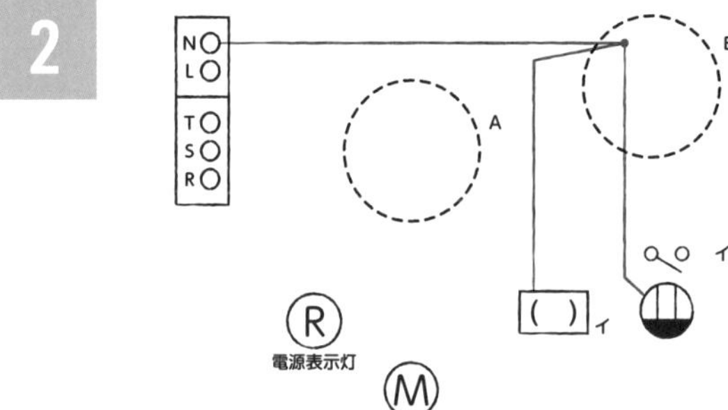

まず、1ϕ2Wのほうから描く。1ϕ2Wの接地側電線をN極から出して電源からイの器具とコンセントに結線する。

3

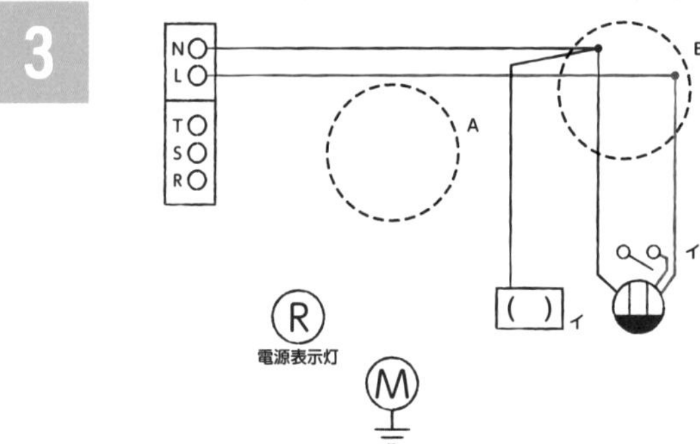

非接地側電線をL極から出して先にコンセントに接続してからわたり線をつないでスイッチに接続する。

4

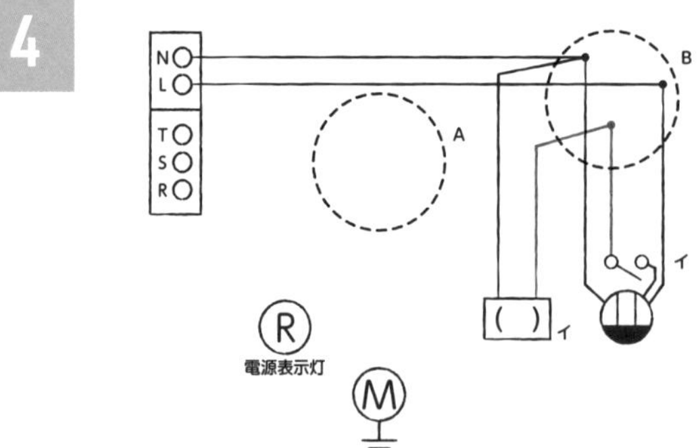

イのスイッチからはイの器具までを結線する。これで1ϕ2Wの配線は完成。

5

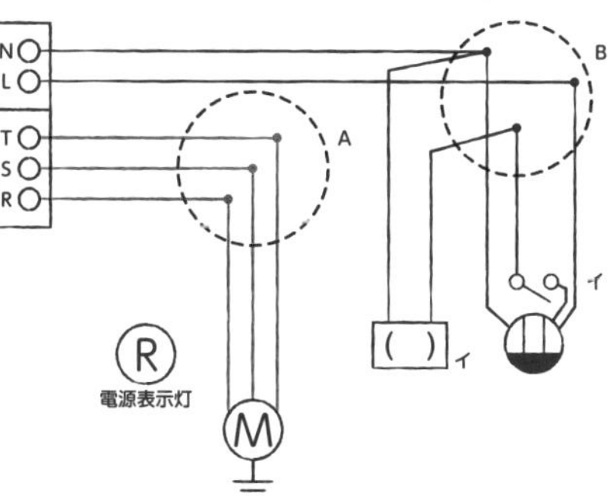

3φ3Wの3本の線を左のジョイントボックスを経由して施工省略であるMまで結線する。

6

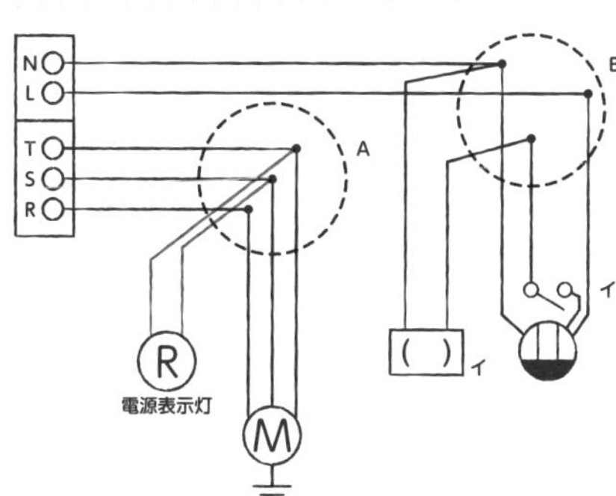

電源表示灯の2線をS相とT相に結線する。

⚠ **本試験では、別の2相から結線する施工条件が示される可能性がある。施工条件をよく確認すること。**

7

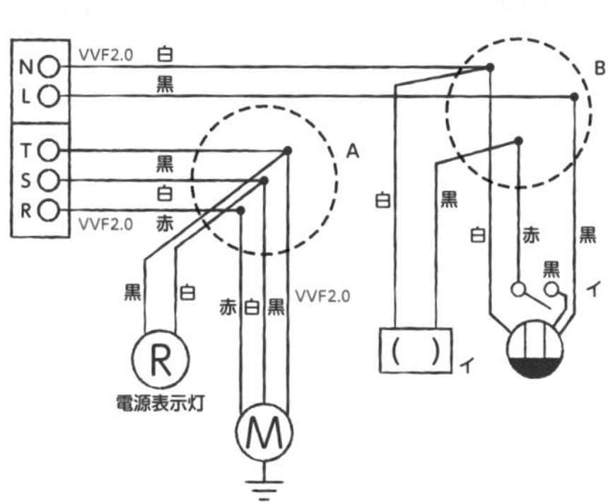

線の色と種類を記入する(VVF1.6は略)。接地側電線はすべて白、非接地側電線にすべて黒と記入する。電源3φ3Wから左のジョイントボックスAまでは、施工条件に従ってRSTの順に赤・白・黒を使用する。AからⓂまでも同じ。

8

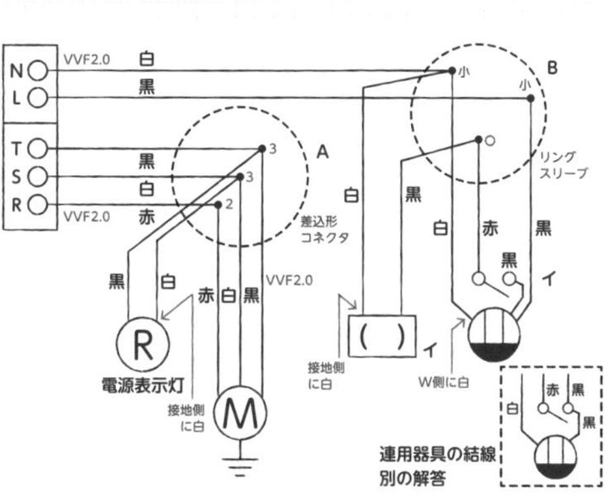

ジョイントボックスには「リングスリーブ」「コネクタ」と書いておく。リングスリーブ接続箇所に○・小・中の別、差込形コネクタの種類を記入する。

■

ケーブルの切断寸法と外装のはぎ取り寸法の目安

寸法の計算方法は P.176 を参照

単線図

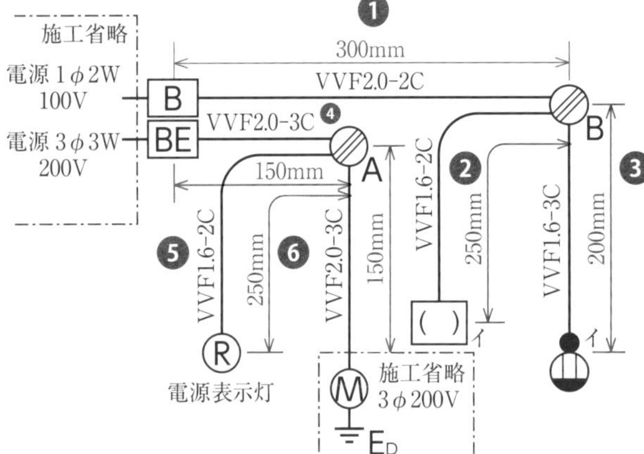

切断寸法は目安です。動画と異なる場合があります。

	切断寸法と外装のはぎ取り寸法の計算	
1	切断寸法	300mm ＋ 100mm ＋ 50mm ＝ 450mm
	はぎ取り寸法	ジョイントボックス側 100mm 端子台側 50mm
2	切断寸法	250mm ＋ 100mm ＋ 50mm ＝ 400mm
	はぎ取り寸法	ジョイントボックス側 100mm 引掛シーリング側 50mm*
3	切断寸法	200mm ＋ 100mm ＋ 100mm ＝ 400mm わたり線 100mm　1 本
	はぎ取り寸法	B のジョイントボックス側 100mm 埋込連用器具側 100mm
4	切断寸法	150mm ＋ 100mm ＋ 50mm ＝ 300mm
	はぎ取り寸法	ジョイントボックス側 100mm 端子台側 50mm
5	切断寸法	250mm ＋ 100mm ＋ 50mm ＝ 400mm
	はぎ取り寸法	ジョイントボックス側 100mm ランプレセプタクル側 50mm
6	切断寸法	150mm ＋ 100mm ＝ 250mm
	はぎ取り寸法	ジョイントボックス側 100mm

＊引掛シーリング側の外装のはぎ取り寸法はシーリングの高さにあわせてもよい（P.200 参照）

切断寸法とはぎ取り寸法

＊ジョイントボックス側の絶縁被覆は 30 〜 50mm ではぎ取る。

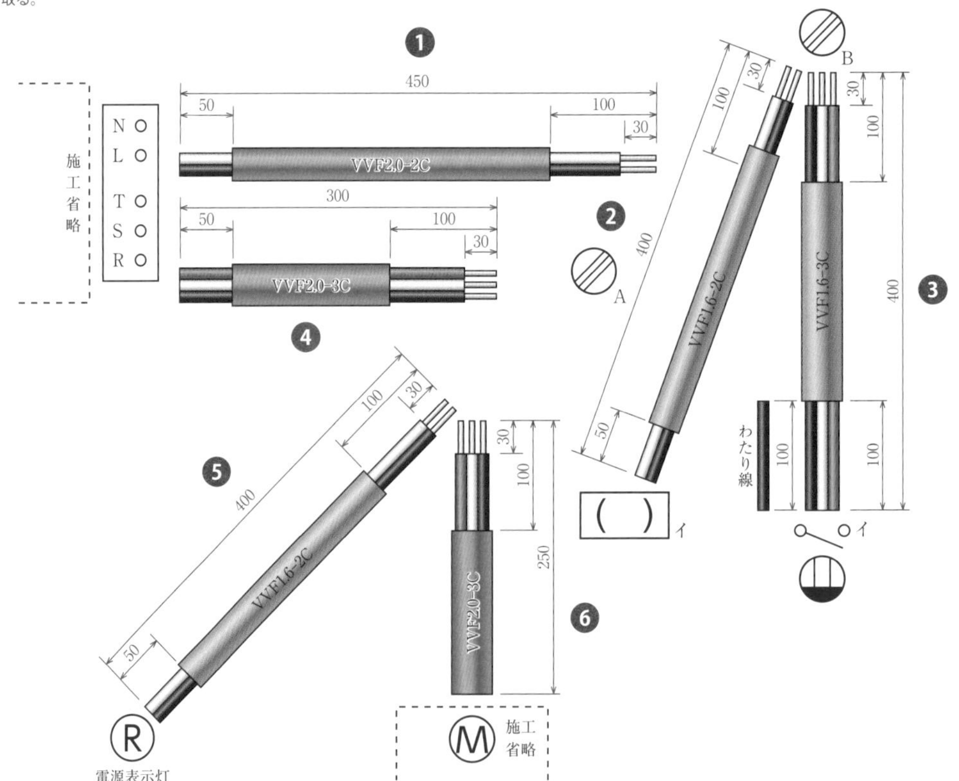

作業の進め方

1

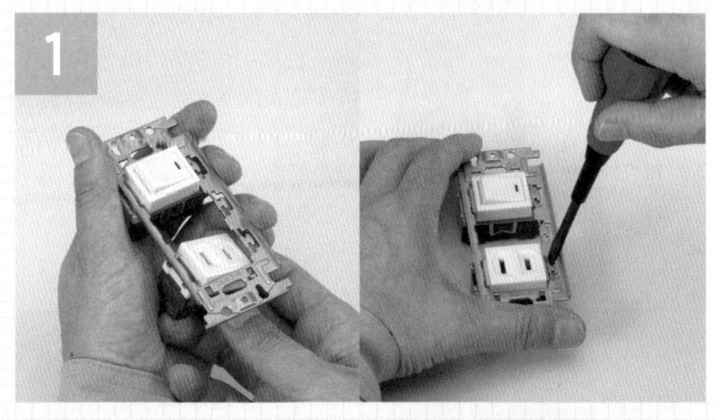

埋込連用取付枠への連用器具の取付

取付枠の上下、スイッチやコンセントの上下に注意しながら、器具を取付枠に取り付ける。

▼

2

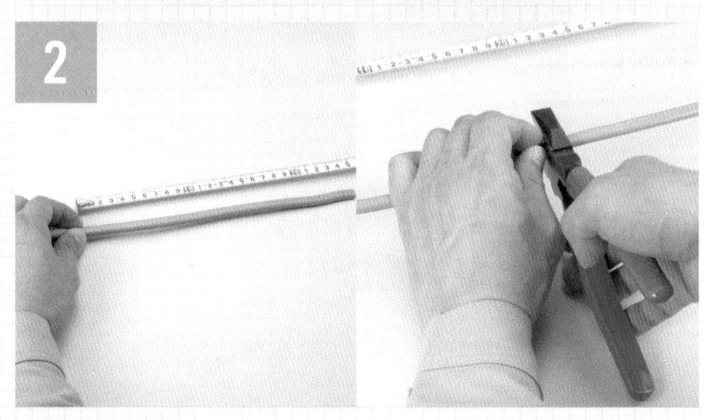

ケーブルの切断と外装のはぎ取り

P.50の切断寸法にあわせてケーブルを切断する。

▼

3

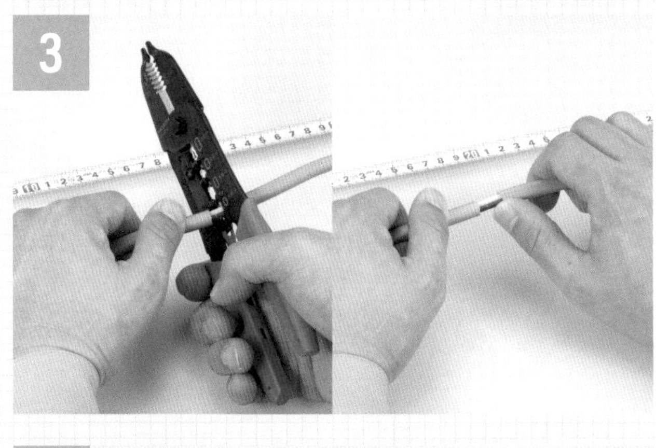

P.50の寸法どおりにスケールで測ってから、ケーブルストリッパで外装に切れ目を入れてから手ではぎ取る。外装のはぎ取りまではすべてのケーブルをこの段階でやっておく。

▼

4

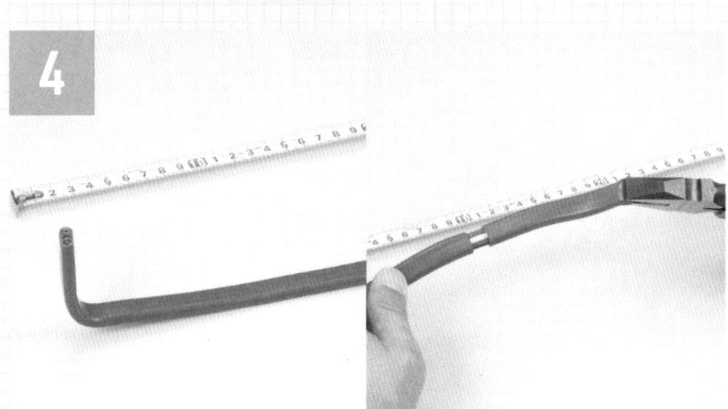

VVF2.0mm 3心ケーブルは外装がむきにくい。反対側の端を曲げて、ペンチを使ってはぎ取ると絶縁電線が外装からすっぽ抜けない。

▼

作業の進め方

5

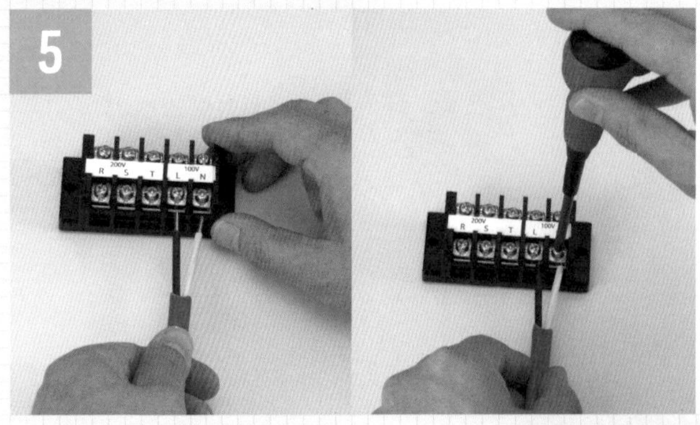

器具への結線

端子台の1 φ 2Wのほうに結線する。端子台の幅にあわせて心線の長さを決めてから、絶縁被覆をはぎ取って、N側に白線、L側に黒線をつなぐ。

▼

6

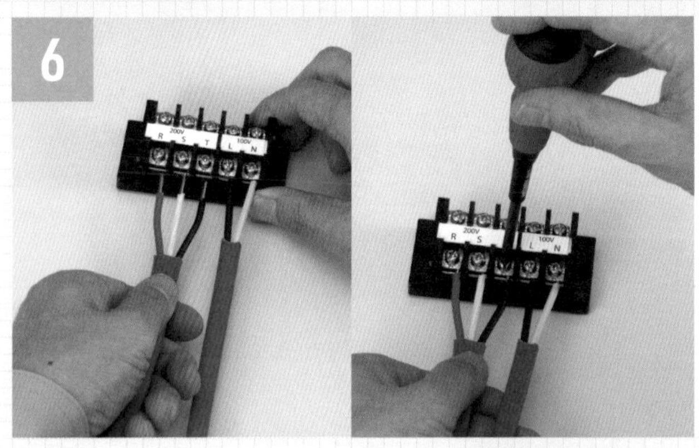

三相のほうを結線する。まず、端子台のRST相に3心ケーブルをつなぐ。端子ねじを緩めて挿入してみて長さを調整し、端子ねじから心線が1mm程度見えている長さに調整したら、施工条件に合わせてRに赤線、Sに白線、Tに黒線を結線する。

▼

7

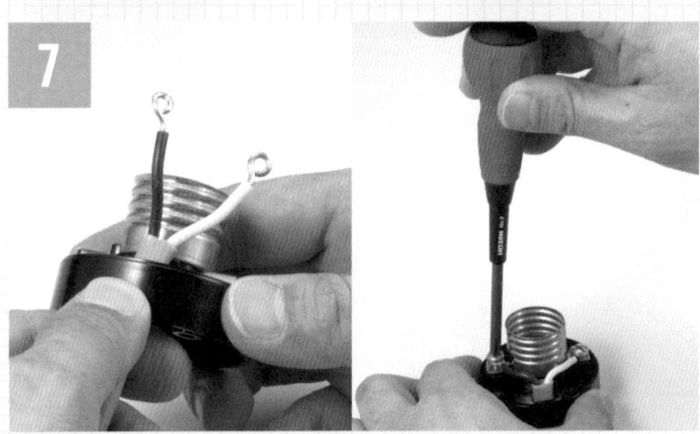

ランプレセプタクルに結線する。輪の向き、極性を間違えないように注意。

▼

8

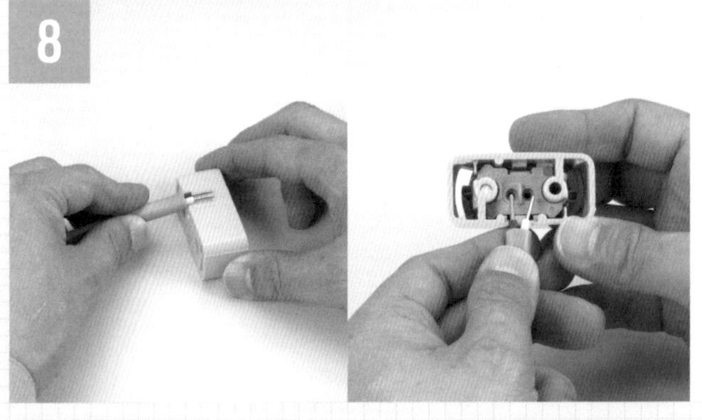

引掛シーリングのストリップゲージにあわせて絶縁被覆をむき、心線を器具に差し込む。

▼

9

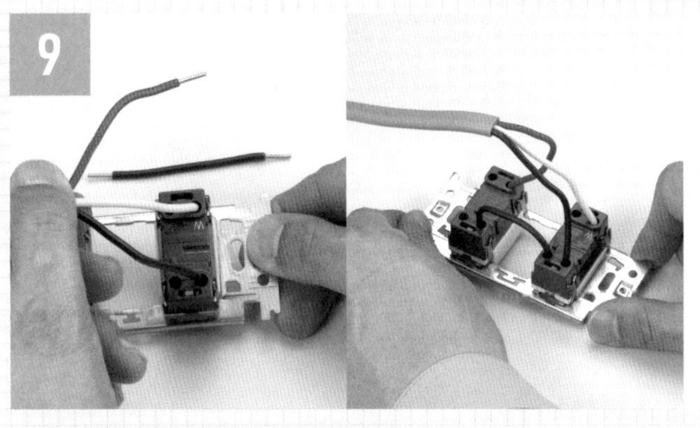

コンセント裏のストリップゲージに合わせて被覆をむき、接地側に白色、非接地側に黒色を差し込む。コンセントに結線してから、わたり線をつけて、赤線をスイッチにつなぐ。

10

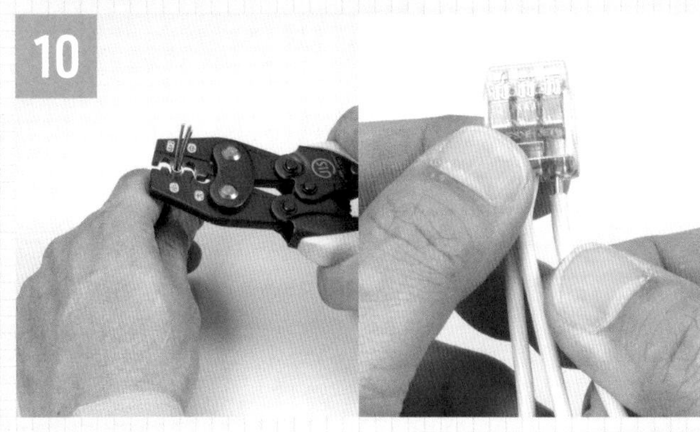

ジョイントボックス内の結線

これまで作ってきた部材を組み合わせて完成させる。複線図で結線を確認して、リングスリーブ、差込形コネクタで結線する。

完成写真

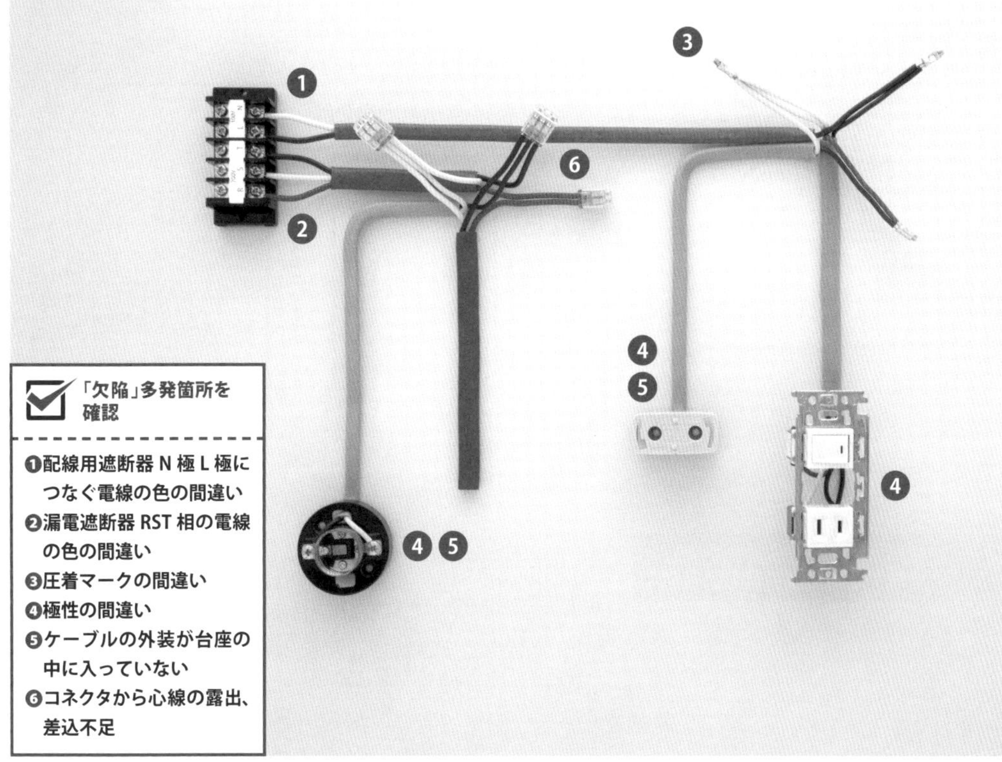

「欠陥」多発箇所を確認

❶配線用遮断器N極L極につなぐ電線の色の間違い
❷漏電遮断器RST相の電線の色の間違い
❸圧着マークの間違い
❹極性の間違い
❺ケーブルの外装が台座の中に入っていない
❻コネクタから心線の露出、差込不足

候補問題

NO.5 から予想される出題

⚠ココに注意

- ２系統の電源がある回路。それぞれの回路を別々に考えて複線図を描き、工事も分ける。
- 電源は省略され、端子台に代用される配線用遮断器や漏電遮断器に結線する。端子の記号の意味を知っておくこと。
- コンセントとスイッチ２つの連用は接続ミスに注意。まずはコンセントに電源からの線を入れて、スイッチにわたり線をつなぐ。

問題

試験時間40分

図に示す低圧屋内配線工事を与えられた材料を使用し、〈施工条件〉に従って完成させなさい。

なお、

1. 配線用遮断器、漏電遮断器(過負荷保護付)及び接地端子は、端子台で代用するものとする。
2. ――・――・――で示した部分は施工を省略する。
3. VVF用ジョイントボックス及びスイッチボックスは支給していないので、その取り付けは省略する。
4. 電線接続箇所のテープ巻きや絶縁キャップによる絶縁処理は省略する。
5. 作品は保護板(板紙)に取り付けないものとする。

図１　配線図

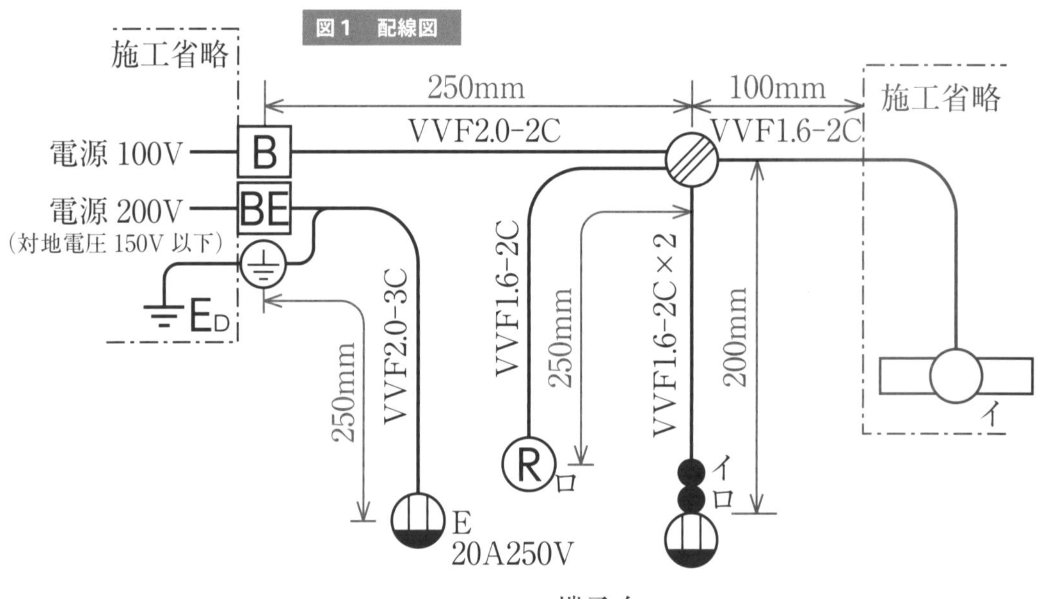

図２　配線用遮断器、漏電遮断器及び接地端子代用の端子台の説明図

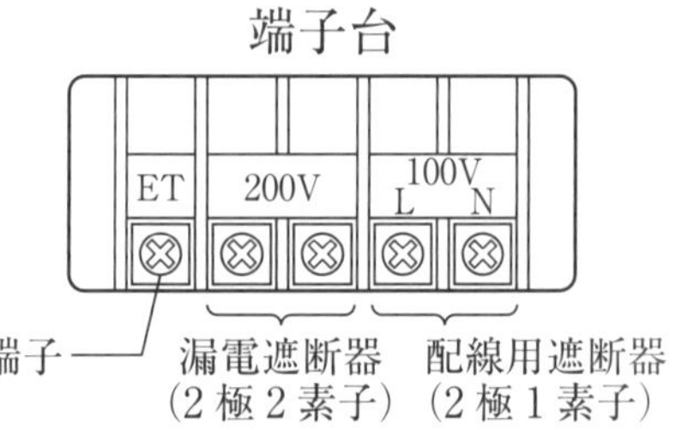

施工条件

1. 配線及び器具の配置は、図 1 に従って行うこと。
   なお、「ロ」のタンブラスイッチは、取付枠の中央に取り付けること。
2. 配線用遮断器、漏電遮断器及び接地端子代用の端子台は、図 2 に従って使用すること。
3. 電線の色別 (絶縁被覆の色) は、次によること。
   ①電源からの接地側電線には、すべて白色を使用する。
   ② 100V 回路の電源から点滅器及びコンセントまでの非接地側電線には、すべて黒色を使用する。
   ③接地線には、緑色を使用する。
   ④次の器具の端子には、白色の電線を結線する。
   ・コンセントの接地側極端子 (W と表示)
   ・ランプレセプタクルの受金ねじ部の端子
   ・配線用遮断器 (端子台) の記号 N の端子
4. VVF 用ジョイントボックス部分を経由する電線は、その部分ですべて接続箇所を設け、接続方法は、次によること。
   ① 4 本の接続箇所は、差込形コネクタによる接続とする。
   ②その他の接続箇所は、リングスリーブによる接続とする。

完成写真

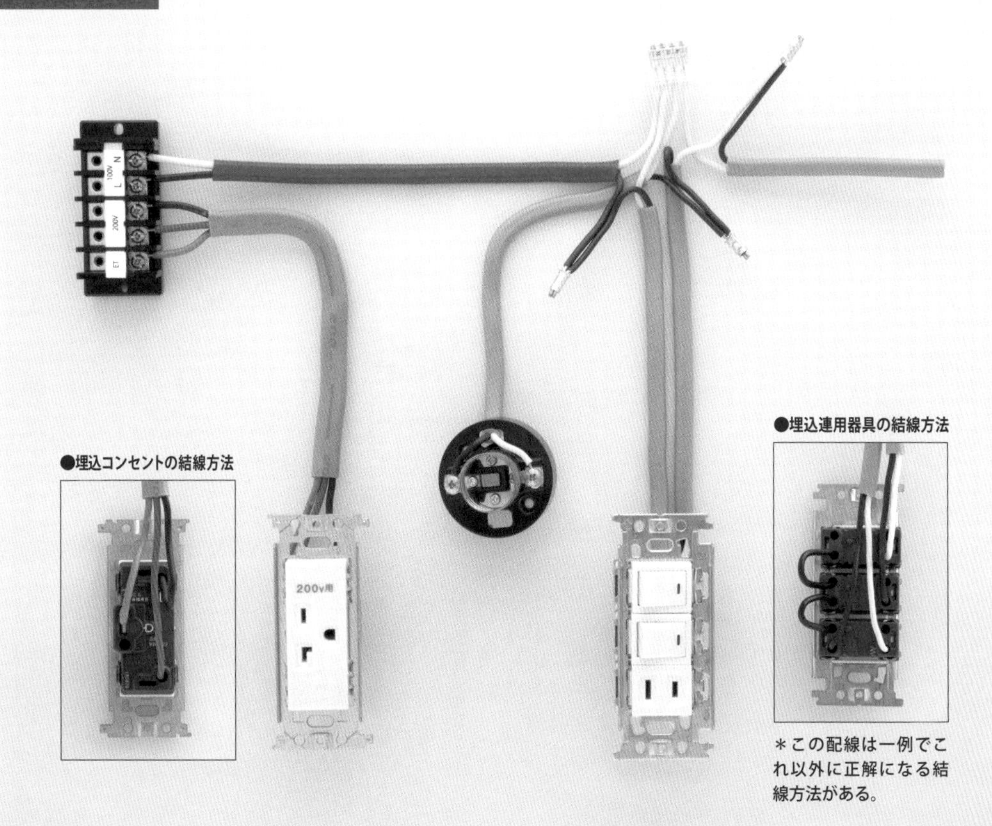

＊この配線は一例でこれ以外に正解になる結線方法がある。

支給材料

予想問題から想定される支給材料は次のとおり。ただし、下表のリングスリーブの個数には予備分は含まれていない。実際の試験では、予備が数個支給される。

	材料	寸法	数量
❶	600V ビニル絶縁ビニルシースケーブル平形 2.0mm 2 心（シース青）	約400mm	1本
❷	600V ビニル絶縁ビニルシースケーブル平形　2.0mm　3心（黒・赤・緑）	約400mm	1本
❸	600V ビニル絶縁ビニルシースケーブル平形　1.6mm　2心	約1650mm	1本
❹	端子台（配線用遮断器、過負荷保護付漏電遮断器及び接地端子の代用）　5極	ー	1個
❺	ランプレセプタクル（カバーなし）	ー	1個
❻	埋込連用タンブラスイッチ	ー	2個
❼	埋込コンセント（20A250V、接地極付）	ー	1個
❽	埋込連用コンセント	ー	1個
❾	埋込連用取付枠	ー	1枚
❿	リングスリーブ（小）	ー	3個
⓫	差込形コネクタ（4本用）	ー	1個

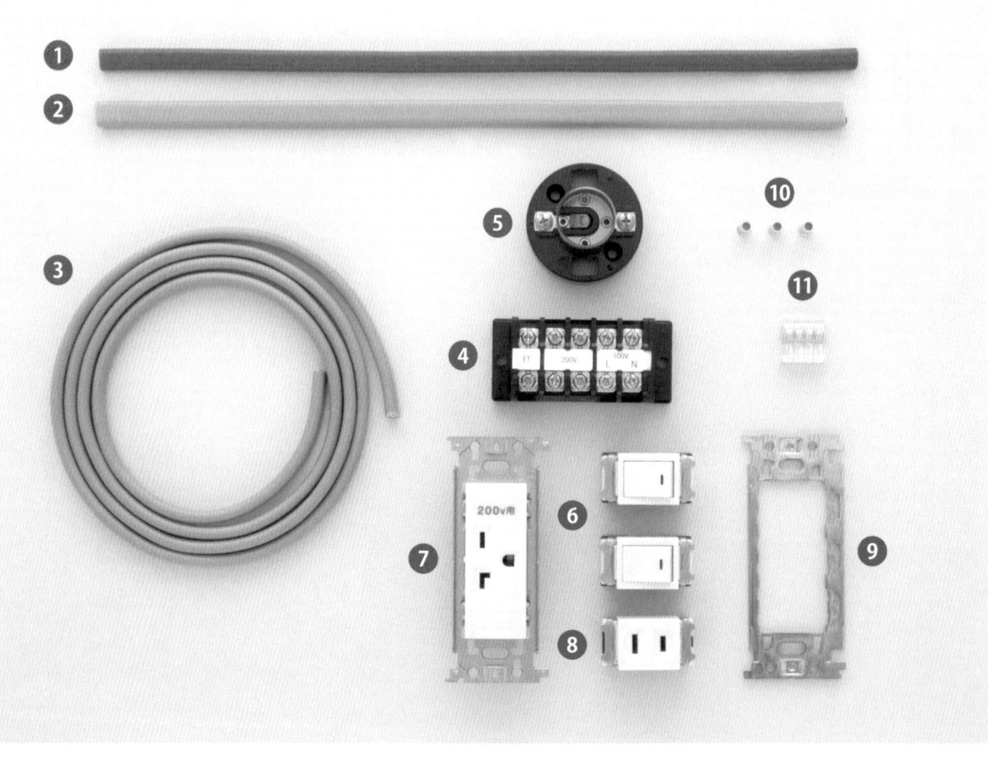

単線図から複線図を起こす

⚠ココに注意

●電源が２系統あるので、１系統ずつ完成させていく。手順は基本ルールと同じ。
●配線用遮断器の「N」はニュートラル＝neutral の略で電源の接地側電線を、「L」はライブ＝live の略で非接地側電線を接続する。
●電源 200V の漏電遮断器の接地端子は緑をつなぐ。

単線図

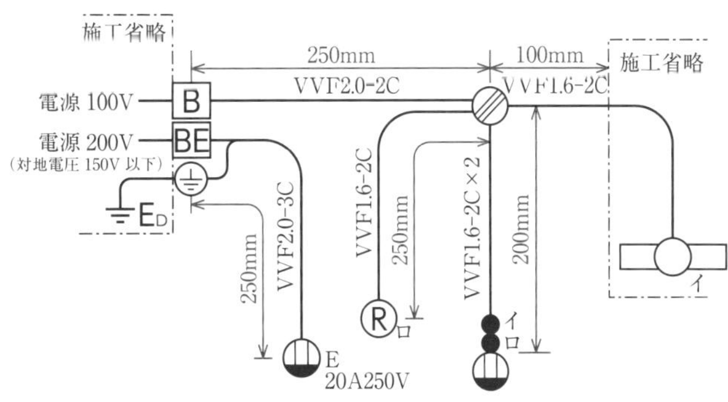

複線図

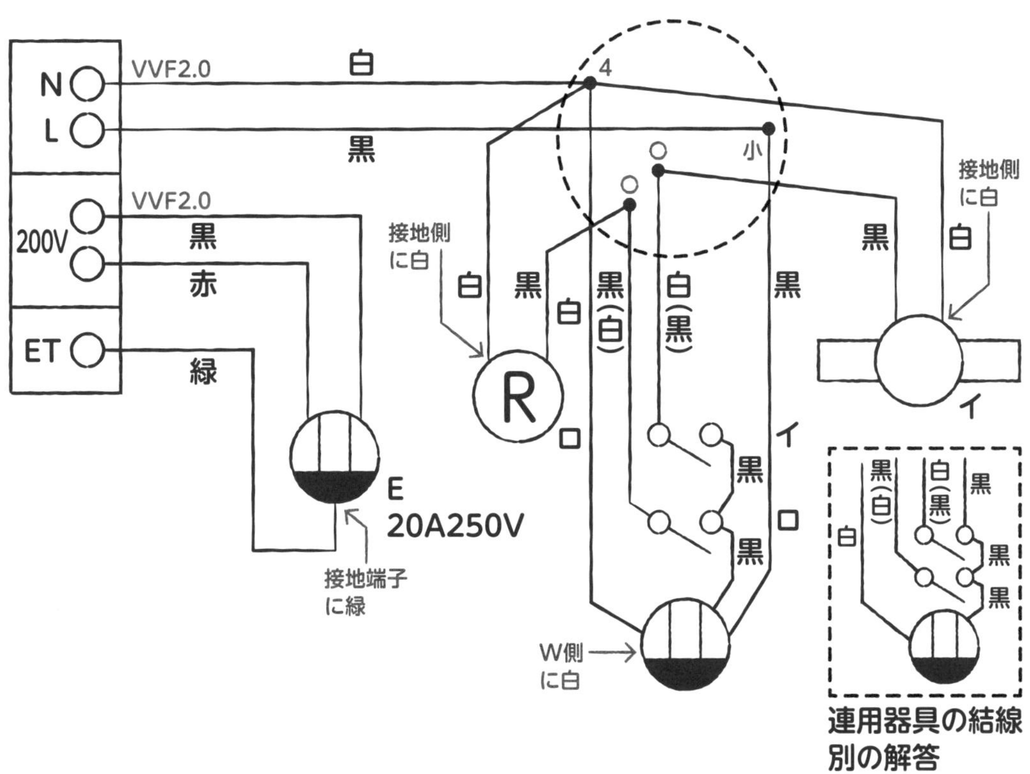

単線図から複線図を起こす

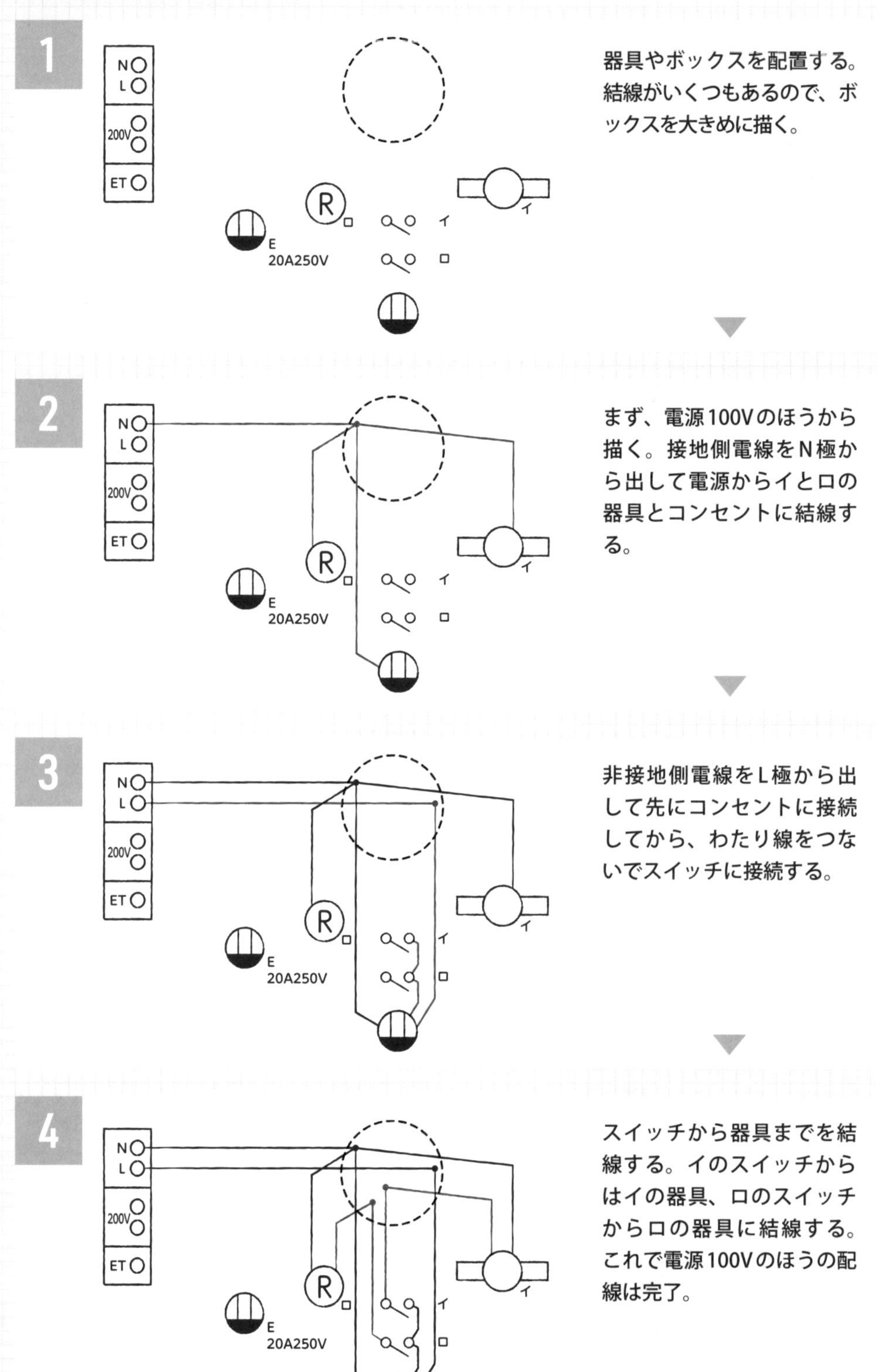

1 器具やボックスを配置する。結線がいくつもあるので、ボックスを大きめに描く。

2 まず、電源100Vのほうから描く。接地側電線をN極から出して電源からイとロの器具とコンセントに結線する。

3 非接地側電線をL極から出して先にコンセントに接続してから、わたり線をつないでスイッチに接続する。

4 スイッチから器具までを結線する。イのスイッチからはイの器具、ロのスイッチからロの器具に結線する。これで電源100Vのほうの配線は完了。

5

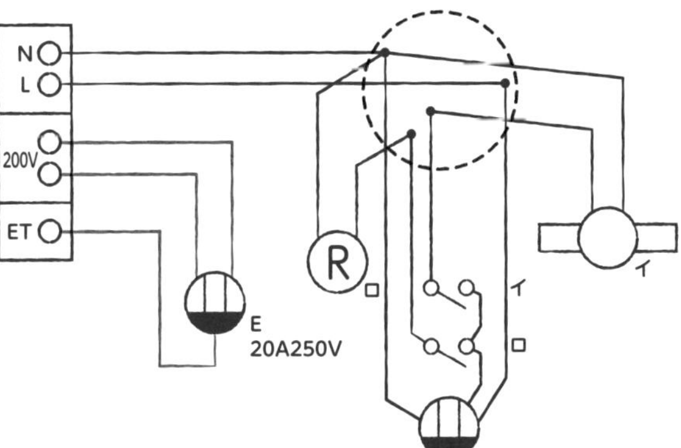

次に電源200Vの線を200Vコンセントに結線する。200Vコンセントの接地端子と電源側の接地端子に結線する。電源200Vのほうもこれで完了。

6

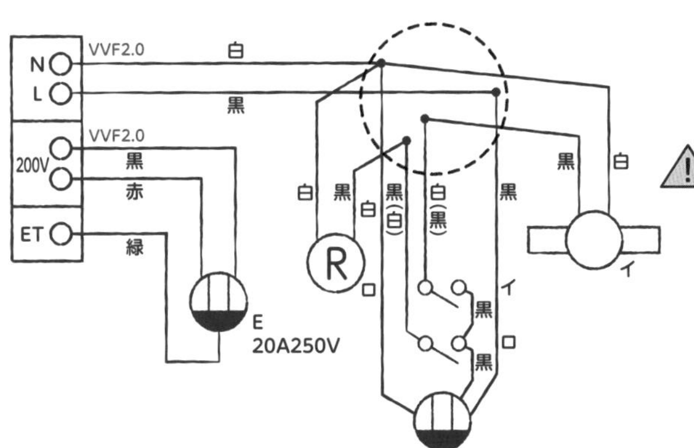

線の色と種類を記入する(VVF1.6は略)。接地側電線は白、非接地側電線は黒と記入する。

イ・ロのスイッチからジョイントボックスまでは、VVF1.6-2Cを2本通すが、非接地側電線以外は特に指定がないため、何色を使用しても回路的に誤りがなければ問題ない。

7

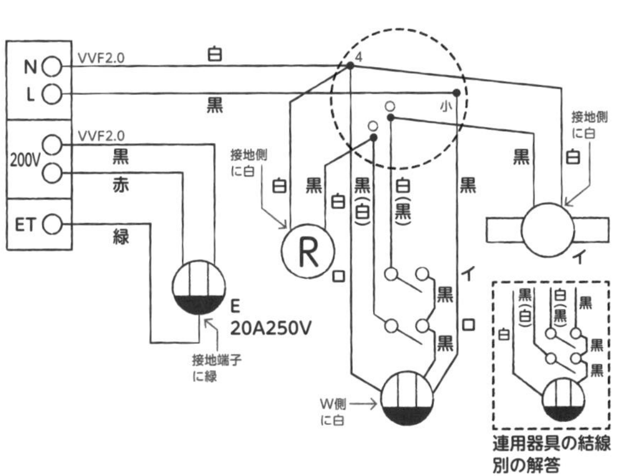

リングスリーブ接続箇所に○・小の別、差込形コネクタの種類を記入する。

ケーブルの切断寸法と外装のはぎ取り寸法の目安

単線図

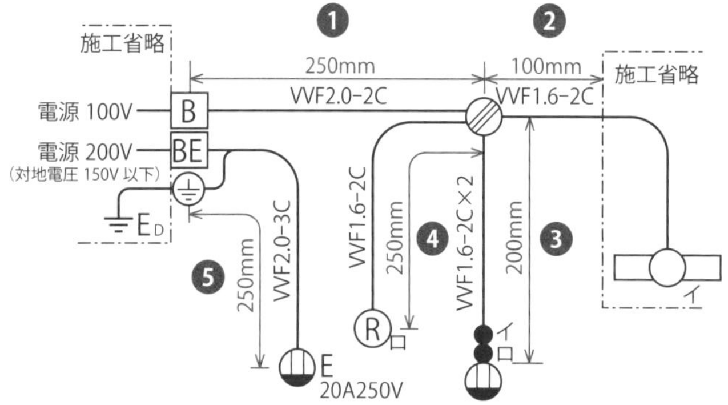

切断寸法は目安です。動画と異なる場合があります。

切断寸法と外装のはぎ取り寸法の計算		
❶	切断寸法	250mm + 100mm + 50mm = 400mm
	はぎ取り寸法	ジョイントボックス側 100mm 端子台側 50mm
❷	切断寸法	100mm + 100mm = 200mm
	はぎ取り寸法	ジョイントボックス側 100mm
❸	切断寸法	200mm + 100mm + 100mm = 400mm わたり線 100mm　2 本
	はぎ取り寸法	ジョイントボックス側 100mm 埋込連用器具側 100mm
❹	切断寸法	250mm + 100mm + 50mm = 400mm
	はぎ取り寸法	ジョイントボックス側 100mm ランプレセプタクル側 50mm
❺	切断寸法	250mm + 100mm + 50mm = 400mm
	はぎ取り寸法	コンセント側 100mm 端子台側 50mm

切断寸法とはぎ取り寸法

＊ジョイントボックス側の絶縁被覆は 30 ～ 50mm ではぎ取る。

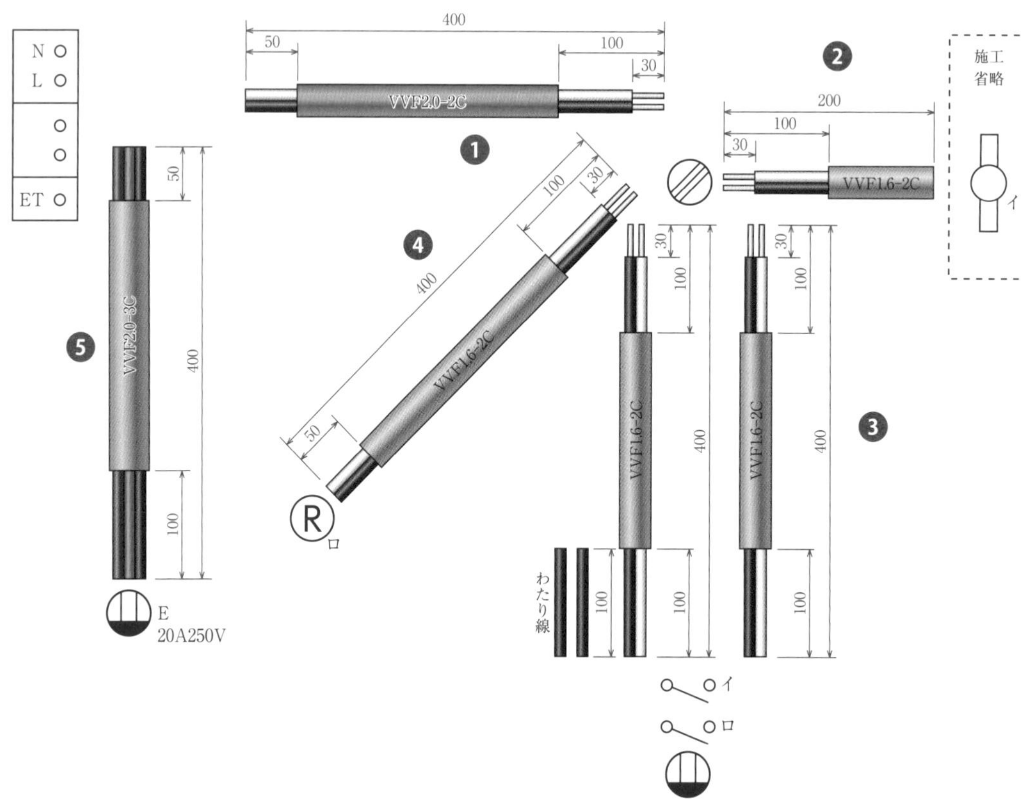

作業の進め方

1

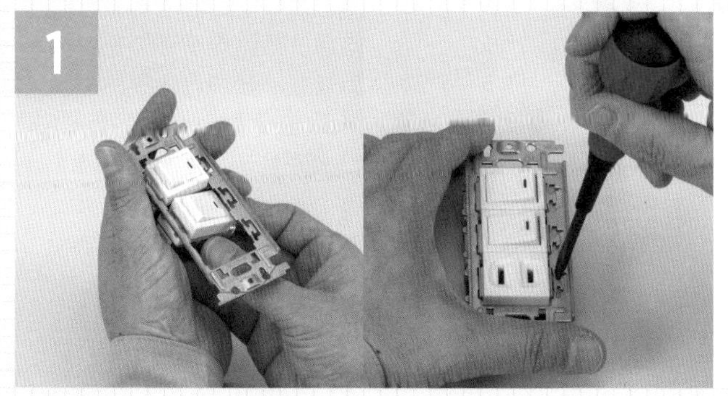

埋込連用取付枠への連用器具の取付

取付枠の上下、スイッチの上下に注意しながら、取付枠に取り付ける。

2

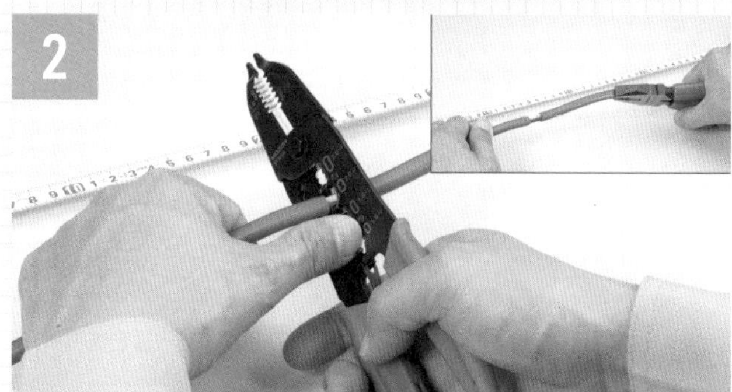

ケーブルの切断と外装のはぎ取り

P.60の切断寸法にあわせてケーブルを切断してから外装をむく。外装がむきにくいときはペンチを使うとよい。外装のはぎ取りまではすべてのケーブルをこの段階でやっておく。

3

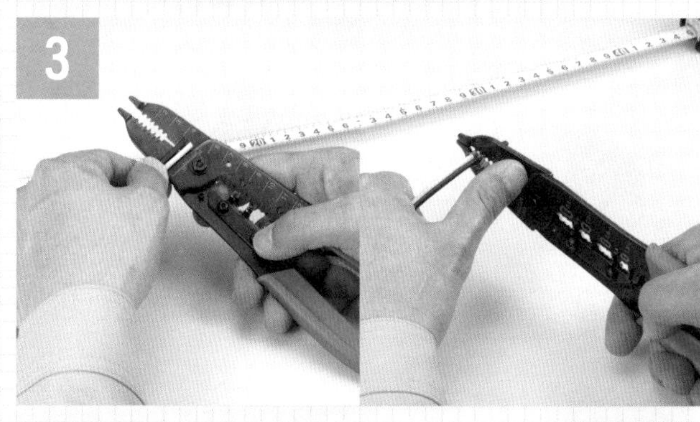

P.60の寸法にあわせて絶縁被覆をむく。ケーブルストリッパのスケールで測ってもよい。

4

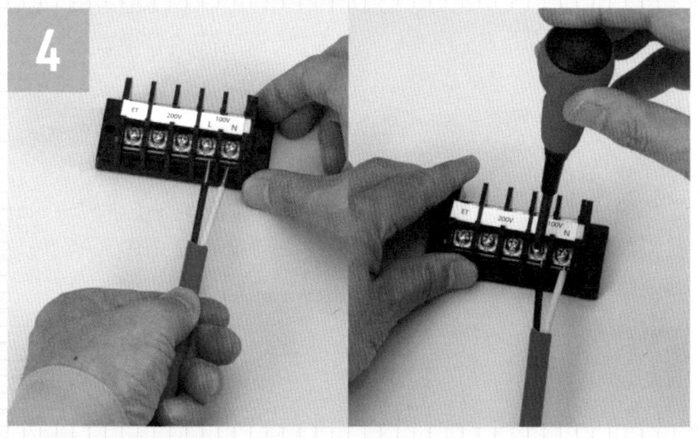

器具への結線

端子台の電源100Vのほうに結線する。端子台の幅にあわせて心線の長さを決めてから、絶縁被覆をはぎ取って、N側に白線、L側に黒線をつなぐ。

作業の進め方

5

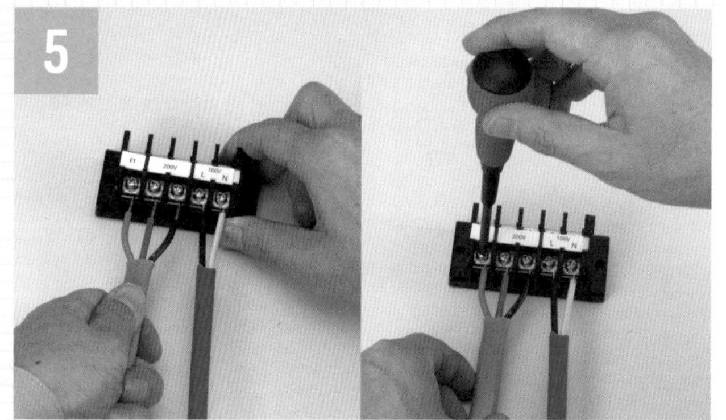

端子台の電源200Vのほうに結線する。端子台の幅にあわせて心線の長さを決めてから、絶縁被覆をはぎ取って、ET端子に緑線をまず接続する。他2つの端子は赤と黒どちらをつないでもよい。

6

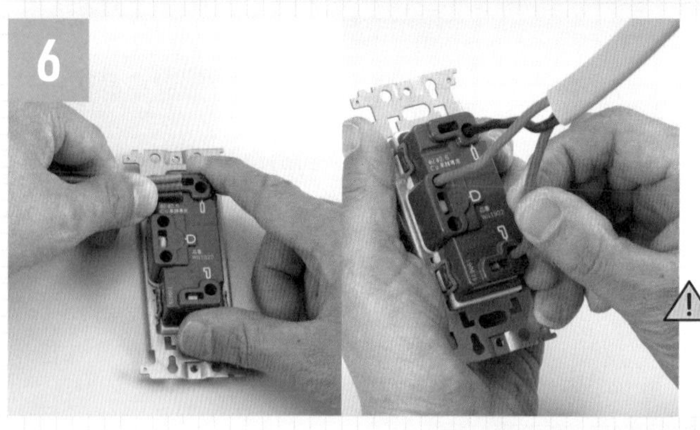

20A250V接地極付コンセントに結線する。まず緑線を接地極に接続する。他2つの端子は赤と黒どちらをつないでもよい。

⚠ 接地極の穴が2つ空いている場合があるが、これはどちらに緑線をつないでもよい。

7

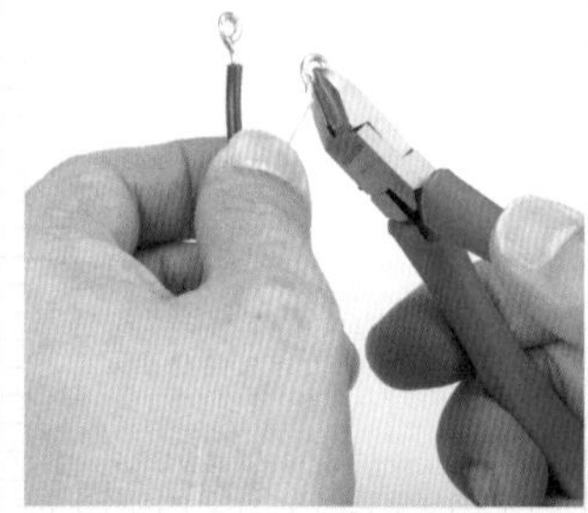

ランプレセプタクルに結線する。輪の向き、極性を間違えないように注意。

⚠ 輪作りがうまくいかないときは少し大きめに作り、心線をニッパーで切ってから大きさを調整するとよい。

8

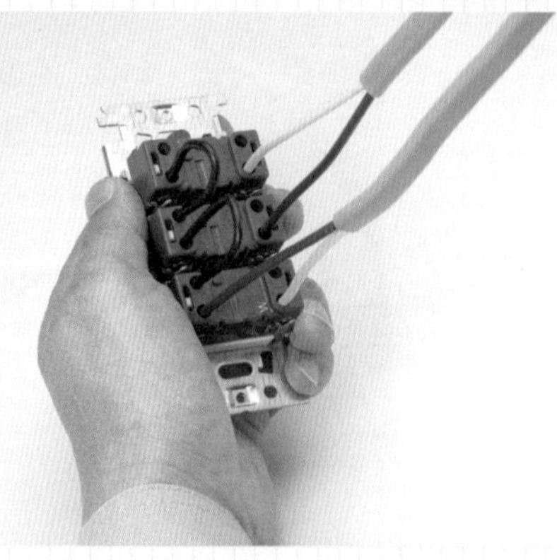

コンセントとスイッチの連用の場合、まず電源からの非接地側電線をコンセントに接続してからわたり線でスイッチにつなぐのが基本。

コンセント裏のストリップゲージに合わせて被覆をむき、接地側に白色、非接地側に黒色を差し込む。コンセントに結線してから、わたり線をつけて、2つのスイッチにつなぐ。

9

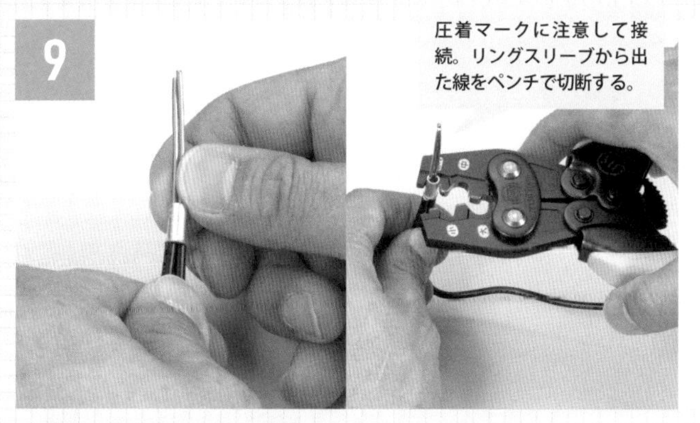

圧着マークに注意して接続。リングスリーブから出た線をペンチで切断する。

ジョイントボックス内の結線

これまで作ってきた部材を組み合わせて完成させる。複線図で結線を確認して、リングスリーブで結線する。「○」と「小」を間違えないように注意。

10

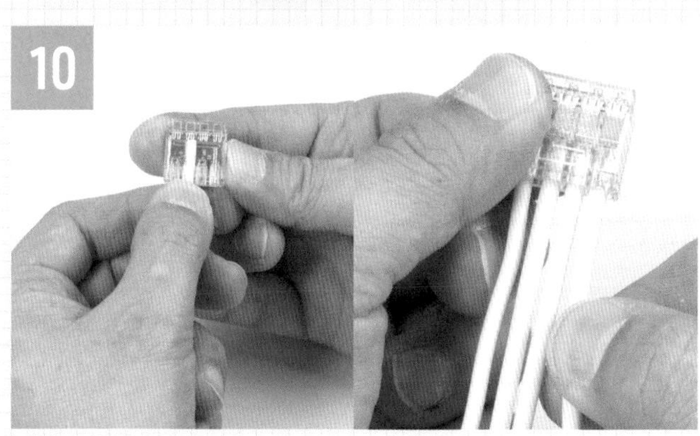

差込形コネクタで４本を結線する。心線をはめ込む前に必ずストリップゲージに当てて長さを確認する。

完成写真

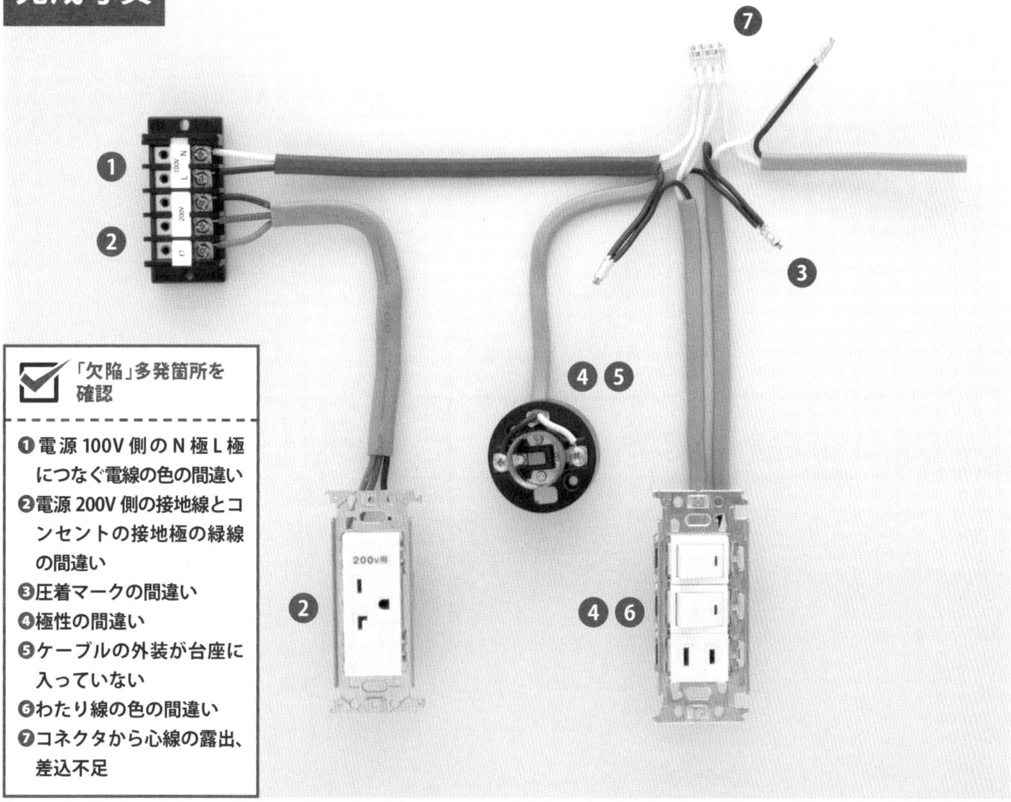

「欠陥」多発箇所を確認

❶電源 100V 側の N 極 L 極につなぐ電線の色の間違い
❷電源 200V 側の接地線とコンセントの接地極の緑線の間違い
❸圧着マークの間違い
❹極性の間違い
❺ケーブルの外装が台座に入っていない
❻わたり線の色の間違い
❼コネクタから心線の露出、差込不足

候補問題

NO.6 から予想される出題

⚠ココに注意

- 3路スイッチの配線。2箇所のスイッチから同一の機器の点滅ができる配線の構造を覚え（P.158参照）、3路スイッチを1つの大きなスイッチとして考えられるように。
- 構造を覚えるには複線図を何度か描いてみるとよい。
- 右側のジョイントボックス側をリングスリーブで圧着する場合、「O」と「小」の刻印を間違えやすい。

問題

試験時間 40分

図に示す低圧屋内配線工事を与えられた材料を使用し、〈施工条件〉に従って完成させなさい。

なお、

1. ——・——・——で示した部分は施工を省略する。
2. VVF用ジョイントボックス及びスイッチボックスは支給していないので、その取り付けは省略する。
3. 電線接続箇所のテープ巻きや絶縁キャップによる絶縁処理は省略する。
4. 作品は保護板（板紙）に取り付けないものとする。

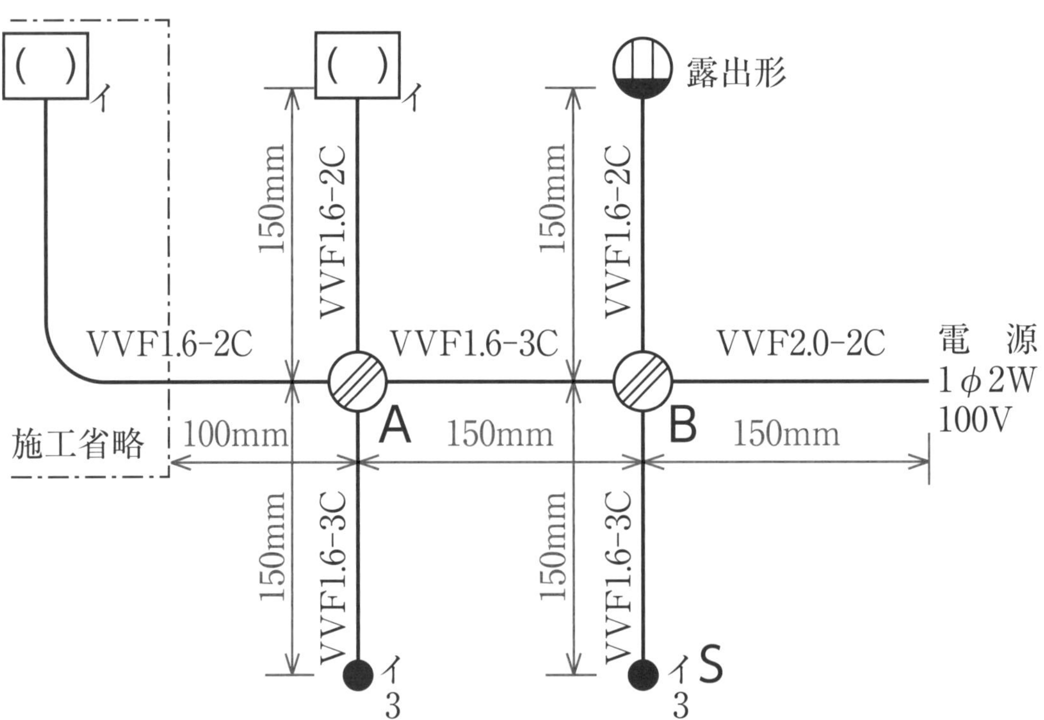

施工条件

1. 配線及び器具の配置は、図に従って行うこと。
2. 3 路スイッチの配線方法は、次によること。
   3 路スイッチの記号「0」の端子には電源側又は負荷側の電線を結線し、記号「1」と「3」の端子にはスイッチ相互間の電線を結線する。
3. 電線の色別 (絶縁被覆の色) は、次によること。
   ①電源からの接地側電線には、すべて白色を使用する。
   ②電源から 3 路スイッチ S 及び露出形コンセントまでの非接地側電線には、すべて黒色を使用する。
   ③次の器具の端子には、白色の電線を結線する。
   ・露出形コンセントの接地側極端子 (Wと表示)
   ・引掛シーリングローゼットの接地側極端子 (接地側と表示)
4. VVF 用ジョイントボックス部分を経由する電線は、その部分ですべて接続箇所を設け、接続方法は、次によること。
   ① A 部分は、差込形コネクタによる接続とする。
   ② B 部分は、リングスリーブによる接続とする。
5. 露出形コンセントへの結線は、ケーブルを挿入した部分に近い端子に行うこと。

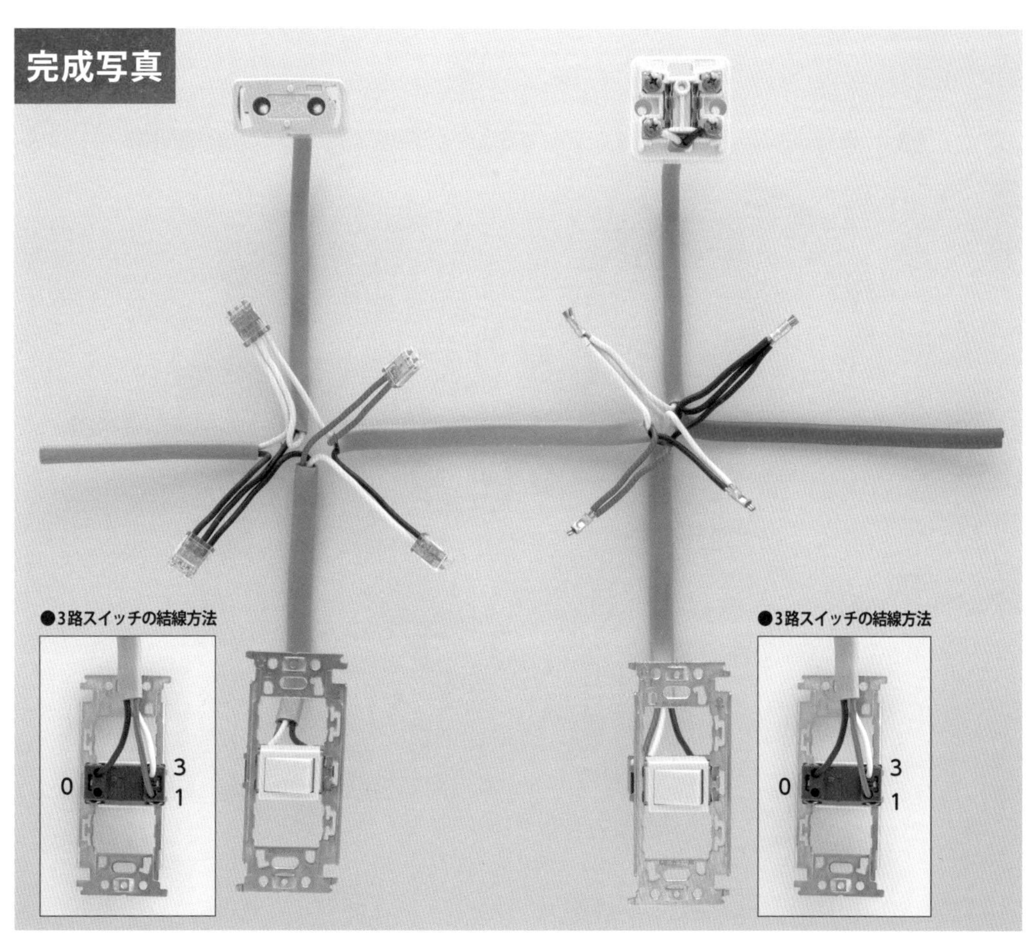

支給材料

予想問題から想定される支給材料は次のとおり。ただし、下表のリングスリーブの個数には予備分は含まれていない。実際の試験では、予備が数個支給される。

	材料	寸法	数量
❶	600V ビニル絶縁ビニルシースケーブル平形　2.0mm 2 心（シース青）	約 250mm	1 本
❷	600V ビニル絶縁ビニルシースケーブル平形　1.6mm　2 心	約 850mm	1 本
❸	600V ビニル絶縁ビニルシースケーブル平形　1.6mm　3 心	約 1050mm	1 本
❹	露出形コンセント（カバーなし）	―	1 個
❺	引掛シーリングローゼット（角形のボディのみ）	―	1 個
❻	埋込連用タンブラスイッチ（3 路用）	―	2 個
❼	埋込連用取付枠	―	2 枚
❽	リングスリーブ（小）	―	4 個
❾	差込形コネクタ（2 本用）	―	2 個
❿	差込形コネクタ（3 本用）	―	2 個

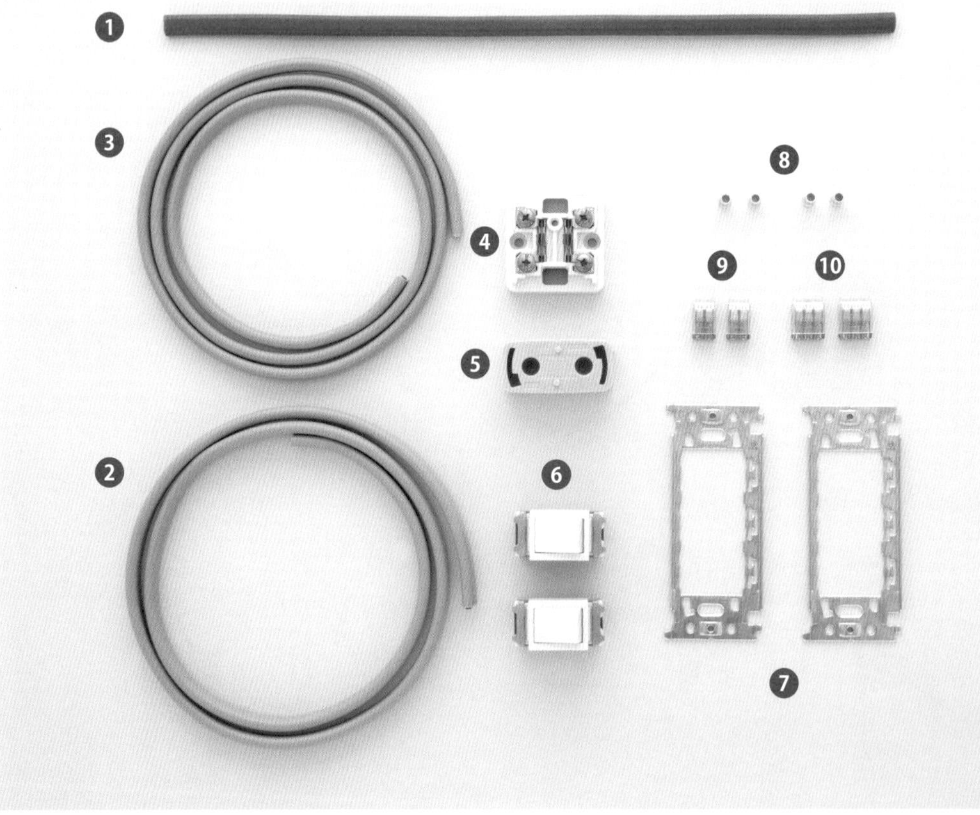

単線図から複線図を起こす

⚠ ココに注意

- **3路スイッチ回路では、基本ルールの手順の前に、まず2つのスイッチの結線をする。**
- **3路スイッチでは非接地側電線（黒線）を0端子につなぐ。**

単線図

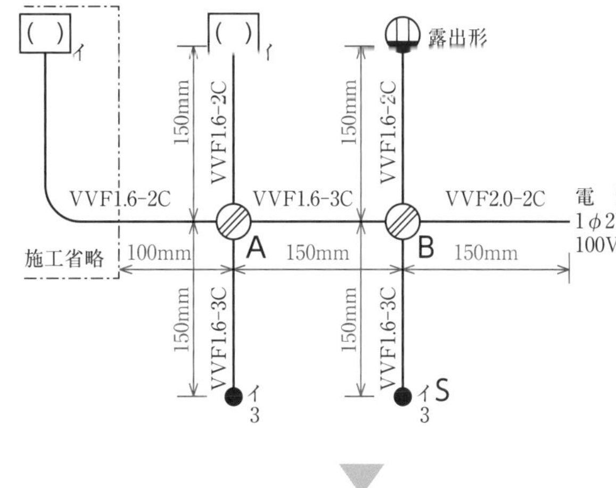

複線図

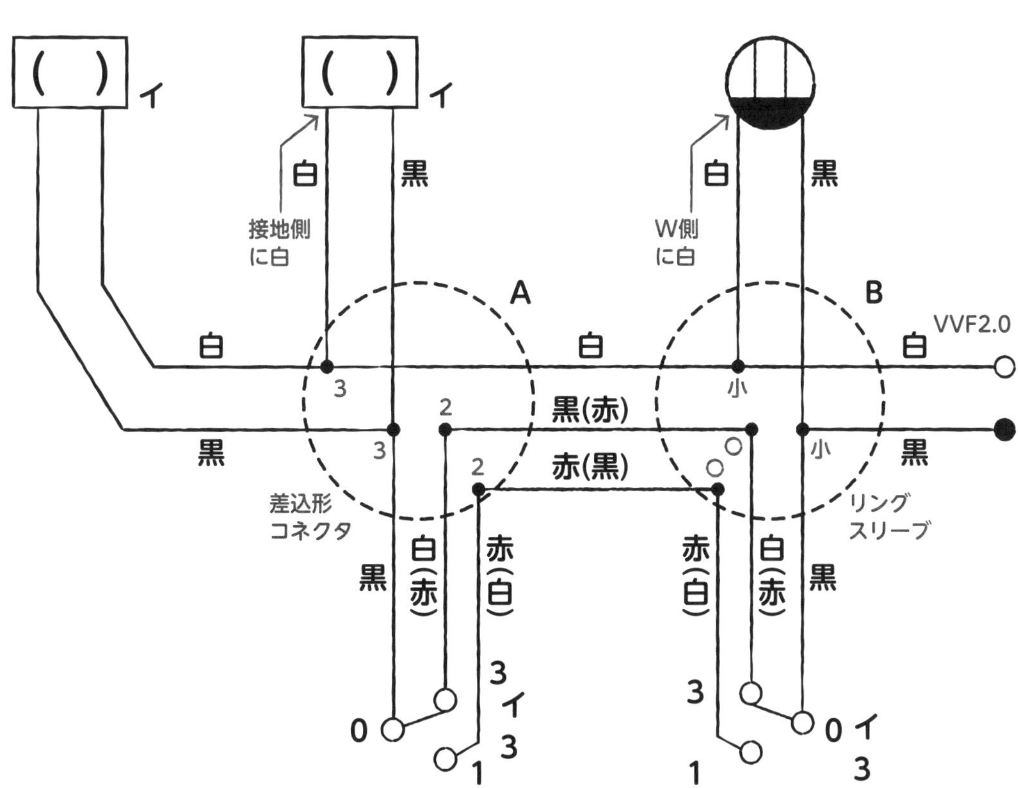

(注) 上記の複線図は正解の一例。3路スイッチ相互間は端子記号「1と3」、「3と1」を結線してあっても正解。

単線図から複線図を起こす

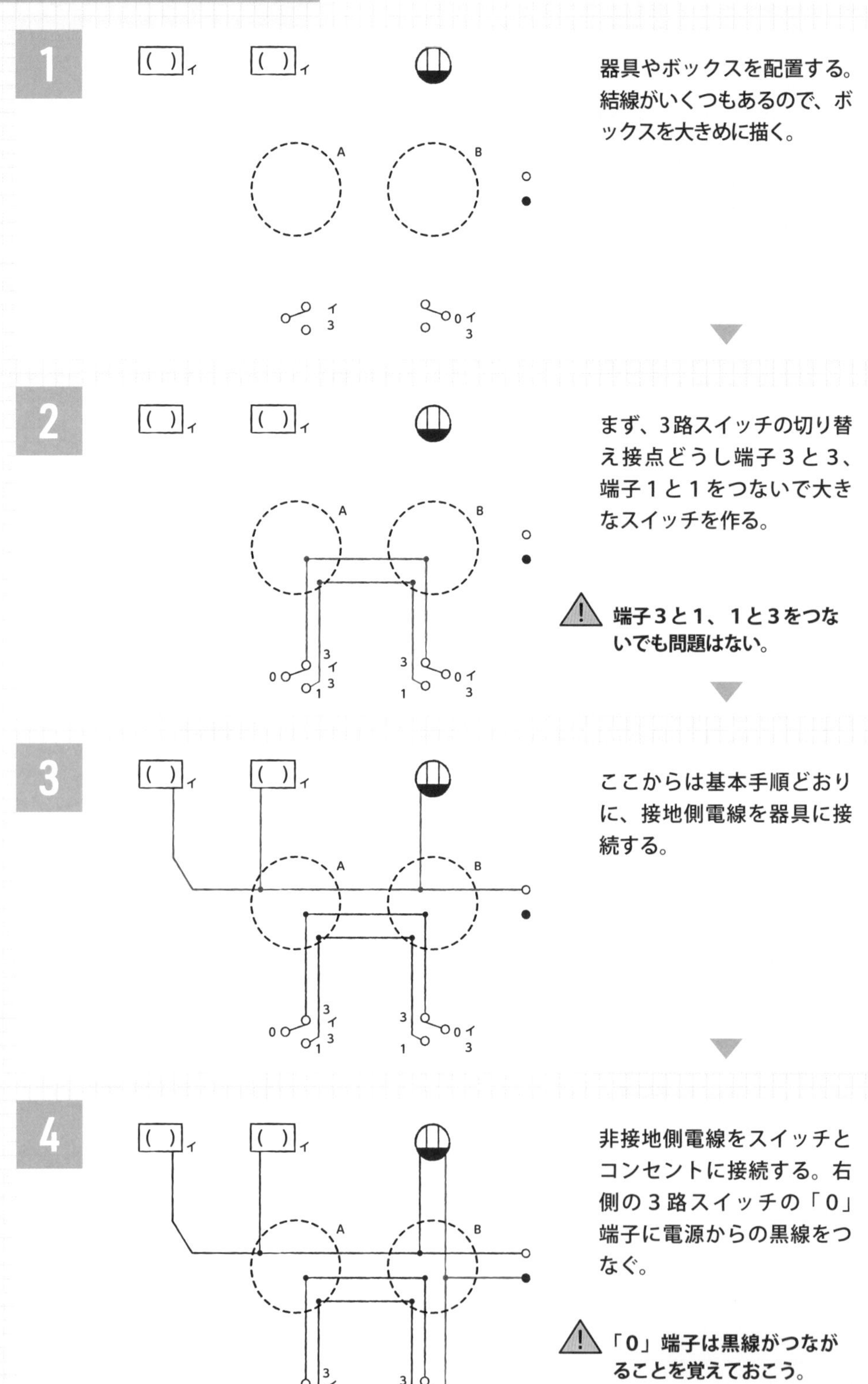

1 器具やボックスを配置する。結線がいくつもあるので、ボックスを大きめに描く。

2 まず、3路スイッチの切り替え接点どうし端子3と3、端子1と1をつないで大きなスイッチを作る。

端子3と1、1と3をつないでも問題はない。

3 ここからは基本手順どおりに、接地側電線を器具に接続する。

4 非接地側電線をスイッチとコンセントに接続する。右側の3路スイッチの「0」端子に電源からの黒線をつなぐ。

「0」端子は黒線がつながることを覚えておこう。

5

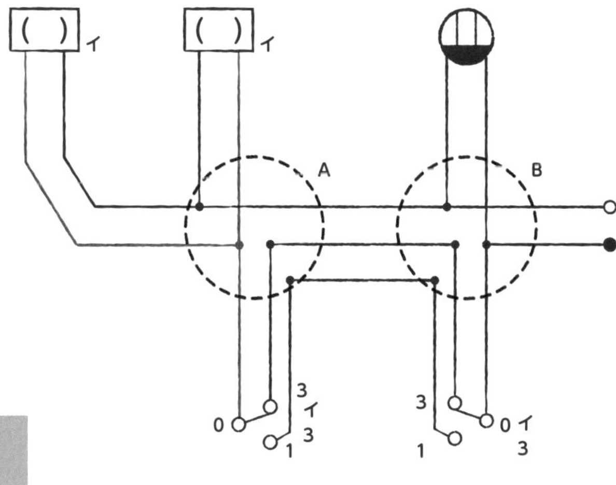

左側の3路スイッチと器具イまでを結線する。左側の3路スイッチの「0」端子からの黒線をイにつなげばよい。これによって、3路スイッチ回路が完成。

6

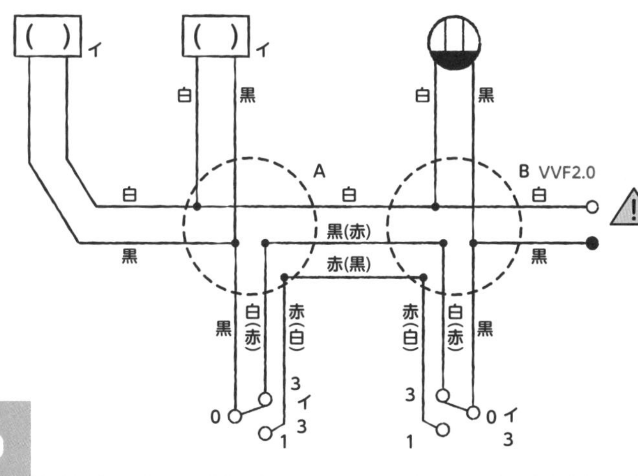

線の色と種類を記入する(VVF1.6は略)。接地側電線はすべて白、非接地側電線はすべて黒。3路スイッチ間の色は問わない。

ジョイントボックスと3路スイッチの間は「0」端子で黒を使用しているので、「1」と「3」端子は白と赤を使用するが、使い分けは問わない。

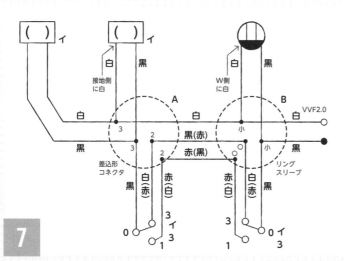

7

リングスリーブ接続箇所に○・小の別、差込形コネクタの種類を記入する。また、極性のある器具への結線の注意点も書いておく。

ケーブルの切断寸法と外装のはぎ取り寸法の目安

寸法の計算方法は P.176 を参照

単線図

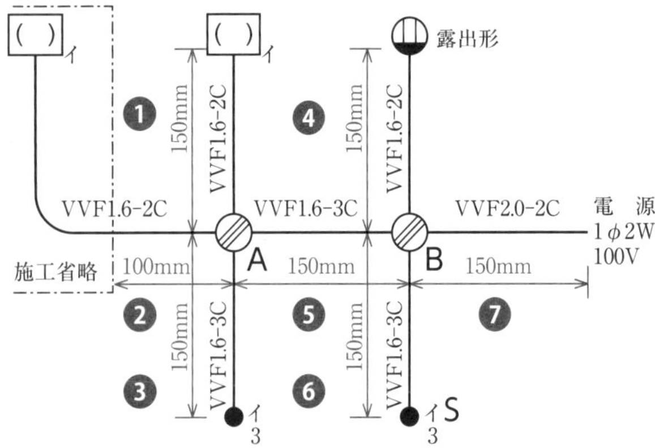

切断寸法は目安です。動画と異なる場合があります。

切断寸法と外装のはぎ取り寸法の計算		
❶	切断寸法	150mm + 100mm + 50mm = 300mm
	はぎ取り寸法	A のジョイントボックス側 100mm 引掛シーリング側 50mm*
❷	切断寸法	100mm + 100mm = 200mm
	はぎ取り寸法	ジョイントボックス側 100mm
❸	切断寸法	150mm + 100mm + 50mm = 300mm
	はぎ取り寸法	Aのジョイントボックス側 100mm スイッチ側 50mm
❹	切断寸法	150mm + 100mm + 50mm = 300mm
	はぎ取り寸法	ジョイントボックス側 100mm 露出形コンセント側 50mm
❺	切断寸法	150mm + 100mm + 100mm = 350mm
	はぎ取り寸法	A のジョイントボックス側 100mm B のジョイントボックス側 100mm
❻	切断寸法	150mm + 100mm + 50mm = 300mm
	はぎ取り寸法	Bのジョイントボックス側 100mm スイッチ側 50mm
❼	切断寸法	150mm + 100mm = 250mm
	はぎ取り寸法	Bのジョイントボックス側 100mm

＊引掛シーリング側の外装のはぎ取り寸法はシーリングの高さにあわせてもよい（P.200 参照）

切断寸法とはぎ取り寸法

＊ジョイントボックス側の絶縁被覆は 30 ～ 50mm ではぎ取る。

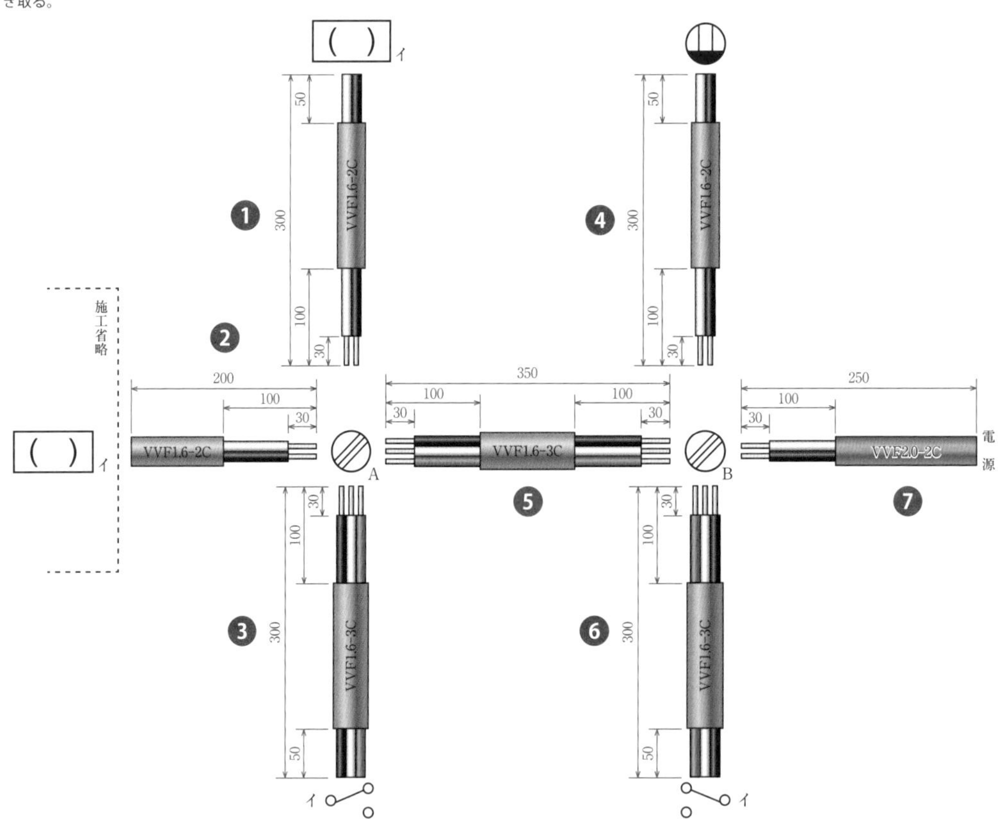

作業の進め方

1

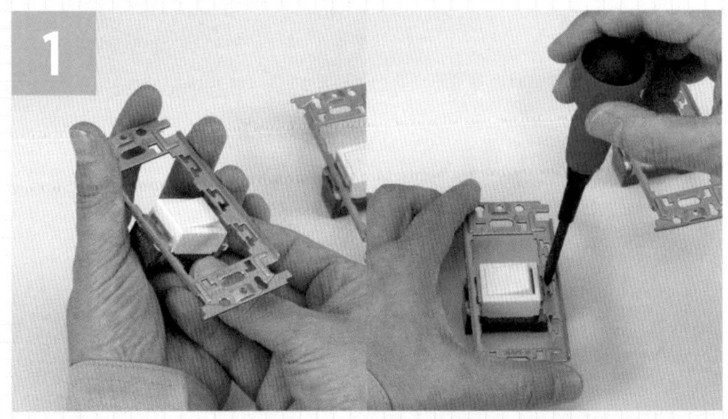

埋込連用取付枠への連用器具の取付

３路スイッチを埋込連用取付枠に取り付ける。取付枠の上下、スイッチの上下に注意する。

▼

2

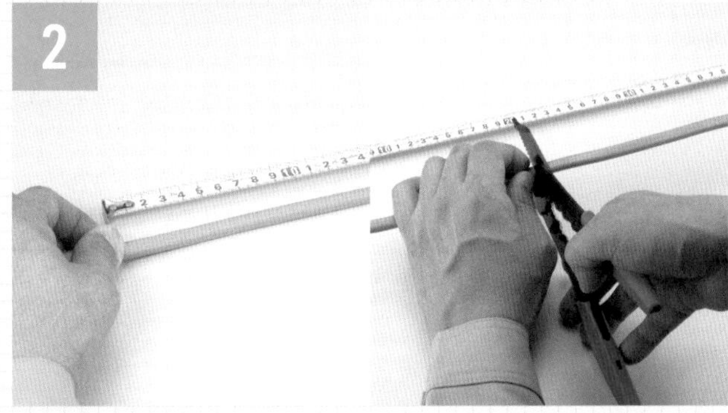

ケーブルの切断と外装のはぎ取り

P.70の切断寸法にあわせてケーブルを切断する。

▼

3

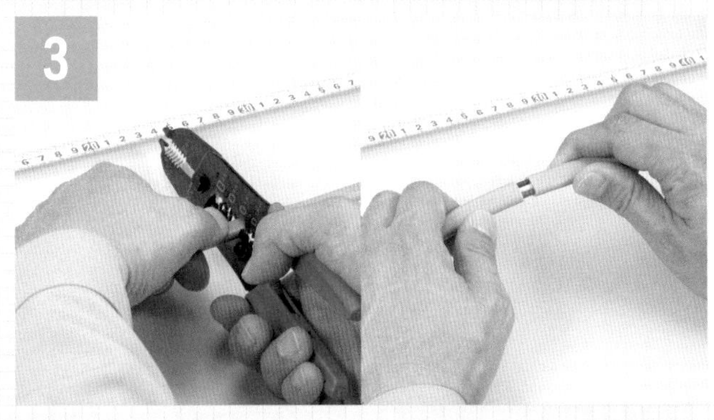

P.70の寸法にあわせてケーブルストリッパで切れ目をつけたら、外装を手でむく。ケーブルストリッパを引いてむくと、心線が傷つくことがある。外装のはぎ取りまではすべてのケーブルをこの段階でやっておく。

▼

4

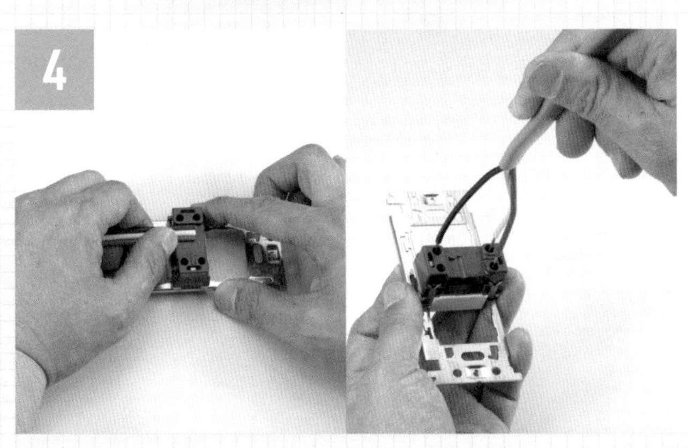

器具への結線

３路スイッチを作る。ストリップゲージで心線の長さを測ってから、絶縁被覆をむき、スイッチに結線する。「０」端子に黒線を、「１」と「３」に赤か白を入れる。

▼

5

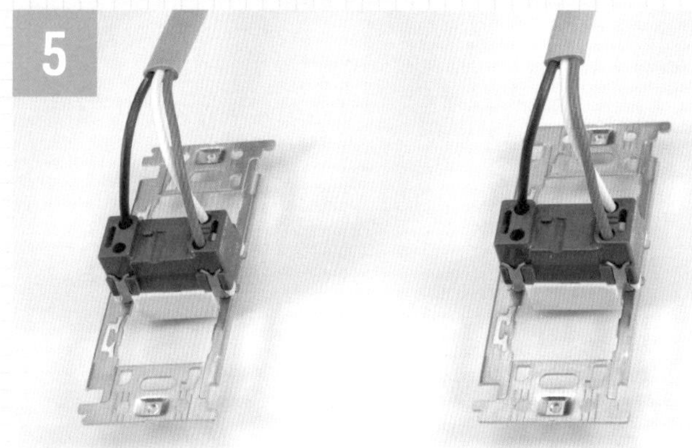

３路スイッチのペアが完成。「1」と「3」には赤と白どちらを入れてもいいが、対左右のスイッチで対応させたほうが間違えにくい。

⚠ **3路スイッチはまず「0」端子に黒をつなぐ、と覚えておこう。**

6

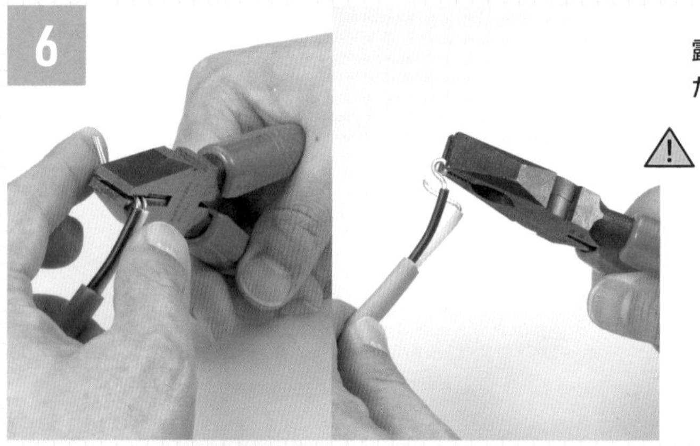

露出形コンセントへつなぐための輪作りをする。

⚠ **ペンチでの輪作りはケーブルストリッパに比べて少し難しい。輪の大きさが1発で決まらない場合は、ケーブルストリッパを使うか、ニッパーで輪の心線を少し切ってから輪を作り直したほうがよい。**

7

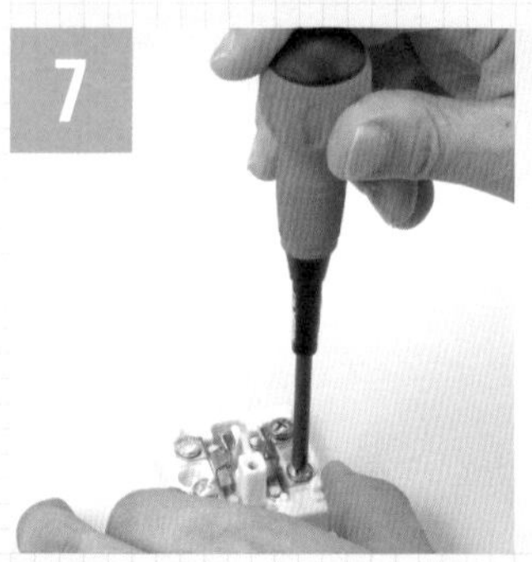

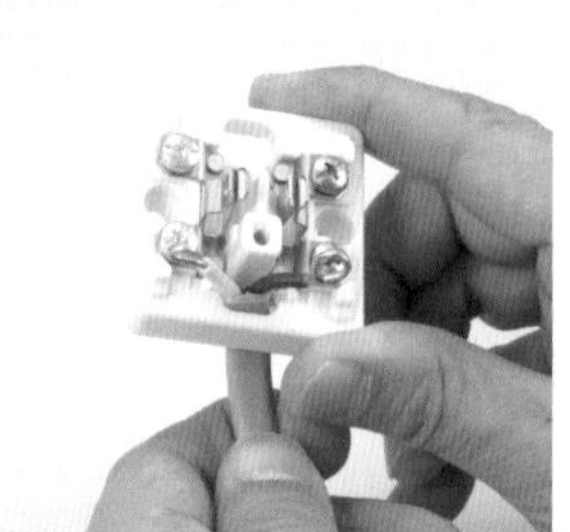

輪作りした電線を露出形コンセントにつなぐ。コンセントの上下とW側に白を結線することを間違えないように。確認してからねじで止める。施工条件5に注意する。

8

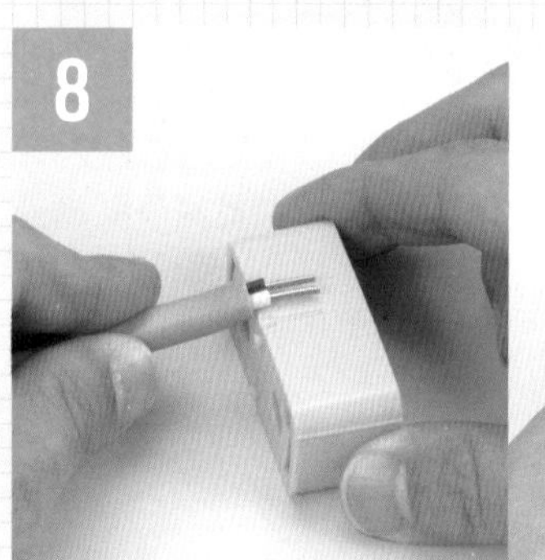

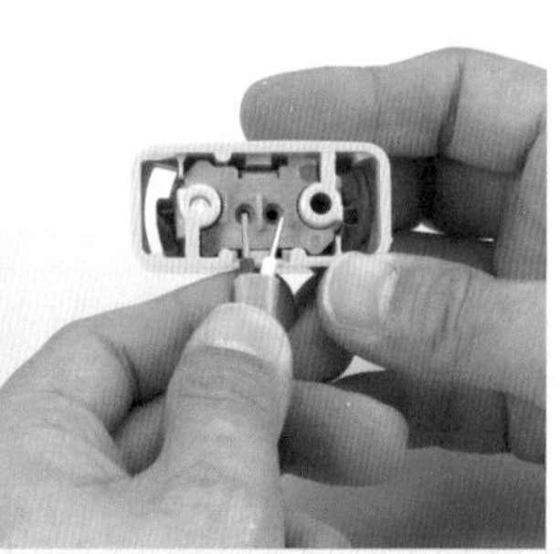

引掛シーリングのストリップゲージにあわせて絶縁被覆をむき、心線を器具に挿入する。これで器具はすべて完成。

9

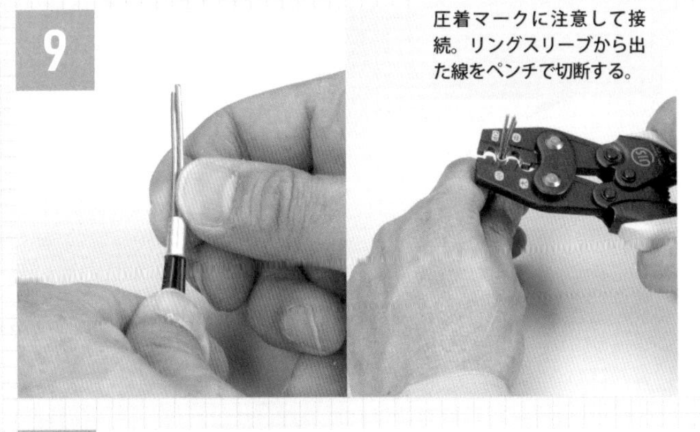
圧着マークに注意して接続。リングスリーブから出た線をペンチで切断する。

ジョイントボックス内の結線

これまで作ってきた部材を組み合わせて完成させる。複線図で結線を確認して、右のジョイントボックスB内をリングスリーブで結線する。「○」と「小」を間違えないように注意。

10

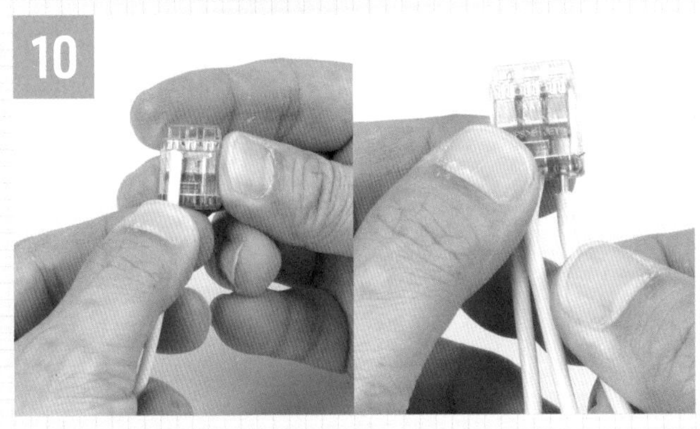

左のジョイントボックスA内を差込形コネクタで結線する。心線をはめ込む前に必ずストリップゲージに当てて長さを確認する。

完成写真

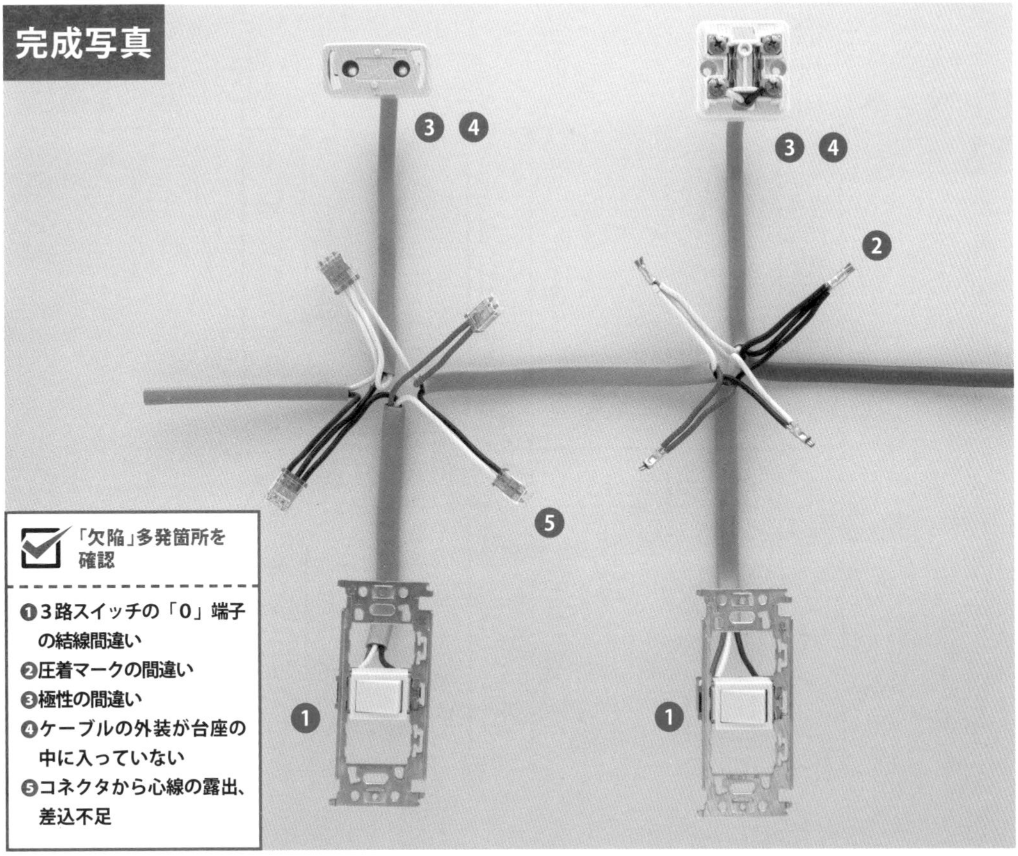

❸ ❹
❸ ❹
❷
❺
❶
❶

「欠陥」多発箇所を確認

❶3路スイッチの「0」端子の結線間違い
❷圧着マークの間違い
❸極性の間違い
❹ケーブルの外装が台座の中に入っていない
❺コネクタから心線の露出、差込不足

候補問題

NO. 7

から予想される出題

⚠ココに注意

- ●3路／4路スイッチの配線。複数のスイッチから同一の機器のオン／オフができる配線の構造を覚えたうえで(P.160参照)、3路／4路スイッチを1つの大きなスイッチとして考えられるように。構造を覚えるには複線図を何度か描いてみるとよい。
- ●アウトレットボックスの施工もあり、作業量が多い。

動画をチェック

問題

試験時間40分

図に示す低圧屋内配線工事を与えられた材料を使用し、〈施工条件〉に従って完成させなさい。

なお、

1. ——-——-——で示した部分は施工を省略する。
2. VVF用ジョイントボックス及びスイッチボックスは支給していないので、その取り付けは省略する。
3. 電線接続箇所のテープ巻きや絶縁キャップによる絶縁処理は省略する。
4. 作品は保護板(板紙)に取り付けないものとする。

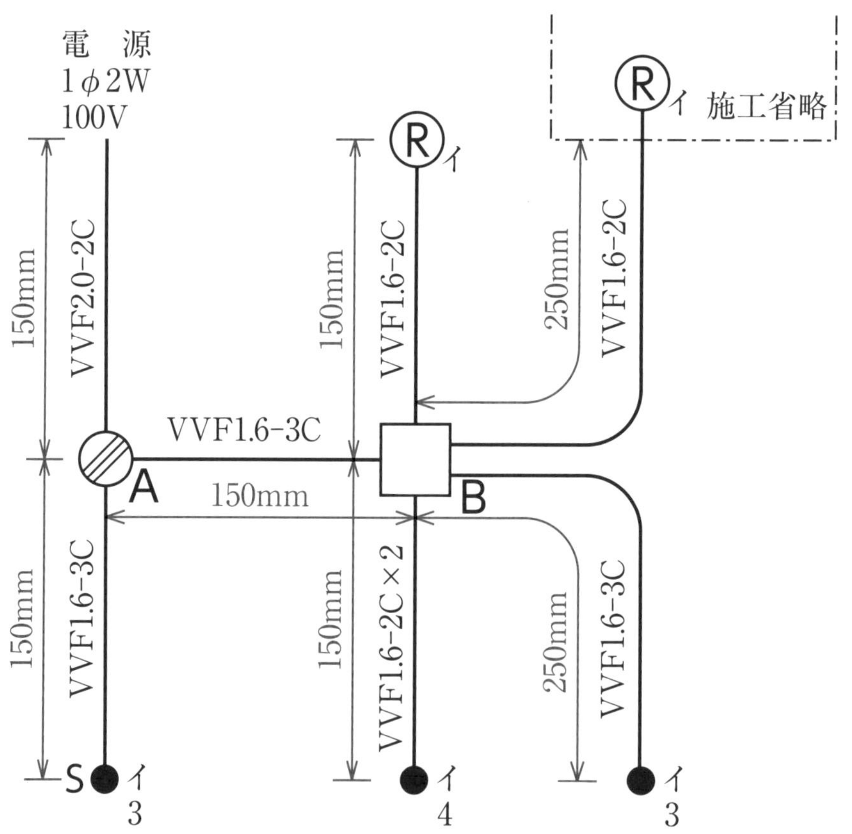

施工条件

1. 配線及び器具の配置は、図に従って行うこと。
2. 3路スイッチ及び4路スイッチの配線方法は、次によること。
   ① 3箇所のスイッチをそれぞれ操作することによりランプレセプタクルを点滅できるようにする。
   ② 3路スイッチの記号「0」の端子には電源側又は負荷側の電線を結線し、記号「1」と「3」の端子には4路スイッチとの間の電線を結線する。
3. ジョイントボックス(アウトレットボックス)は、打抜き済みの穴だけをすべて使用すること。
4. 電線の色別(絶縁被覆の色)は、次によること。
   ①電源からの接地側電線には、すべて白色を使用する。
   ②電源から3路スイッチSまでの非接地側電線には、黒色を使用する。
   ③ランプレセプタクルの受金ねじ部の端子には、白色の電線を結線する。
5. VVF用ジョイントボックスA部分及びジョイントボックスB部分を経由する電線は、その部分ですべて接続箇所を設け、接続方法は、次によること。
   ① A部分は、リングスリーブによる接続とする。
   ② B部分は、差込形コネクタによる接続とする。
6. 埋込連用取付枠は、4路スイッチ部分に使用すること。

完成写真

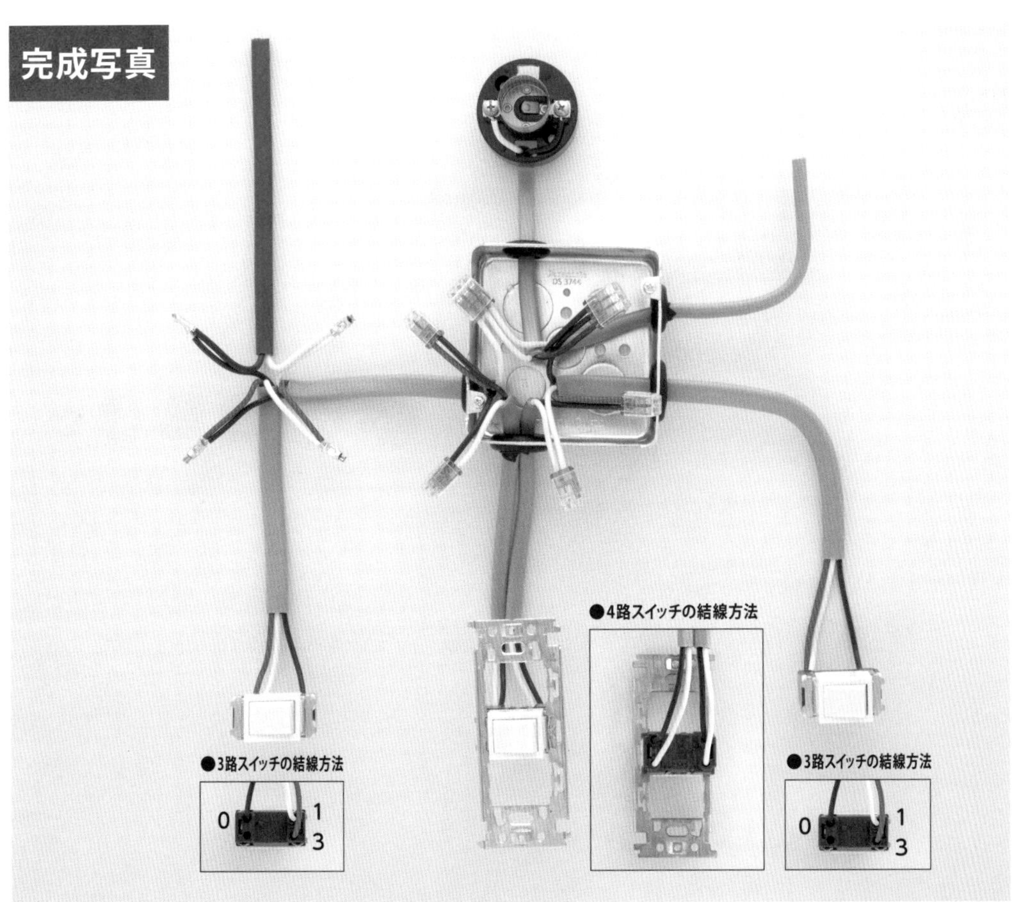

支給材料

予想問題から想定される支給材料は次のとおり。ただし、下表のリングスリーブの個数には予備分は含まれていない。実際の試験では、予備が数個支給される。

	材料	寸法	数量
❶	600V ビニル絶縁ビニルシースケーブル平形 2.0mm 2 心（シース青）	約 250mm	1 本
❷	600V ビニル絶縁ビニルシースケーブル平形　1.6mm　2 心	約 1400mm	1 本
❸	600V ビニル絶縁ビニルシースケーブル平形　1.6mm　3 心	約 1150mm	1 本
❹	ジョイントボックス（アウトレットボックス）（19mm 3 箇所、25mm 2 箇所ノックアウト 打ち抜き済）	ー	1 個
❺	ランプレセプタクル（カバーなし）	ー	1 個
❻	埋込連用タンブラスイッチ（3 路用）	ー	2 個
❼	埋込連用タンブラスイッチ（4 路用）	ー	1 個
❽	埋込連用取付枠	ー	1 枚
❾	ゴムブッシング（19）	ー	3 個
❿	ゴムブッシング（25）	ー	2 個
⓫	リングスリーブ（小）	ー	4 個
⓬	差込形コネクタ（2 本用）	ー	4 個
⓭	差込形コネクタ（3 本用）	ー	2 個

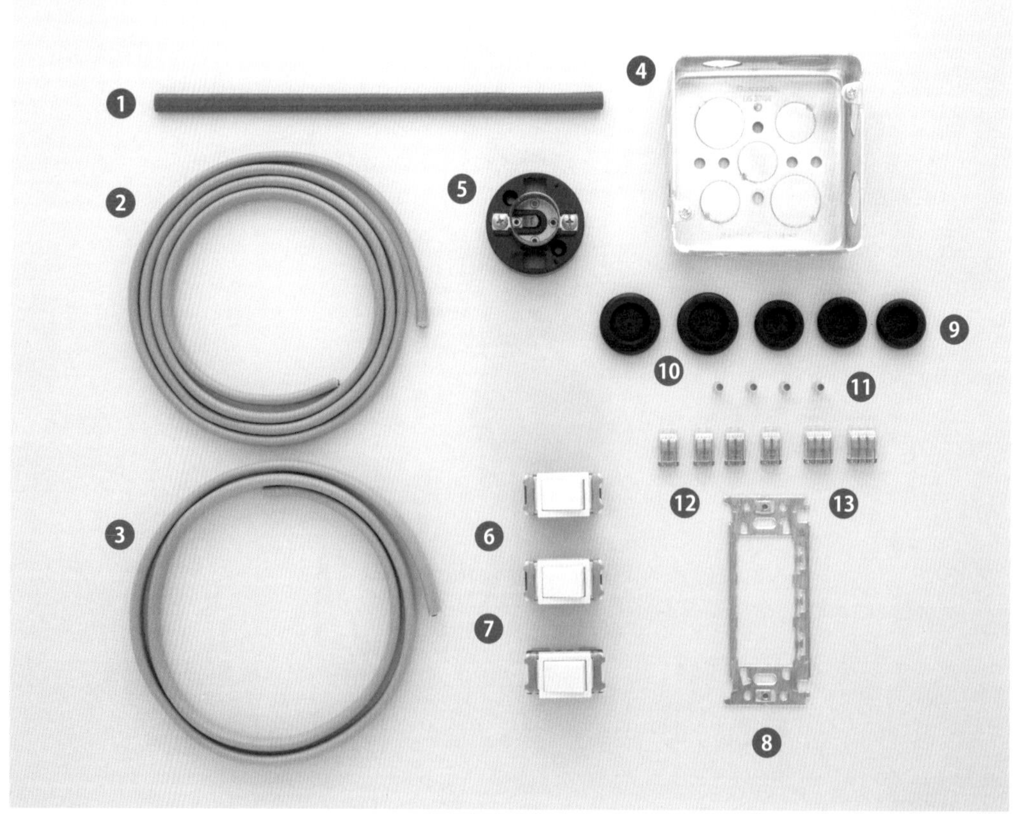

単線図から複線図を起こす

⚠ココに注意

- 3路／4路スイッチ回路では、基本ルールの手順の前に、まずスイッチの結線をする。
- 3路スイッチでは非接地側電線を0端子に黒線をつなぐ。

単線図

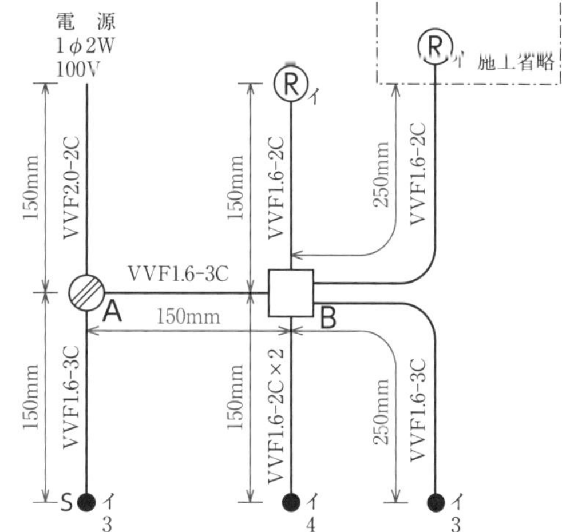

複線図

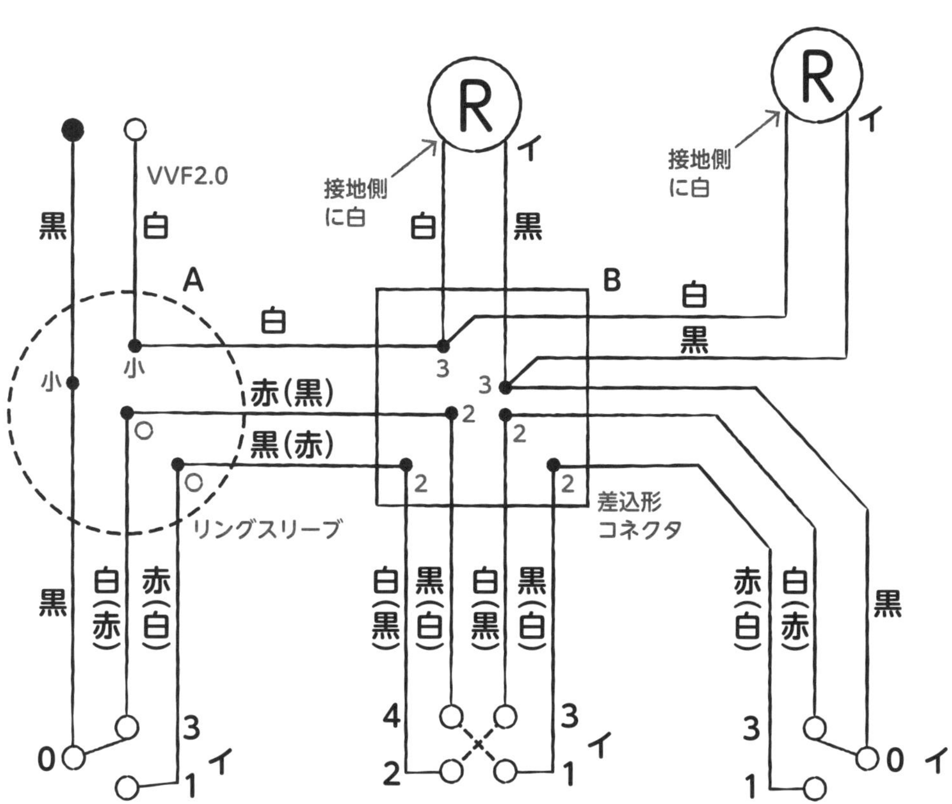

（注）4路スイッチは、端子1と3を片方の3路スイッチに、端子2と4をもう一方の3路スイッチに結線する。

単線図から複線図を起こす

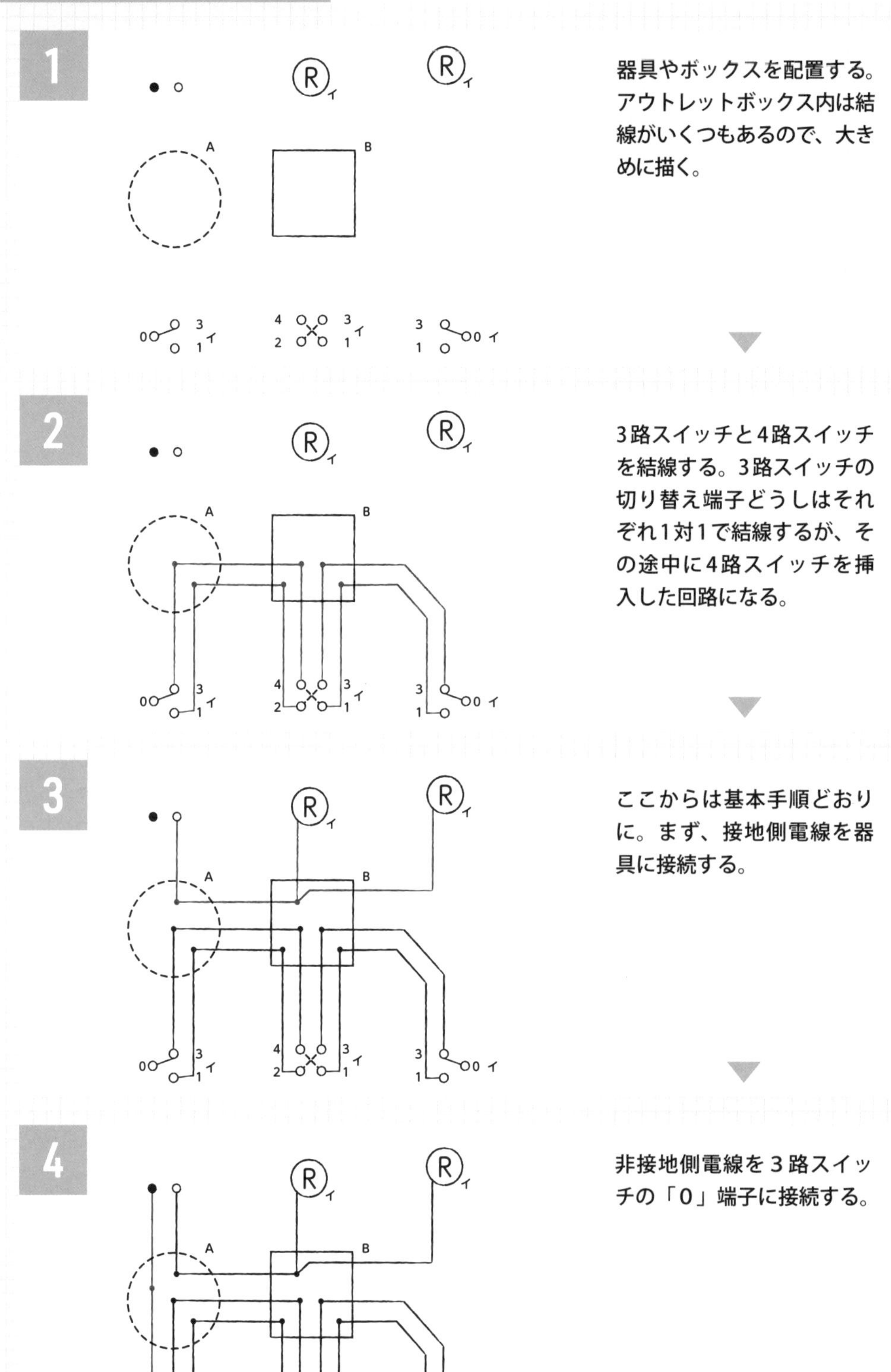

1

器具やボックスを配置する。アウトレットボックス内は結線がいくつもあるので、大きめに描く。

2

3路スイッチと4路スイッチを結線する。3路スイッチの切り替え端子どうしはそれぞれ1対1で結線するが、その途中に4路スイッチを挿入した回路になる。

3

ここからは基本手順どおりに。まず、接地側電線を器具に接続する。

4

非接地側電線を3路スイッチの「0」端子に接続する。

5

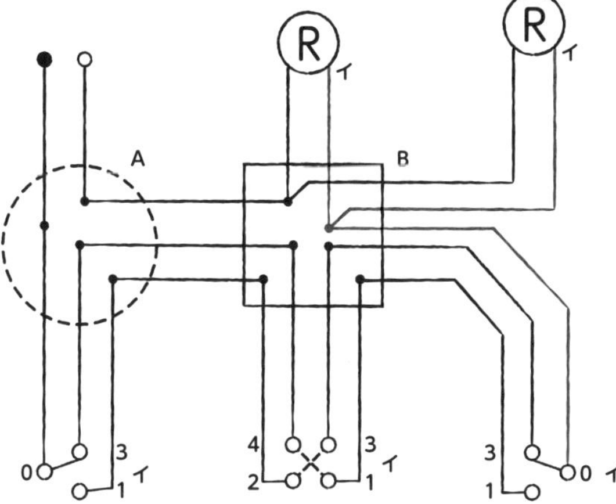

右側の3路スイッチの「0」端子と器具を結線する。器具イは2個あるので、各々に結線する。これによって器具イを同時に点滅できる。

6

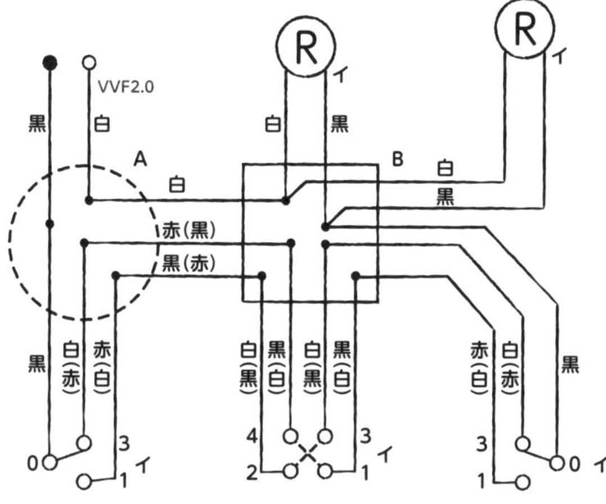

線の色と種類を記入する(VVF1.6は略)。接地側電線はすべて白、非接地側電線はすべて黒。3路スイッチ〜4路スイッチ〜3路スイッチに至る線は色を問わないが、VVF1.6-3Cは黒・白・赤の3色なので、それを考慮して色を決定する。

7

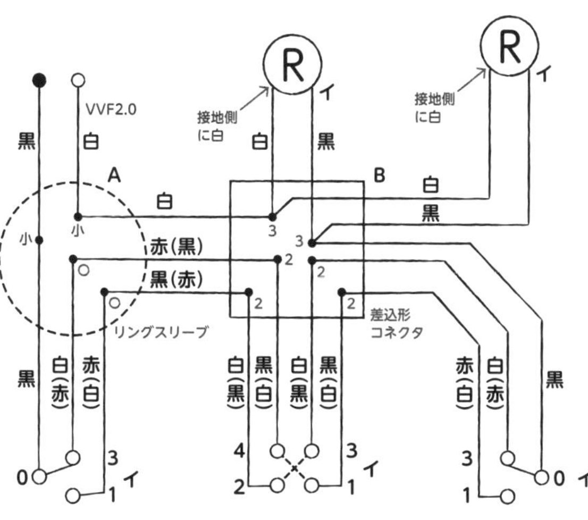

施工条件に合わせて、ボックスの脇には「リングスリーブ」「差込形コネクタ」と書いておく。リングスリーブ接続箇所に、○・小の別を、差込形コネクタは本数を書いておく。

ケーブルの切断寸法と外装のはぎ取り寸法の目安

寸法の計算方法は P.176 を参照

単線図

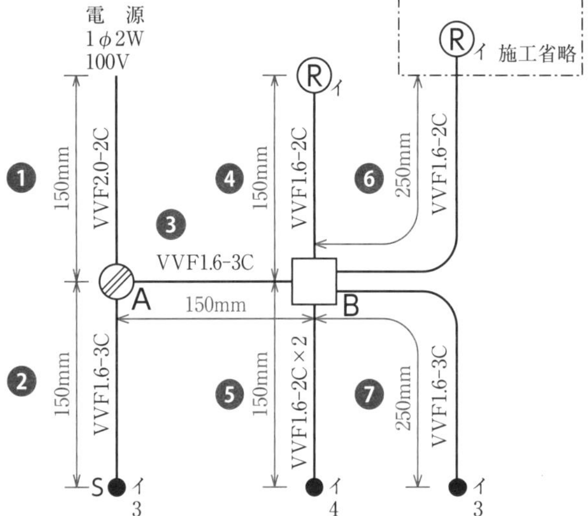

切断寸法は目安です。動画と異なる場合があります。

切断寸法と外装のはぎ取り寸法の計算		
❶	切断寸法	150mm + 100mm = 250mm
	はぎ取り寸法	ジョイントボックス側 100mm
❷	切断寸法	150mm + 100mm + 50mm = 300mm
	はぎ取り寸法	ジョイントボックス側 100mm スイッチ側 50mm
❸	切断寸法	150mm + 100mm + 100mm = 350mm
	はぎ取り寸法	Aのジョイントボックス側 100mm Bのジョイントボックス側 100mm
❹	切断寸法	150mm + 100mm + 50mm = 300mm
	はぎ取り寸法	ジョイントボックス側 100mm ランプレセプタクル側 50mm
❺	切断寸法	150mm + 100mm + 50mm = 300mm 2本
	はぎ取り寸法	ジョイントボックス側 100mm スイッチ側 50mm
❻	切断寸法	250mm + 100mm = 350mm
	はぎ取り寸法	ジョイントボックス側 100mm
❼	切断寸法	250mm + 100mm + 50mm = 400mm
	はぎ取り寸法	ジョイントボックス側 100mm スイッチ側 50mm

切断寸法とはぎ取り寸法

＊ジョイントボックス側の絶縁被覆は 30 ～ 50mm ではぎ取る。

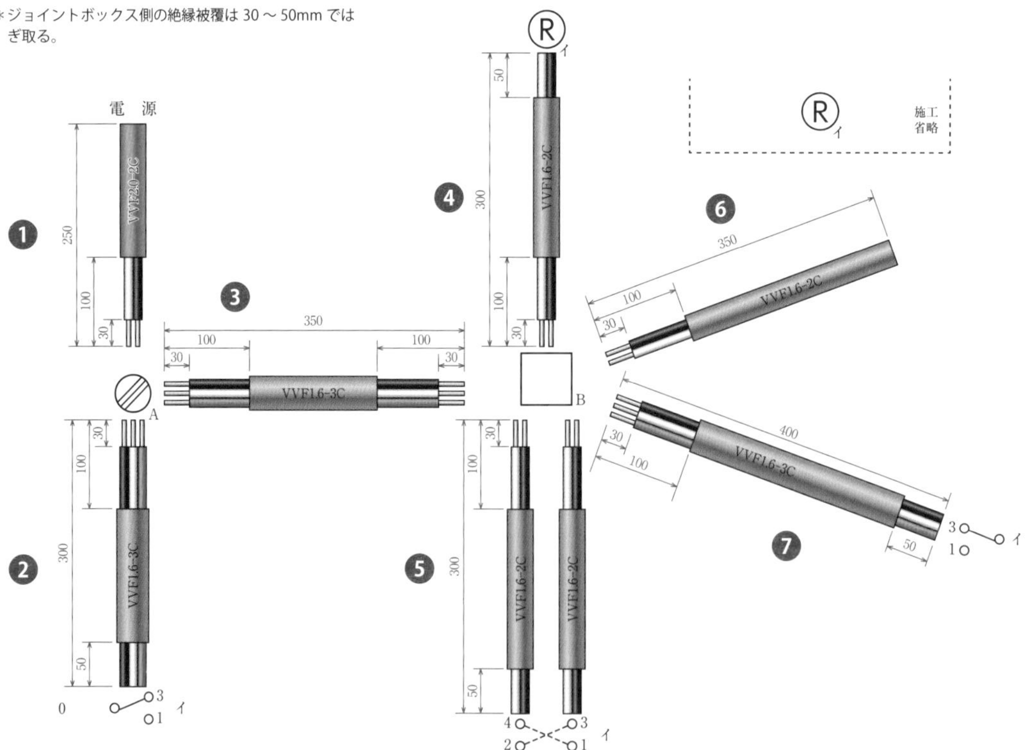

作業の進め方

1

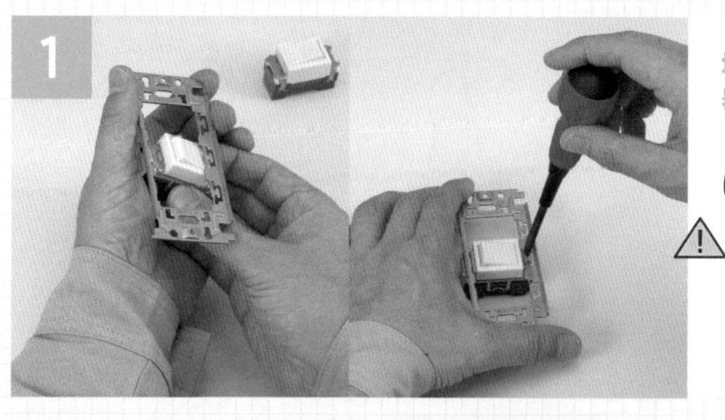

埋込連用取付枠への連用器具の取付

4路スイッチを連用取付枠に取り付ける。

3路スイッチと間違えないように注意。4路スイッチの裏面の内部接点を確認すること。

2

ケーブルの切断と外装のはぎ取り

P.80の切断寸法にあわせてケーブルを切断する。

3

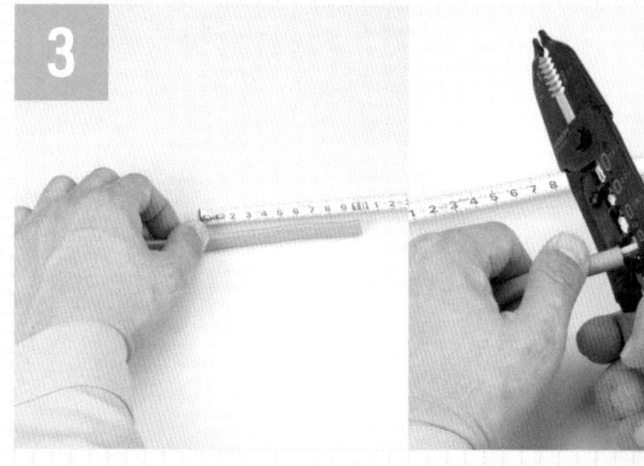

P.80の寸法にあわせてケーブルストリッパで切れ目をつけて、外装をむく。

4

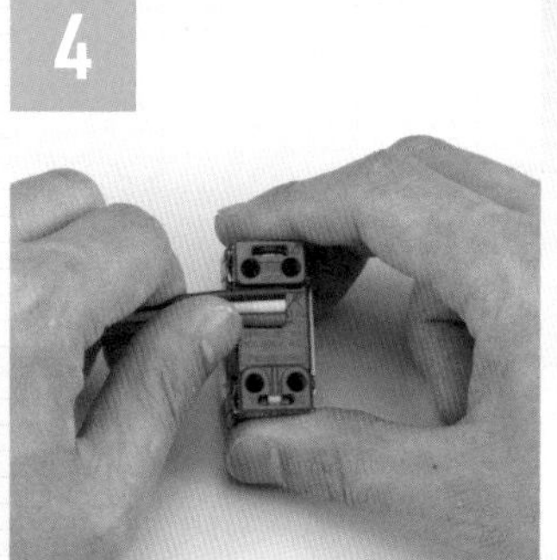

器具への結線

3路スイッチに結線する。ストリップゲージで心線の長さを測ってから、絶縁被覆をむき、スイッチに結線する。「0」端子に黒線を、「1」と「3」に赤か白を入れる。

作業の進め方

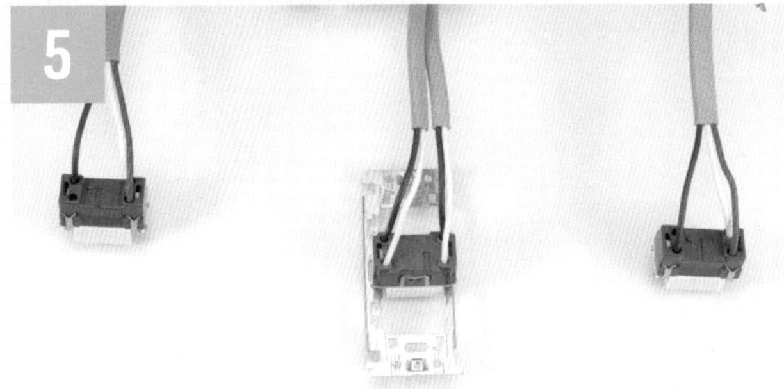

4路スイッチに結線する。白線、黒線をどちらに入れてもいいが、左右対称になるように結線したほうが間違いが少ない。4路スイッチは左にVVF1本、右にVVF1本と分ける。上下に分けないこと。

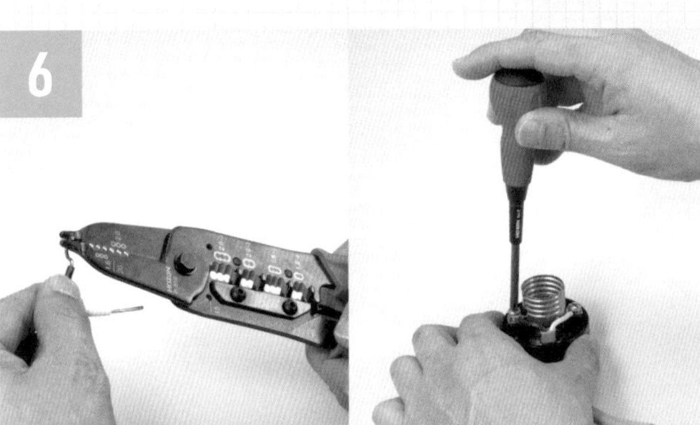

ランプレセプタクルの結線をする。輪作りした電線を接地側に白線をつなぐのを間違えないように確認してからねじで止める。

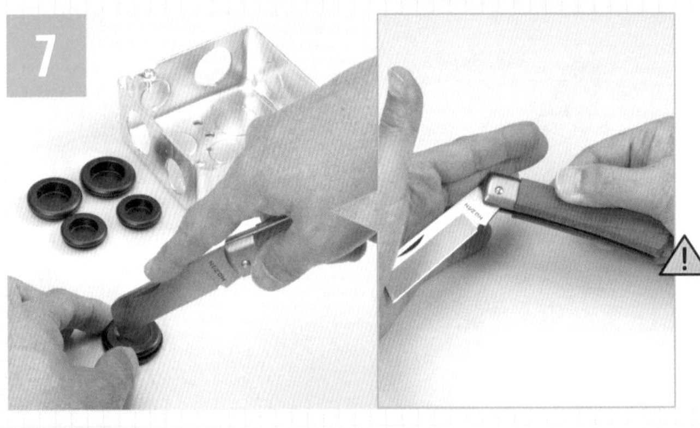

アウトレットボックスの作業を行う。まず、電工ナイフを使ってゴムブッシングの中央に十字の切れ込みを入れる。

電工ナイフはここでしか使わない。出しっぱなしはケガの元になるから、作業が終わったら必ずたたんでおくこと。

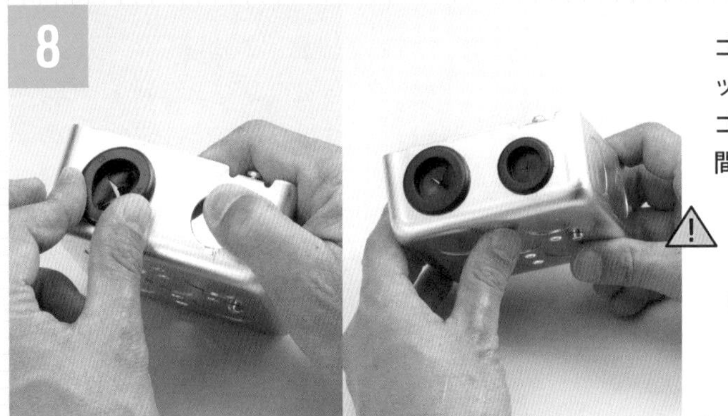

ゴムブッシングをアウトレットボックスにはめ込む。ゴムブッシングの大きさを間違えないように。

ゴムブッシングはしっかり取り付けられていれば表と裏は問題ない。

9

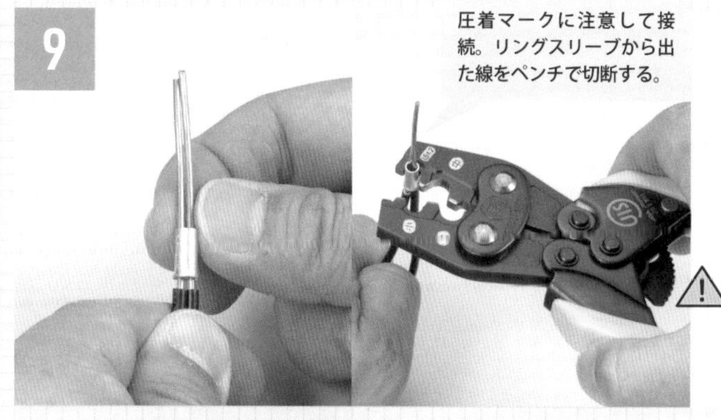
圧着マークに注意して接続。リングスリーブから出た線をペンチで切断する。

ジョイントボックス内の結線

左のジョイントボックスA内をリングスリーブで結線する。「○」と「小」を間違えないように注意。

⚠ **結線する前にゴムブッシングがついているかを確認。未装着で結線すると修正がかなり大変。**

10

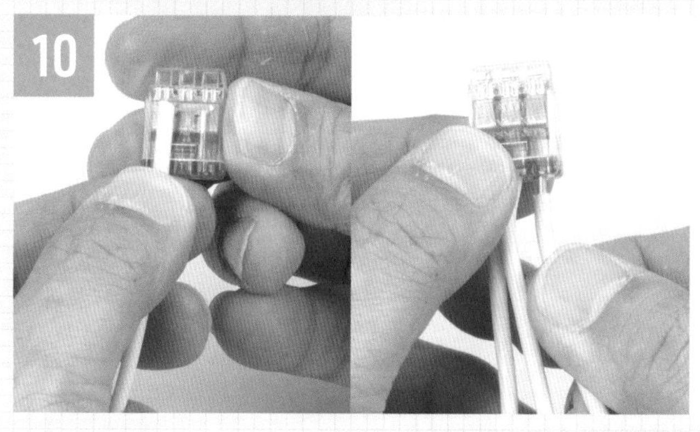

右のジョイントボックスB内を差込形コネクタで結線する。心線をはめ込む前に必ずストリップゲージに当てて長さを確認する。

完成写真

「欠陥」多発箇所を確認

❶3路スイッチの「0」端子の結線間違い
❷3路スイッチと4路スイッチ間の結線の間違い
❸3路スイッチと4路スイッチの取り違い
❹圧着マークの間違い
❺極性の間違い
❻ケーブル外装が台座の中に入っていない
❼コネクタから心線の露出、差込不足
❽ゴムブッシングの取付不備

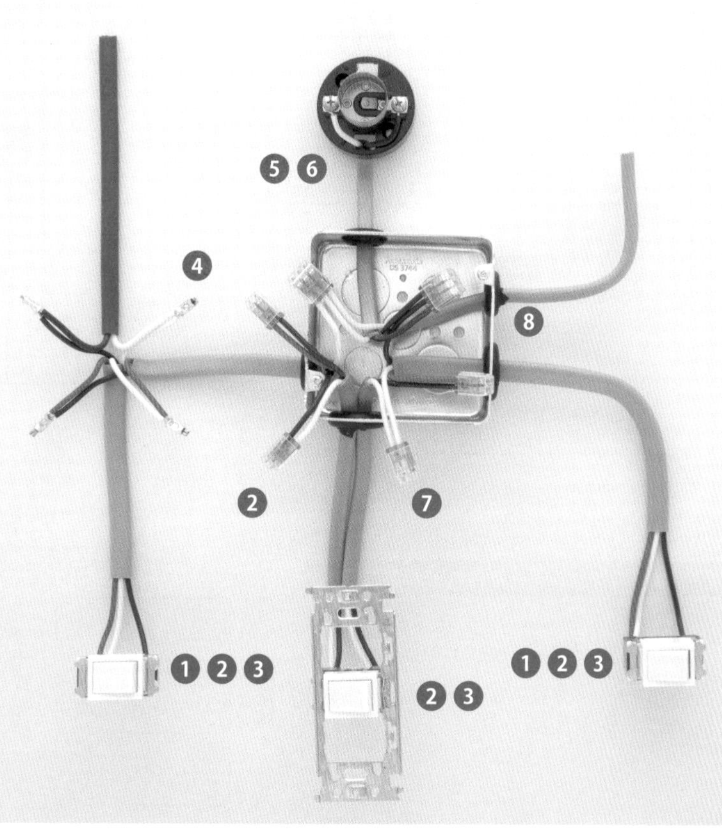

候補問題 NO.8 から予想される出題

ココに注意

- **リモコンリレーによって1つのスイッチでイ、ロ、ハの器具を一斉に操作する配線。**
- **電源から2つの系統が配線されるが、リモコンスイッチがついていないほうは器具に電気を供給する線、リモコンスイッチがついているほうはリモコンスイッチに電気を供給する線。「リモコンスイッチの主回路側」がイ、ロ、ハのスイッチになる。**

問題

試験時間 **40** 分

図に示す低圧屋内配線工事を与えられた材料を使用し、〈施工条件〉に従って完成させなさい。

なお、

1. リモコンリレーは端子台で代用するものとする。
2. ——-——-——で示した部分は施工を省略する。
3. 電線接続箇所のテープ巻きや絶縁キャップによる絶縁処理は省略する。
4. 作品は保護板(板紙)に取り付けないものとする。

図1 配線図

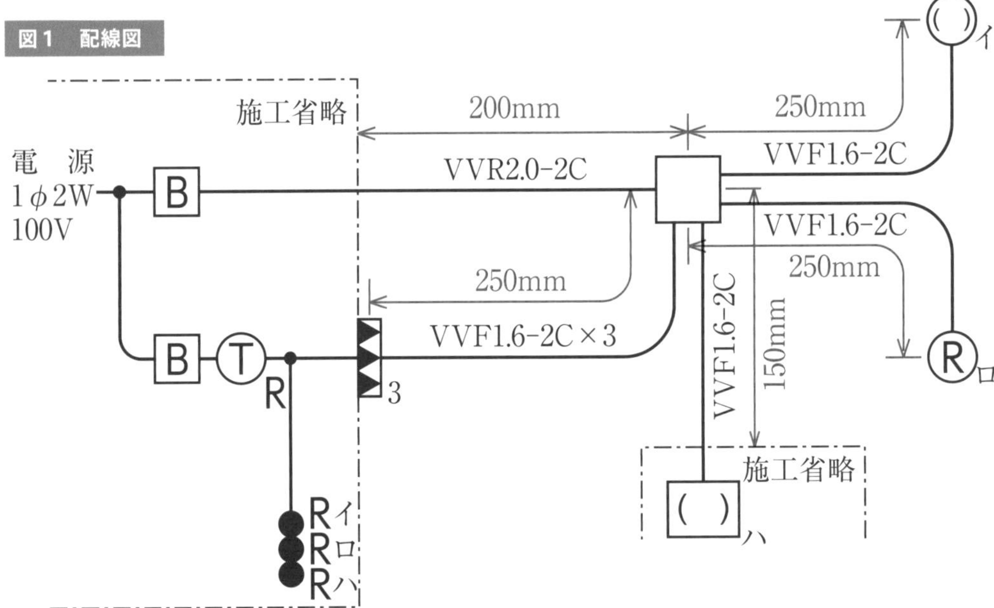

図2 リモコンリレー代用の端子台の説明図

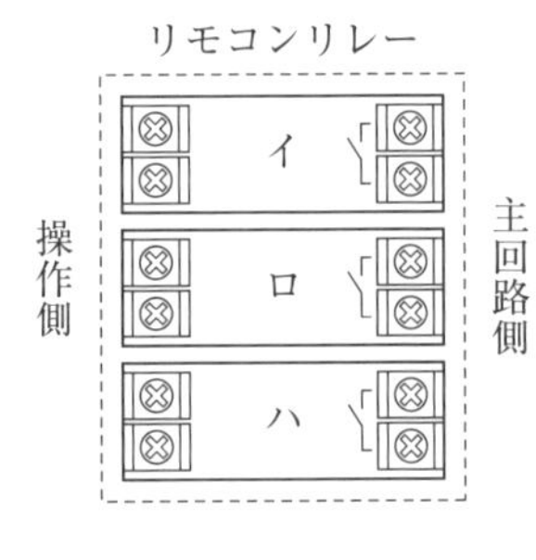

施工条件

1. 配線及び器具の配置は、図1に従って行うこと。
2. リモコンリレー代用の端子台は、図2に従って使用すること。
3. 各リモコンリレーに至る電線には、それぞれ2心ケーブル1本を使用すること。
4. ジョイントボックス(アウトレットボックス)は、打抜き済みの穴だけを使用すること。
5. 電線の色別(絶縁被覆の色)は、次によること。
   ①電源からの接地側電線には、すべて白色を使用する。
   ②電源からリモコンリレーまでの非接地側電線には、すべて黒色を使用する。
   ③次の器具の端子には、白色の電線を結線する。
   - ・ランプレセプタクルの受金ねじ部の端子
   - ・引掛シーリングローゼットの接地側極端子(Wと表示)
6. ジョイントボックス部分を経由する電線は、その部分ですべて接続箇所を設け、接続方法は、次によること。
   ①4本の接続箇所は、差込形コネクタによる接続とする。
   ②その他の接続箇所は、リングスリーブによる接続とする。

完成写真

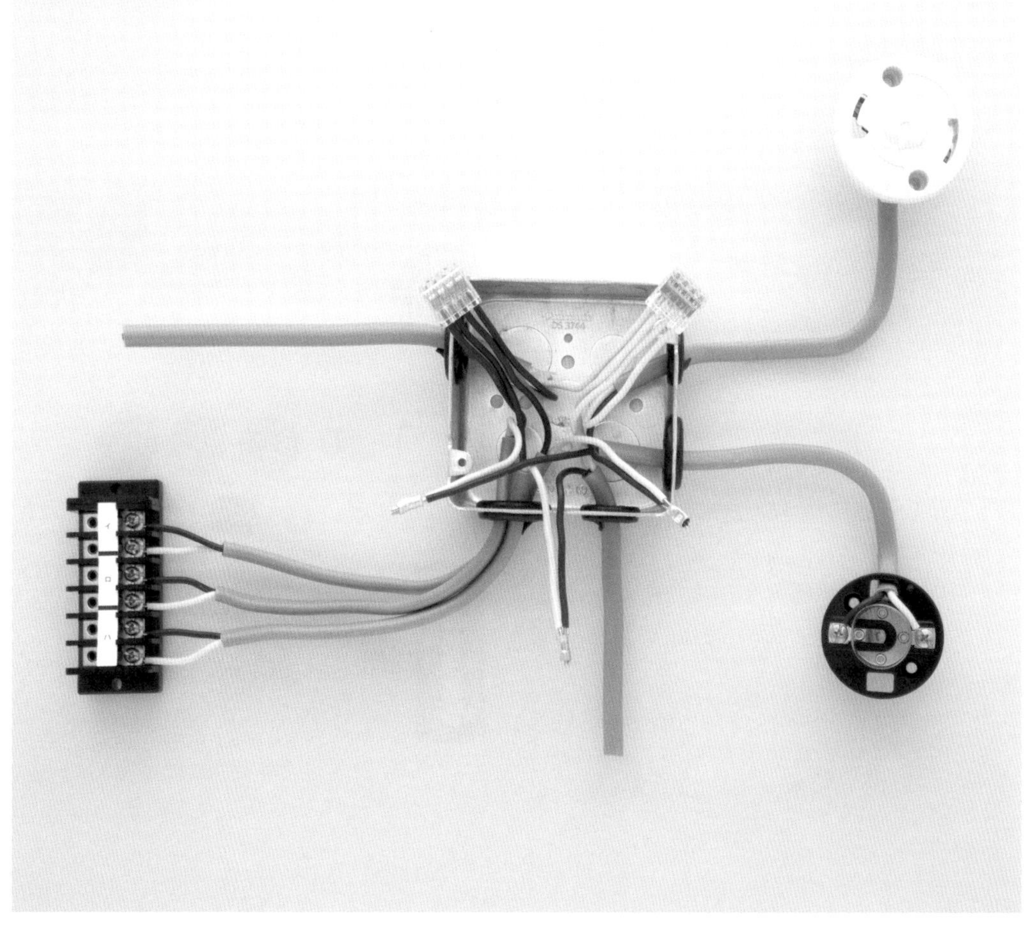

支給材料

予想問題から想定される支給材料は次のとおり。ただし、下表のリングスリーブの個数には予備分は含まれていない。実際の試験では、予備が数個支給される。

	材料	寸法	数量
❶	600V ビニル絶縁ビニルシースケーブル丸形 2.0mm 2 心	約 300mm	1本
❷	600V ビニル絶縁ビニルシースケーブル平形　1.6mm　2心	約 1200mm	2本
❸	ジョイントボックス（アウトレットボックス）（19mm 2 箇所、25mm 3 箇所ノックアウト打ち抜き済）	―	1個
❹	端子台（リモコンリレーの代用）６極	―	1個
❺	ランプレセプタクル（カバーなし）	―	1個
❻	引掛シーリングローゼット（丸形のボディのみ）	―	1個
❼	ゴムブッシング（19）	―	2個
❽	ゴムブッシング（25）	―	3個
❾	リングスリーブ（小）	―	3個
❿	差込形コネクタ（４本用）	―	2個

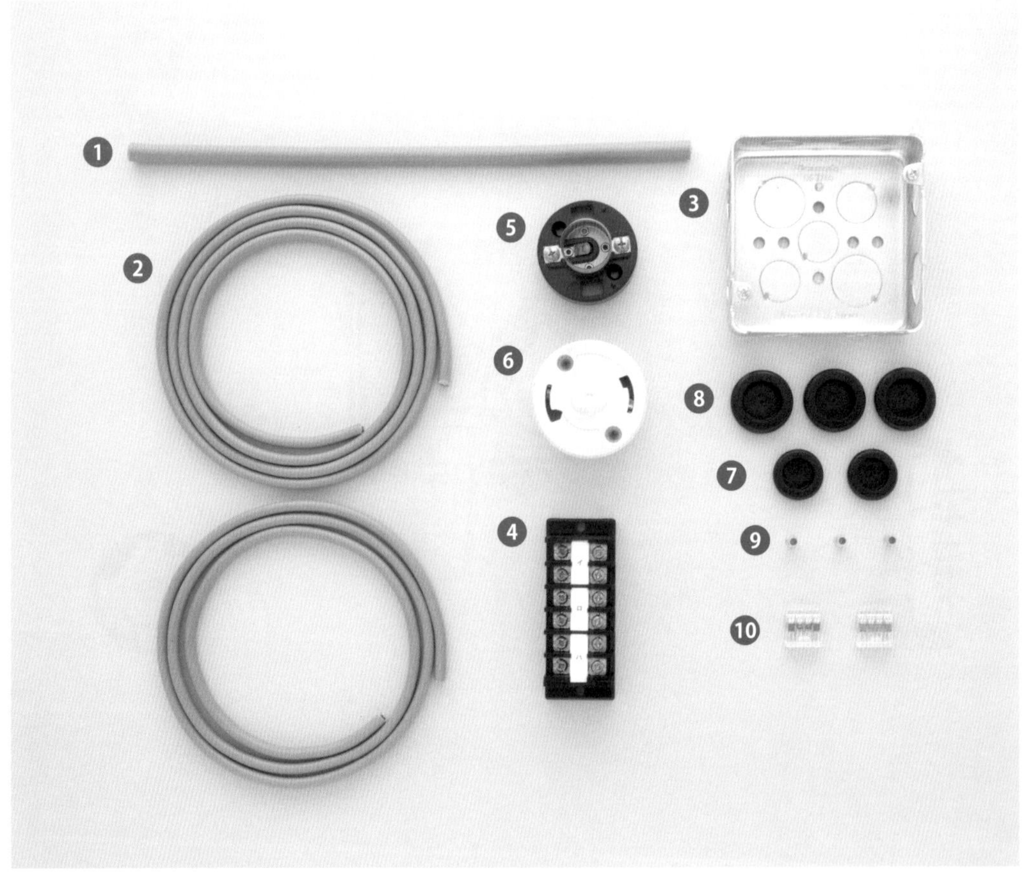

単線図から複線図を起こす

⚠ココに注意

●リモコンスイッチにイ、ロ、ハそれぞれのスイッチが搭載されている。スイッチはリモコンリレーの接点だから、非接地側電線をジョイントボックスから3分岐させ、それぞれリモコンリレーの端子に結線する。

単線図

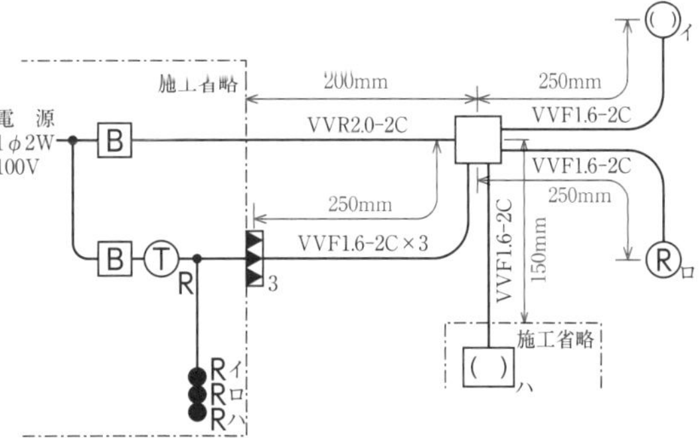

複線図

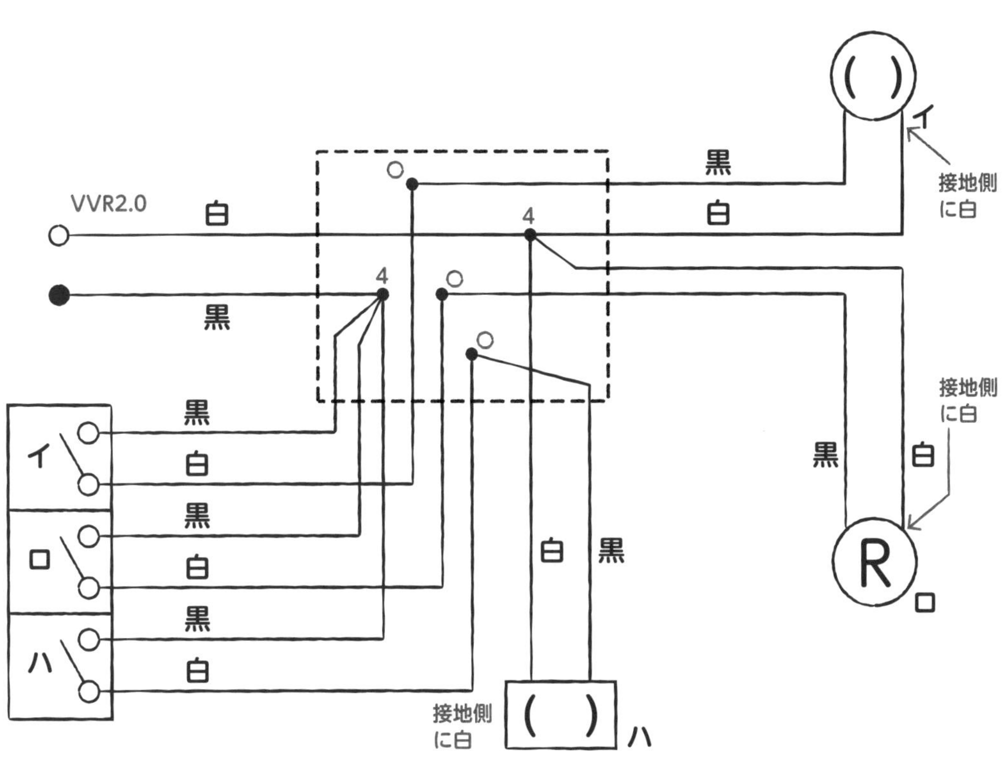

単線図から複線図を起こす

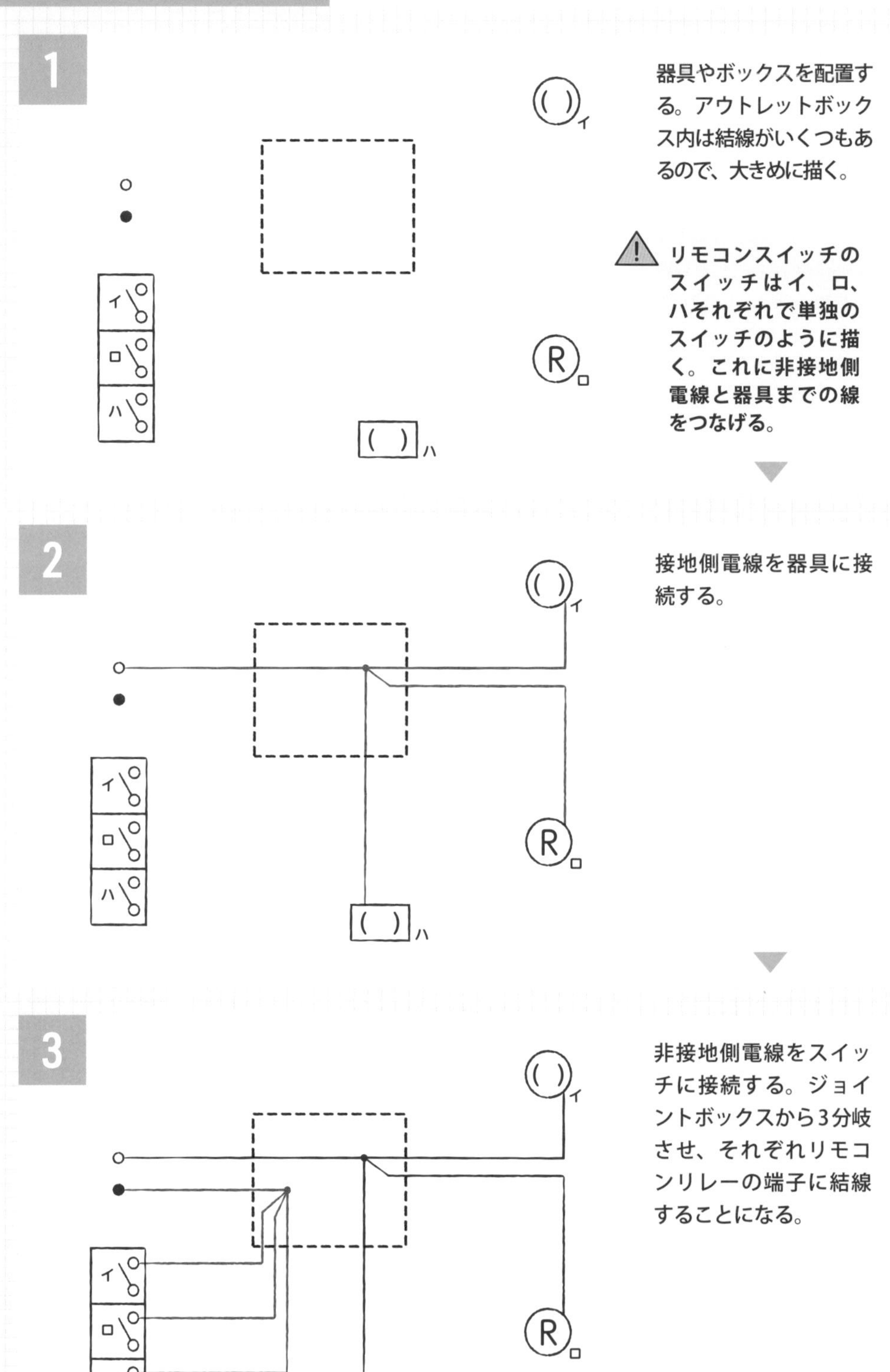

1

器具やボックスを配置する。アウトレットボックス内は結線がいくつもあるので、大きめに描く。

リモコンスイッチのスイッチはイ、ロ、ハそれぞれで単独のスイッチのように描く。これに非接地側電線と器具までの線をつなげる。

2

接地側電線を器具に接続する。

3

非接地側電線をスイッチに接続する。ジョイントボックスから3分岐させ、それぞれリモコンリレーの端子に結線することになる。

4

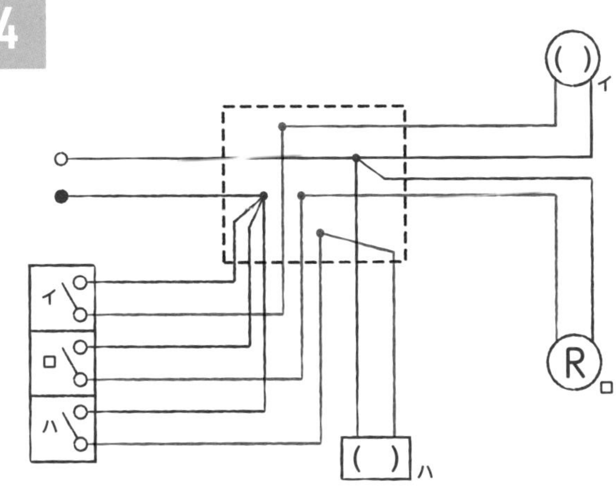

スイッチから器具までを結線する。リモコンリレーの接点イから器具イ、接点ロから器具ロ、接点ハから器具ハに結線する。

⚠ **アウトレットボックス内での結線が多いので、アウトレットボックスを大きめに描いておくとよい。**

5

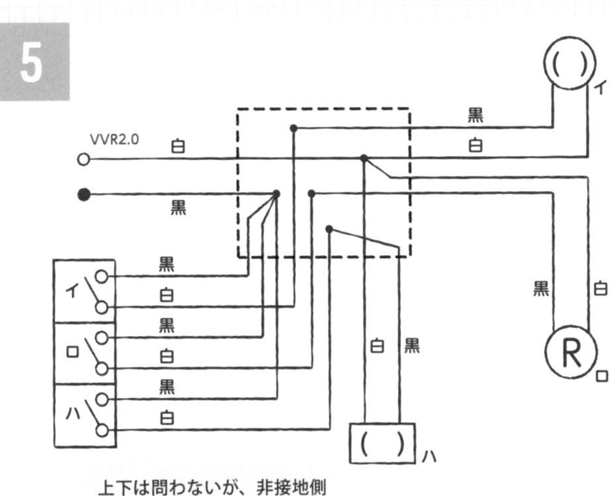

上下は問わないが、非接地側電線は黒でなければならない。

線の色と種類を記入する(VVF1.6は略)。接地側電線は白、非接地側電線は黒にする。リモコンリレーの接点からジョイントボックスまでは、各々VVF1.6-2Cを用いるため、接点出力側は白になる。ジョイントボックスから器具までは、接地側電線が白のため、接点出力側は黒になる。

6

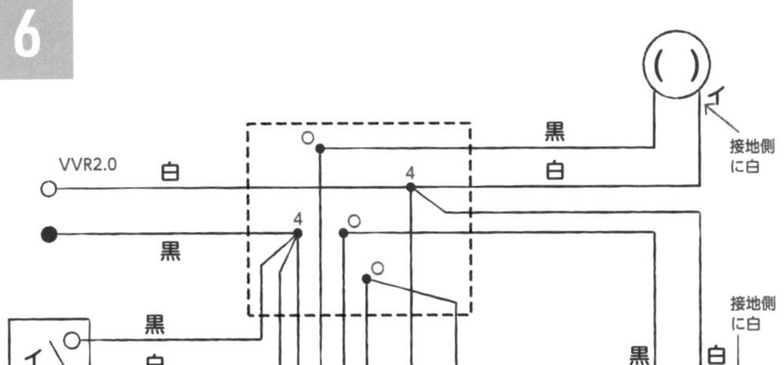

アウトレットボックス内のリングスリーブ、差込形コネクタの種類を記入する。また、配線上の注意も記しておく。

ケーブルの切断寸法と外装のはぎ取り寸法の目安

単線図

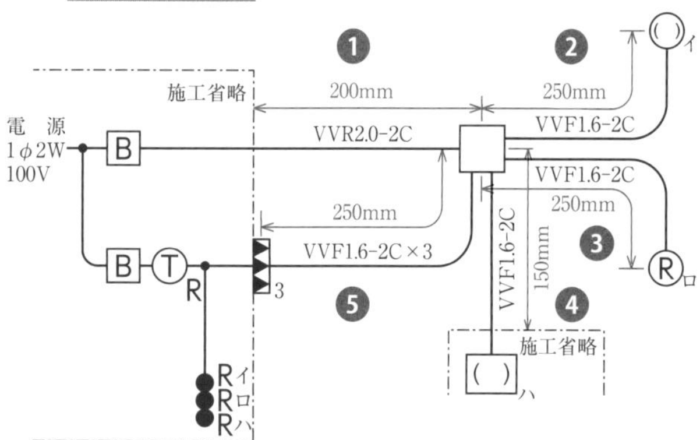

切断寸法は目安です。動画と異なる場合があります。

切断寸法と外装のはぎ取り寸法の計算		
❶	切断寸法	200mm ＋ 100mm ＝ 300mm
	はぎ取り寸法	ジョイントボックス側 100mm
❷	切断寸法	250mm ＋ 100mm ＋ 50mm ＝ 400mm
	はぎ取り寸法	ジョイントボックス側 100mm 引掛シーリング側 50mm*
❸	切断寸法	250mm ＋ 100mm ＋ 50mm ＝ 400mm
	はぎ取り寸法	ジョイントボックス側 100mm ランプレセプタクル側 50mm
❹	切断寸法	150mm ＋ 100mm ＝ 250mm
	はぎ取り寸法	ジョイントボックス側 100mm
❺	切断寸法	250mm ＋ 100mm ＋ 50mm ＝ 400mm
	はぎ取り寸法	ジョイントボックス側 100mm 端子台側 50mm

＊引掛シーリング側の外装のはぎ取り寸法はシーリングの高さにあわせてもよい（P.202 参照）

切断寸法とはぎ取り寸法

＊ジョイントボックス側の絶縁被覆は 30 ～ 50mm ではぎ取る。

作業の進め方

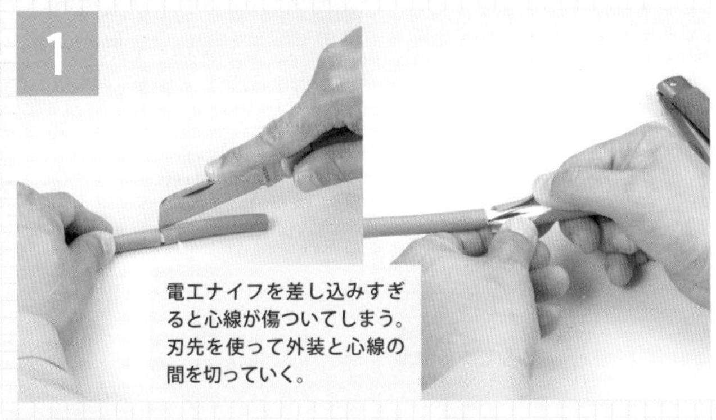
1
電工ナイフを差し込みすぎると心線が傷ついてしまう。刃先を使って外装と心線の間を切っていく。

ケーブルの切断と外装のはぎ取り

VVRケーブルの加工からスタート。30cmに切断するが、実際の試験時は支給された長さのまま使用してかまわない。電工ナイフを用いて丁寧に外装を切る。

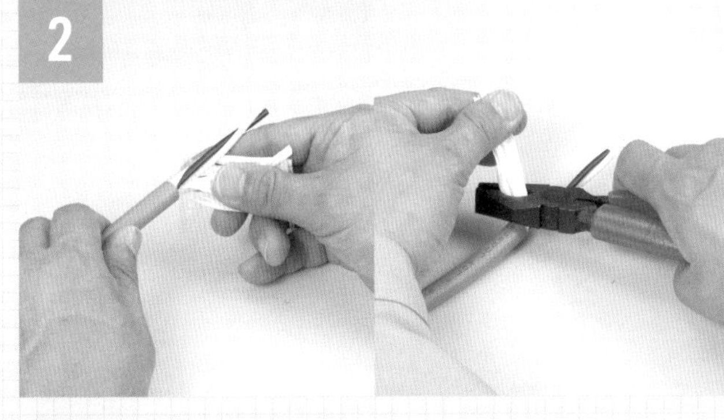
2

外装は手でむいて、内部の保護材も手ではぎ取り、心線を出す。保護材はニッパーやペンチで切り取る。

3

VVFケーブルをP.90の寸法に従って切断する。

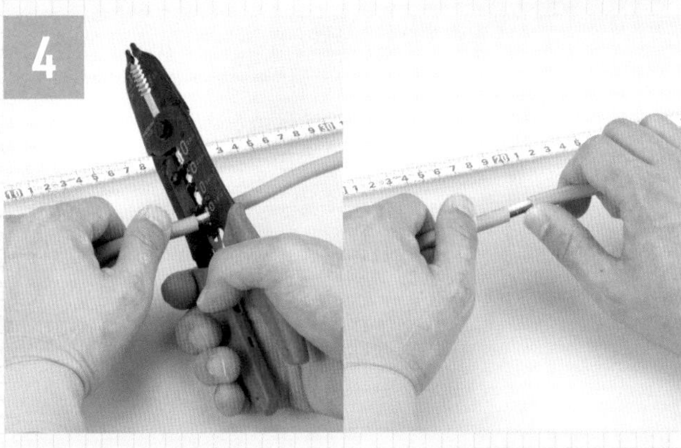
4

P.90の寸法に従って外装をむき、心線を出しておく。

作業の進め方

5

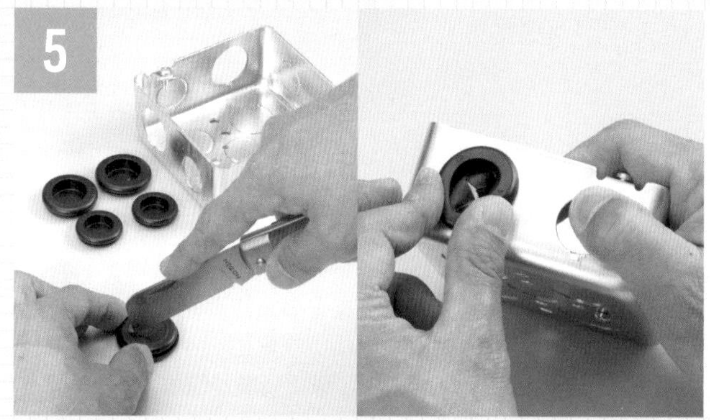

アウトレットボックスの作業を行う。まず、電工ナイフを使ってゴムブッシングの中央に十字の切れ込みを入れ、アウトレットボックスにはめる。

6

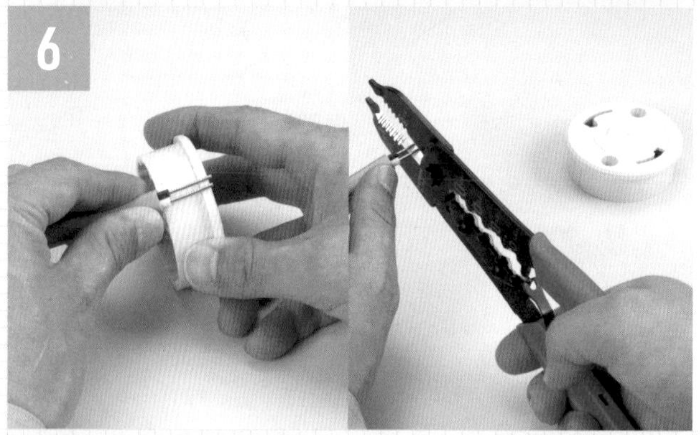

器具への結線

丸形シーリングに結線する。側面にあるストリップゲージに合わせて被覆をはぎ取る。

7

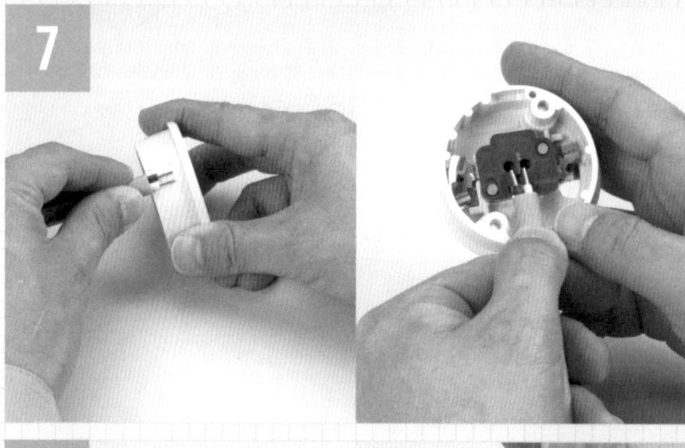

接地側端子（Wと刻印がある側）に白線を挿入することに気をつけて電線を差し込む。

8

ランプレセプタクルに結線する。器具に合わせてIV線を切断し、端を5cmむいて輪作りをする。輪の方向は時計回りで、余った部分はニッパーで切断し、過不足ない長さに加工したら、接地側（受け金側）に白線を使用する点に十分注意しながらねじで器具に取り付ける。

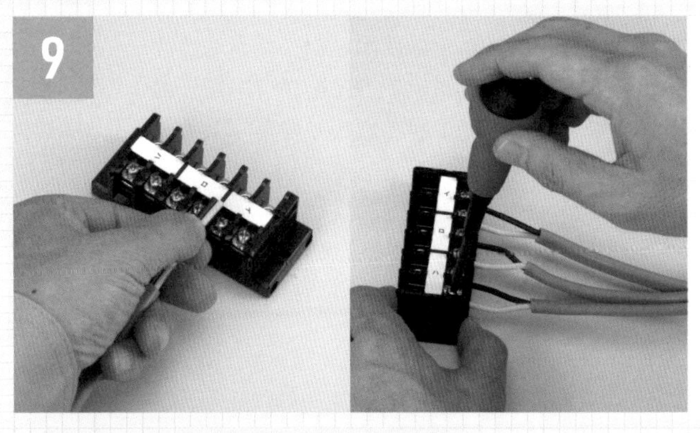

端子台にケーブルを結線する。VVFケーブルは3本とも3cm程度絶縁被覆をむいて、端子ねじを緩めてから差し込み、長さをペンチなどで調整する。端子ねじから心線が1mm程度見えている長さにしてねじ止めする。

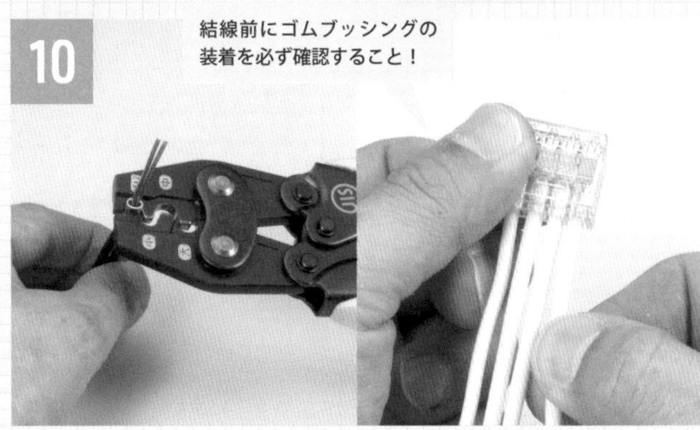

10
結線前にゴムブッシングの
装着を必ず確認すること！

ジョイントボックス内の結線

ブッシングの穴を通して電線をボックス内に挿入し、施工条件に合わせてリングスリーブまたは差込形コネクタを使用して結線する。

完成写真

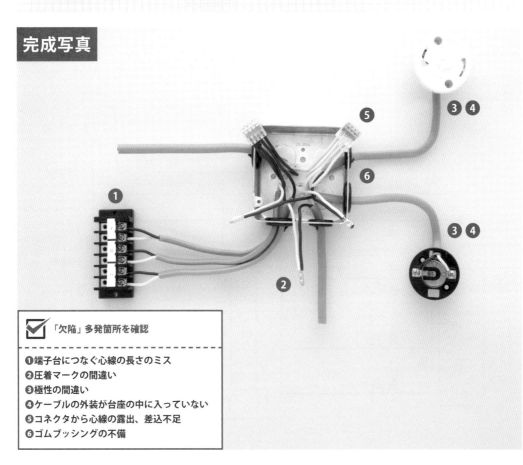

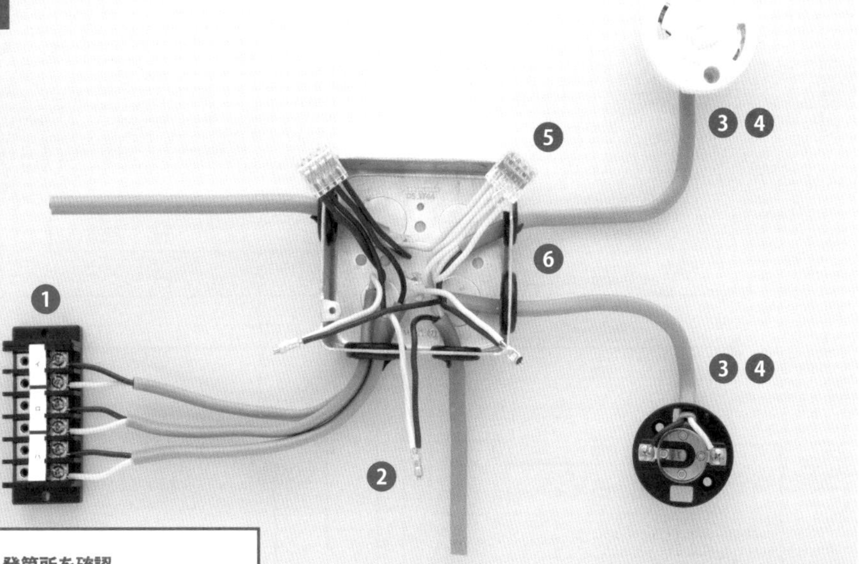

❶ ❷ ❸❹ ❸❹ ❺ ❻

「欠陥」多発箇所を確認

❶端子台につなぐ心線の長さのミス
❷圧着マークの間違い
❸極性の間違い
❹ケーブルの外装が台座の中に入っていない
❺コネクタから心線の露出、差込不足
❻ゴムブッシングの不備

候補問題 NO.8 から予想される出題

別バージョンの問題

⚠ココに注意

●過去問題では、リモコンリレーとアウトレットボックスの間にはVVF1.6の2心ケーブルを3本使用する問題が出題されていた。しかし、ここが2本使用という場合も考えられる。その場合はリモコンスイッチの主回路側（端子台のスイッチ）につなぐ非接地側電線をわたり線でつなぐ配線になる。

動画をチェック

単線図

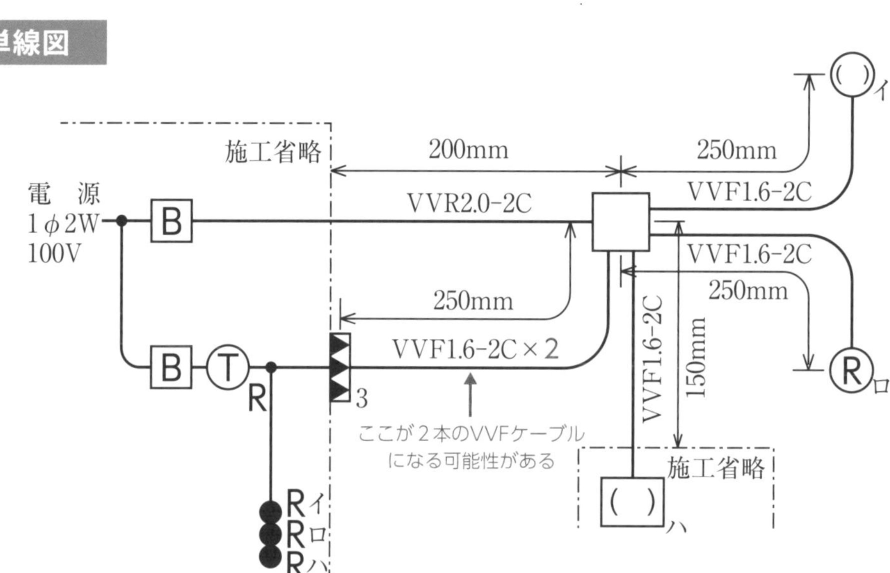

複線図

4本の接続箇所は差込形コネクタ、その他の接続箇所はリングスリーブによる接続とする。

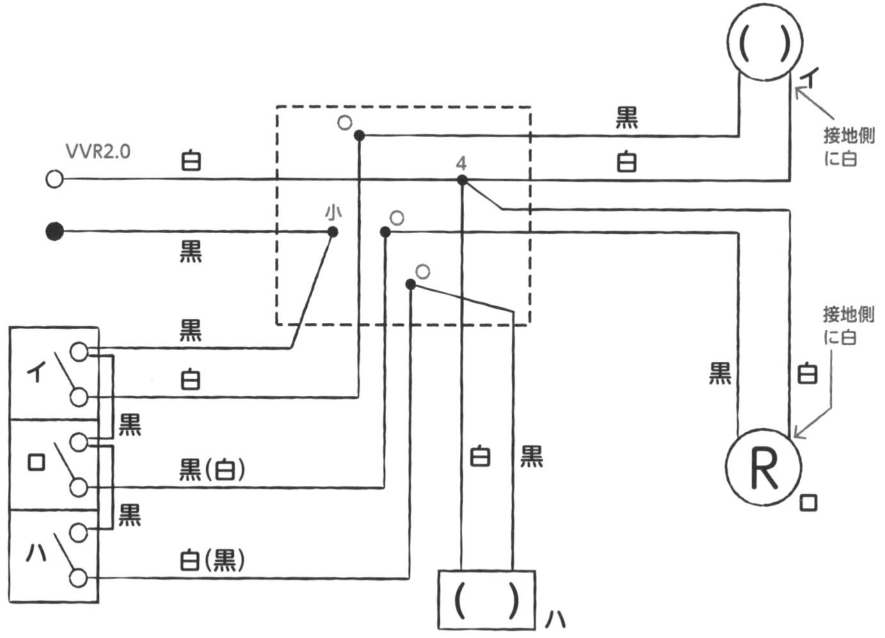

別バージョンでの端子台への結線のしかた

1

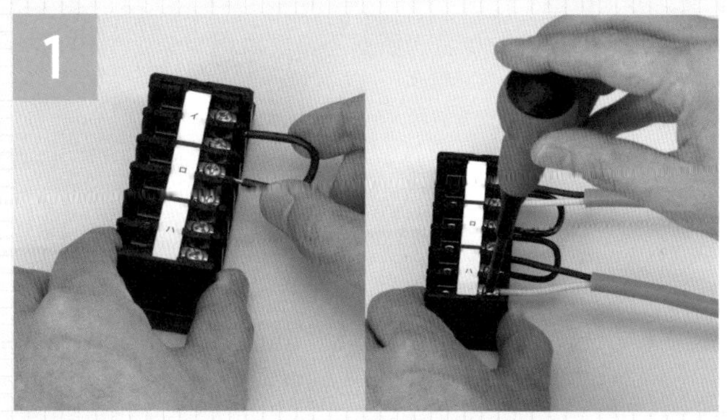

非接地側電線につながる黒線をスイッチ「イ」につなぎ、「イ」と「ロ」、「ロ」と「ハ」のスイッチをわたり線でつなぐ。

2

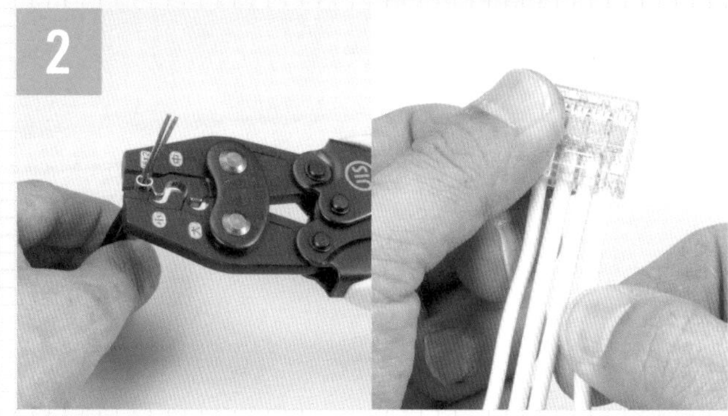

スイッチ「イ」「ロ」「ハ」と各器具を接続する。「ロ」「ハ」は白と黒のどちらをつないでも問題ない。

完成写真

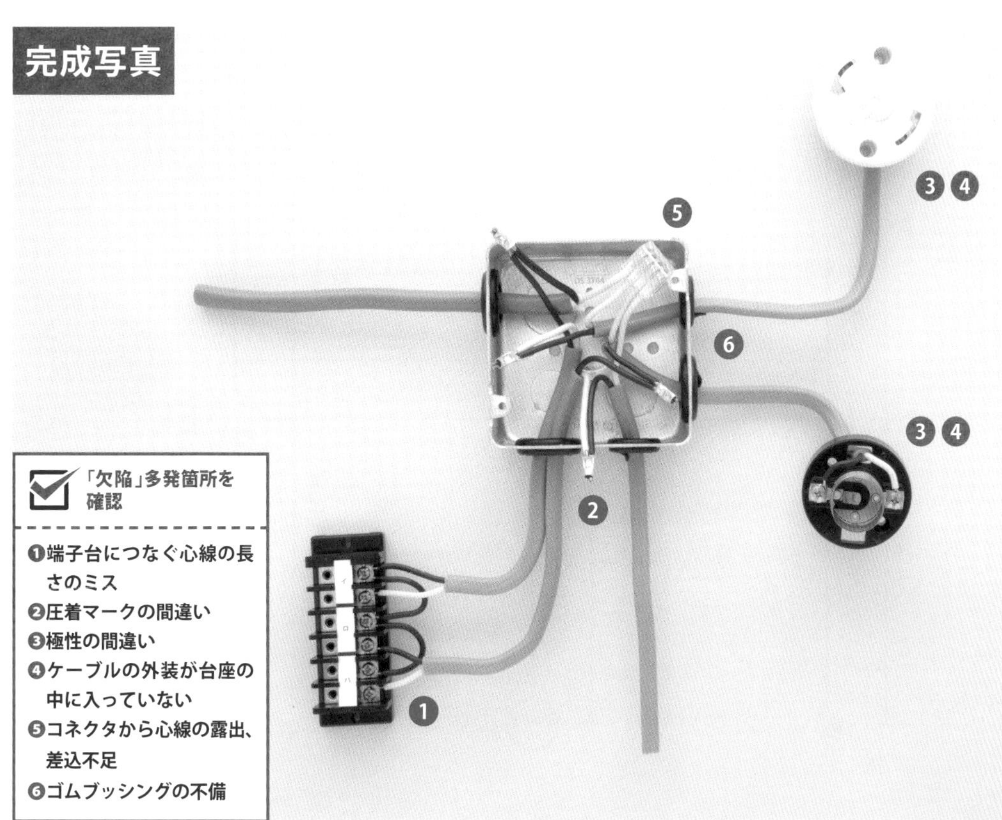

「欠陥」多発箇所を確認

❶端子台につなぐ心線の長さのミス
❷圧着マークの間違い
❸極性の間違い
❹ケーブルの外装が台座の中に入っていない
❺コネクタから心線の露出、差込不足
❻ゴムブッシングの不備

候補問題

NO. 9

から予想される出題

⚠ココに注意

- 1つのスイッチから2つの電灯器具を操作する回路。ボックス内の結線は複線図を見ながら確実に。
- 接地極付接地端子付の埋込コンセントと、それにつながる2口コンセント（省略）が加わる。
- リングスリーブ「中」の圧着が2か所ある。圧着ペンチの扱いが難しい。

動画をチェック

問題

試験時間 40分

図に示す低圧屋内配線工事を与えられた材料を使用し、〈施工条件〉に従って完成させなさい。

なお、

1. ——・——・——で示した部分は施工を省略する。
2. VVF用ジョイントボックス及びスイッチボックスは支給していないので、その取り付けは省略する。
3. 電線接続箇所のテープ巻きや絶縁キャップによる絶縁処理は省略する。
4. 作品は保護板(板紙)に取り付けないものとする。

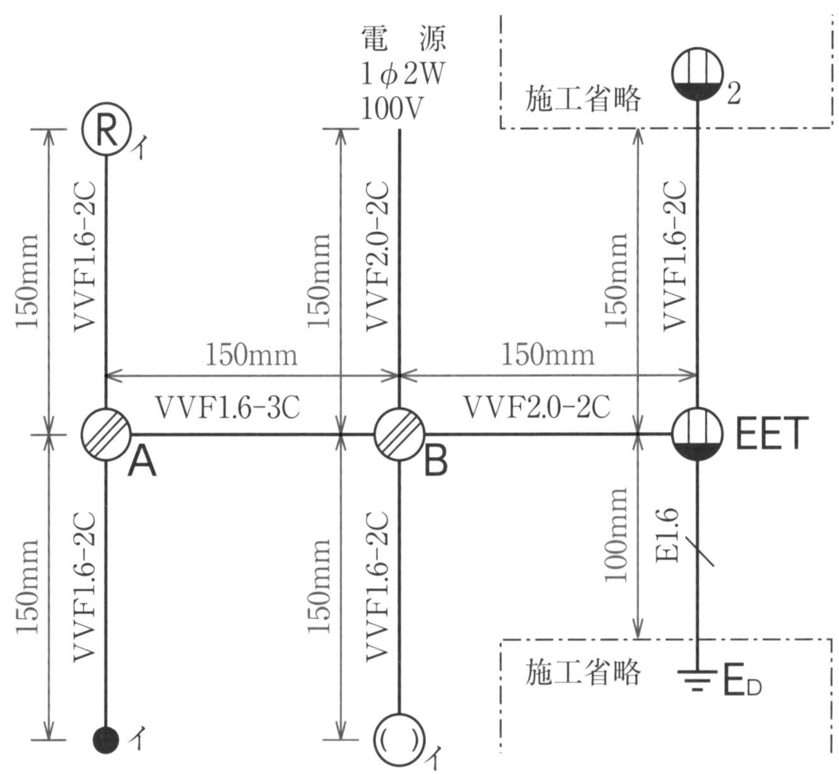

施工条件

1. 配線及び器具の配置は、図に従って行うこと。
2. 電線の色別 (絶縁被覆の色) は、次によること。
   ①電源からの接地側電線には、すべて白色を使用する。
   ②電源からコンセント及び点滅器までの非接地側電線には、すべて黒色を使用する。
   ③接地線には、緑色を使用する。
   ④次の器具の端子には、白色の電線を結線する。
   ・コンセントの接地側極端子 (W と表示)
   ・ランプレセプタクルの受金ねじ部の端子
   ・引掛シーリングローゼットの接地側極端子 (Wと表示)
3. VVF 用ジョイントボックス部分を経由する電線は、その部分ですべて接続箇所を設け、接続方法は、次によること。
   ① A 部分は、差込形コネクタによる接続とする。
   ② B 部分は、リングスリーブによる接続とする。

完成写真

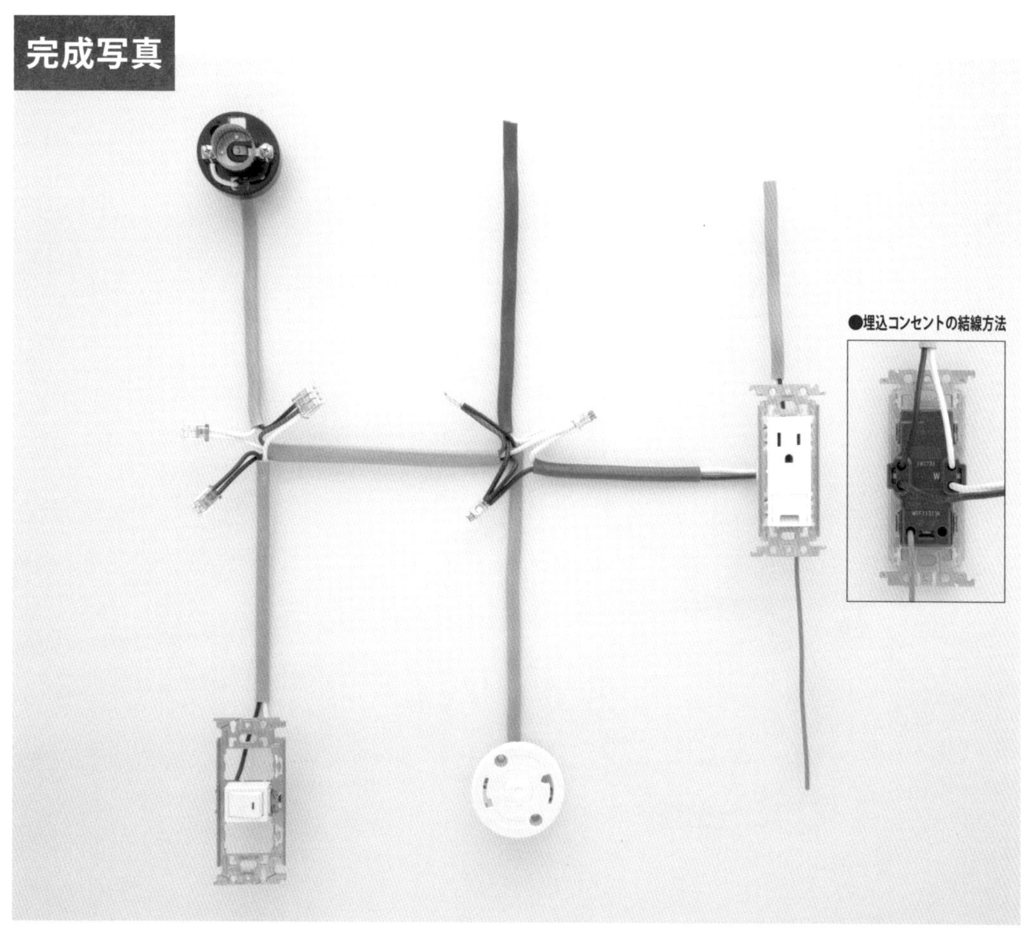

支給材料

予想問題から想定される支給材料は次のとおり。ただし、下表のリングスリーブの個数には予備分は含まれていない。実際の試験では、予備が数個支給される。

	材料	寸法	数量
❶	600V ビニル絶縁ビニルシースケーブル平形 2.0mm 2 心（シース青）	約 600mm	1 本
❷	600V ビニル絶縁ビニルシースケーブル平形　1.6mm　2 心	約 1250mm	1 本
❸	600V ビニル絶縁ビニルシースケーブル平形　1.6mm　3 心	約 350mm	1 本
❹	600V ビニル絶縁電線（緑）1.6mm	約 150mm	1 本
❺	ランプレセプタクル（カバーなし）	―	1 個
❻	引掛シーリングローゼット（丸形のボディのみ）	―	1 個
❼	埋込連用タンブラスイッチ	―	1 個
❽	埋込コンセント（15A125V 接地極付、接地端子付）	―	1 個
❾	埋込連用取付枠	―	1 枚
❿	リングスリーブ（小）	―	1 個
⓫	リングスリーブ（中）	―	2 個
⓬	差込形コネクタ（2 本用）	―	2 個
⓭	差込形コネクタ（3 本用）	―	1 個

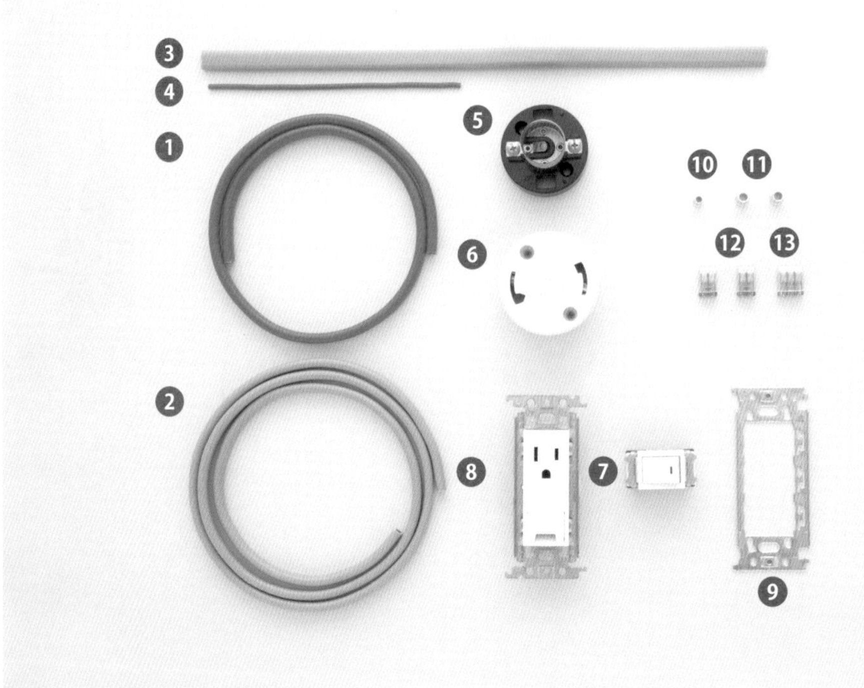

単線図から複線図を起こす

⚠ココに注意

- 電灯回路とコンセントに分けて考える。基本ルールにそって描き進め、コンセントの配線をまず完成させ、その後に電灯回路の配線に進むとよい。
- 接地極付接地端子付コンセントから2口コンセントはそのまま2本配線すればよい。

単線図

電　源
1φ2W
100V
施工省略
2
R
イ
VVF1.6-2C
150mm
VVF2.0-2C
150mm
VVF1.6-2C
150mm
150mm
150mm
VVF1.6-3C
VVF2.0-2C
A
B
EET
100mm
E1.6
VVF1.6-2C
150mm
VVF1.6-2C
150mm
施工省略
ED
イ
イ

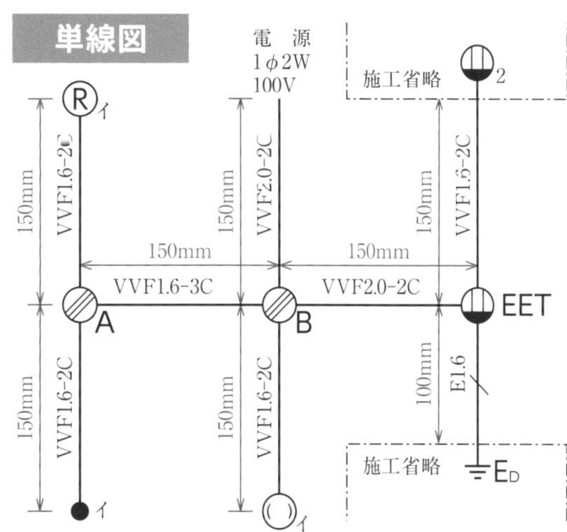

複線図

R
イ
黒
白
接地側
に白
VVF2.0
黒
白
W側
に白
白
2
黒
W側
に白
A
2
白
赤
3
2
黒
B
白
中
中
黒
EET
差込形
コネクタ
リングスリーブ
緑
白
黒
黒
白
E1.6
接地側
に白
ED
イ

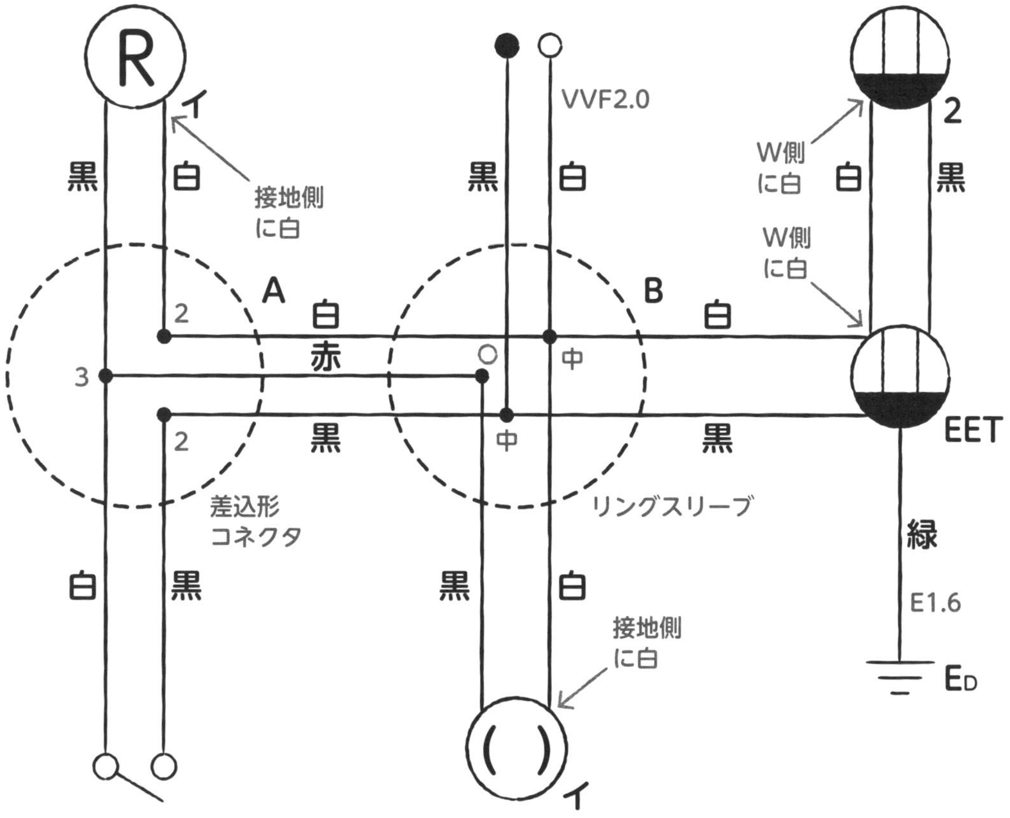

単線図から複線図を起こす

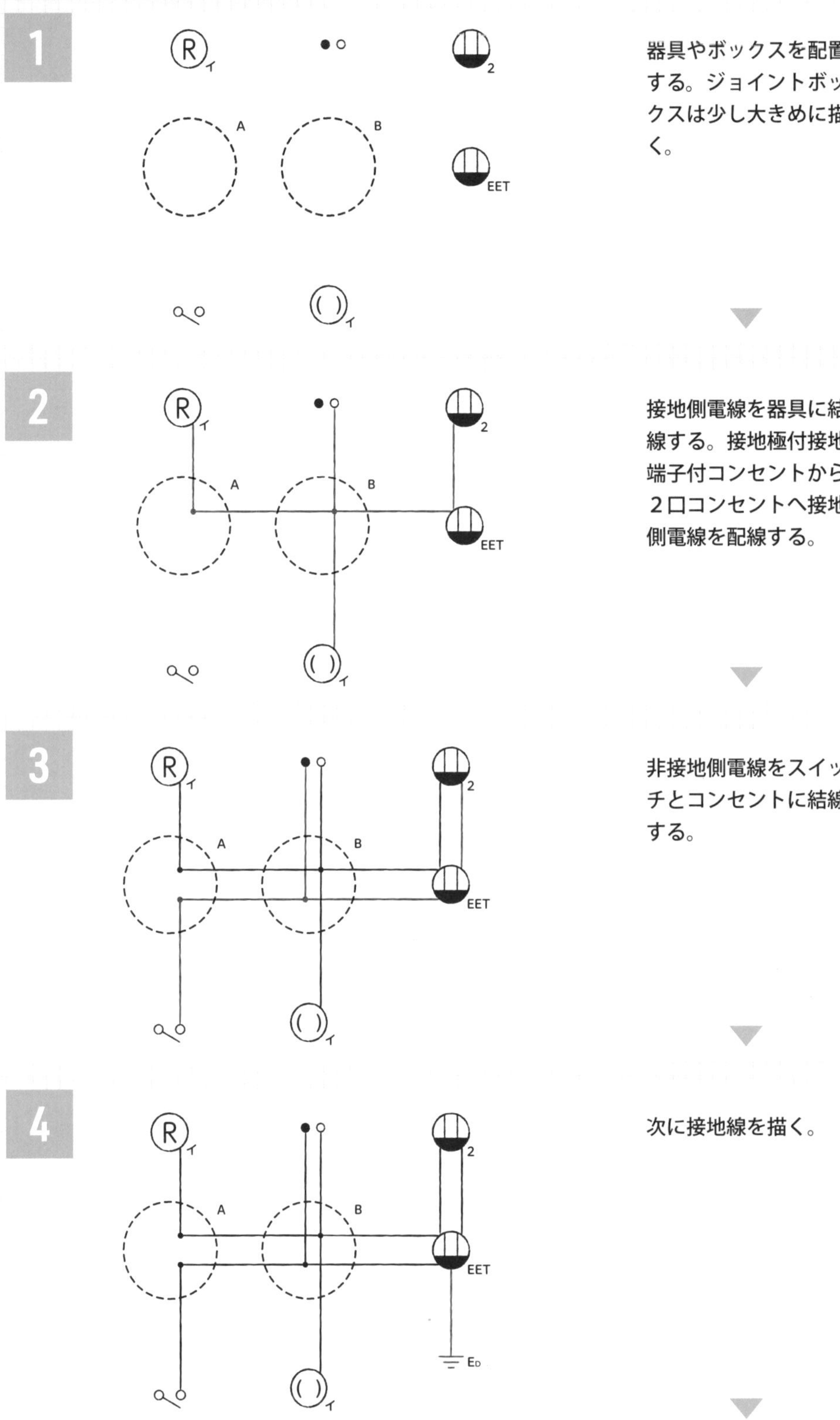

器具やボックスを配置する。ジョイントボックスは少し大きめに描く。

接地側電線を器具に結線する。接地極付接地端子付コンセントから２口コンセントへ接地側電線を配線する。

非接地側電線をスイッチとコンセントに結線する。

次に接地線を描く。

5

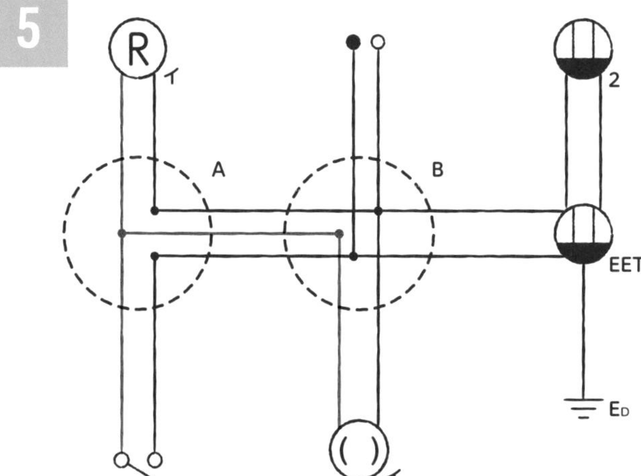

スイッチから器具までを結線して電灯回路を完成させる。

6

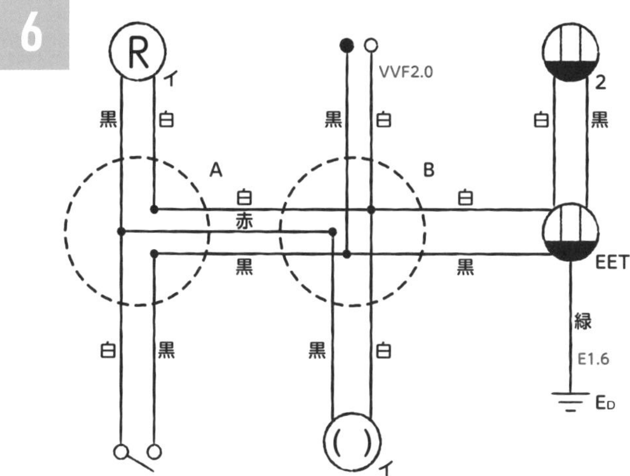

線の色と種類を記入する(VVF1.6は略)。接地側電線はすべて白、非接地側電線はすべて黒にする。

7

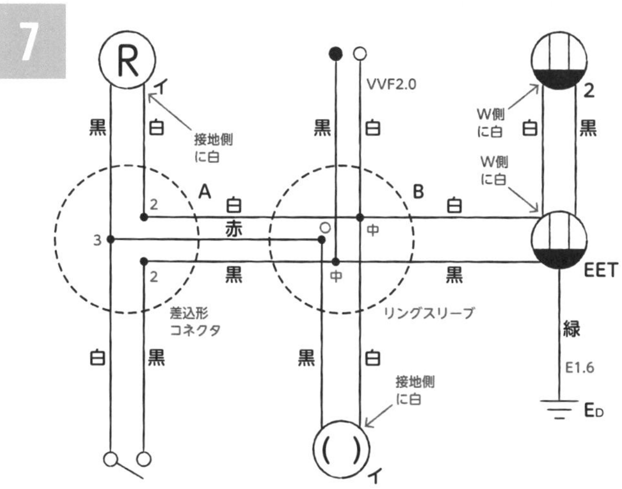

施工条件に合わせて、ジョイントボックスの脇には「リングスリーブ」「差込形コネクタ」と書き、リングスリーブ接続箇所に刻印の種類、差込形コネクタの種類を記入する。また、配線上の注意も記しておく。

ケーブルの切断寸法と外装のはぎ取り寸法の目安

寸法の計算方法はP.176を参照

単線図

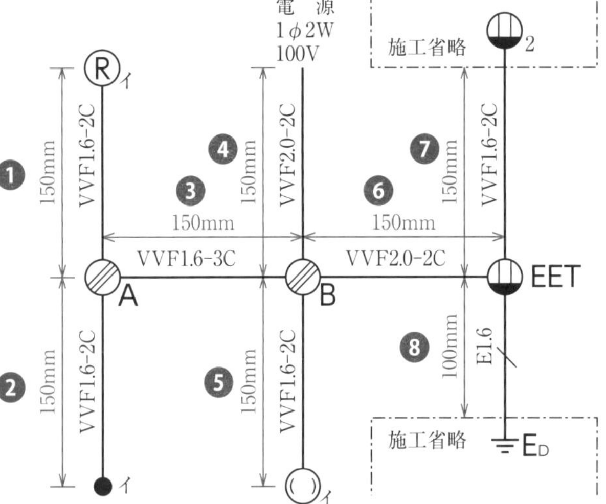

切断寸法は目安です。動画と異なる場合があります。

切断寸法と外装のはぎ取り寸法の計算		
❶	切断寸法	150mm + 100mm + 50mm = 300mm
	はぎ取り寸法	ジョイントボックス側 100mm ランプレセプタクル側 50mm
❷	切断寸法	150mm + 100mm + 50mm = 300mm
	はぎ取り寸法	ジョイントボックス側 100mm スイッチ側 50mm
❸	切断寸法	150mm + 100mm + 100mm = 350mm
	はぎ取り寸法	Aのジョイントボックス側 100mm Bのジョイントボックス側 100mm
❹	切断寸法	150mm + 100mm = 250mm
	はぎ取り寸法	B のジョイントボックス側 100mm
❺	切断寸法	150mm + 100mm + 50mm = 300mm
	はぎ取り寸法	ジョイントボックス側 100mm 引掛シーリング側 50mm*
❻	切断寸法	150mm + 100mm + 50mm = 300mm
	はぎ取り寸法	ジョイントボックス側 100mm コンセント側 50mm
❼	切断寸法	150mm + 50mm = 200mm
	はぎ取り寸法	コンセント側 50mm
❽	切断寸法	150mm

＊引掛シーリング側の外装のはぎ取り寸法はシーリングの高さにあわせてもよい（P.202 参照）

切断寸法とはぎ取り寸法

＊ジョイントボックス側の絶縁被覆は 30 ～ 50mm ではぎ取る。

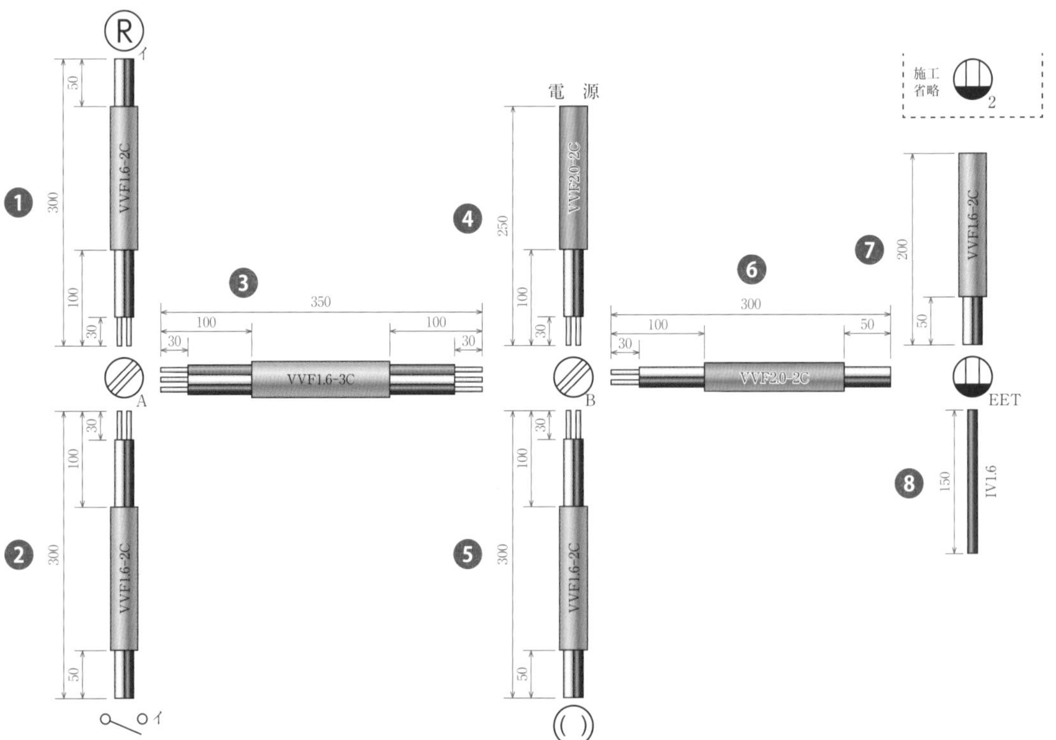

作業の進め方

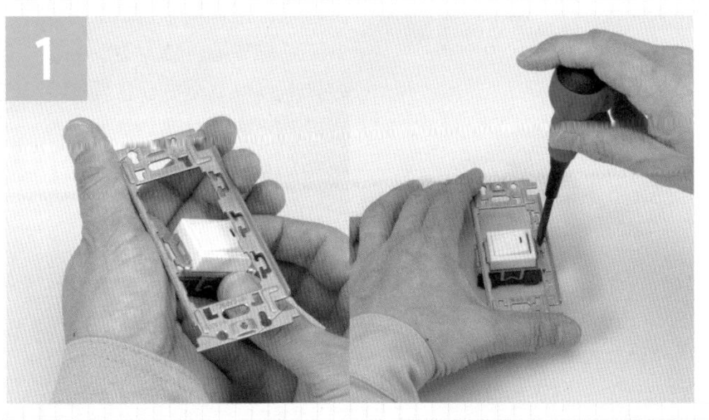

1 埋込連用取付枠への連用器具の取付

タンブラスイッチを埋込連用取付枠の中央に取り付ける。スイッチの左右、取付枠の上下に気をつける。

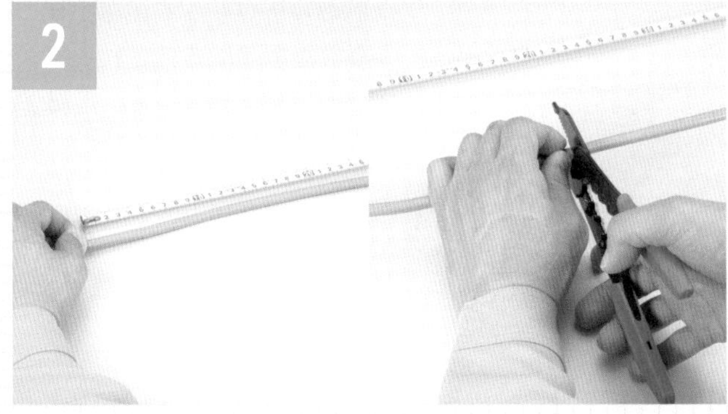

2 ケーブルの切断と外装のはぎ取り

P.102の寸法に従ってケーブルを切断する。

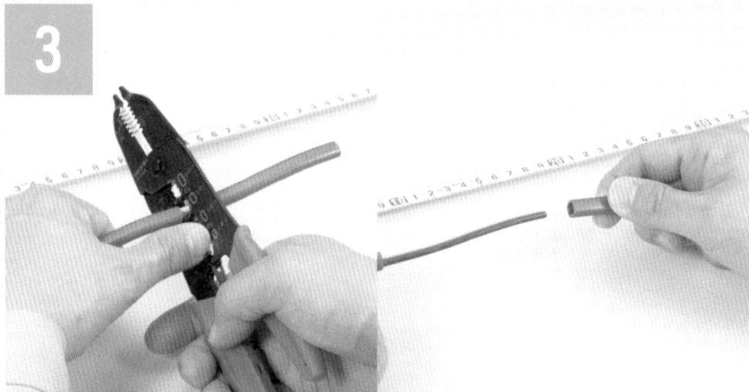

3 P.102の寸法に従って外装をはぎ取り、心線を出しておく。

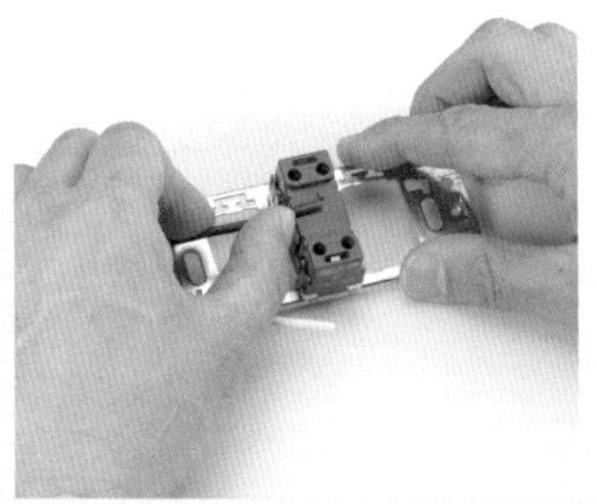

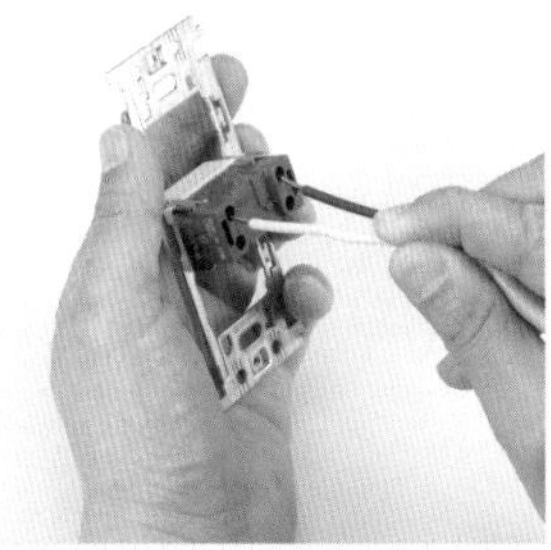

4 器具への結線

スイッチに結線する。スイッチ裏のストリップゲージに電線を当てて、その寸法で絶縁被覆をむき、スイッチ裏の差込口に挿入する。

作業の進め方

5

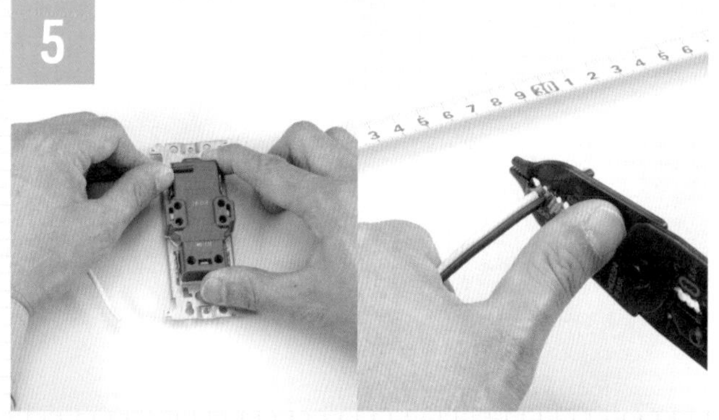

接地極付接地端子付コンセントに結線する。コンセント裏のストリップゲージに電線を当てて、その寸法で絶縁被覆をむく。

6

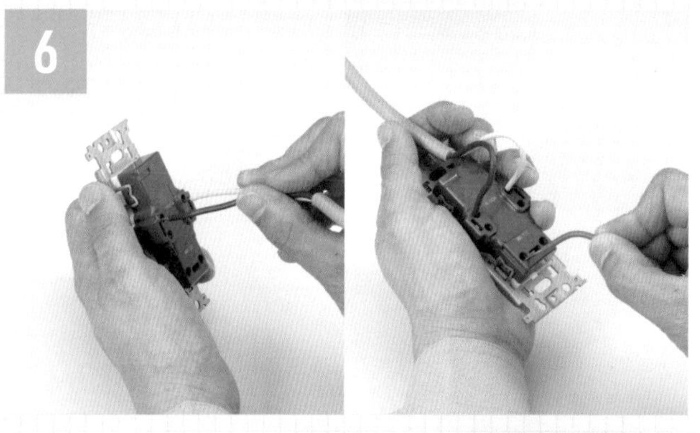

心線をコンセントに挿入する。接地線は支給された緑色のIV線を使用する。片端の被覆を5cm程度はぎ取り、器具のストリップゲージに合わせて心線の長さを調節し、接地端子であることをよく確認して差し込む。

7

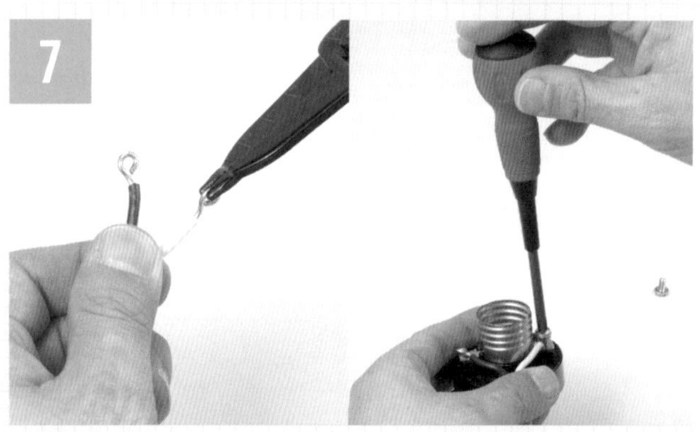

ランプレセプタクルに結線する。器具に合わせてIV線を切断し、端を5cmむいて輪作りをする。接地側（受け金側）に白線を接続する点に十分注意しながらねじで器具に取り付ける。

8

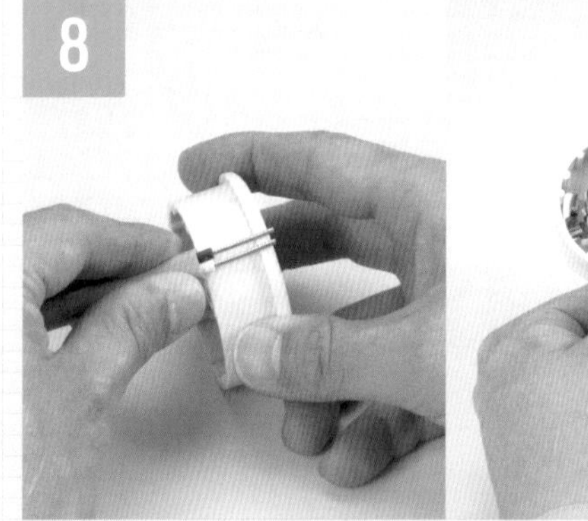

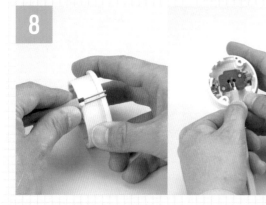

丸形シーリングに結線する。側面にあるストリップゲージに合わせて被覆をはぎ取り、接地側端子（Wと刻印がある側）が白線であることに気をつけて電線を差し込む。

9

「中」のリングスリーブは力がいるので慎重に作業する。非力な人は圧着するところをはさんだら、圧着ペンチのハンドルを両手でもって圧着するとよい。

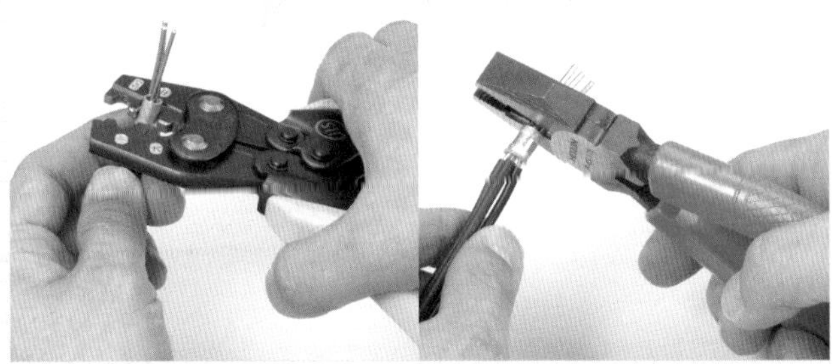

ジョイントボックス内の結線

これまで作ってきた部材を組み合わせて完成させる。複線図で結線を確認して、右のジョイントボックスB内をリングスリーブで結線する。

10

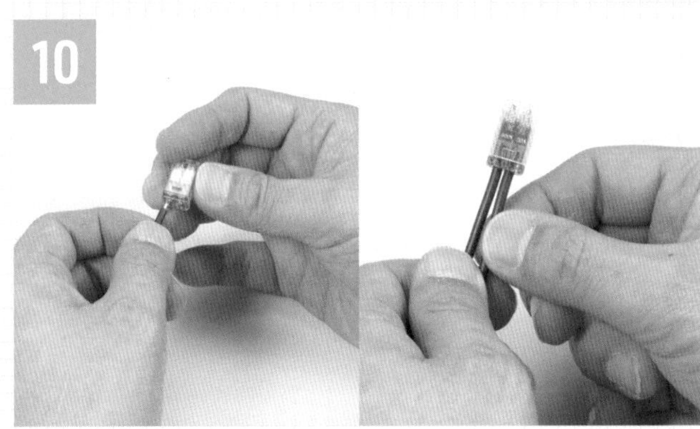

左のジョイントボックスA内を差込形コネクタで結線する。心線をはめ込む前に必ずストリップゲージに当てて長さを確認する。

完成写真

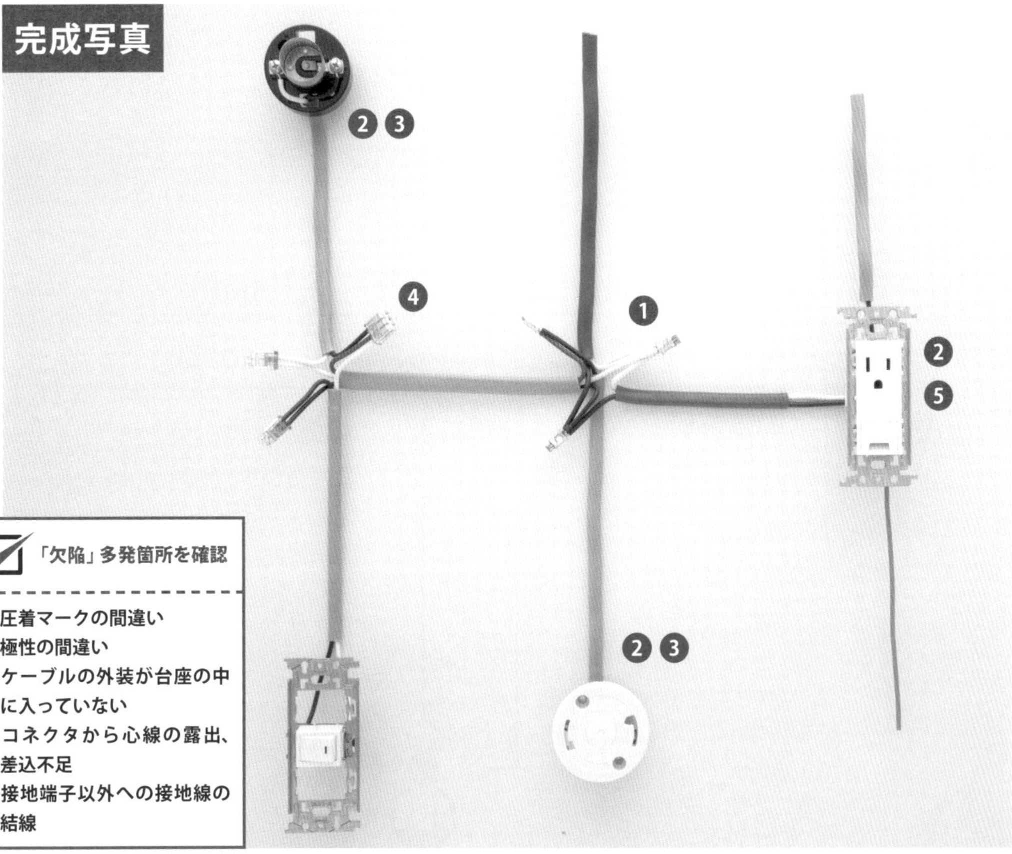

❷❸
❹
❶
❷
❺
❷❸

「欠陥」多発箇所を確認

❶圧着マークの間違い
❷極性の間違い
❸ケーブルの外装が台座の中に入っていない
❹コネクタから心線の露出、差込不足
❺接地端子以外への接地線の結線

候補問題 NO.10 から予想される出題

⚠ココに注意

●埋込連用器具の配線部分がキーポイント。取り付けや結線を誤らないよう十分注意する。

●電灯器具と同時点滅するパイロットランプの配線は、電灯器具と同様、スイッチを通して配線する。

●配線用遮断器への結線はN（ニュートラル）に接地側電線を、L（ライブ）に非接地側電線をつなぐ。

問題

試験時間 40分

図に示す低圧屋内配線工事を与えられた材料を使用し、〈施工条件〉に従って完成させなさい。

なお、

1. ——·——·——で示した部分は施工を省略する。
2. VVF用ジョイントボックス及びスイッチボックスは支給していないので、その取り付けは省略する。
3. 電線接続箇所のテープ巻きや絶縁キャップによる絶縁処理は省略する。
4. 作品は保護板(板紙)に取り付けないものとする。

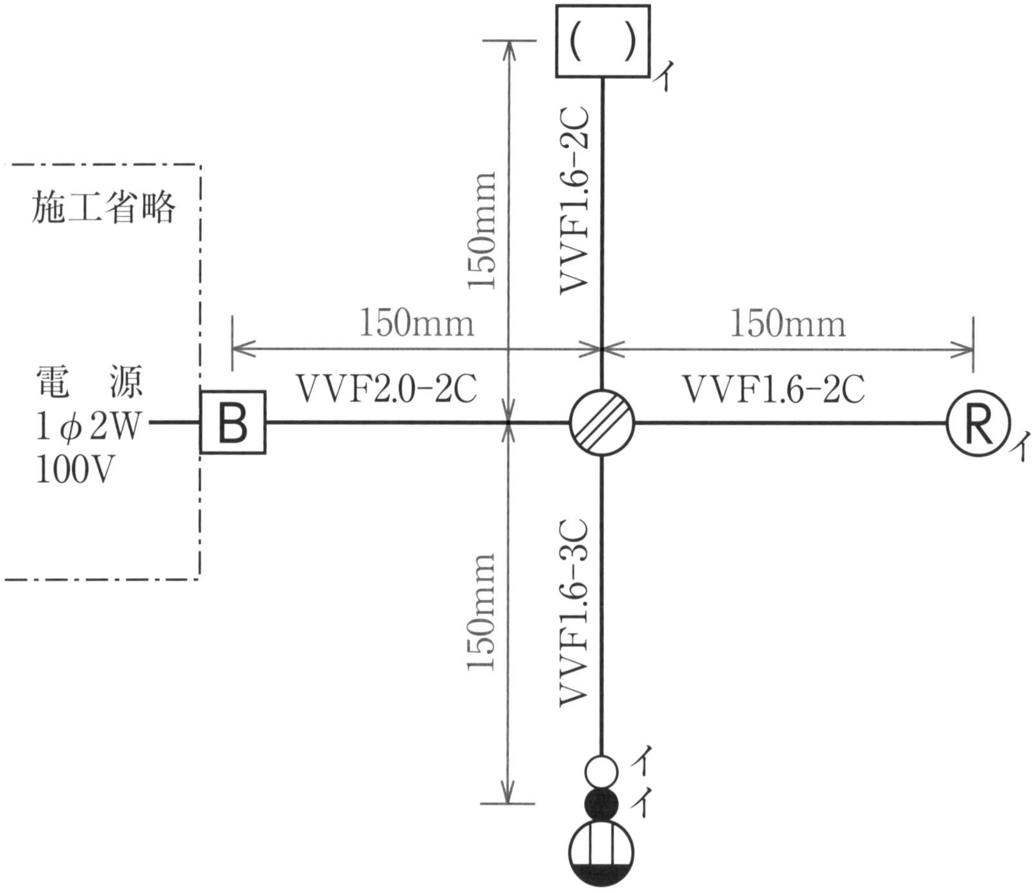

施工省略

電源
1φ2W
100V

B

150mm
VVF2.0-2C

150mm
VVF1.6-2C

( ) イ

150mm
VVF1.6-2C

R イ

150mm
VVF1.6-3C

イ
イ

施工条件

1. 配線及び器具の配置は、図に従って行うこと。
2. 確認表示灯(パイロットランプ)は、引掛シーリングローゼット及びランプレセプタクルと同時点滅とすること。
3. 電線の色別(絶縁被覆の色)は、次によること。
   ①電源からの接地側電線には、すべて白色を使用する。
   ②電源から点滅器及びコンセントまでの非接地側電線には、すべて黒色を使用する。
   ③次の器具の端子には、白色の電線を結線する。
   - コンセントの接地側極端子(Wと表示)
   - ランプレセプタクルの受金ねじ部の端子
   - 引掛シーリングローゼットの接地側極端子(接地側と表示)
   - 配線用遮断器の接地側極端子(Nと表示)
4. VVF用ジョイントボックス部分を経由する電線は、その部分ですべて接続箇所を設け、接続方法は、次によること。
   ① 3本の接続箇所は、差込形コネクタによる接続とする。
   ②その他の接続箇所は、リングスリーブによる接続とする。

完成写真

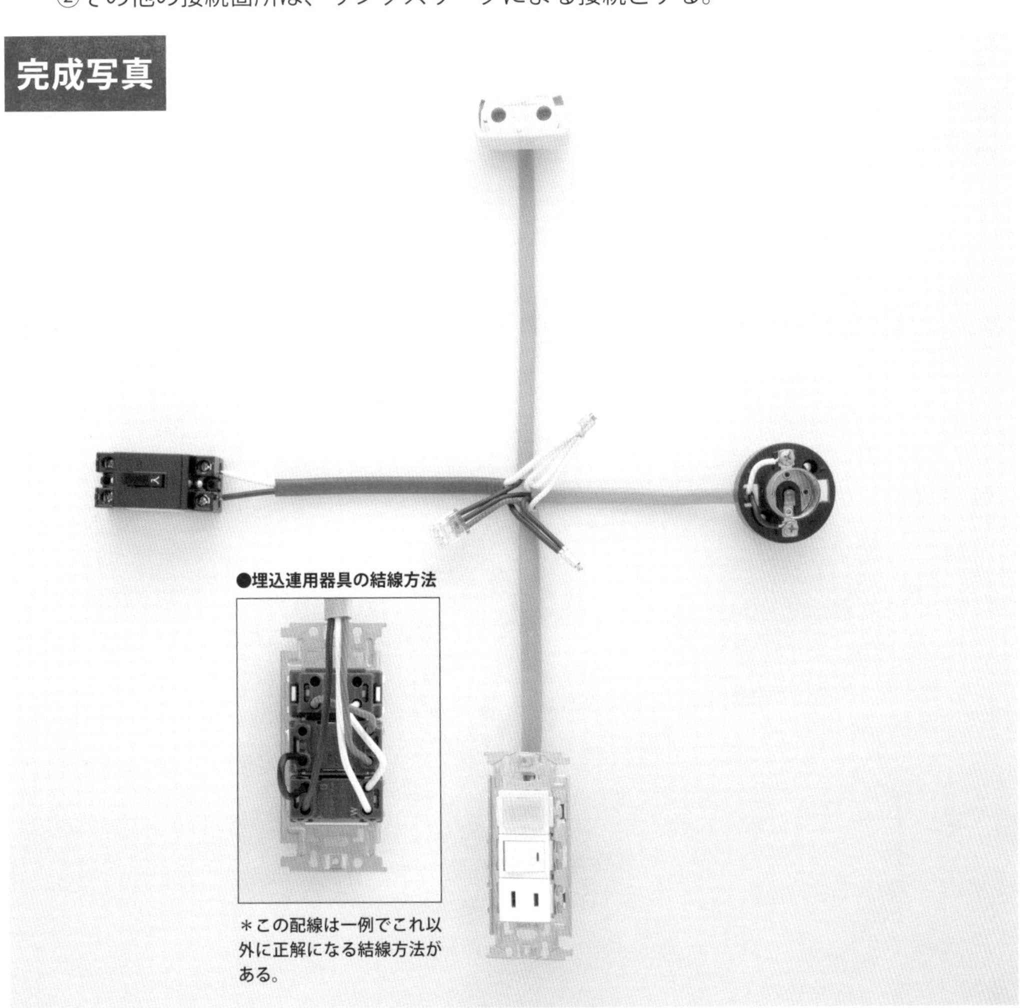
●埋込連用器具の結線方法
＊この配線は一例でこれ以外に正解になる結線方法がある。

支給材料

予想問題から想定される支給材料は次のとおり。ただし、下表のリングスリーブの個数には予備分は含まれていない。実際の試験では、予備が数個支給される。

	材料	寸法	数量
❶	600V ビニル絶縁ビニルシースケーブル平形 2.0mm 2心（シース青）	約 300mm	1本
❷	600V ビニル絶縁ビニルシースケーブル平形　1.6mm　2心	約 650mm	1本
❸	600V ビニル絶縁ビニルシースケーブル平形　1.6mm　3心	約 450mm	1本
❹	配線用遮断器（100V　2極1素子）	―	1個
❺	ランプレセプタクル（カバーなし）	―	1個
❻	引掛シーリングローゼット（角形のボディのみ）	―	1個
❼	埋込連用タンブラスイッチ	―	1個
❽	埋込連用パイロットランプ	―	1個
❾	埋込連用コンセント	―	1個
❿	埋込連用取付枠	―	1枚
⓫	リングスリーブ（小）	―	1個
⓬	リングスリーブ（中）	―	1個
⓭	差込形コネクタ（3本用）	―	1個

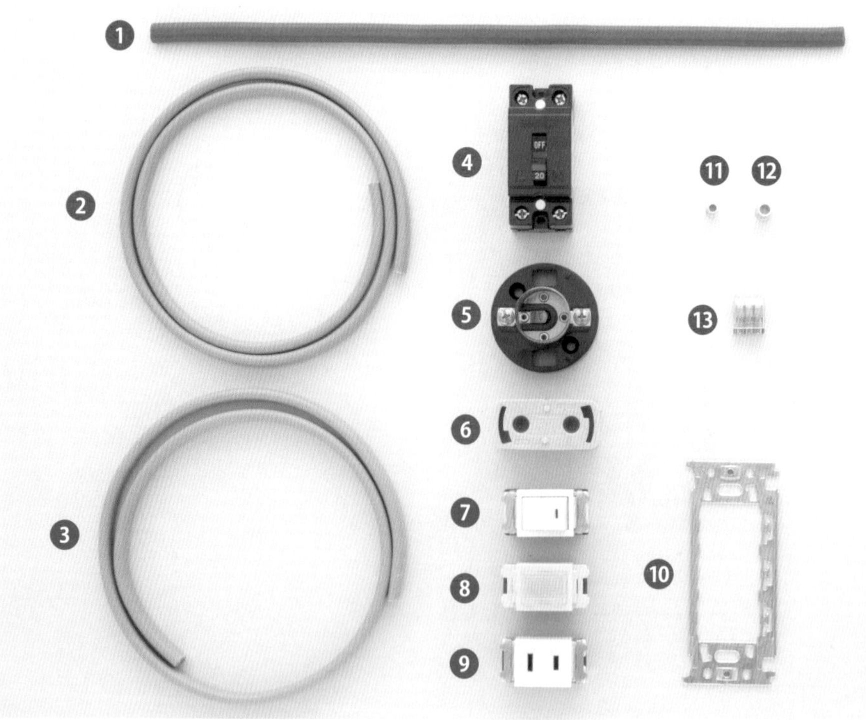

単線図から複線図を起こす

⚠ココに注意

- **同時点滅するパイロットランプも電灯器具の１つとして考えるとわかりやすい。**
- **配線用遮断器のＮ（ニュートラル）端子から接地側電線、Ｌ（ライブ）端子から非接地側電線を出す。**

単線図

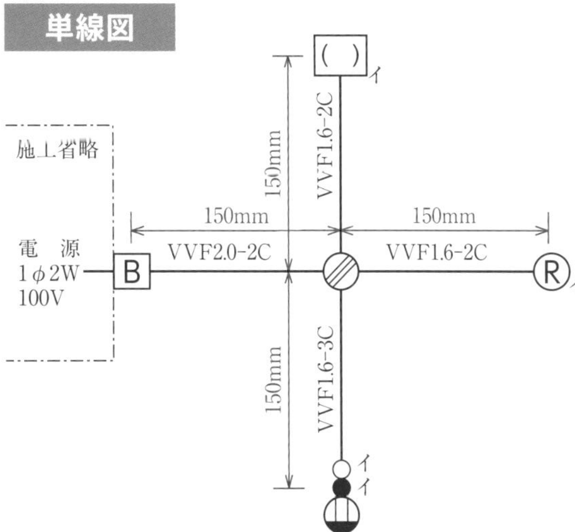

複線図

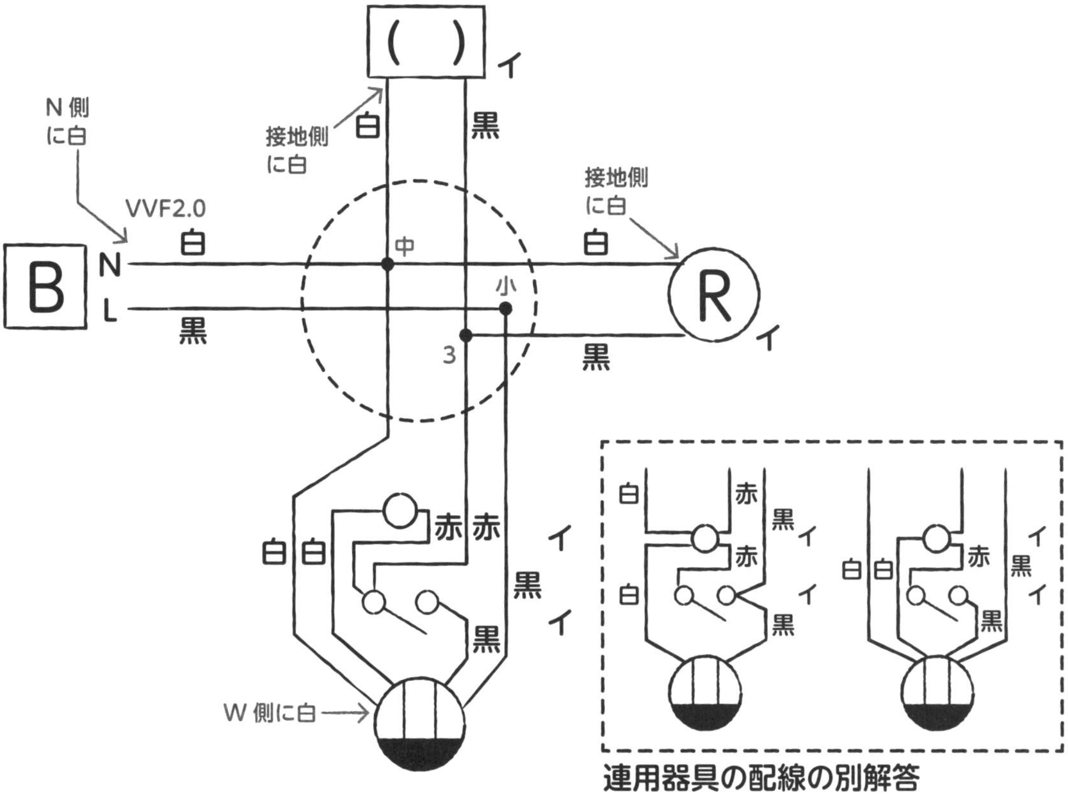

B
N
L
VVF2.0
N側に白
接地側に白
W側に白
中
小
3

連用器具の配線の別解答

上記は一例であり、これ以外にも正解となる結線方法がある。

単線図から複線図を起こす

1

器具やボックスを配置する。ジョイントボックスは少し大きめに描く。

⚠ **配線用遮断器にはNとLをつける。**

2

接地側電線を配線用遮断器のN端子から出して各器具に結線する。引掛シーリング、ランプレセプタクルのほか、パイロットランプにも結線する。

⚠ **パイロットランプにはコンセント経由でつなぐことになる。**

3

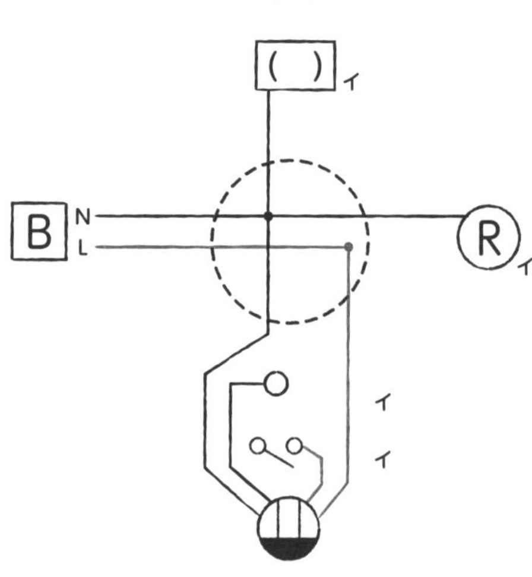

非接地側電線をスイッチとコンセントに接続する。まず、コンセントにつないでから、タンブラスイッチにわたり線をつなぐ。

4

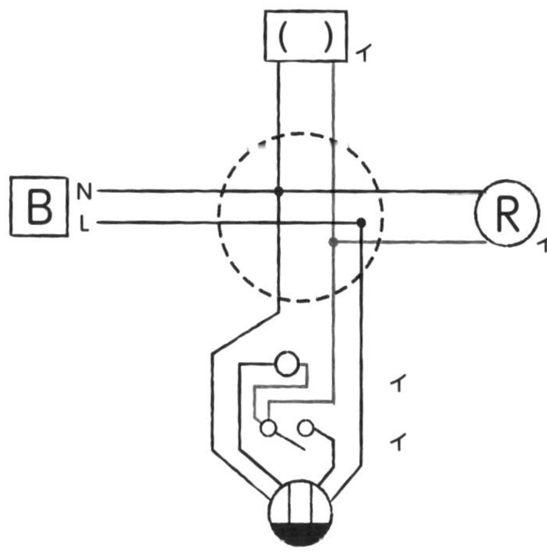

スイッチと器具までを接続する。パイロットランプは、引掛シーリングとランプレセプタクルと同時点滅なので、スイッチの器具側にパイロットランプを結線する。

5

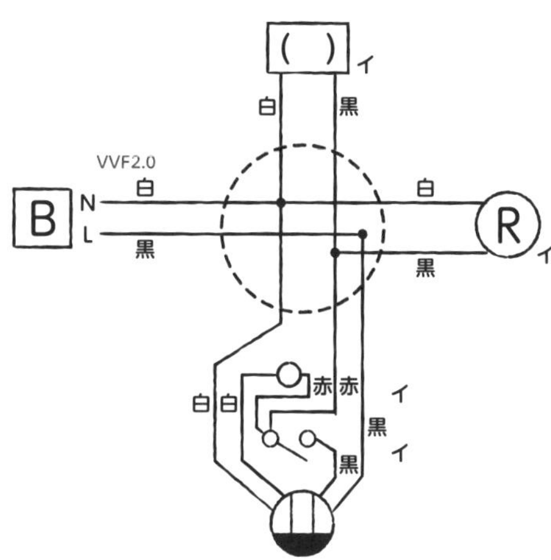

線の色と種類を記入する(VVF1.6は略)。接地側電線はすべて白、非接地側電線はすべて黒にする。

6

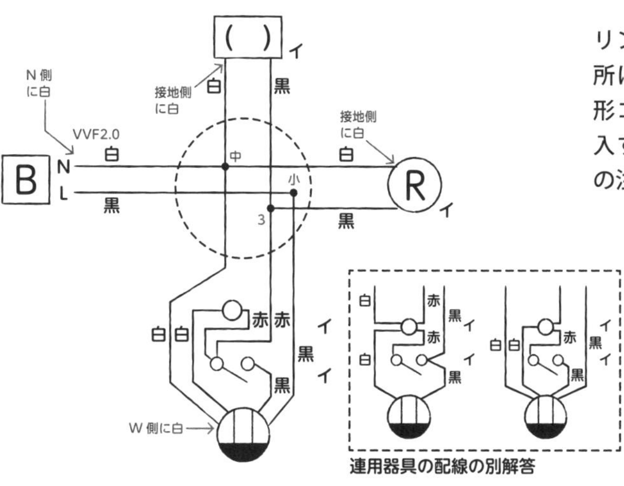

リングスリーブ接続箇所に刻印の種類、差込形コネクタの種類を記入する。また、配線上の注意も記しておく。

ケーブルの切断寸法と外装のはぎ取り寸法の目安

寸法の計算方法はP.176を参照

単線図

( )
イ
施工省略
電 源
1φ2W
100V
B
150mm
VVF1.6-2C
❶
150mm
VVF2.0-2C
❷
❸
150mm
VVF1.6-3C
❹
150mm
VVF1.6-2C
R
イ
イ
イ

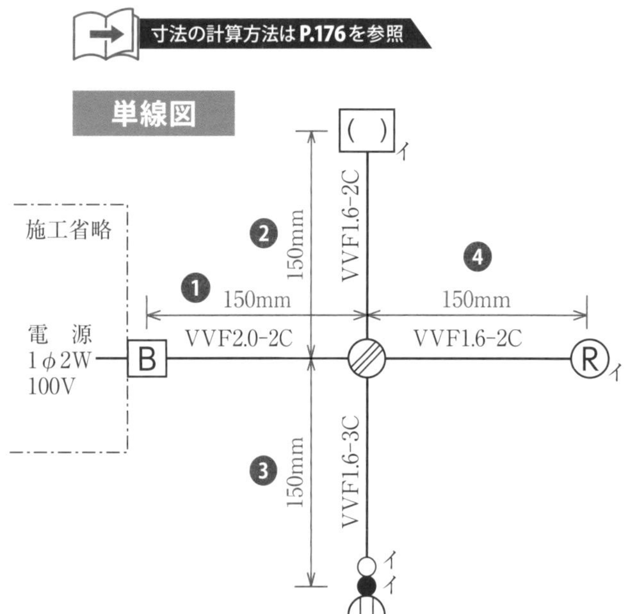

切断寸法は目安です。動画と異なる場合があります。

切断寸法と外装のはぎ取り寸法の計算		
❶	切断寸法	150mm + 100mm + 50mm = 300mm
	はぎ取り寸法	ジョイントボックス側 100mm 配線用遮断器側 50mm
❷	切断寸法	150mm + 100mm + 50mm = 300mm
	はぎ取り寸法	ジョイントボックス側 100mm 引掛シーリング側 50mm*
❸	切断寸法	150mm + 100mm + 100mm = 350mm わたり線 100mm　3本
	はぎ取り寸法	ジョイントボックス側 100mm 連用器具側 100mm
❹	切断寸法	150mm + 100mm + 50mm = 300mm
	はぎ取り寸法	ジョイントボックス側 100mm ランプレセプタクル側 50mm

＊引掛シーリング側の外装のはぎ取り寸法はシーリングの高さにあわせてもよい（P.200 参照）

切断寸法とはぎ取り寸法

＊ジョイントボックス側の絶縁被覆は 30 ～ 50mm ではぎ取る。

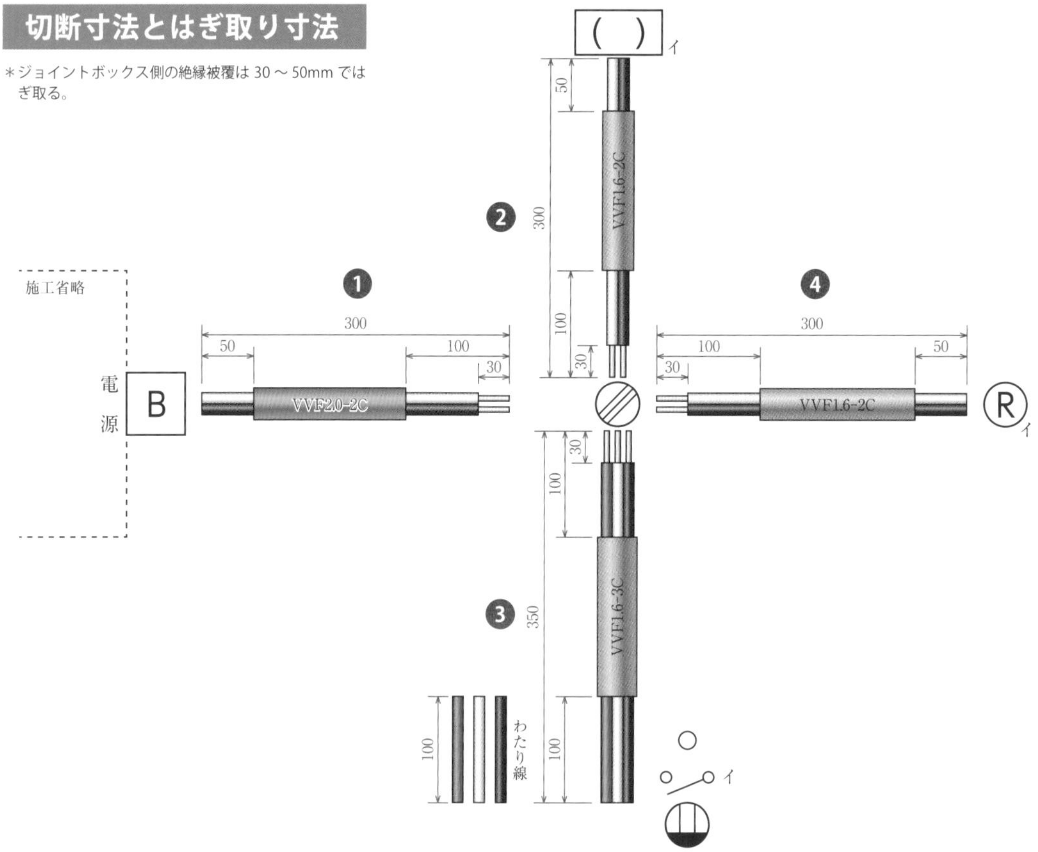

( )
イ
50
300
VVF1.6-2C
100
30
❷
施工省略
電
源
B
❶
300
50
100
30
VVF2.0-2C
❹
300
100
50
30
VVF1.6-2C
R
イ
30
100
❸
350
VVF1.6-3C
100
100
わたり線
イ

作業の進め方

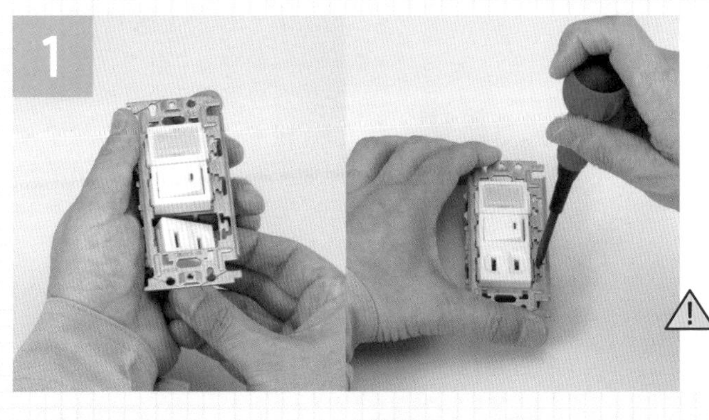

1

埋込連用取付枠への連用器具の取付

パイロットランプ、タンブラスイッチ、コンセントを連用取付枠に取り付ける。取付枠の上下に気をつける。

つける位置に気をつける。間違えてしまった場合は、取り外してからつけ直す

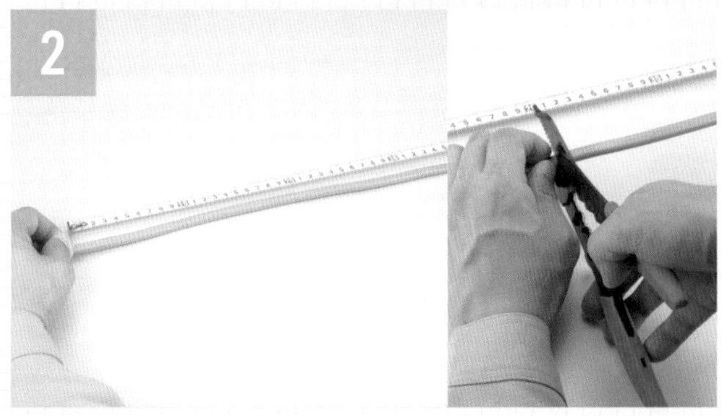

2

ケーブルの切断と外装のはぎ取り

P.112の寸法に従ってケーブルを切断する。

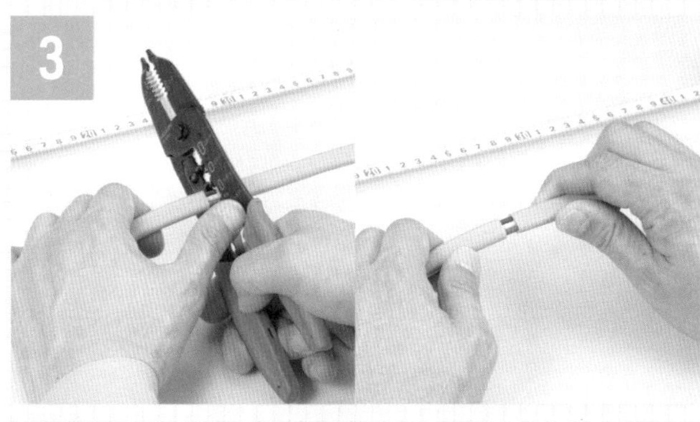

3

P.112の寸法に従って外装をむき、心線を出しておく。

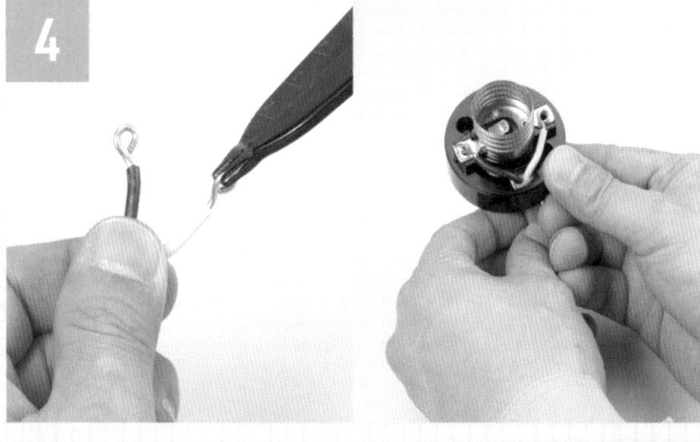

4

器具への結線

ランプレセプタクルに結線する。器具に合わせてIV線を切断し、端を5cmむいて輪作りをする。接地側（受け金側）に白線を接続する点に十分注意してねじで器具に取り付ける。

5

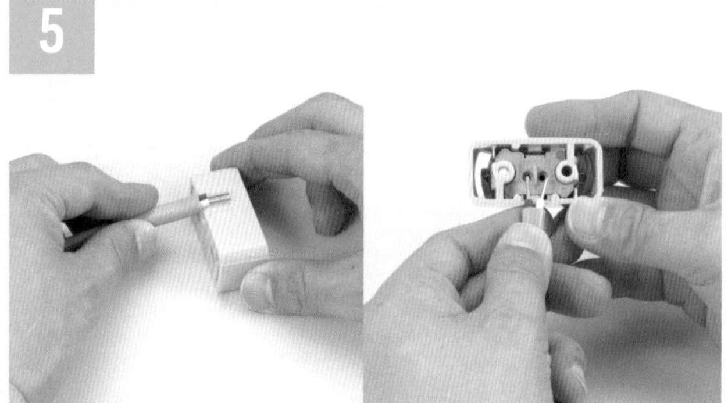

角形シーリングに結線する。側面にあるストリップゲージに合わせて被覆をはぎ取り、接地側端子（Wと刻印がある側）に白線を使用することに気をつけて電線を差し込む。

6

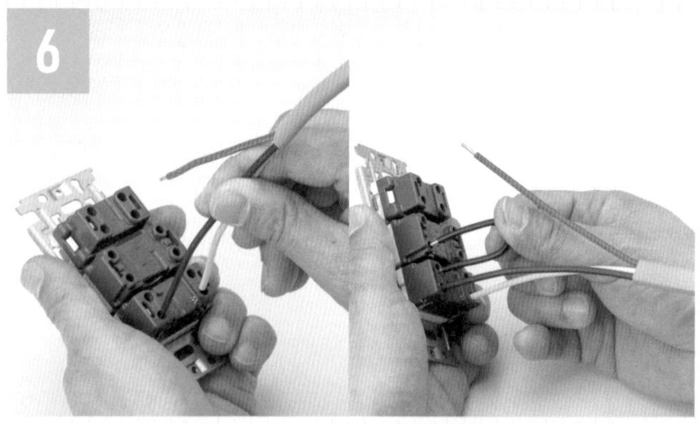

連用器具の結線をする。コンセントに電源からの線を入れる。次にスイッチにわたり線をつなぐ。

7

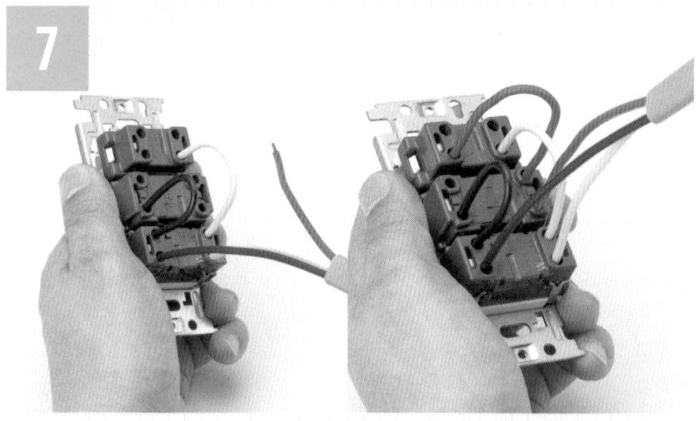

コンセントの接地極とパイロットランプをわたり線でつなぎ、さらにスイッチとパイロットランプをわたり線でつないでから、器具につなぐ赤線をスイッチに結線する。

8

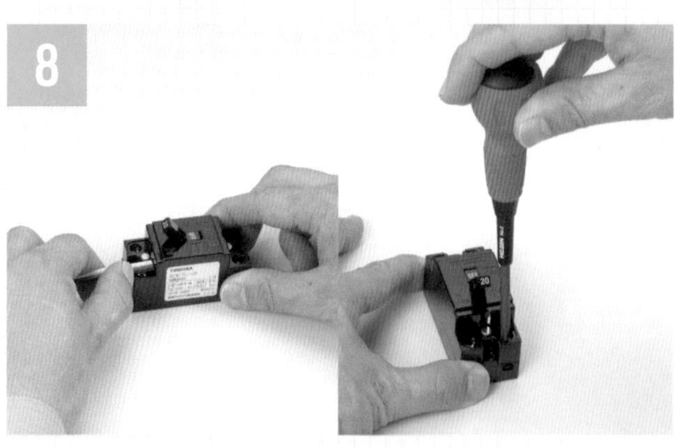

次に配線用遮断器に結線する。まず、差し込む心線の長さを配線用遮断器で測ってから絶縁被覆をむく。遮断器のねじを緩めてから作業する。

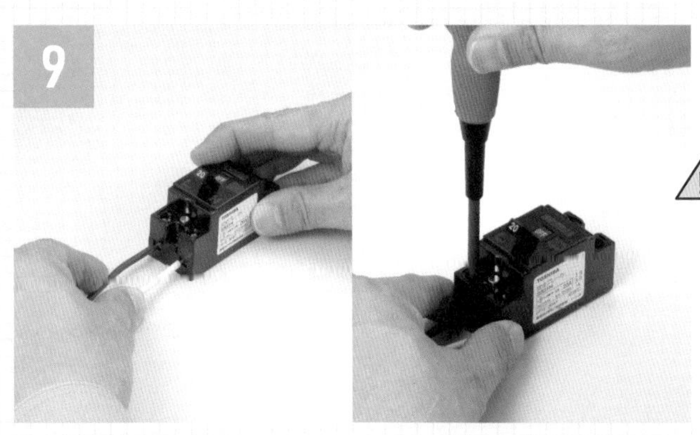

Nに白線を、Lに黒線を挿入し、ねじで確実に止める。

⚠ **心線の長さに注意しよう。絶縁被覆をはさんで止めると欠陥になる。**

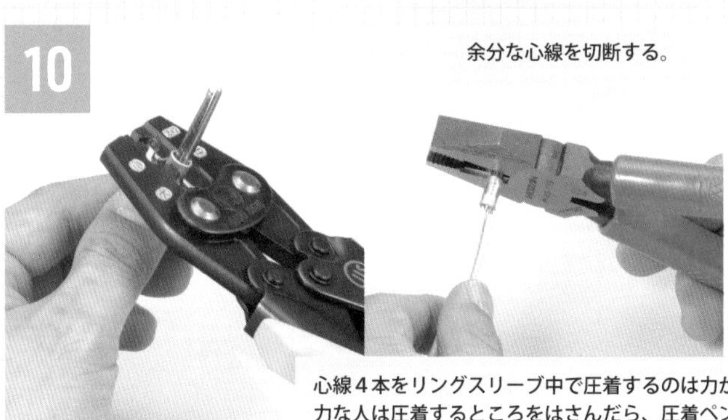

余分な心線を切断する。

心線4本をリングスリーブ中で圧着するのは力がいる。非力な人は圧着するところをはさんだら、圧着ペンチのハンドルを両手でもって圧着するとよい。

ジョイントボックス内の結線

これまで作ってきた部材を組み合わせて完成させる。複線図を確認してから、リングスリーブと差込形コネクタで結線する。

完成写真

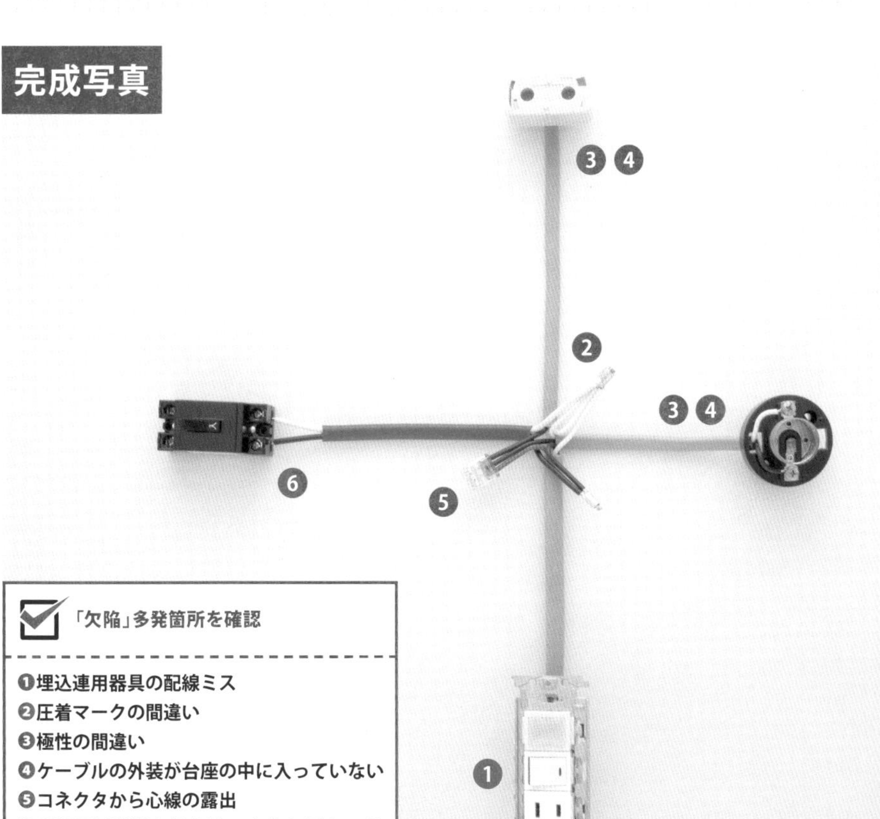

「欠陥」多発箇所を確認

❶埋込連用器具の配線ミス
❷圧着マークの間違い
❸極性の間違い
❹ケーブルの外装が台座の中に入っていない
❺コネクタから心線の露出
❻配線用遮断器から心線の大きな露出 、差込不足

候補問題

NO.11

から予想される出題

⚠ココに注意

- **13 候補のうち、最も作業量が多い問題の１つ。アウトレットボックスにねじなし電線管をつなぐ、ゴムブッシングを装着するなど、配線以外の技術が要求される。**
- **アウトレットボックスを接地するボンド線や、ボックスコネクタや絶縁ブッシングの一方の装着等が省略される場合がある。本書はこれらが省略されないことを想定している。**

問　題

試験時間 40 分

図に示す低圧屋内配線工事を与えられた材料を使用し、〈施工条件〉に従って完成させなさい。

なお、

1. スイッチボックスは支給していないので、その取り付けは省略する。
2. 電線接続箇所のテープ巻きは省略する。
3. 作品は保護板 (板紙) に取り付けないものとする。

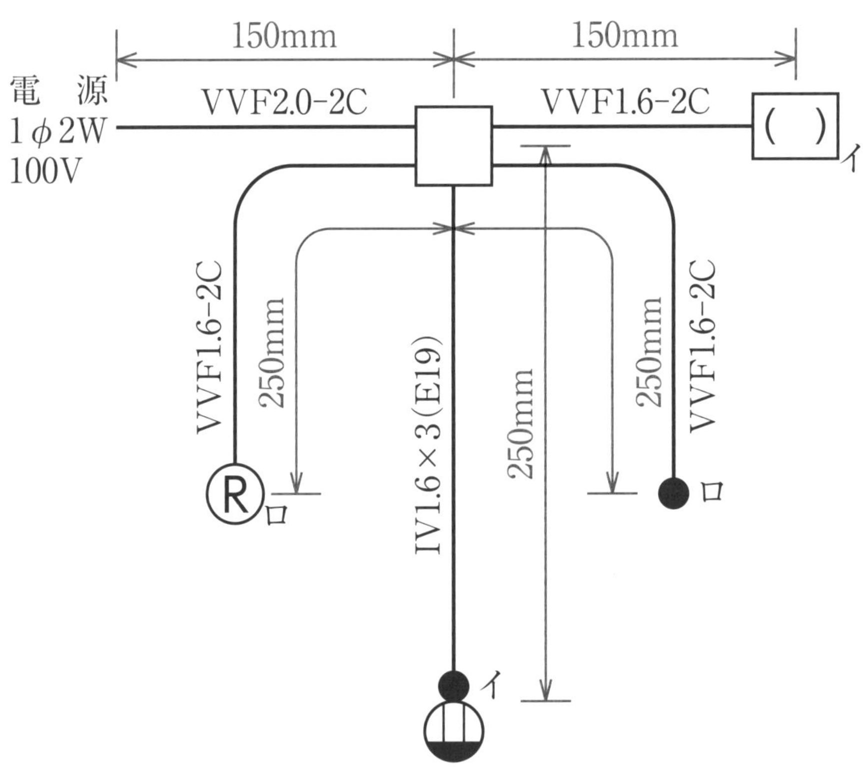

＊アウトレットボックスを接地するボンド線や絶縁ブッシングの一方の装着の施工が省略される場合は次の条件などが加わることが考えられる。

・金属管とジョイントボックス (アウトレットボックス) とを電気的に接続することは省略する。

・絶縁キャップによる絶縁処理は省略する。

施工条件

1. 配線及び器具の配置は、図に従って行うこと。
2. ジョイントボックス (アウトレットボックス) は、打抜き済みの穴だけをすべて使用すること。
3. 電線の色別 (絶縁被覆の色) は、次によること。
   ①電源からの接地側電線には、すべて白色を使用する。
   ②電源から点滅器及びコンセントまでの非接地側電線には、すべて黒色を使用する。
   ③次の器具の端子には、白色の電線を結線する。
   ・コンセントの接地側極端子 (Wと表示)
   ・ランプレセプタクルの受金ねじ部の端子
   ・引掛シーリングローゼットの接地側極端子 (接地側と表示)
4. ジョイントボックス部分を経由する電線は、その部分ですべて接続箇所を設け、接続方法は、次によること。
   ①電源側電線 (電源からの電線・シース青色) との接続箇所は、リングスリーブによる接続とする。
   ②その他の接続箇所は、差込形コネクタによる接続とする。
5. 埋込連用取付枠は、タンブラスイッチ (イ) 及びコンセント部分に使用すること。

完成写真

ボンド線の工事は省略されることがある。

●埋込連用器具の結線方法

絶縁キャップによる絶縁処理は省略されることがある。

＊この配線は一例でこれ以外に正解になる結線方法がある。

支給材料

予想問題から想定される支給材料は次のとおり。ただし、下表のリングスリーブの個数には予備分は含まれていない。実際の試験では、予備が数個支給される。

	材料	寸法	数量
❶	600V ビニル絶縁ビニルシースケーブル平形 2.0mm 2心（シース青）	約 250mm	1本
❷	600V ビニル絶縁ビニルシースケーブル平形　1.6mm　2心	約 1200mm	1本
❸	600V ビニル絶縁電線（黒）1.6mm	約 550mm	1本
❹	600V ビニル絶縁電線（白）1.6mm	約 450mm	1本
❺	600V ビニル絶縁電線（赤）1.6mm	約 450mm	1本
❻	裸軟銅線（ボンド線）1.6mm	約 200mm	1本
❼	ジョイントボックス（アウトレットボックス）（19mm 3箇所、25mm 2箇所ノックアウト打ち抜き済 接地ねじ ワッシャ付き）	―	1個
❽	ねじなし電線管（E19）	約 120mm	1本
❾	ねじなしボックスコネクタ（E19用）（ロックナット付）	―	2個
❿	ランプレセプタクル（カバーなし）	―	1個
⓫	引掛シーリングローゼット（角形のボディのみ）	―	1個
⓬	埋込連用タンブラスイッチ	―	2個
⓭	埋込連用コンセント	―	1個
⓮	埋込連用取付枠	―	1枚
⓯	絶縁ブッシング（19）	―	2個
⓰	ゴムブッシング（19）	―	2個
⓱	ゴムブッシング（25）	―	2個
⓲	リングスリーブ（小）	―	1個
⓳	リングスリーブ（中）	―	1個
⓴	差込形コネクタ（2本用）	―	2個

＊ボンド線の工事が省略される場合は、❻は支給されない。絶縁キャップによる絶縁処理が省略される場合は、❾と⓯がそれぞれ1個ずつの支給となる。

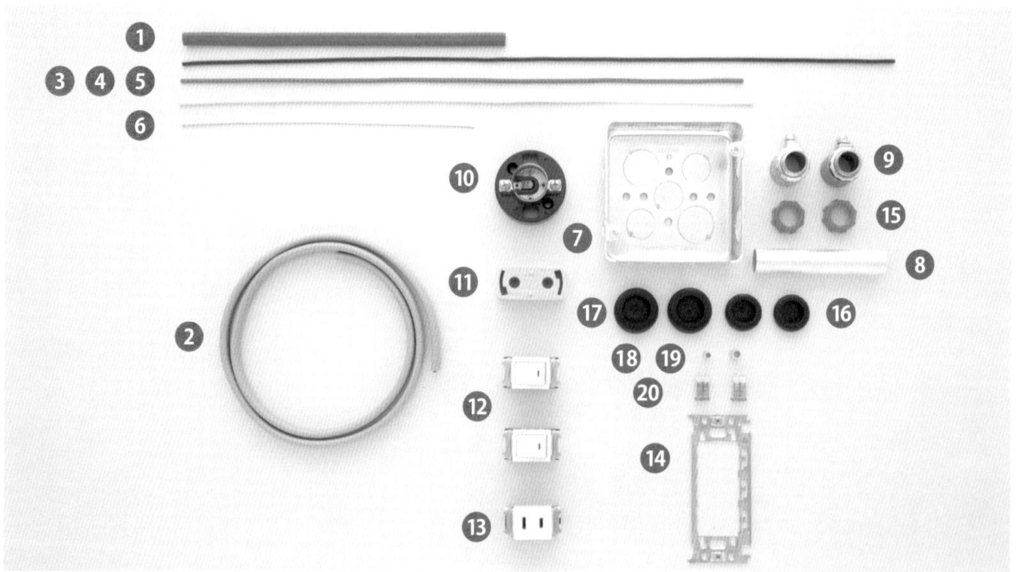

単線図から複線図を起こす

⚠ココに注意

- この問題の配線は難しくない。基本手順に忠実に描く。
- スイッチとコンセントの結線も基本に忠実にまずコンセントにつないでから、スイッチにわたり線を入れよう。

単線図

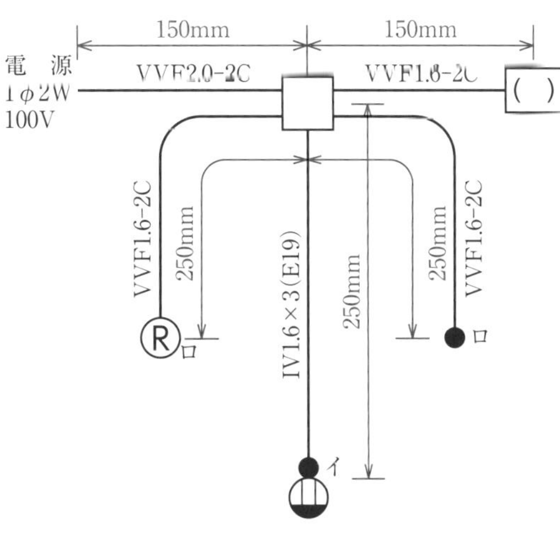

複線図

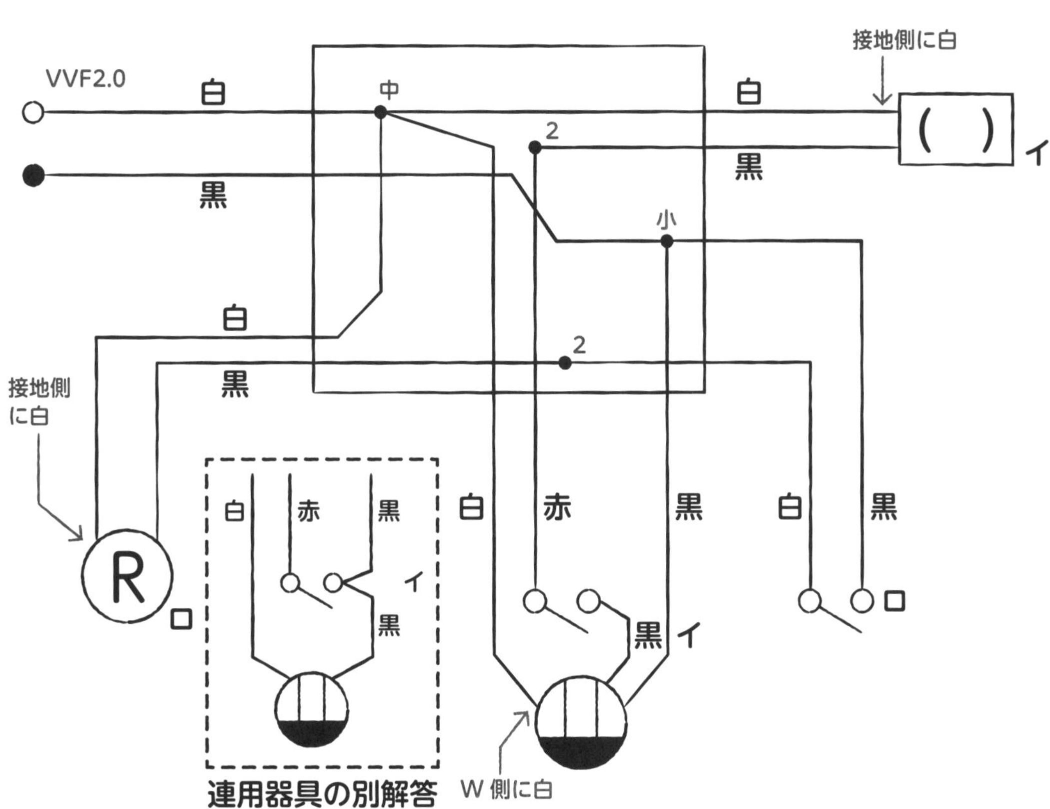

上記は一例であり、スイッチとコンセントの結線方法については、これ以外にも正解となる結線方法がある。

単線図から複線図を起こす

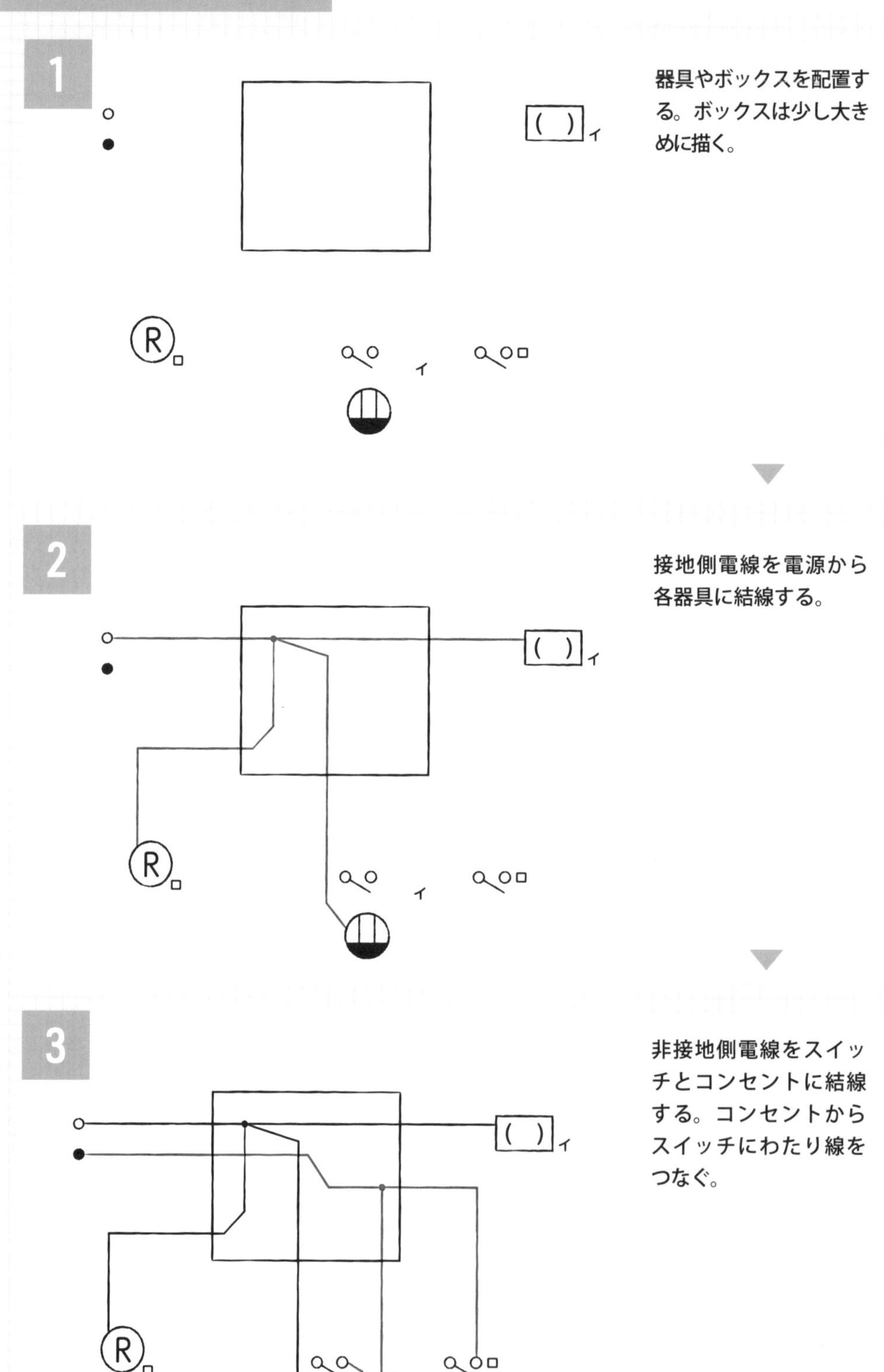

器具やボックスを配置する。ボックスは少し大きめに描く。

接地側電線を電源から各器具に結線する。

非接地側電線をスイッチとコンセントに結線する。コンセントからスイッチにわたり線をつなぐ。

4

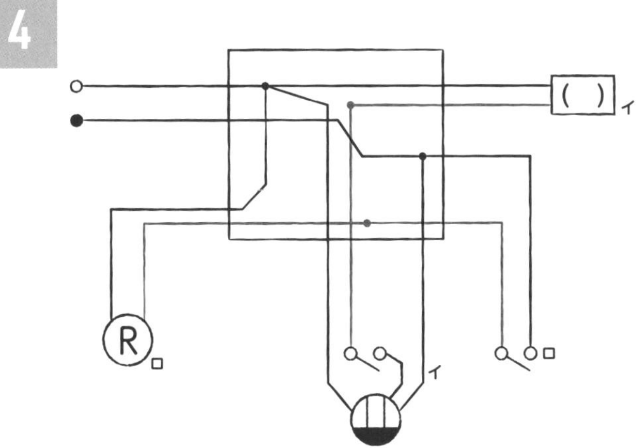

スイッチと器具を接続する。

5

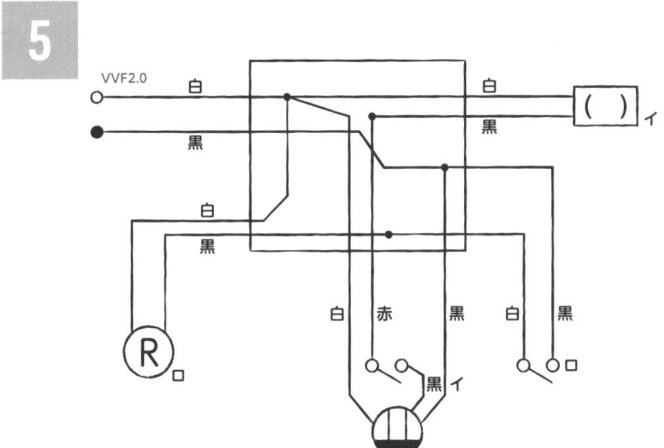

線の色と種類を記入する(VVF1.6は略)。接地側電線はすべて白、非接地側電線はすべて黒にする。

ジョイントボックスからイのスイッチ・コンセントまでは、接地側電線に白、非接地側電線に黒、イのスイッチから器具に至る線に赤色を使用する。

6

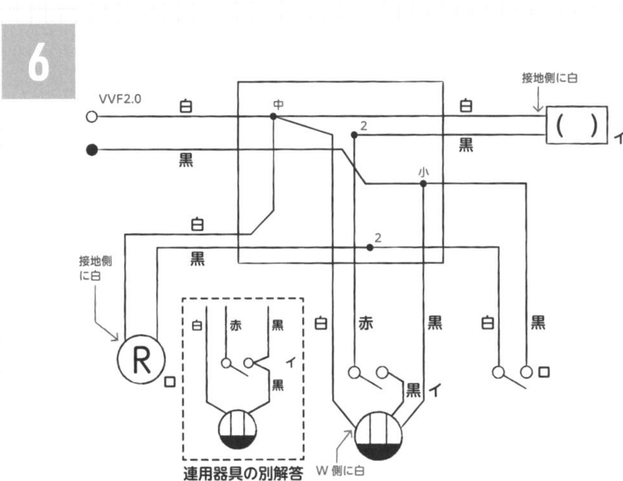

リングスリーブ接続箇所に刻印の種類、差込形コネクタの種類を記入する。また、配線上の注意も記しておく。

ケーブルの切断寸法と外装のはぎ取り寸法の目安

単線図

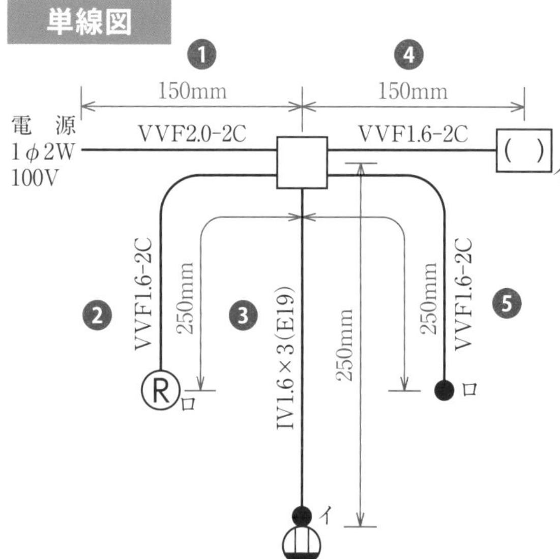

切断寸法は目安です。動画と異なる場合があります。

切断寸法と外装のはぎ取り寸法の計算		
❶	切断寸法	150mm + 100mm = 250mm
	はぎ取り寸法	ジョイントボックス側 100mm
❷	切断寸法	250mm + 100mm + 50mm = 400mm
	はぎ取り寸法	ジョイントボックス側 100mm ランプレセプタクル側 50mm
❸	切断寸法	250mm + 100mm + 100mm = 450mm (IV 線 3 本) わたり線 100mm　1 本
❹	切断寸法	150mm + 100mm + 50mm = 300mm
	はぎ取り寸法	ジョイントボックス側 100mm 引掛シーリング側 50mm*
❺	切断寸法	250mm + 100mm + 50mm = 400mm
	はぎ取り寸法	ジョイントボックス側 100mm スイッチ側 50mm

＊引掛シーリング側の外装のはぎ取り寸法はシーリングの高さにあわせてもよい（P.200 参照）

切断寸法とはぎ取り寸法

＊ジョイントボックス側の絶縁被覆は 30 ～ 50mm ではぎ取る。

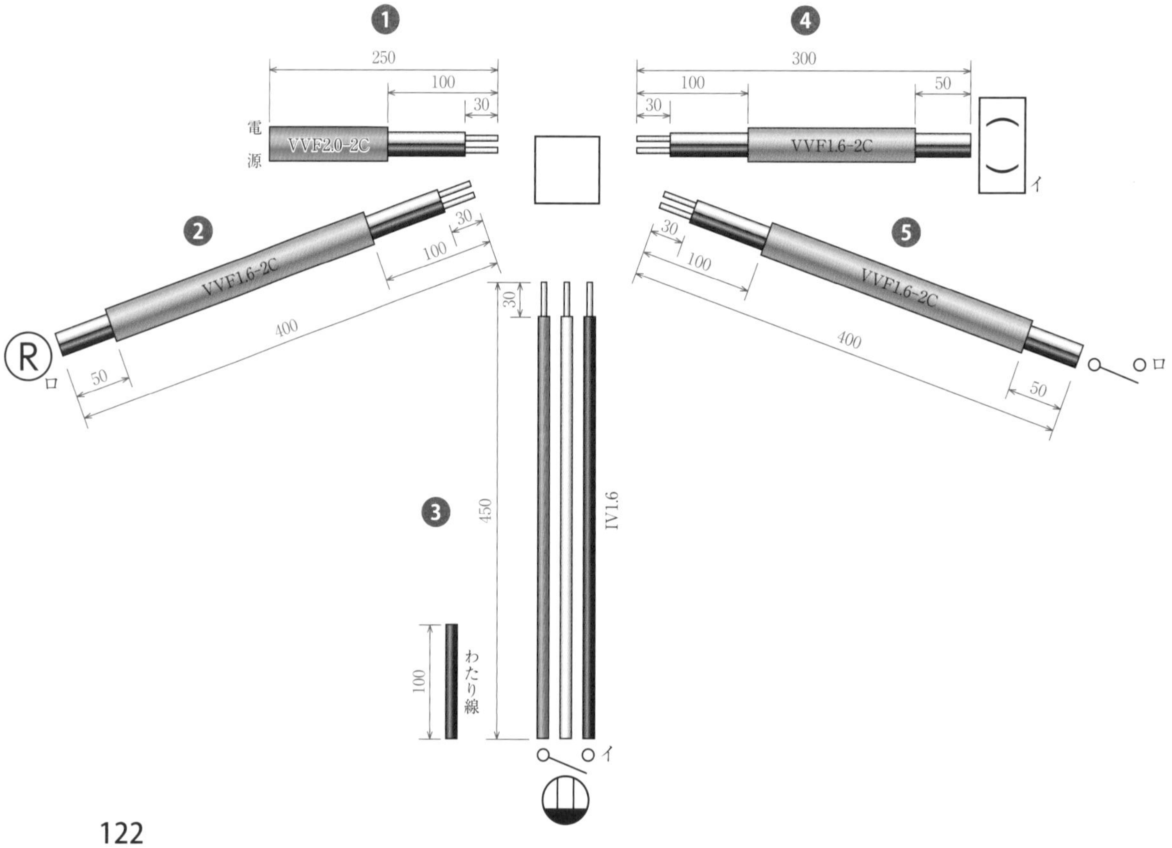

作業の進め方

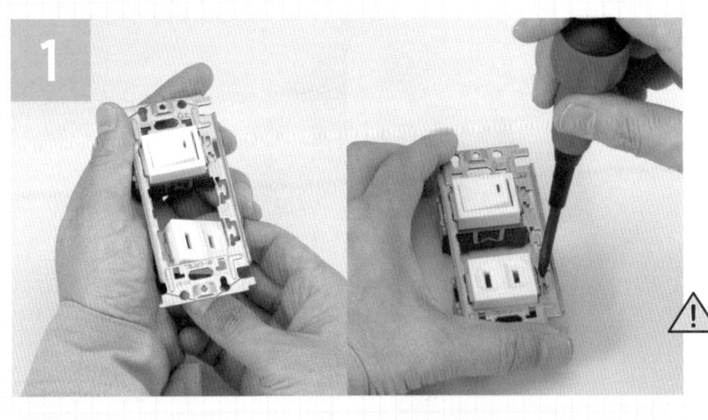

埋込連用取付枠への連用器具の取付

タンブラスイッチ、コンセントを連用取付枠に取り付ける。取付枠の上下に気をつける。

⚠ **装着する位置に気をつける。間違えた場合は、取り外してからつけ直す。**

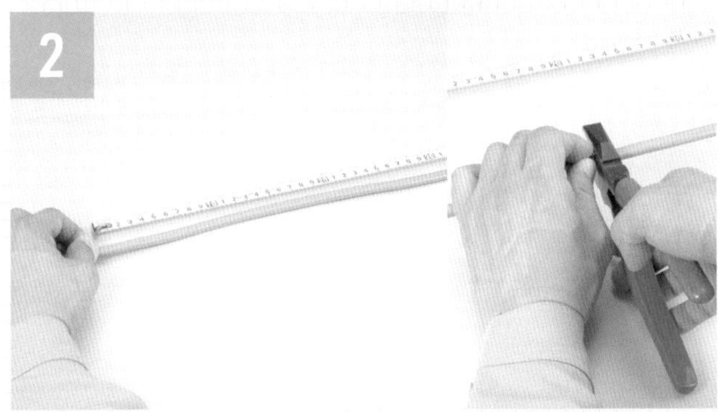

ケーブルの切断と外装のはぎ取り

P.122の寸法に従ってケーブルを切断し、外装をむく。

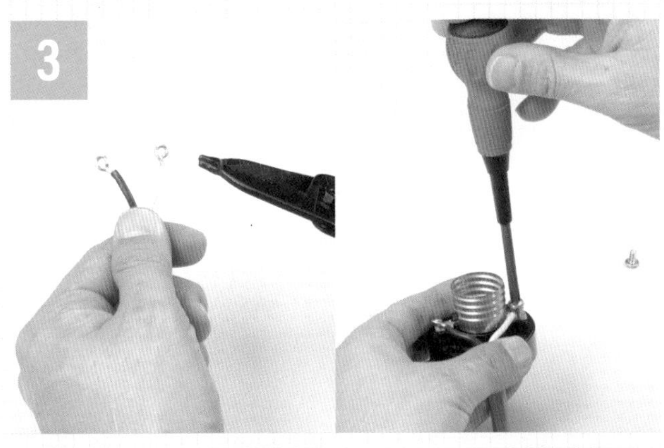

器具への結線

ランプレセプタクルに結線する。輪作りの輪の方向は時計回りで、余った部分はニッパーで切断し、過不足ない長さに加工したら、接地側に白線を使用する点に十分注意しながらねじで器具に取り付ける。

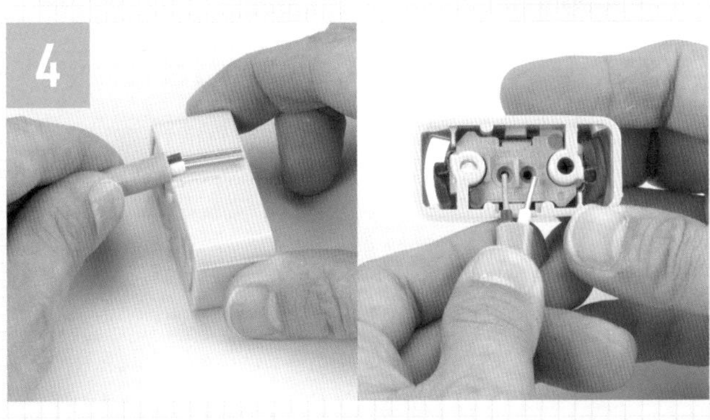

角形シーリングに結線する。側面にあるストリップゲージに合わせて被覆をはぎ取り、接地側端子（Wと刻印がある側）に白線を使用することに気をつけて電線を差し込む。

作業の進め方

5

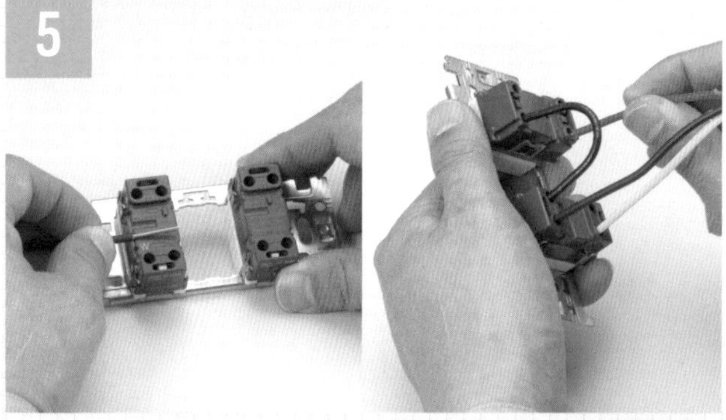

白、黒、赤のIV線３本を使用してスイッチとコンセントに配線する。電源からの非接地線（黒）をコンセントに結線し、スイッチとコンセントをわたり線でつなぐ。
器具ロのスイッチにも結線する。

6

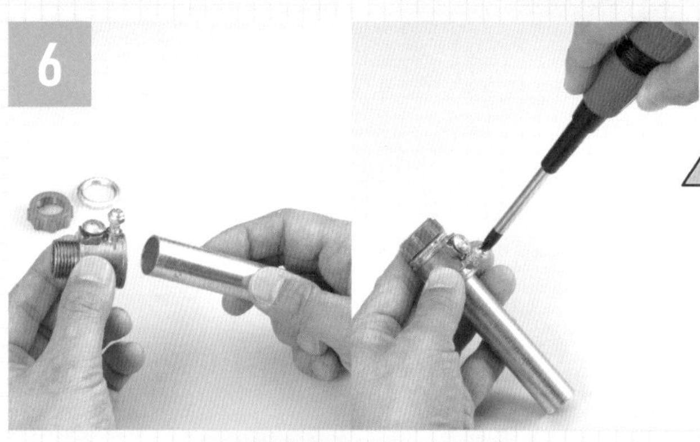

ねじなし電線管とねじなしコネクタを装着する。

**ねじなし電線管を奥まで差し込んだ状態でコネクタのねじを締めること。
なお、絶縁キャップによる絶縁処理の一方が省略される場合がある。**

7

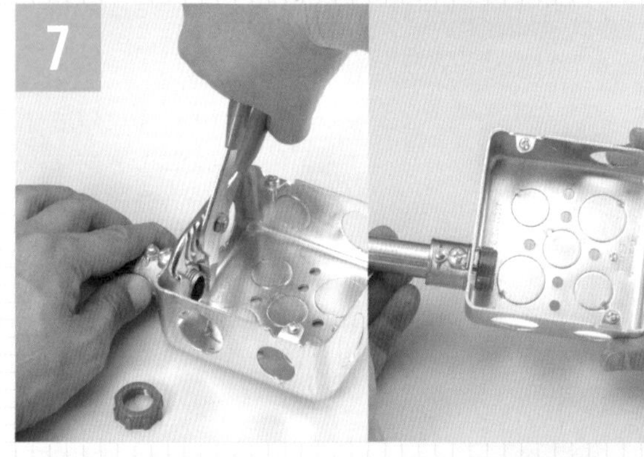

ねじなし電線管をアウトレットボックスに装着する。

ロックナットの締めつけ、ねじなしコネクタの止めねじのねじ切りは、ウォータポンププライヤを使用する。使い方に慣れておこう。

8

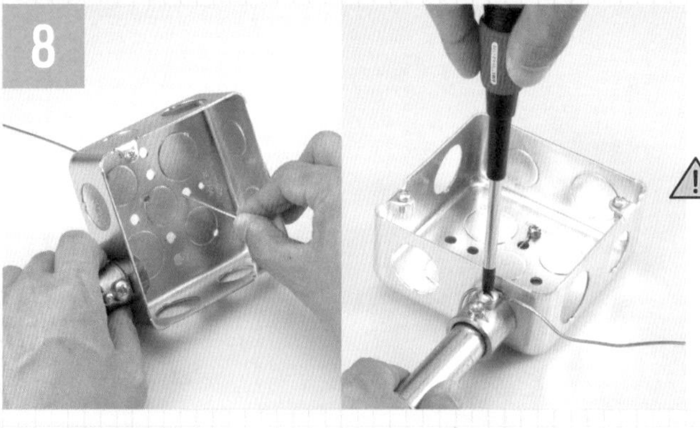

ボンド線で電線管とアウトレットボックスを電気的に接続する。

ボンド線の装着は省略されることがあるが、練習しておいたほうがよい。ポイントはボンド線の通し方と最後のねじ止めだ。

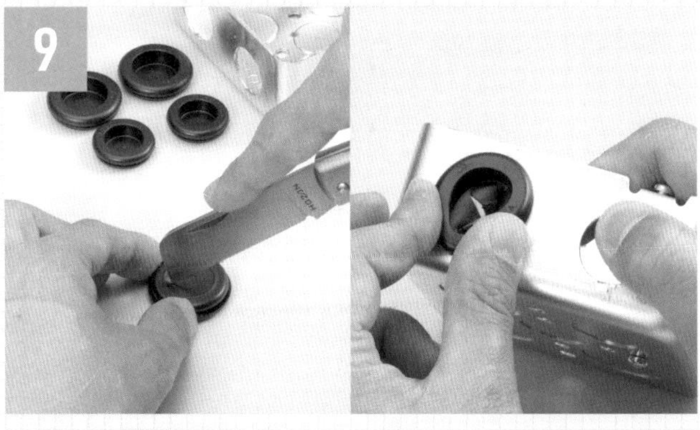
9

ゴムブッシングに十字の切れ目を入れてからアウトレットボックスに装着する。

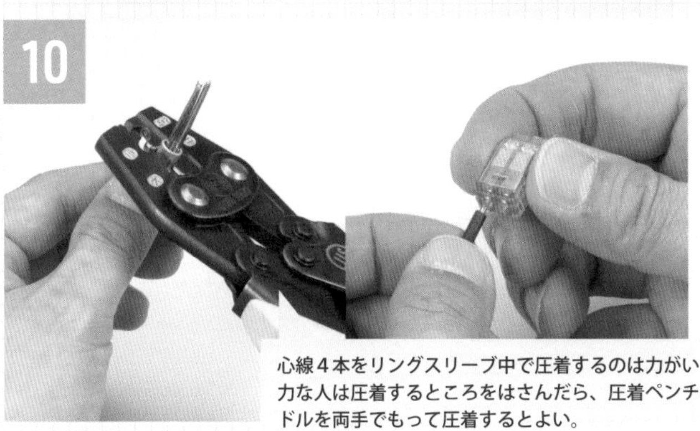
10

ジョイントボックス内の結線

これまで作ってきた部材を組み合わせて完成させる。複線図を確認してから、リングスリーブと差込形コネクタで結線する。

心線4本をリングスリーブ中で圧着するのは力がいる。非力な人は圧着するところをはさんだら、圧着ペンチのハンドルを両手でもって圧着するとよい。

完成写真

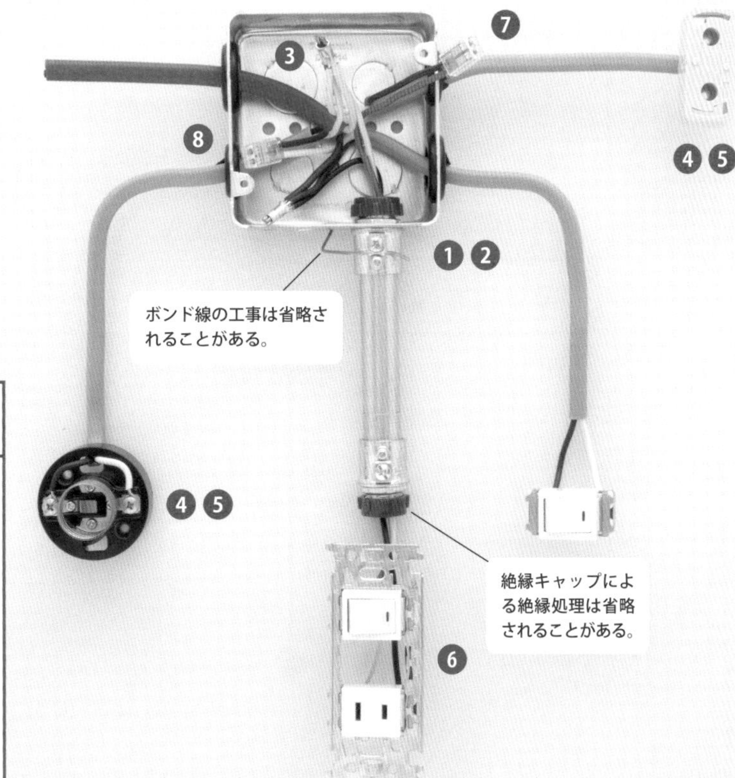
③
⑦
⑧
④⑤
①②
ボンド線の工事は省略されることがある。
④⑤
絶縁キャップによる絶縁処理は省略されることがある。
⑥

「欠陥」多発箇所を確認

❶ねじなし電線管とアウトレットボックスの接続不備
❷絶縁ブッシングの装着ミス
❸圧着マークの間違い
❹極性の間違い
❺ケーブルの外装が台座の中に入っていない
❻埋込連用器具の配線ミス
❼コネクタから心線の露出、差込不足
❽ゴムブッシングの不備

候補問題

NO.12 から予想される出題

⚠ココに注意

- 13候補のうち、最も作業量が多い問題の1つ。アウトレットボックスにPF管をつなぐ、ゴムブッシングを装着するなど、配線以外の技術が要求される。
- PF管用ボックスコネクタは一方の装着が省略される場合がある。本書はこれらが省略されないことを想定している。

動画をチェック

問題

試験時間40分

図に示す低圧屋内配線工事を与えられた材料を使用し、〈施工条件〉に従って完成させなさい。

なお、

1. VVF用ジョイントボックス及びスイッチボックスは支給していないので、その取り付けは省略する。
2. 電線接続箇所のテープ巻きや絶縁キャップによる絶縁処理は省略する。
3. 作品は保護板(板紙)に取り付けないものとする。

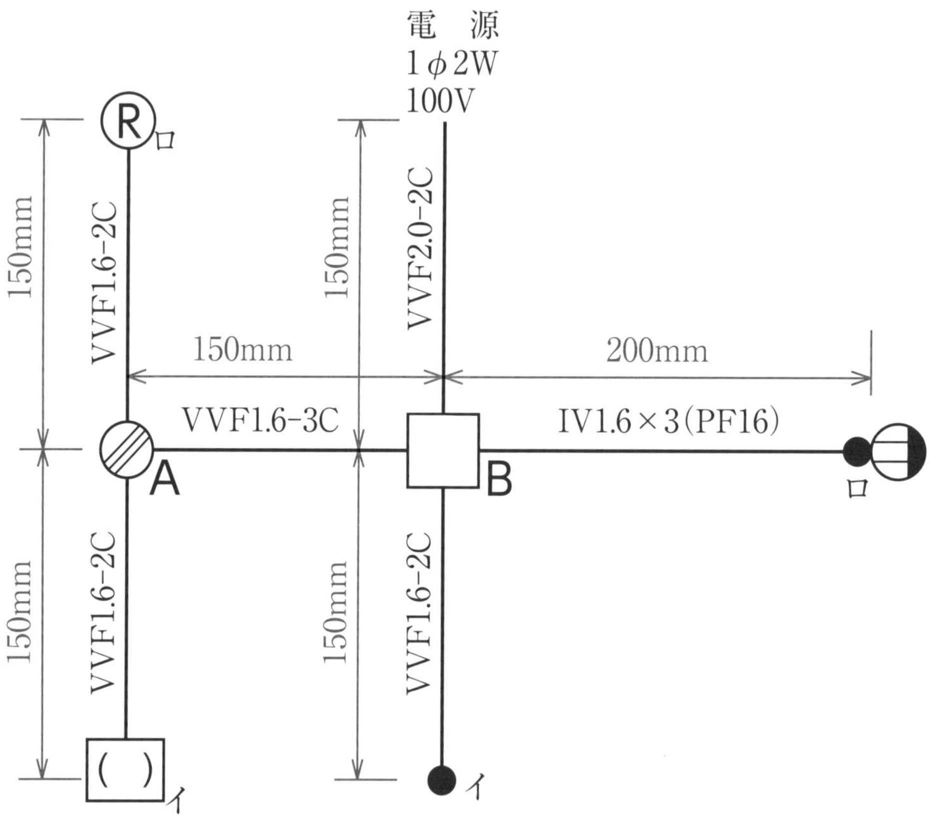

＊PF管の一方の装着の施工が省略される場合は次の条件が加わることが考えられる。
・電線管用ボックスコネクタは、ジョイントボックス側に取り付けること。

施工条件

1. 配線及び器具の配置は、図に従って行うこと。
2. ジョイントボックス(アウトレットボックス)は、打抜き済みの穴だけをすべて使用すること。
3. 電線の色別(絶縁被覆の色)は、次によること。
   ①電源からの接地側電線には、すべて白色を使用する。
   ②電源から点滅器及びコンセントまでの非接地側電線には、すべて黒色を使用する。
   ③次の器具の端子には、白色の電線を結線する。
   - ・コンセントの接地側極端子(W と表示)
   - ・ランプレセプタクルの受金ねじ部の端子
   - ・引掛シーリングローゼットの接地側極端子(接地側と表示)
4. VVF 用ジョイントボックス A 部分及びジョイントボックス B 部分を経由する電線は、その部分ですべて接続箇所を設け、接続方法は、次によること。
   ① A 部分は、差込形コネクタによる接続とする。
   ② B 部分は、リングスリーブによる接続とする。
5. 埋込連用取付枠は、タンブラスイッチ(ロ)及びコンセント部分に使用すること。

完成写真

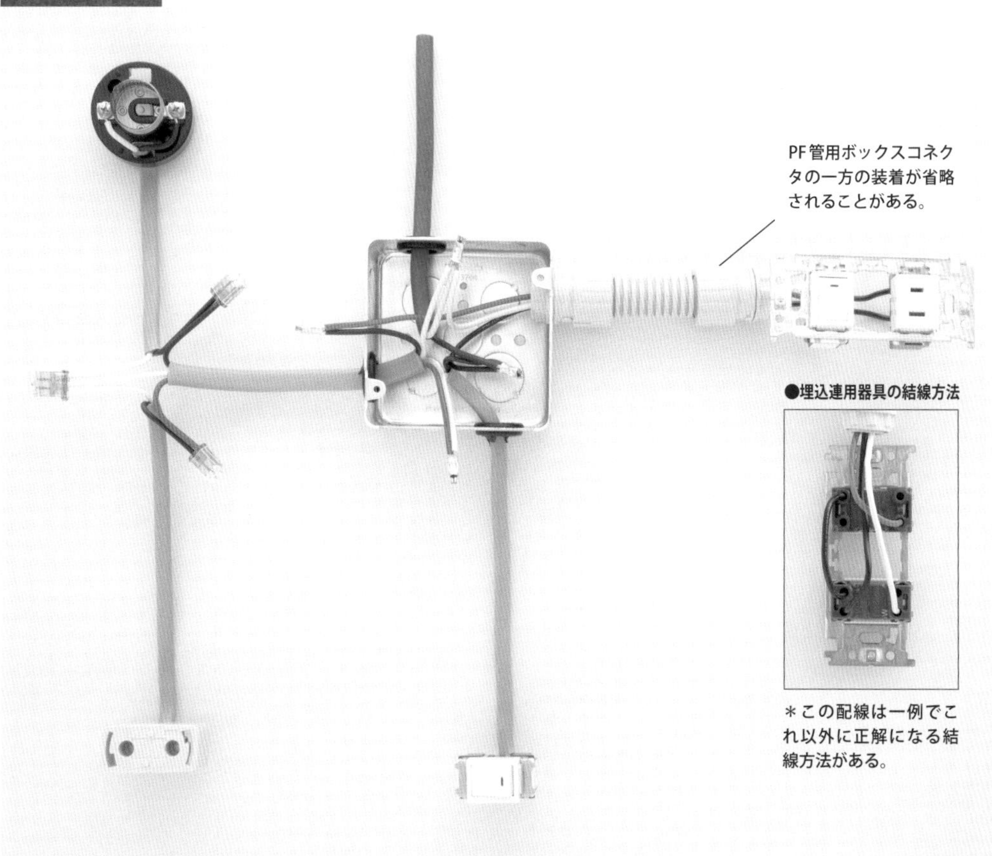

PF管用ボックスコネクタの一方の装着が省略されることがある。
●埋込連用器具の結線方法
＊この配線は一例でこれ以外に正解になる結線方法がある。

支給材料

予想問題から想定される支給材料は次のとおり。ただし、下表のリングスリーブの個数には予備分は含まれていない。実際の試験では、予備が数個支給される。

	材料	寸法	数量
❶	600V ビニル絶縁ビニルシースケーブル平形 2.0mm 2 心（シース青）	約 250mm	1 本
❷	600V ビニル絶縁ビニルシースケーブル平形　1.6mm　2 心	約 1000mm	1 本
❸	600V ビニル絶縁ビニルシースケーブル平形　1.6mm　3 心	約 350mm	1 本
❹	600V ビニル絶縁電線（黒）1.6mm	約 500mm	1 本
❺	600V ビニル絶縁電線（白）1.6mm	約 400mm	1 本
❻	600V ビニル絶縁電線（赤）1.6mm	約 400mm	1 本
❼	ジョイントボックス（アウトレットボックス）（19mm 4 箇所ノックアウト 打ち抜き済）	―	1 個
❽	合成樹脂製可とう電線管（PF16）	約 70mm	1 本
❾	合成樹脂製可とう電線管用ボックスコネクタ（PF16）	―	2 個
❿	ランプレセプタクル（カバーなし）	―	1 個
⓫	引掛シーリングローゼット（角形のボディのみ）	―	1 個
⓬	埋込連用タンブラスイッチ	―	2 個
⓭	埋込連用コンセント	―	1 個
⓮	埋込連用取付枠	―	1 枚
⓯	ゴムブッシング（19）	―	3 個
⓰	リングスリーブ（小）	―	4 個
⓱	差込形コネクタ（2 本用）	―	2 個
⓲	差込形コネクタ（3 本用）	―	1 個

＊ PF 管用ボックスコネクタの一方の装着が省略される場合は、❾の支給は 1 個になる。

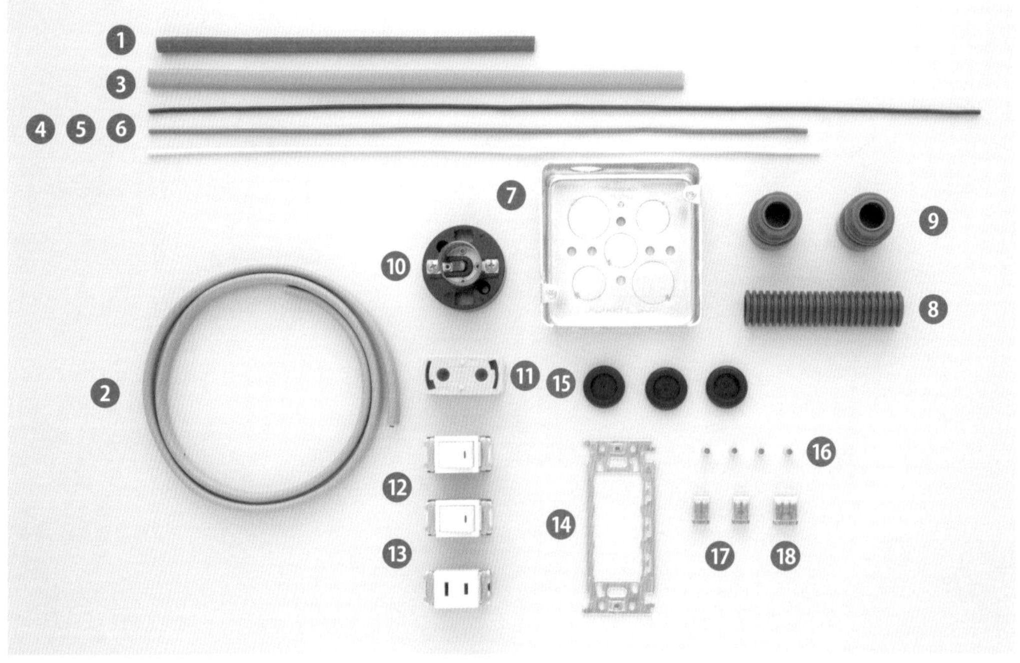

単線図から複線図を起こす

⚠ココに注意

- **スイッチとコンセントの結線は基本に忠実にまずコンセントにつないでから、スイッチにわたり線を入れる。**
- **右側のアウトレットボックス内は圧着の刻印「○」と「小」が混在する。複線図にあらかじめ記しておき、実際の作業では複線図を確認しながら圧着する。**

単線図

電源
1φ2W
100V
VVF2.0-2C
VVF1.6-2C
VVF1.6-3C
IV1.6×3(PF16)
150mm
200mm
A
B
イ
ロ

複線図

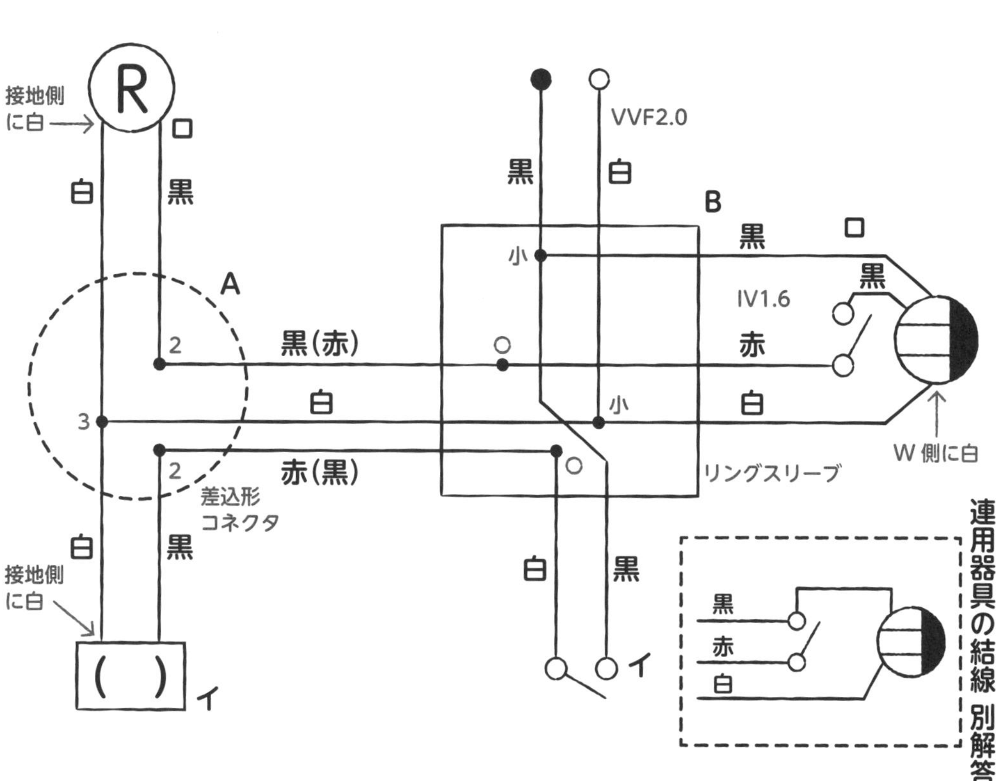

上記は一例であり、スイッチとコンセントの結線方法については、これ以外にも正解となる結線方法がある。

単線図から複線図を起こす

1

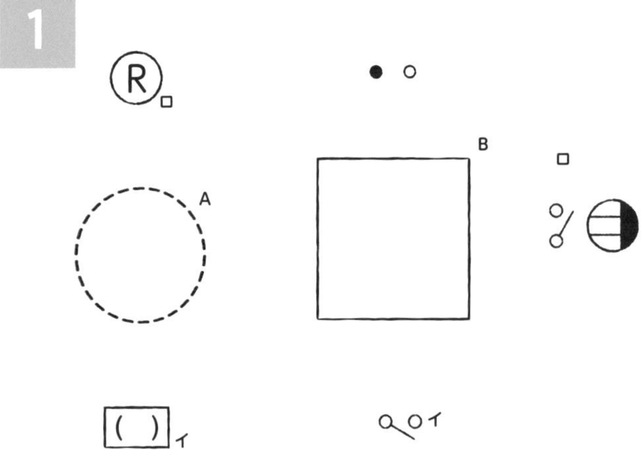

器具やボックスを配置する。ボックスは少し大きめに描く。

2

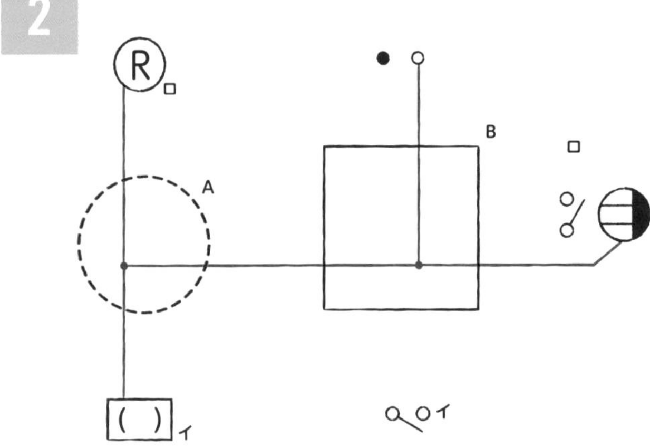

接地側電線を電源から各器具に結線する。

3

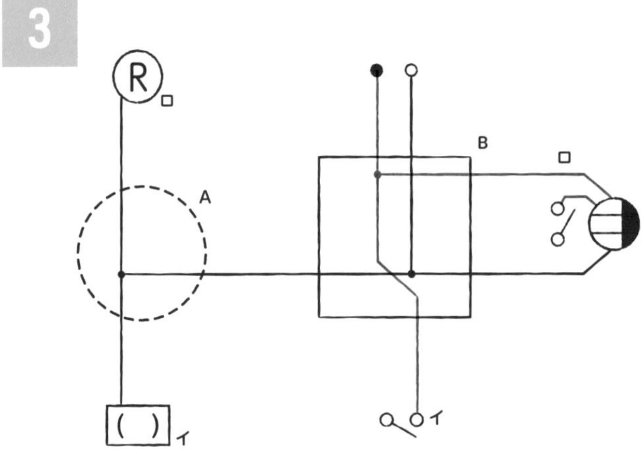

非接地側電線をスイッチとコンセントに結線する。コンセントからスイッチにわたり線をつなぐ。

4

スイッチと器具を接続する。

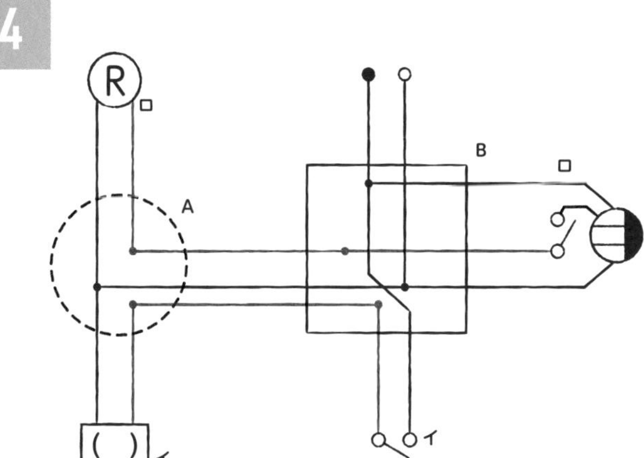

5

線の色と種類を記入する(VVF1.6は略)。接地側電線はすべて白、非接地側電線はすべて黒にする。

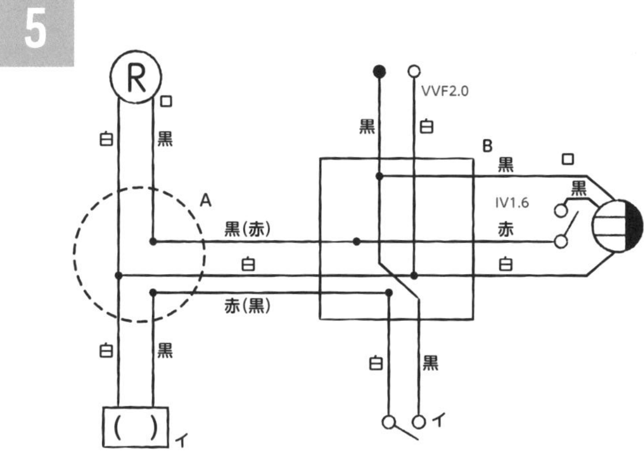

6

リングスリーブ接続箇所に刻印の種類、差込形コネクタの種類を記入する。また、配線上の注意も記しておく。

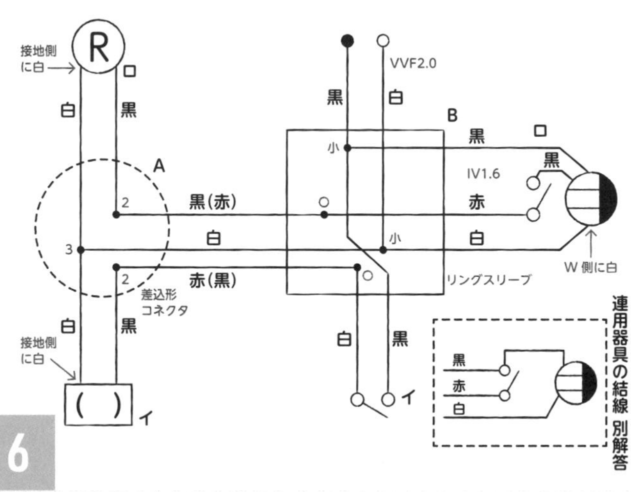

ケーブルの切断寸法と外装のはぎ取り寸法の目安

寸法の計算方法は **P.176** を参照

単線図

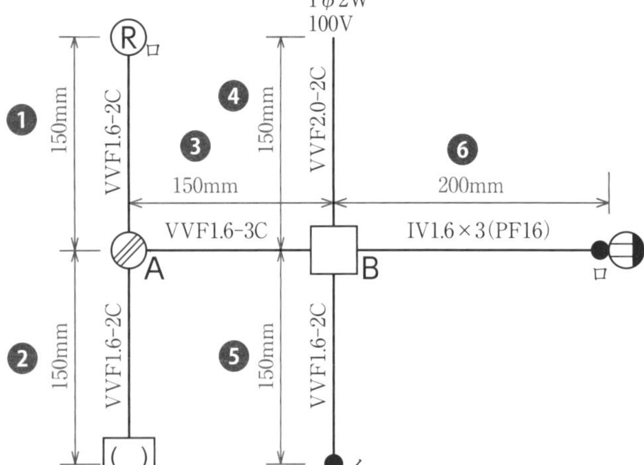

切断寸法は目安です。動画と異なる場合があります。

切断寸法と外装のはぎ取り寸法の計算		
❶	切断寸法	150mm + 100mm + 50mm = 300mm
	はぎ取り寸法	ジョイントボックス側 100mm ランプレセプタクル側 50mm
❷	切断寸法	150mm + 100mm + 50mm = 300mm
	はぎ取り寸法	ジョイントボックス側 100mm 引掛シーリング側 50mm*
❸	切断寸法	150mm + 100mm + 100mm = 350mm
	はぎ取り寸法	Aのジョイントボックス側 100mm Bのジョイントボックス側 100mm
❹	切断寸法	150mm + 100mm = 250mm
	はぎ取り寸法	ジョイントボックス側 100mm
❺	切断寸法	150mm + 100mm + 50mm = 300mm
	はぎ取り寸法	ジョイントボックス側 100mm スイッチ側 50mm
❻	切断寸法	200mm + 100mm + 100mm = 400mm (IV 線 3 本) わたり線 100mm　1 本

＊引掛シーリング側の外装のはぎ取り寸法はシーリングの高さにあわせてもよい（P.200 参照）

切断寸法とはぎ取り寸法

＊ジョイントボックス側の絶縁被覆は 30 ～ 50mm ではぎ取る。

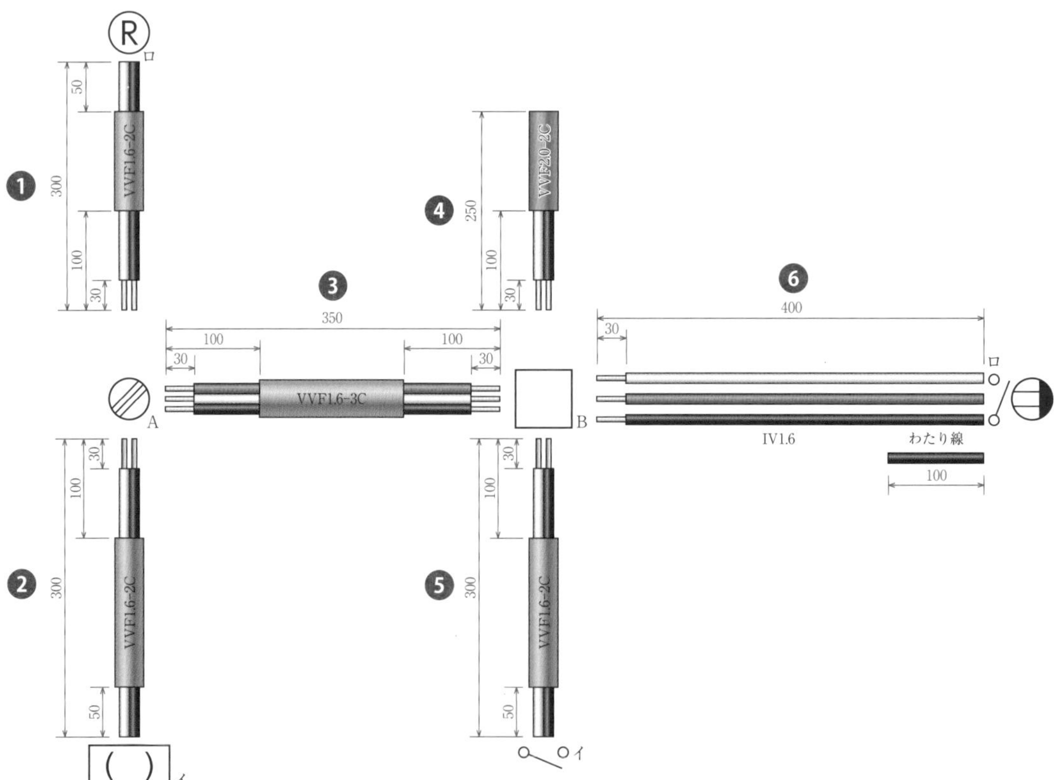

作業の進め方

1

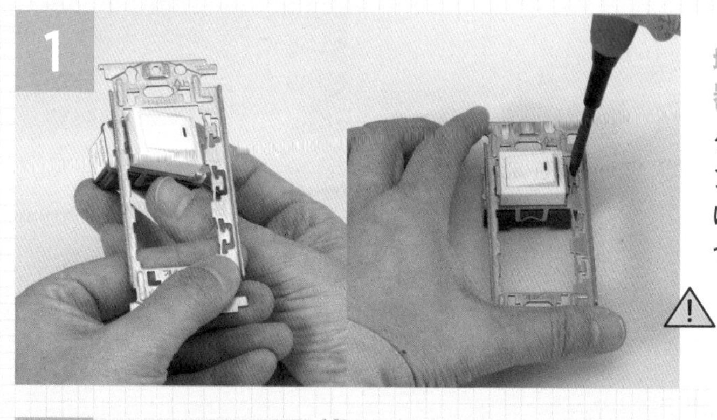

埋込連用取付枠への連用器具の取付

タンブラスイッチ、コンセントを連用取付枠に取り付ける。取付枠の上下に気をつける。

⚠ **装着する位置に気をつける。間違えた場合は、取り外してからつけ直す。**

2

ケーブルの切断と外装のはぎ取り

P.132の寸法に従ってケーブルを切断し、外装をむく。

⚠ **この問題は支給されたケーブルを切断しないで適切な長さになるものが多い。確認して時間短縮を図ろう。**

3

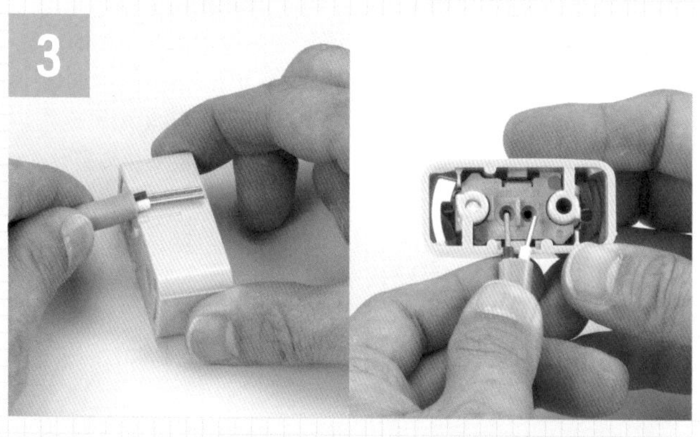

器具への結線

角形シーリングに結線する。側面にあるストリップゲージに合わせて被覆をはぎ取り、接地側端子（Wと刻印がある側）に白線を使用することに気をつけて電線を差し込む。

4

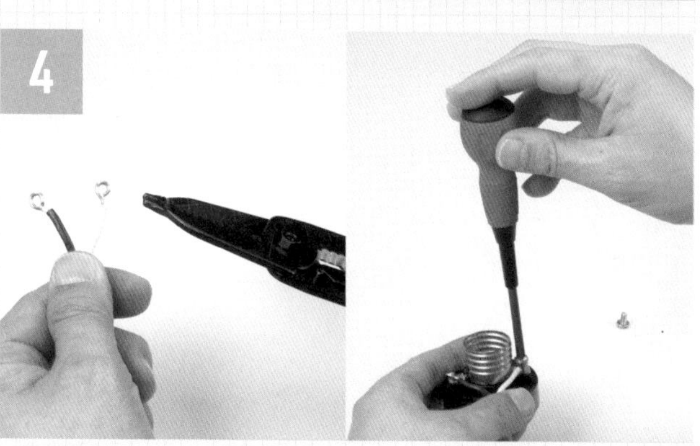

ランプレセプタクルに結線する。輪の方向は時計回りで、余った部分はニッパーで切断し、過不足ない長さに加工したら、接地側（受け金側）に白線を接続する点に十分注意しながらねじで器具に取り付ける。

作業の進め方

5

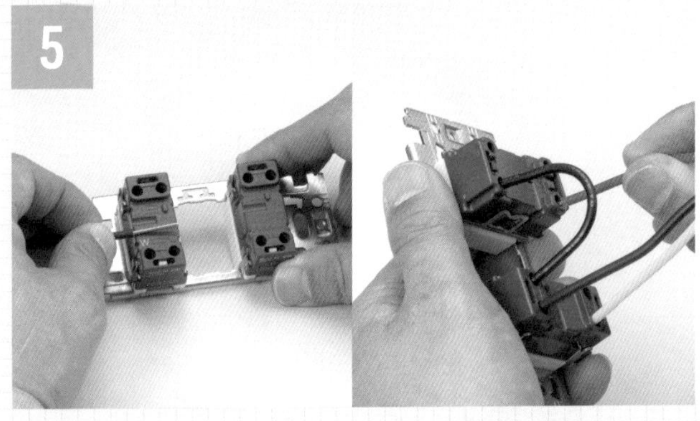

白、黒、赤のIV線3本を使用してスイッチとコンセントに配線する。電源からの非接地線（黒）をコンセントに結線し、スイッチとコンセントをわたり線でつなぐ。
器具イのスイッチにも結線する。

6

PF管にボックスコネクタを取り付ける。

⚠ **奥までしっかりと押し込むこと。また、問題によっては一方のみの取り付けでよい場合もある。施工条件を確認すること。**

7

PF管をアウトレットボックスに装着する。ボックスコネクタのねじを外して金属製ボックスに接続しねじ止めする。緩くてガタが出るのもダメだが、強くねじ止めしてしまうとプラスチックが割れてしまう。素手で回してみて回らない程度に締めれば十分。

8

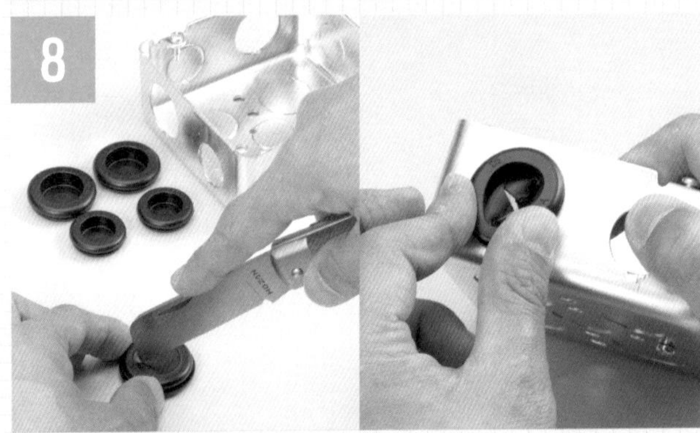

ゴムブッシングに十字の切れ目を入れてからアウトレットボックスに装着する。

9

圧着マークは2本のところは「○」、3本は「小」。間違えないように注意。リングスリーブから出た線をペンチで切断する。

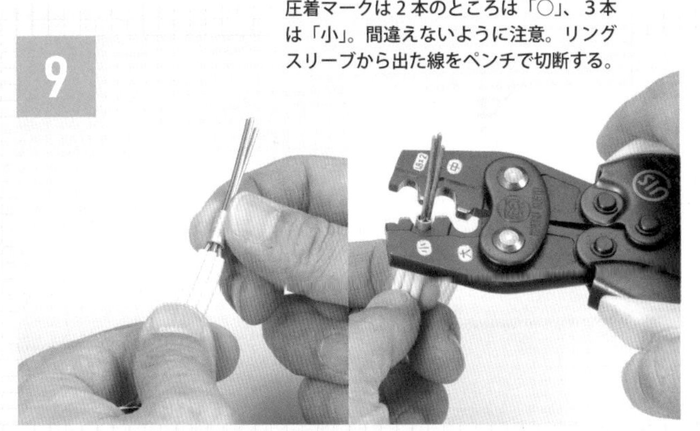

ジョイントボックス内の結線

これまで作ってきた部材を組み合わせて完成させる。複線図を確認してから、アウトレットボックスB内のケーブルをリングスリーブで結線する。

▼

10

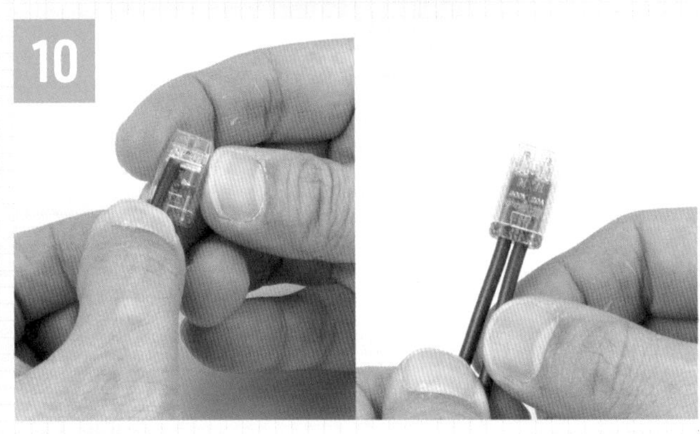

ジョイントボックスA側を差込形コネクタで結線する。コネクタのストリップゲージにあわせて心線を切り、差し込む。

■

完成写真

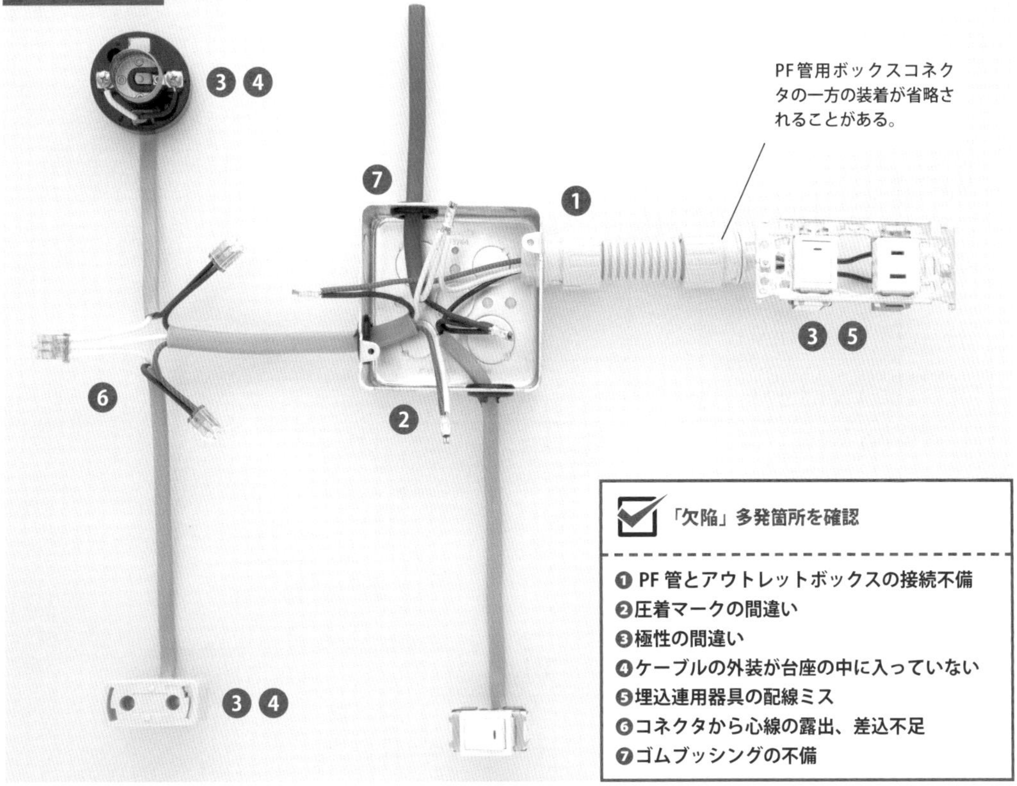

PF管用ボックスコネクタの一方の装着が省略されることがある。

「欠陥」多発箇所を確認

❶ PF管とアウトレットボックスの接続不備
❷圧着マークの間違い
❸極性の間違い
❹ケーブルの外装が台座の中に入っていない
❺埋込連用器具の配線ミス
❻コネクタから心線の露出、差込不足
❼ゴムブッシングの不備

候補問題

NO.13

から予想される出題

⚠ココに注意

- 自動点滅器への結線がカギ。自動点滅器の内部結線からどのようなルートで器具に電気が流れるかを判断することがポイントとなる。
- VVRケーブルの加工が必要。電工ナイフによる外装のはぎ取り、ペンチやニッパーによる保護材の切断を練習しておこう。

動画をチェック

問題

試験時間 40分

図に示す低圧屋内配線工事を与えられた材料を使用し、〈施工条件〉に従って完成させなさい。

なお、

1. 自動点滅器は、端子台で代用するものとする。
2. ——・——・——で示した部分は施工を省略する。
3. VVF用ジョイントボックス及びスイッチボックスは支給していないので、その取り付けは省略する。
4. 電線接続箇所のテープ巻きや絶縁キャップによる絶縁処理は省略する。
5. 作品は保護板(板紙)に取り付けないものとする。

図1 配線図

図2 自動点滅器代用の端子台の説明図

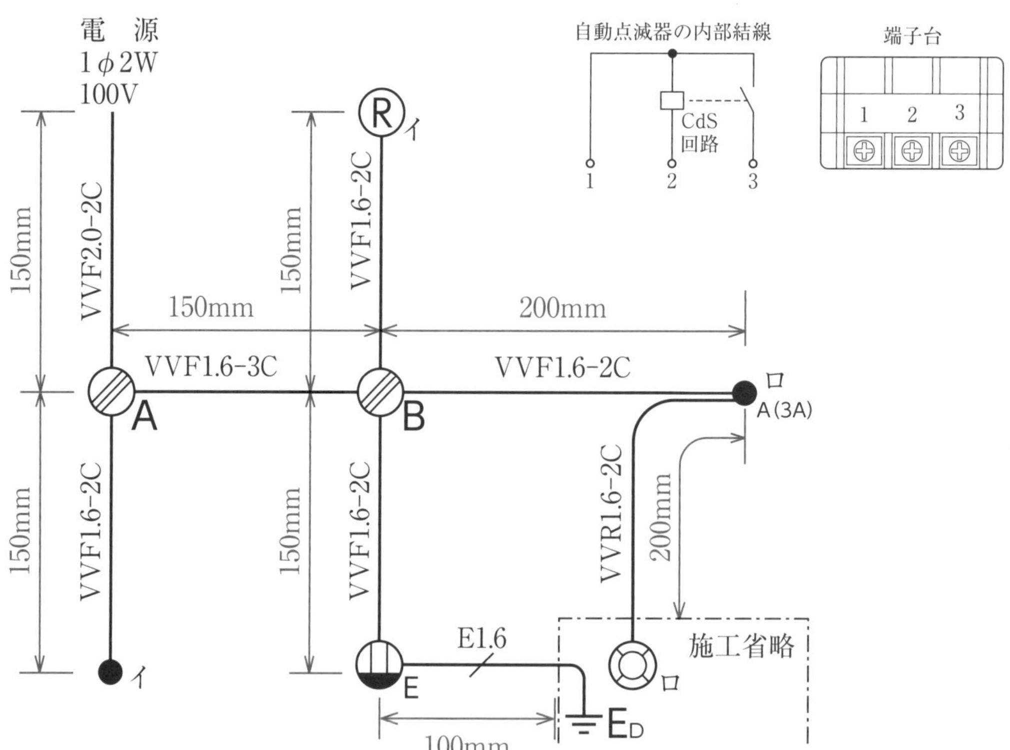

施工条件

1. 配線及び器具の配置は、図1に従って行うこと。
2. 自動点滅器代用の端子台は、図2に従って使用すること。
3. 電線の色別(絶縁被覆の色)は、次によること。
   ①電源からの接地側電線には、すべて白色を使用する。
   ②電源から点滅器、コンセント及び自動点滅器までの非接地側電線には、すべて黒色を使用する。
   ③接地線には緑色を使用する。
   ④次の器具の端子には、白色の電線を結線する。
   ・コンセントの接地側極端子(Wと表示)
   ・ランプレセプタクルの受金ねじ部の端子
   ・自動点滅器(端子台)の記号2の端子
4. VVF用ジョイントボックス部分を経由する電線は、その部分ですべて接続箇所を設け、接続方法は、次によること。
   ① A部分は、リングスリーブによる接続とする。
   ② B部分は、差込形コネクタによる接続とする。
5. 埋込連用取付枠は、コンセント部分に使用すること。

完成写真

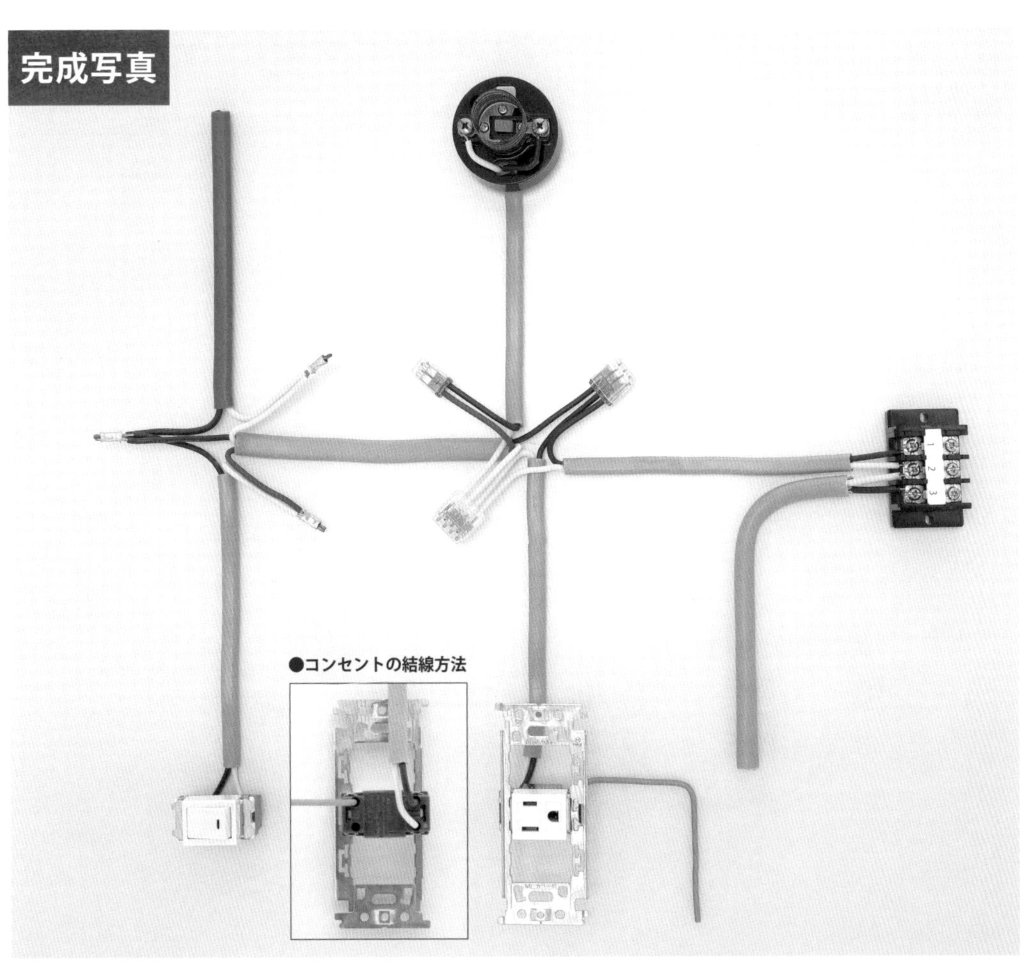

支給材料

予想問題から想定される支給材料は次のとおり。ただし、下表のリングスリーブの個数には予備分は含まれていない。実際の試験では、予備が数個支給される。

	材料	寸法	数量
❶	600V ビニル絶縁ビニルシースケーブル平形　2.0mm 2 心（シース青）	約 250mm	1 本
❷	600V ビニル絶縁ビニルシースケーブル平形　1.6mm　2 心	約 1400mm	1 本
❸	600V ビニル絶縁ビニルシースケーブル平形　1.6mm　3 心	約 350mm	1 本
❹	600V ビニル絶縁ビニルシースケーブル丸形　1.6mm　2 心	約 250mm	1 本
❺	600V ビニル絶縁電線（緑）1.6mm	約 150mm	1 本
❻	ランプレセプタクル（カバーなし）	―	1 個
❼	端子台（自動点滅器の代用）　3 極	―	1 個
❽	埋込連用タンブラスイッチ	―	1 個
❾	埋込連用接地極付コンセント	―	1 個
❿	埋込連用取付枠	―	1 枚
⓫	リングスリーブ（小）	―	3 個
⓬	差込形コネクタ（2 本用）	―	1 個
⓭	差込形コネクタ（3 本用）	―	1 個
⓮	差込形コネクタ（4 本用）	―	1 個

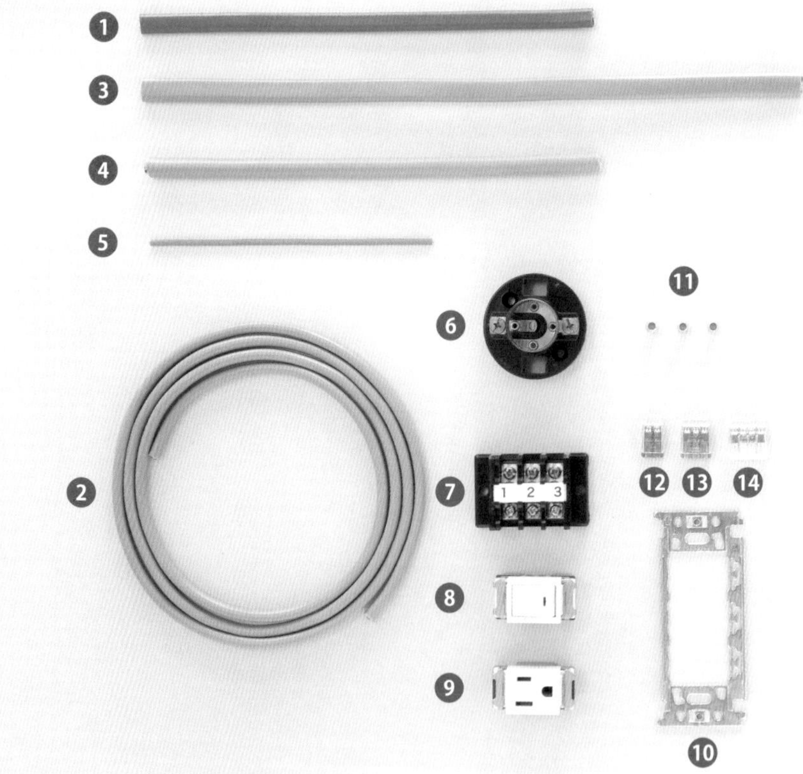

単線図から複線図を起こす

⚠ココに注意

- 自動点滅器に接地側電線と非接地側電線をどうつなぐかがポイントとなる。自動点滅器の回路のしくみを覚えておく。
- 左側ジョイントボックス内の圧着マークを間違えないように。

単線図

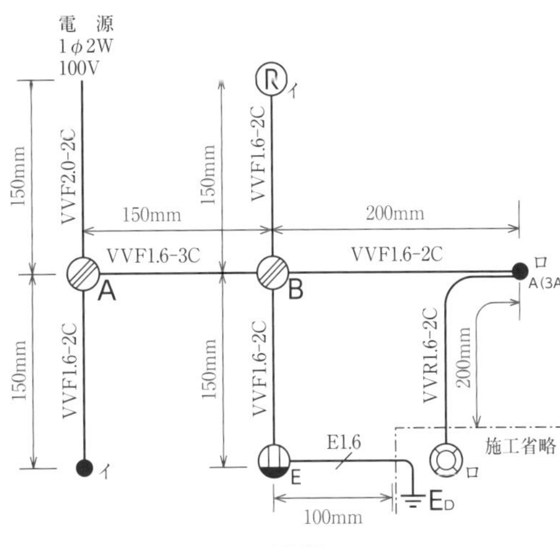

複線図

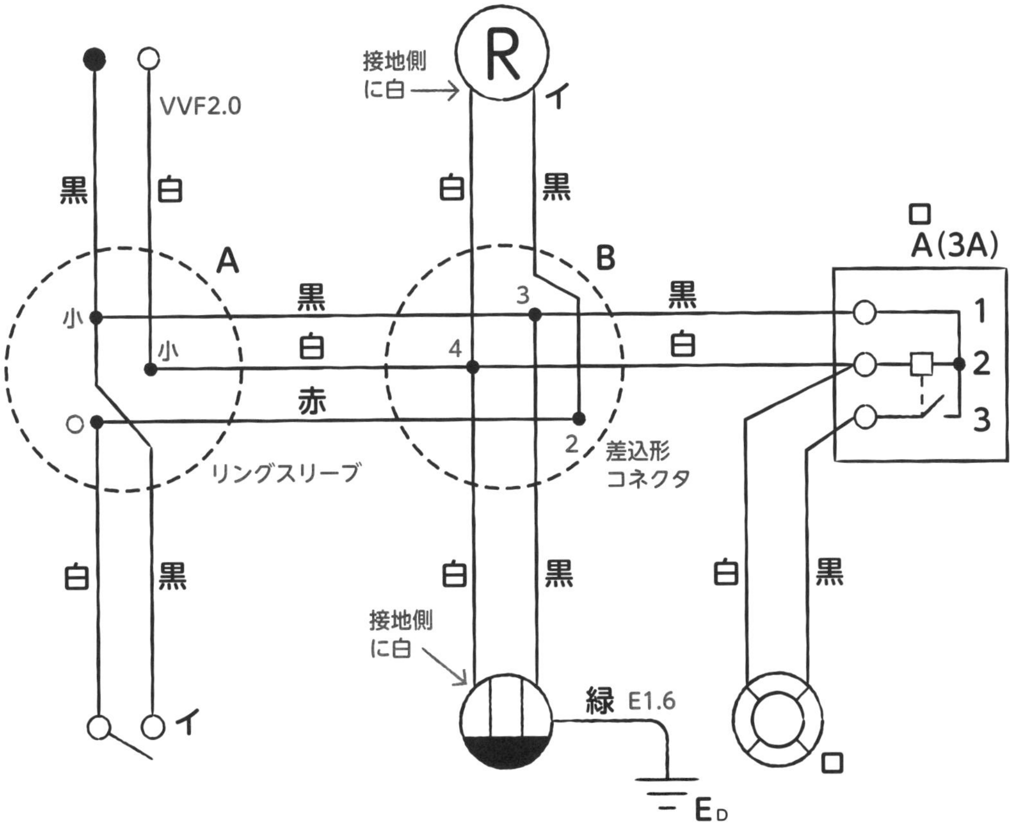

VVF2.0
黒 白
接地側に白
R イ
A
B
小 小 ○
黒 白 赤
3 4 2
リングスリーブ
差込形コネクタ
ロ A(3A)
1 2 3
白 黒
緑 E1.6
ED
イ
ロ

単線図から複線図を起こす

1

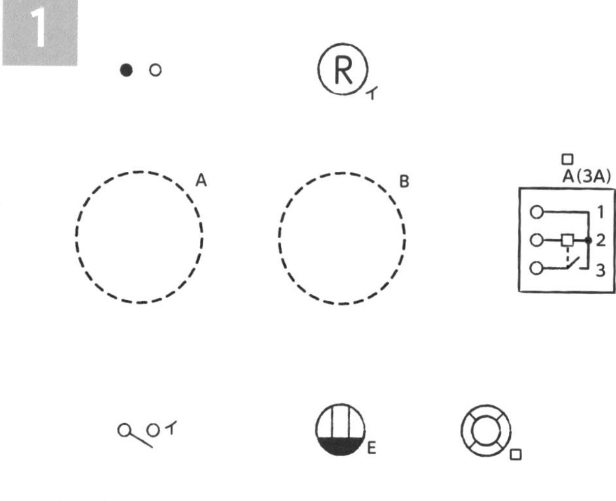

器具やボックスを配置する。ボックスは少し大きめに描く。自動点滅器は内部結線の図を描いておく。

2

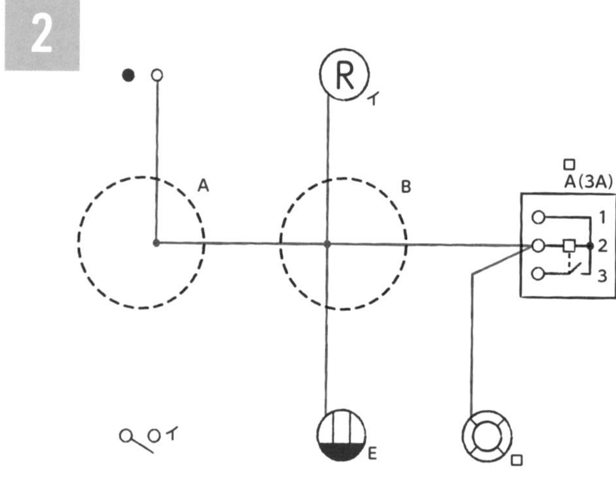

接地側電線を電源から各器具に結線する。

自動点滅器は、タイムスイッチと同様、常に1・2端子間に電源を供給し、条件に応じて、電源結線の端子1と負荷につながる端子3が内部のスイッチで接続される構造になっている。つまり、端子1に電源からの非接地線を通し、端子2に接地側電線を通すことになる。また、端子2から器具口に接地側電線を通す。

3

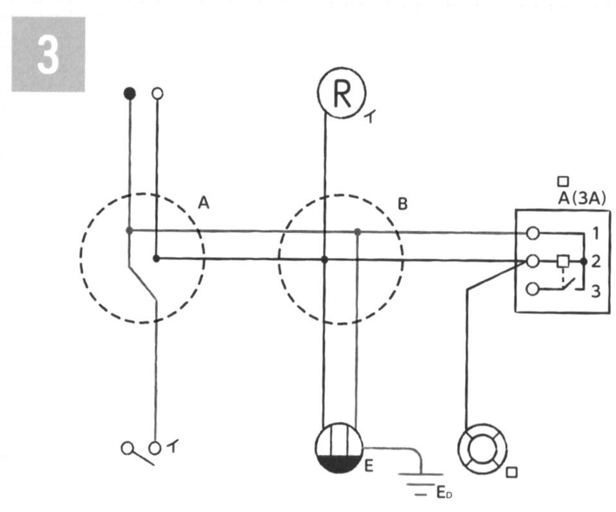

非接地側電線をスイッチとコンセントに結線する。
接地極付コンセントに接地線を結線する。

自動点滅器には端子1に電源からの非接地線を結線する。

4

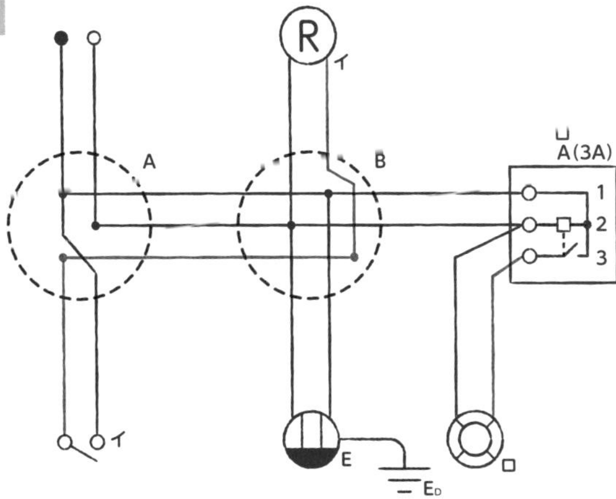

スイッチと器具を接続する。

⚠ **自動点滅器に内蔵されたロのスイッチから器具ロまでを結線する。**

▼

5

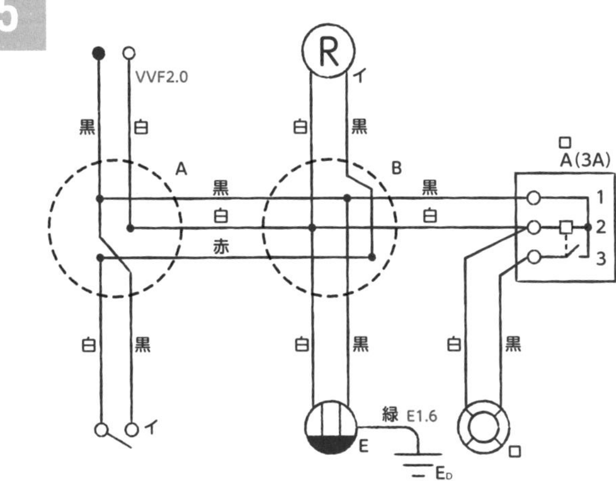

線の色と種類を記入する（VVF1.6は略）。接地側電線はすべて白、非接地側電線はすべて黒にする。

内蔵されたCdS回路に常時電源が供給され、それによって開閉されるスイッチが端子3に結線されているという想定だから、端子1に電源からの非接地線の黒、端子2に電源からきた接地線と器具ロに向かう接地線の2本、そして端子3に器具ロに向かう黒線を結線する。

6

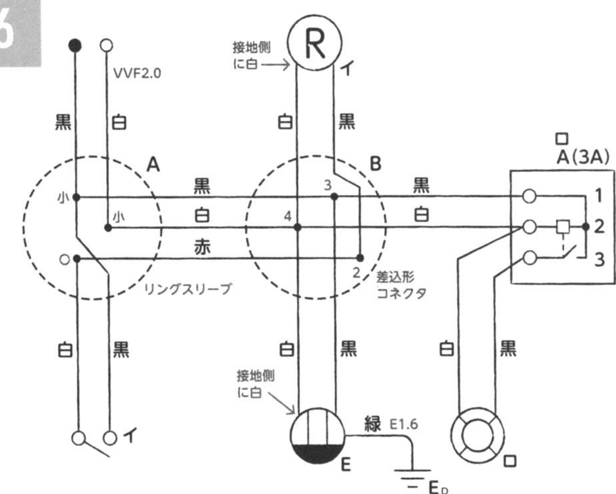

リングスリーブ接続箇所に刻印の種類、差込形コネクタの種類を記入する。また、配線上の注意も記しておく。

■

ケーブルの切断寸法と外装のはぎ取り寸法の目安

寸法の計算方法はP.176を参照

単線図

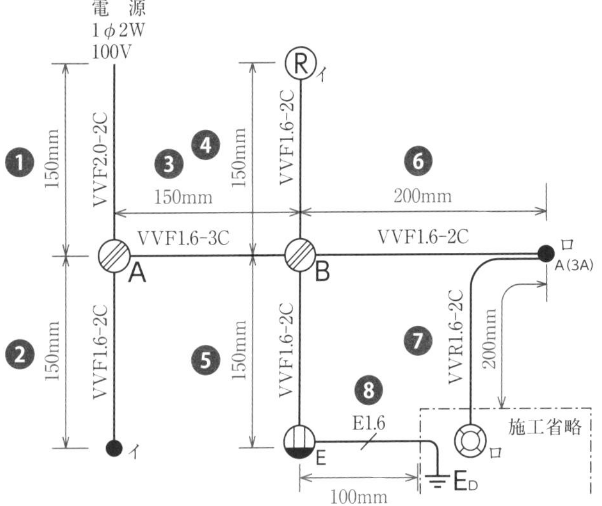

切断寸法は目安です。動画と異なる場合があります。

切断寸法と外装のはぎ取り寸法の計算		
❶	切断寸法	150mm + 100mm = 250mm
	はぎ取り寸法	ジョイントボックス側 100mm
❷	切断寸法	150mm + 100mm + 50mm = 300mm
	はぎ取り寸法	ジョイントボックス側 100mm スイッチ側 50mm
❸	切断寸法	150mm + 100mm + 100mm = 350mm
	はぎ取り寸法	Aのジョイントボックス側 100mm Bのジョイントボックス側 100mm
❹	切断寸法	150mm + 100mm + 50mm = 300mm
	はぎ取り寸法	ジョイントボックス側 100mm ランプレセプタクル側 50mm
❺	切断寸法	150mm + 100mm + 50mm = 300mm
	はぎ取り寸法	ジョイントボックス側 100mm コンセント側 50mm
❻	切断寸法	200mm + 100mm + 50mm = 350mm
	はぎ取り寸法	ジョイントボックス側 100mm 端子台側 50mm
❼	切断寸法	200mm + 50mm = 250mm
	はぎ取り寸法	端子台側 50mm
❽	切断寸法	150mm

切断寸法とはぎ取り寸法

＊ジョイントボックス側の絶縁被覆は 30 ～ 50mm ではぎ取る。

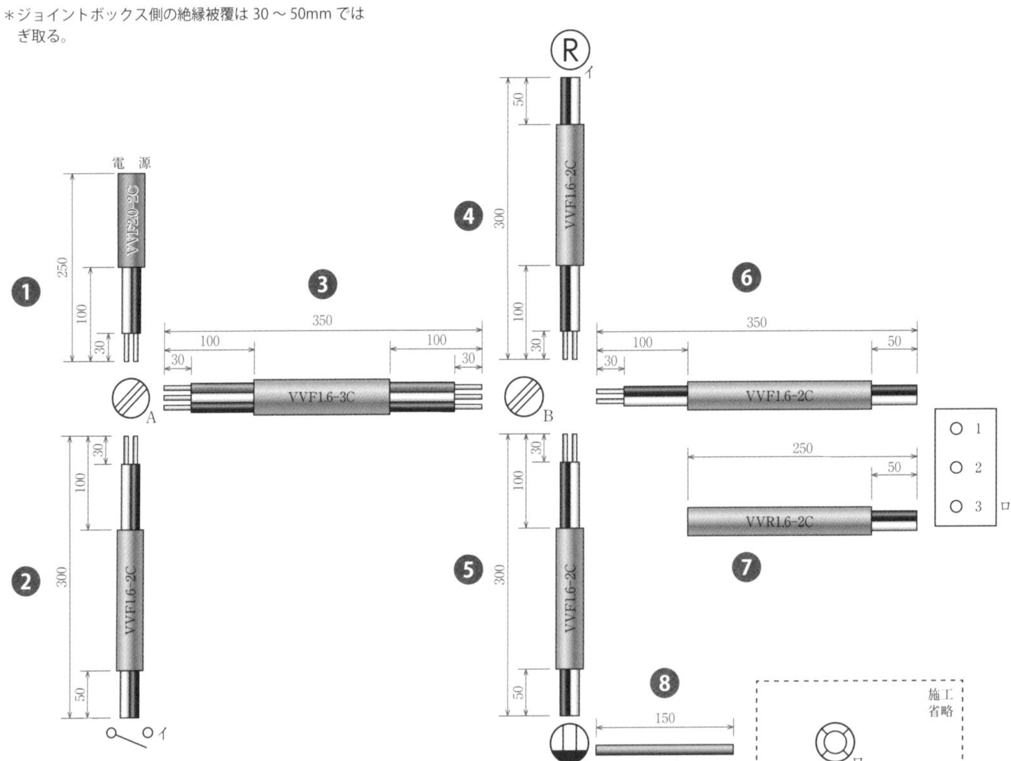

作業の進め方

1

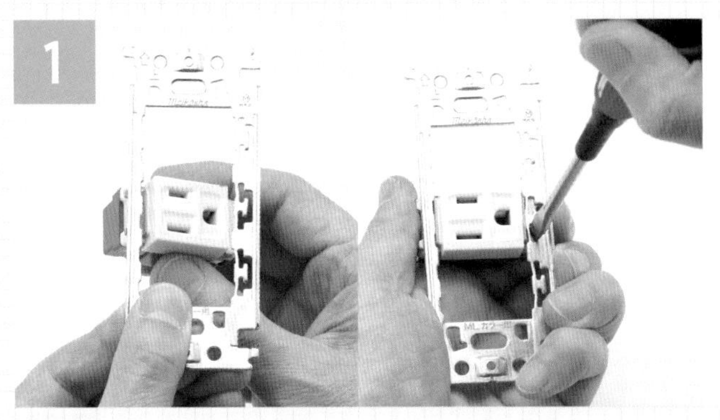

埋込連用取付枠への連用器具の取付

コンセントを連用取付枠に取り付ける。取付位置、取付枠の上下に気をつける（正面から見たとき、接地極が右側にくるようにする）。

▼

2

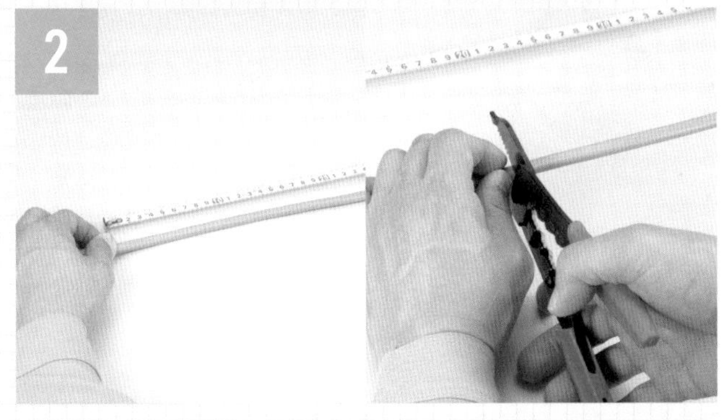

ケーブルの切断と外装のはぎ取り

P.142の寸法に従ってケーブルを切断する。スケールで測って、切断位置を親指と人差し指で押さえて、そこにケーブルストリッパやペンチの刃を当てて切る。

▼

3

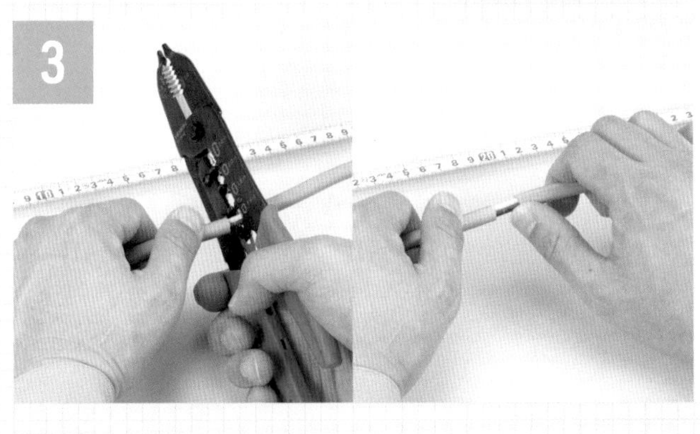

P.142の寸法に従って外装をむく。スケールで寸法を測ってから外装をむく位置を親指と人差し指で押さえて、そこにケーブルストリッパの刃を当てて、切れ目を入れたら手で外装を抜き取る。

▼

4

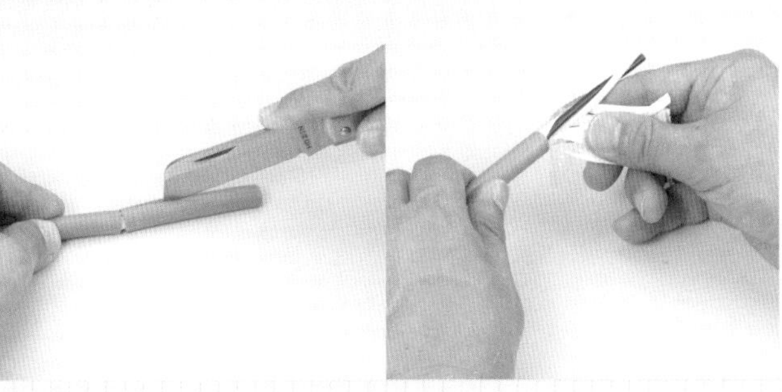

VVRケーブルを加工する。まず、端から10cmの部分の外周に電工ナイフで切れ込みを入れ、次に縦に刃を入れて外皮をはぎ取る。内部の保護材をペンチやニッパーで切り落として、取り除く。

▼

5

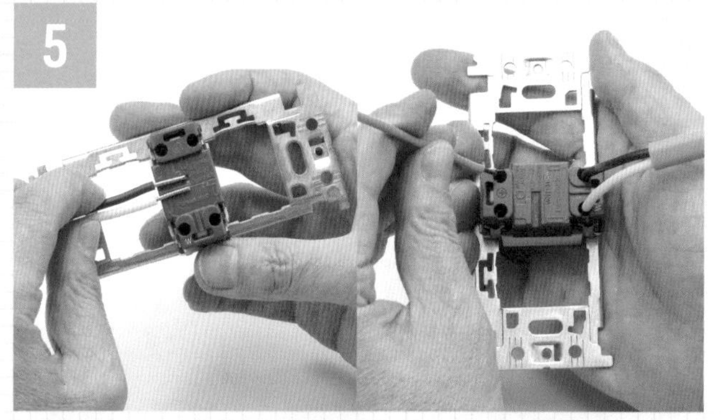

器具への結線

コンセントに結線する。ストリップゲージで測った心線の寸法で器具に挿入する。接地側、非接地側を間違えないように。接地線側（⏚のついているほうの穴）に接地線を挿入する。

6

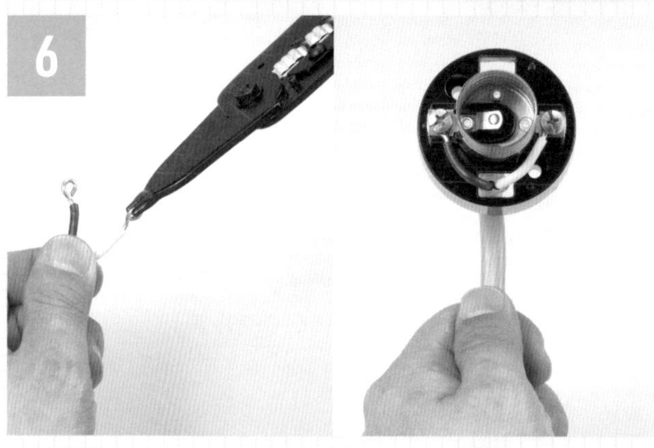

ランプレセプタクルに結線する。器具に合わせてIV線を切断し、端を5cmむいて輪作りをする。接地側（受け金側）に白線を接続する点に十分注意しながらねじで器具に取り付ける。

7

自動点滅器の代用になる端子台に結線する。まず、電源につながる接地線と非接地線を端子1と2に結線する。これでスイッチに内蔵されたCdS回路に常時電源が供給されることになる。

8

次に器具口につながるVVRケーブルを自動点滅器に結線する。接地線を端子2に、非接地線を端子3に接続する。

9

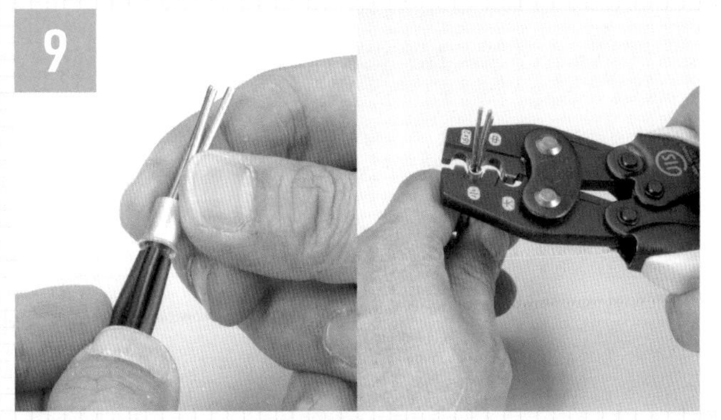

ジョイントボックス内の結線

これまで作ってきた部材を組み合わせて完成させる。複線図を確認してから、アウトレットボックスA内のケーブルをリングスリーブで結線する。

10

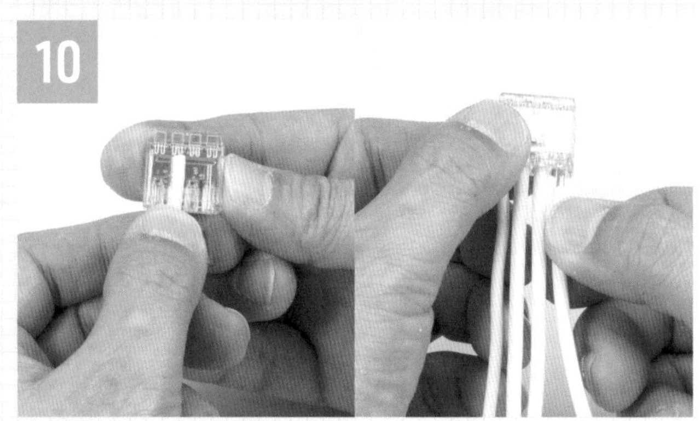

ジョイントボックスB側を差込形コネクタで結線する。コネクタのストリップゲージにあわせて心線を切り、差し込む。

完成写真

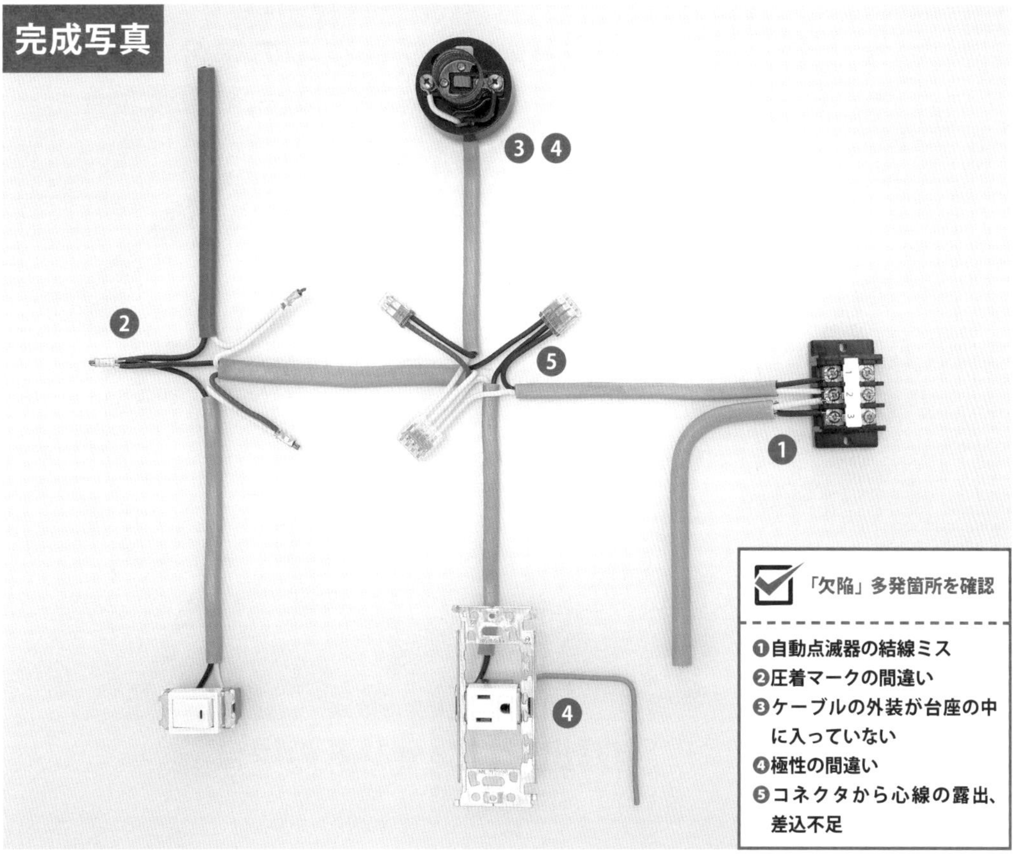

❶ ❷ ❸ ❹ ❺ ❹

「欠陥」多発箇所を確認

❶自動点滅器の結線ミス
❷圧着マークの間違い
❸ケーブルの外装が台座の中に入っていない
❹極性の間違い
❺コネクタから心線の露出、差込不足

コラム

ケーブルの切断寸法と外装・絶縁被覆のはぎ取り寸法の考え方

本書 P.176 で「ケーブルの切断寸法と外装・絶縁被覆のはぎ取り寸法」について解説していますが、その目安の計算方法はシンプルです。

「埋込連用器具において、上部はシースのはぎ取りは 70mm、真ん中は 80mm、下部は 100mm でむくときれいに仕上がる」といった細かく寸法を出している本やWEBサイトを見ることがありますが、そこまで細かく覚える必要はありません。

細かく寸法を覚えるより、P.176 のシンプルな方法で計算して多少長めにケーブルを切断したり外装をはぎ取ったりして、器具の大きさなどにあわせて調整したほうが手早く作業ができます。

例えば、ランプレセプタクルや露出形コンセントの結線で用いられる輪作りですが、本書では長めに外装をむいて器具にあわせて絶縁被覆の切断寸法を測り、少し長めの心線で輪作りしています。そのほうが初心者には寸法の間違いがなく、欠陥がない作業ができるからです。

まずは、本書のシンプルな寸法計算を覚えて、時間内に正しい配線で作品を作ることを目標にしてください。

少し長めに外装をむく。

器具の寸法にあわせて絶縁被覆をむく位置を決める。

決めた位置で絶縁被覆をはぎ取る。

PART 2

複線図の描き方

1 複線図を起こす基本手順

ポイント

電源と電気機器の間には電源から出て電気機器に入る線（行きの線）と、電気機器から電源に帰る線（帰りの線）の２本が必要だ。電灯器具のような点灯・消灯が必要な器具の場合は、行きの線の途中にスイッチが入る。

電源と電気機器の間には行きと帰りの２本の配線が必要

乾電池で電球を点灯させるには、電流が電池（**電源**）のプラス極から出て電球（**電気機器**）に向かい（**行き**）、電球から出て電源のマイナス極に向かう（**帰り**）、という回路になっている必要があります。

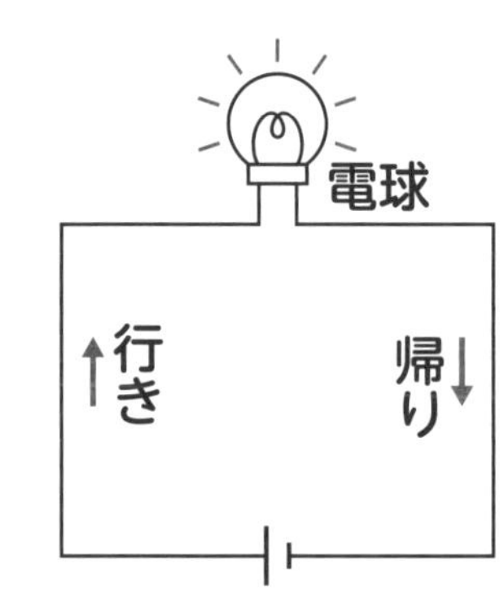

電気の配線は２本必要

乾電池は直流電源で、家庭で使われている交流電源とは違いますが、電源から出て行って電気機器に入り、また電源に帰っていくという構造は同じです。したがって、電源と電気機器の間には行きと帰りの２本の線が必要です。

しかし、電気工事の配線図は２本の線を１本の線で示した**単線図**が用いられています。これは２本の配線で描かれていると、見にくく、かえってわかりづらいからです。**複線図**は、行きと帰りの２本の電線を図示した配線図です。配線工事をするときは、複線図で施工図を描いてから工事を行います。

単線図と複線図

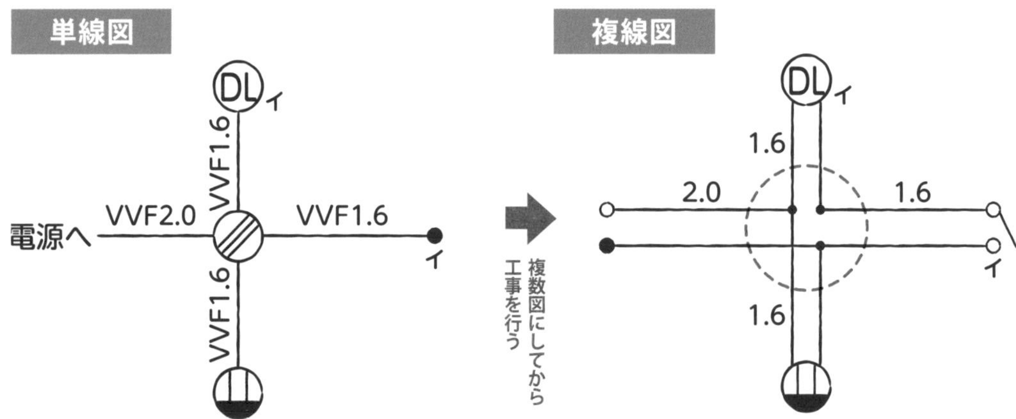

電気配線の基本ルール

単線図から複線図を描くことを、単線図から複線図を起こすといいます。電気配線は次の基本ルールで配線する必要があるため、複線図もこの基本ルールに沿って起こす必要があります。逆に、基本ルールさえ理解していれば、規模が大きく、複雑な単線図でも正確に描くことができます。

単線図から複線図を起こす手順

①器具には２本 (非接地側電線と接地側電線) の配線を接続する。
②スイッチは非接地側電線につける。
③電線の接続はボックスで行う。

下図は、単極スイッチで蛍光灯１灯を点滅させる回路です。左の図が単線図です。この単線図を複線図にしたものが右の図になります。基本ルールどおり配線されていることがわかるでしょう。

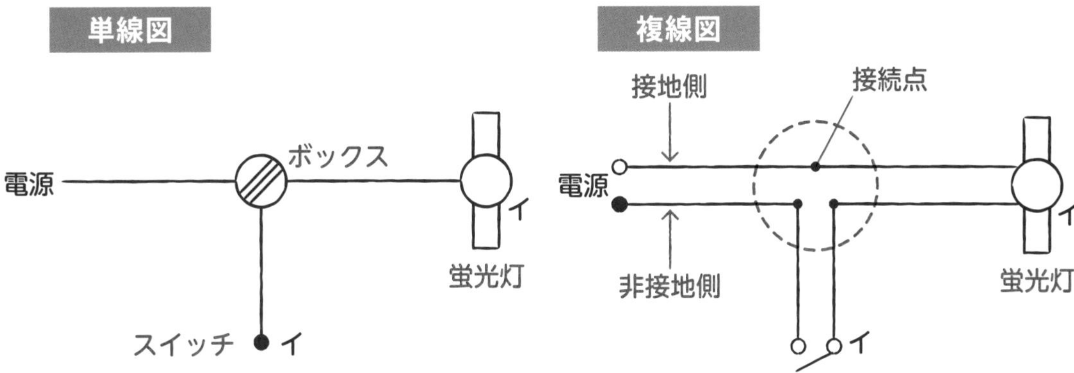

単線図から複線図を起こす手順

複線図は、この基本ルールにしたがって描くことになります。実際には、次の手順で描いていきます。

単線図から複線図を起こす手順

①器具とボックスを配置する。
②接地側電線を器具に接続する。
③非接地側電線をスイッチとコンセントに接続する。
④スイッチと器具を接続する。

次ページの単線図で複線図を描いてみましょう。

単線図から複線図を起こす手順　基本

単線図

蛍光灯
ボックス
電源
コンセント
スイッチ

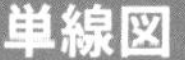

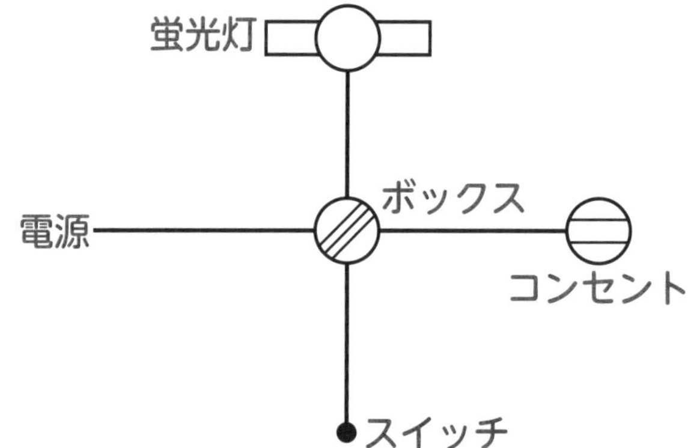

手順 1

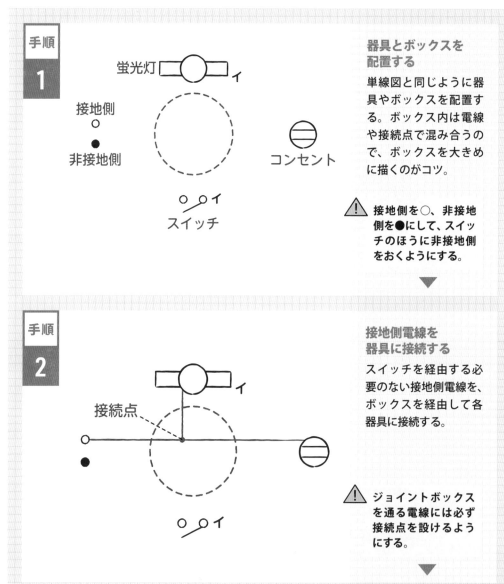

蛍光灯
イ
接地側
非接地側
コンセント
イ
スイッチ

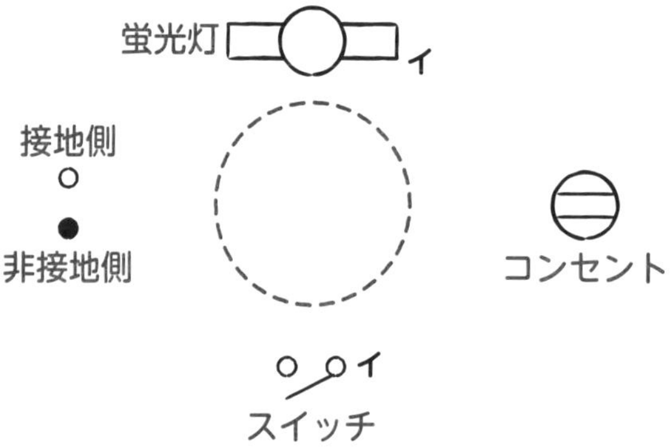

器具とボックスを配置する

単線図と同じように器具やボックスを配置する。ボックス内は電線や接続点で混み合うので、ボックスを大きめに描くのがコツ。

⚠ 接地側を○、非接地側を●にして、スイッチのほうに非接地側をおくようにする。

手順 2

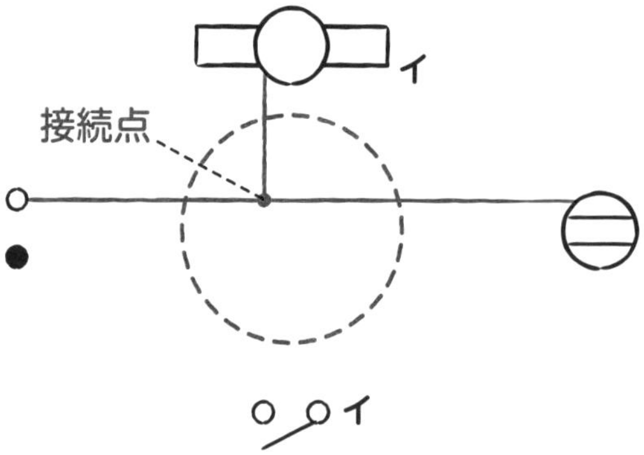

イ
接続点
イ

接地側電線を器具に接続する

スイッチを経由する必要のない接地側電線を、ボックスを経由して各器具に接続する。

⚠ ジョイントボックスを通る電線には必ず接続点を設けるようにする。

複線図が正しいかどうかの確認をするには？

電気は電源から出て電気機器に入り（行き）、また電源に帰る。スイッチが入ったときに行き帰りしていれば、その電気機器への配線は正しいということだ。
コンセントはスイッチを経由しないで接地側電線と非接地側電線ともに直接接続される。コンセントにも電源から行き帰りの２本の線がつながっていることを確認しよう。

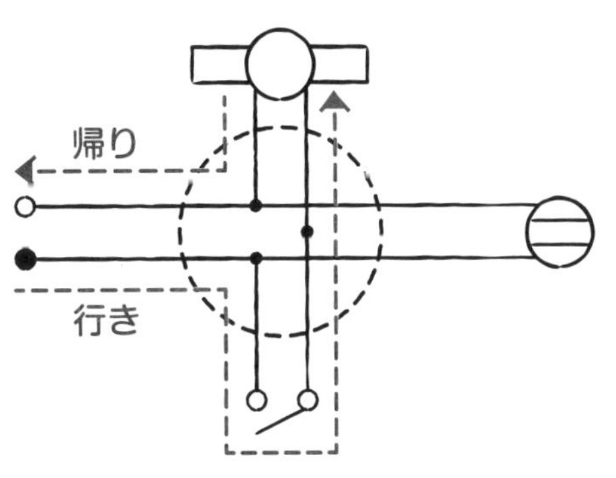

手順 3

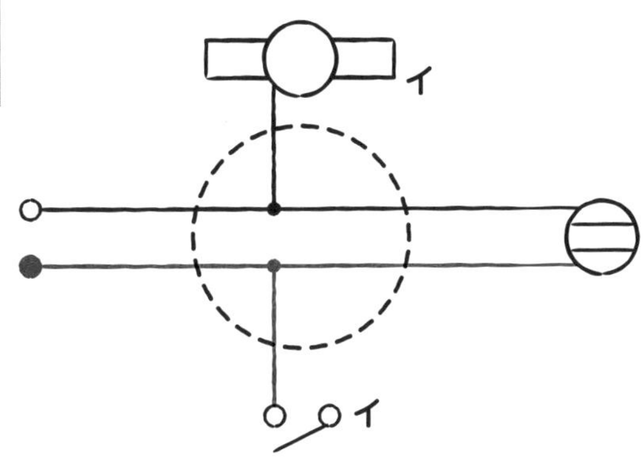

非接地側電線をスイッチとコンセントに接続する

非接地側電線を、スイッチとコンセントに、ボックスを経由して接続する。

手順 4

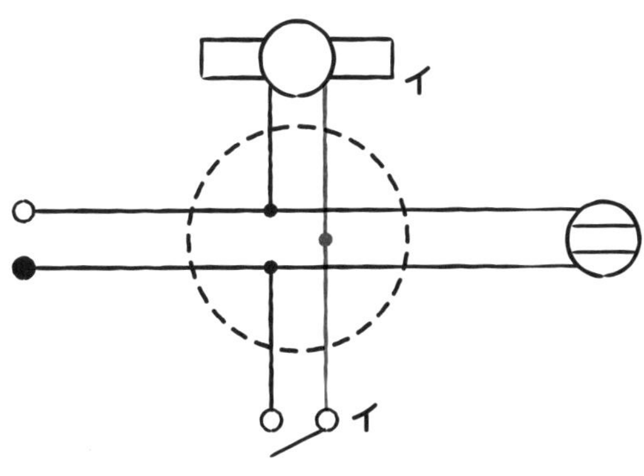

完成

スイッチと器具を接続する

最後に、スイッチと器具を、ボックスを経由して接続する

2 スイッチ2つの連用

ポイント

2つのスイッチで2つの電気器具を点滅する連用器具では、スイッチどうしを結ぶわたり線が必要になる。非接地側電線をスイッチに接続するときにわたり線も描くとよい。

単線図の例

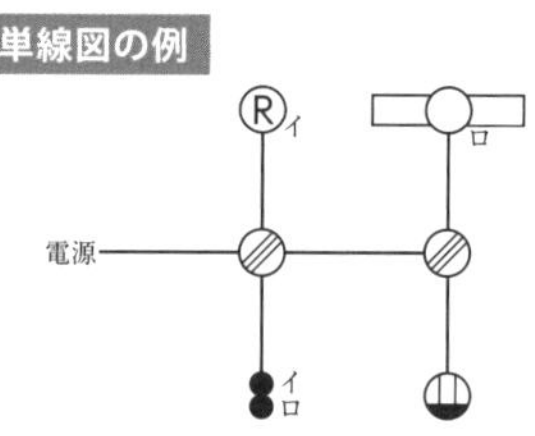

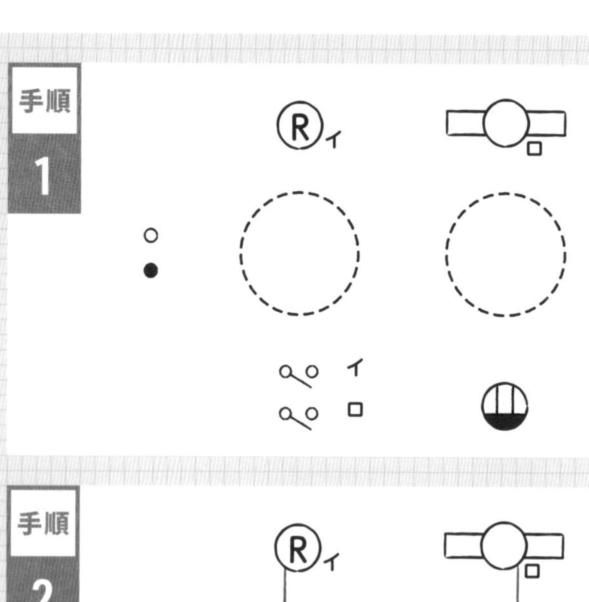

器具とボックスを配置する

ボックス内は配線が込み合うので、少し大きめに描く。

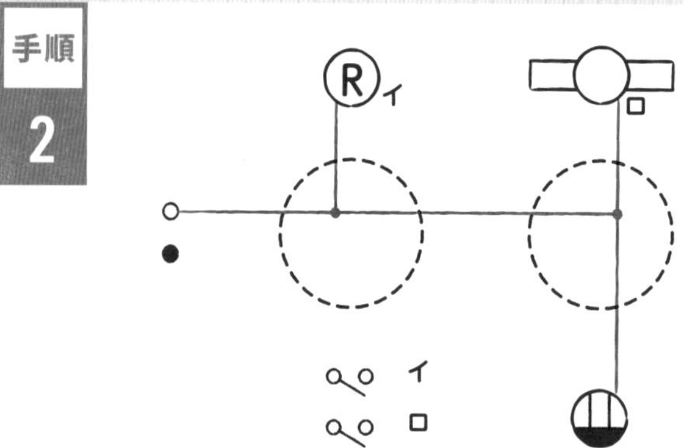

接地側電線を電気器具とコンセントに接続する

ボックス内の電線には接続点を設けることを忘れずに。

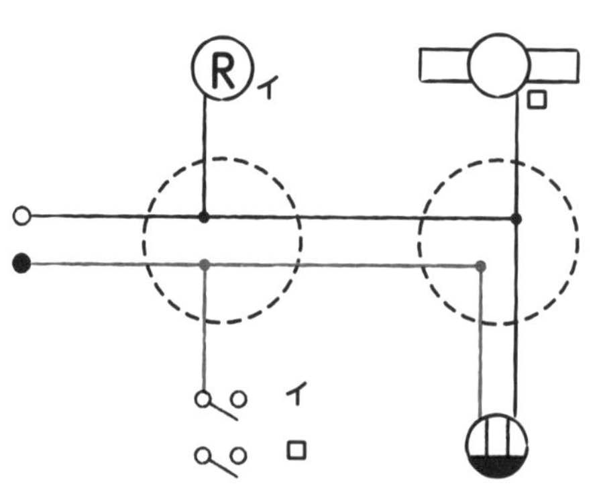

非接地側電線をスイッチとコンセントに接続する

スイッチ2つの連用の場合は、ボックスに近い「イ」に非接地側電線を接続する。

覚えておこう！ スイッチ2つの場合のわたり線の接続

スイッチどうしの場合、配線が複雑にならないように、ボックスからの距離が近いほうに、ボックスからの配線を接続したほうがよい（A）。

スイッチ「ロ」にボックスからの非接地側電線を接続し、スイッチ「イ」へわたり線を接続しても回路的には間違いではないし、実際の工事でもそのように接続してもよい（B）。

A

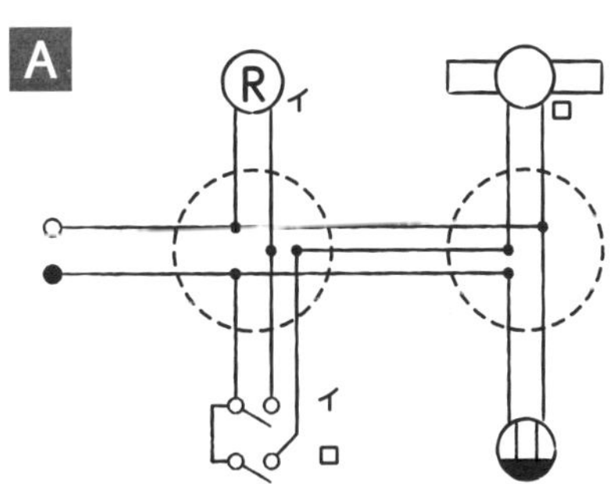

B

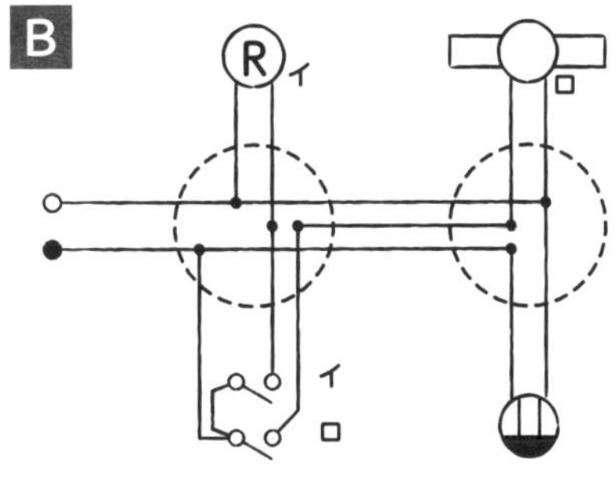

手順4 スイッチ間にわたり線を接続する

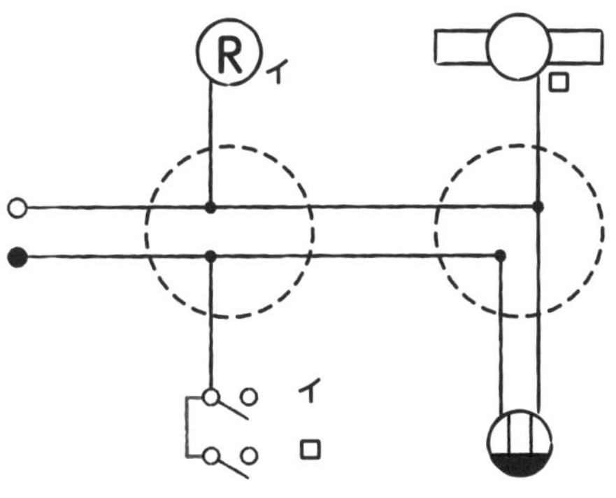

わたり線とは、連用器具どうしを結ぶ配線をいう。スイッチ「ロ」への非接地側電線は、わざわざボックスから配線してこなくても、連用しているスイッチ「イ」から分岐して接続することができる。

手順5 完成 スイッチと器具同士を接続する

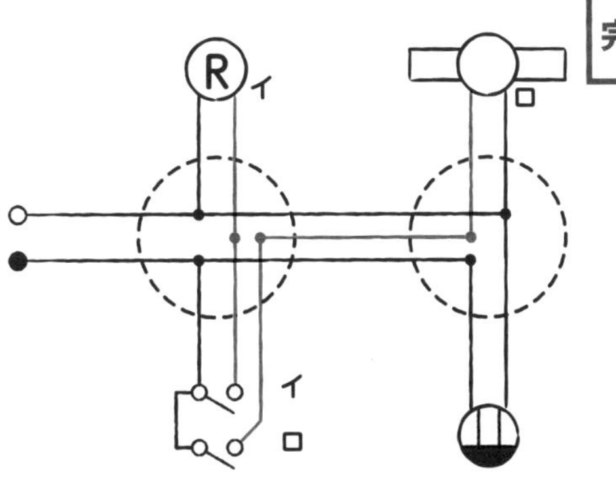

スイッチ「イ」とランプレセプタクル「イ」を、スイッチ「ロ」と蛍光灯「ロ」を、ボックスを経由して接続する。

3 スイッチとコンセントの連用

ポイント

スイッチとコンセントの連用では、コンセントにまず非接地側電線を入れてから、スイッチにわたり線を接続するとよい。「まずコンセント！」と覚えておこう。

単線図の例

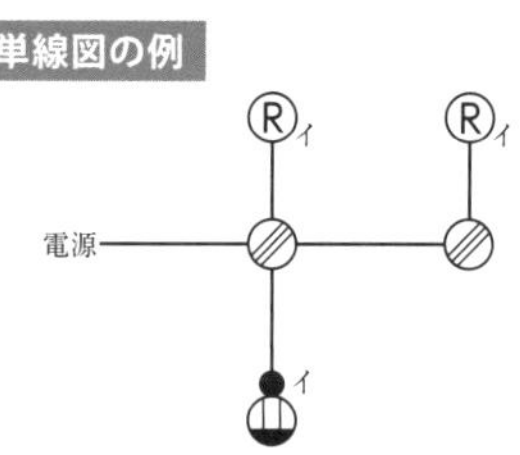

手順 1

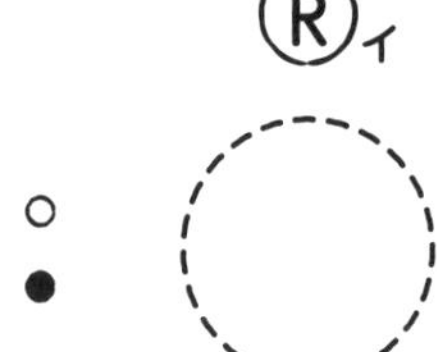

器具とボックスを配置する

ボックス内は配線が込み合うので、少し大きめに描く。

手順 2

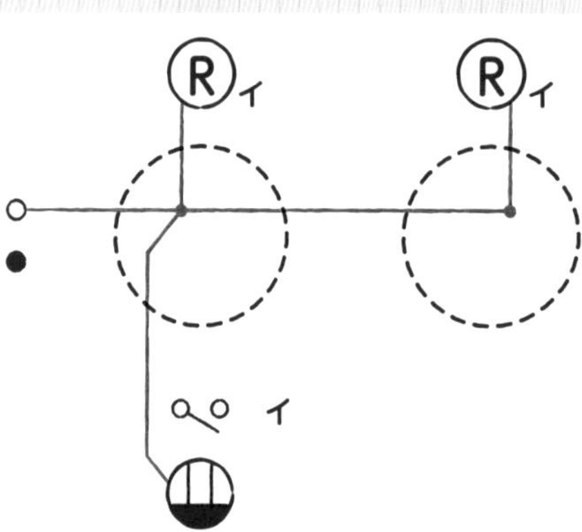

接地側電線を照明器具とコンセントに接続する

基本手順どおり、まず接地側電線から配線する。ボックス内の電線には接続点を設ける。

手順 3

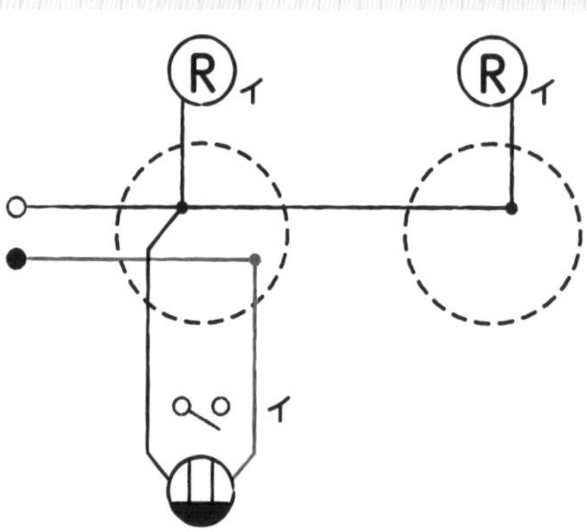

非接地側電線をコンセントに接続する

コンセントと他連用器具との連用では、先にコンセントの回路を完成させる（「まずコンセント！」）。

覚えておこう！ スイッチとコンセントのわたり線の接続

コンセントとスイッチの場合、通常、コンセントにボックスからの配線を接続する（A）。これは可動部のあるスイッチを介してコンセントを接続すると、スイッチが故障した際に、コンセントが使用できなくなることがあるからだ。スイッチ「イ」にボックスからの非接地側電線を接続し、コンセントへわたり線を接続しても回路的には間違いではない（B）。

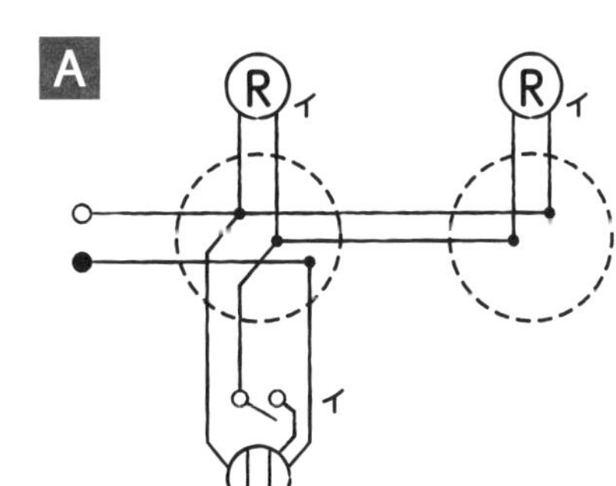

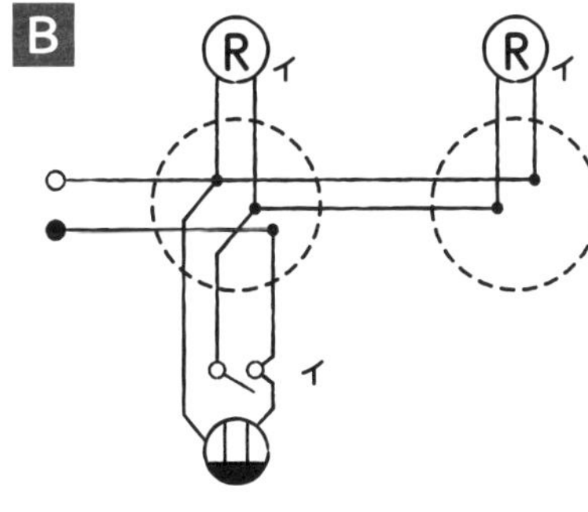

手順 4

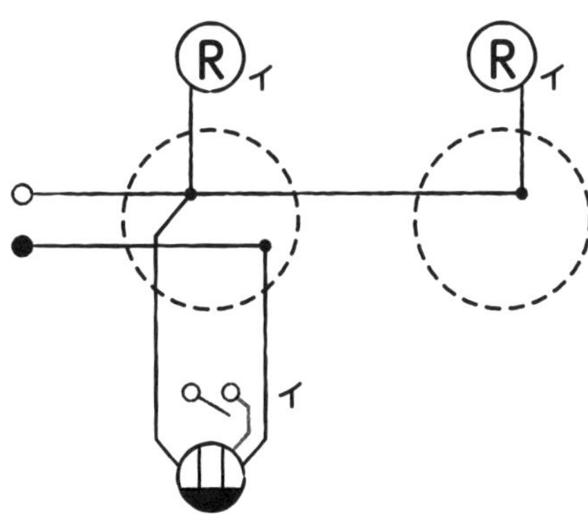

コンセントとスイッチをわたり線でつなぐ

コンセントとスイッチ「イ」をつなぐことで、コンセントに入る電気をスイッチに分岐することができる。

手順 5

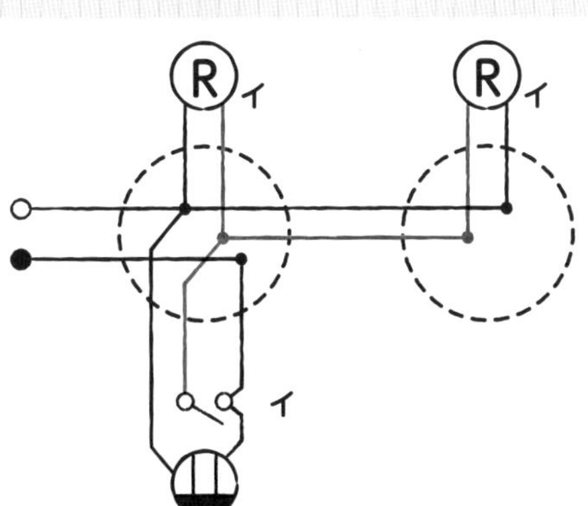

完成

スイッチと器具同士を接続する

スイッチ「イ」とランプレセプタクル「イ」を、ボックスを経由して接続する。

4 2つのスイッチとコンセントの連用

ポイント

2つのスイッチとコンセントの連用でも、コンセントにまず非接地側電線を入れてから、スイッチにわたり線を接続する。「まずコンセント！」と覚えておこう。

単線図の例

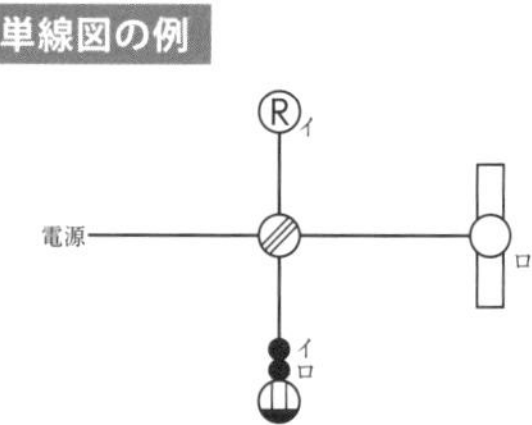

手順 1

器具とボックスを配置する

ボックス内は配線が込み合うので、少し大きめに描く。

手順 2

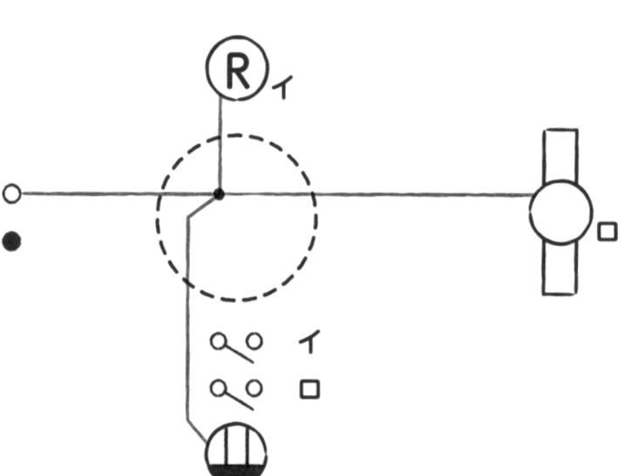

接地側電線を照明器具とコンセントに接続する

基本手順どおり、まず接地側電線から配線する。ボックス内の電線には接続点を設ける。

手順 3

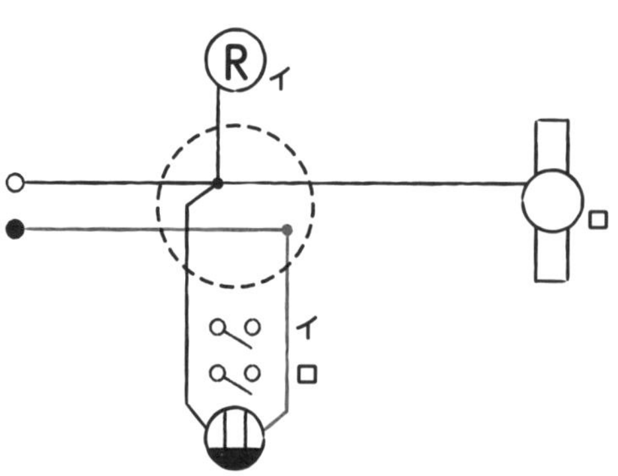

非接地側電線をコンセントに接続する

コンセントと他連用器具との連用では、先にコンセントの回路を完成させる（「まずコンセント！」）。

覚えておこう！ スイッチとコンセントのわたり線の接続

コンセントとスイッチの場合、通常、コンセントにボックスからの配線を接続する。これは可動部のあるスイッチを介してコンセントを接続すると、スイッチが故障した際に、コンセントが使用できなくなることがあるからだ（Bの接続でも間違いではない）。スイッチ「イ」にボックスからの非接地側電線を接続し、スイッチ「ロ」とコンセントへわたり線を接続しても回路的には間違いではない。

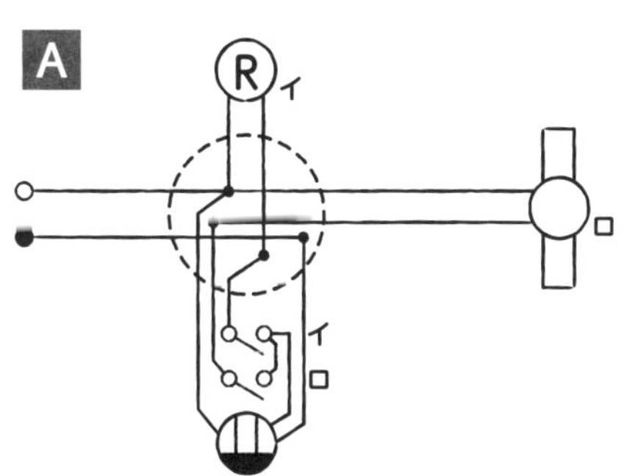

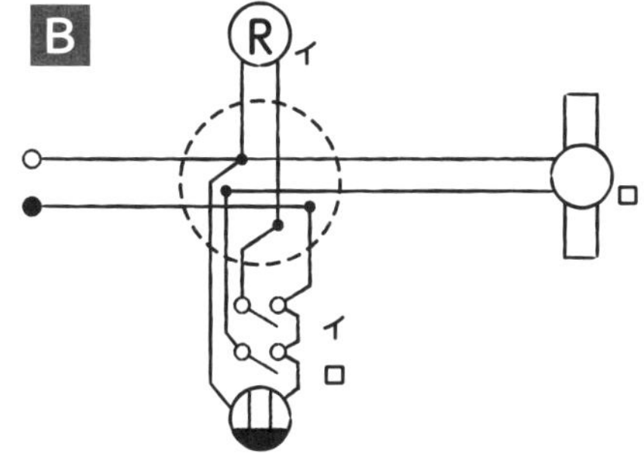

手順 4

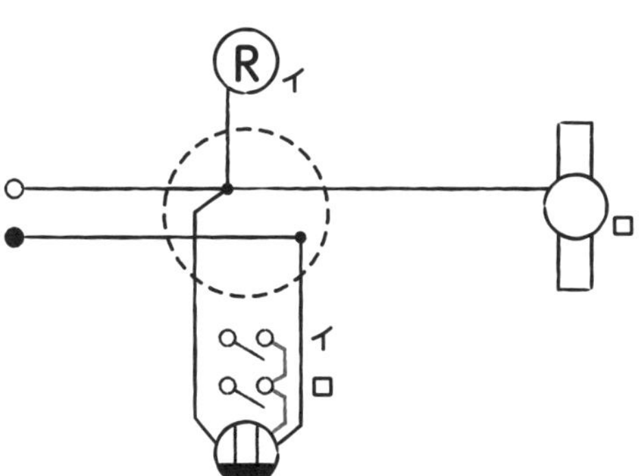

コンセントとスイッチをわたり線でつなぐ

コンセントとスイッチ「イ」と「ロ」をつなぐことで、コンセントに入る電気をスイッチに分岐することができる。

手順 5

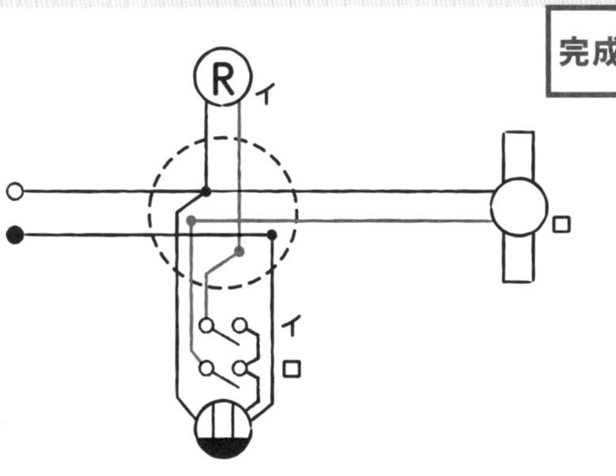

完成

スイッチと器具同士を接続する

スイッチ「イ」とランプレセプタクル「イ」を、スイッチ「ロ」と蛍光灯「ロ」をボックスを経由して接続する。

5 3路スイッチの回路

3路スイッチどうしを接続して、1つの大きなスイッチにしてしまってから、基本ルールを適用して配線を考えよう。

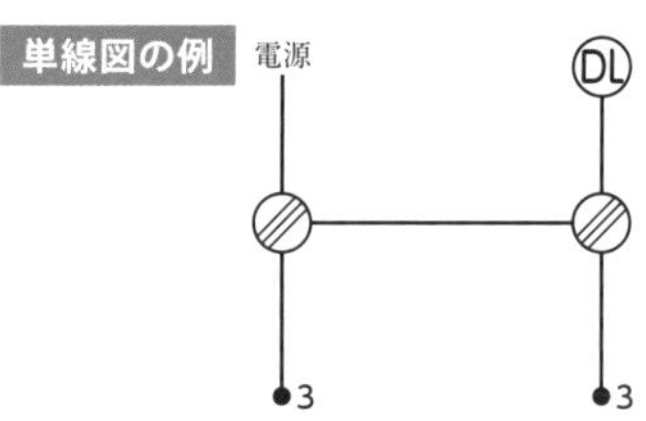

手順 1

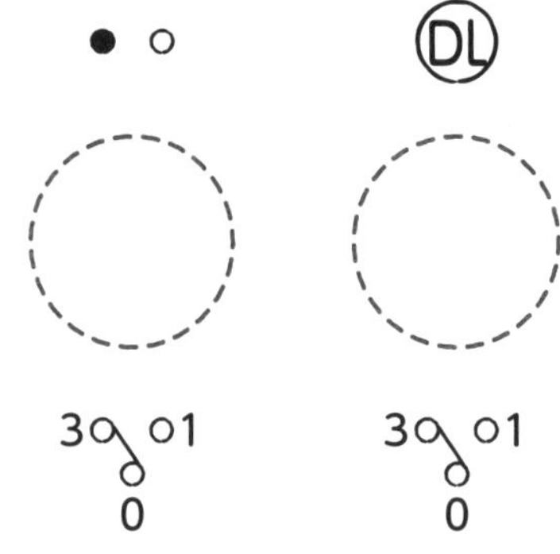

器具とボックスを配置する

単線図と同じように器具やボックスを配置する。3路スイッチには0、1、3の3つの端子がある。図のような形にすると配線ミスが防げる。

手順 2

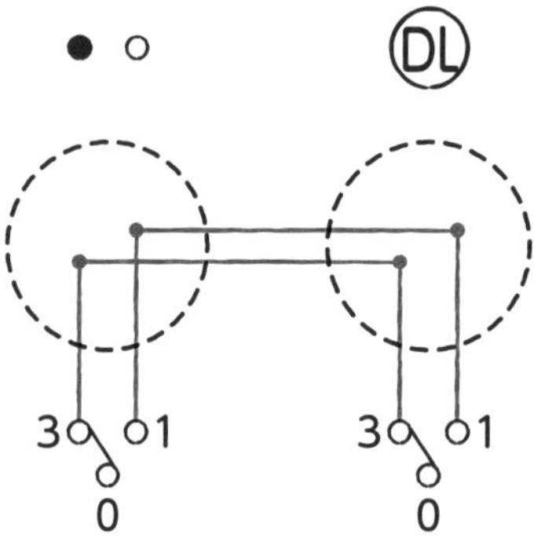

3路スイッチどうしを接続する

端子1と1、端子3と3をつなぐ（端子0は電源と器具の非接地側を接続する端子になる）。

手順 3

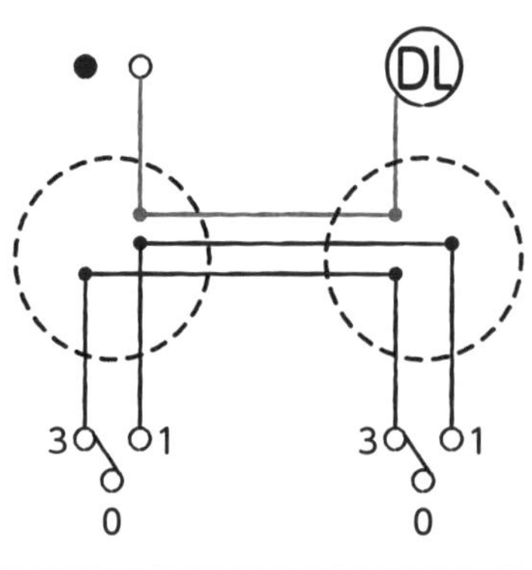

接地側電線を器具に接続する

基本手順どおり、接地側電線をボックス経由で電気器具に接続する。ボックス内の結線を忘れないように。

1個以上の照明を2か所から点灯・消灯できるスイッチ

3路スイッチは、1個以上の照明に対して、2か所から点灯・消灯することができるスイッチ。階段や長い廊下、広い部屋など、離れた2つの場所から照明を点灯・消灯させたいところに用いられる。例えば、階段の下のスイッチで階段の照明を点灯して、階段の上に着いたら、上にあるスイッチで消灯するような場合だ。

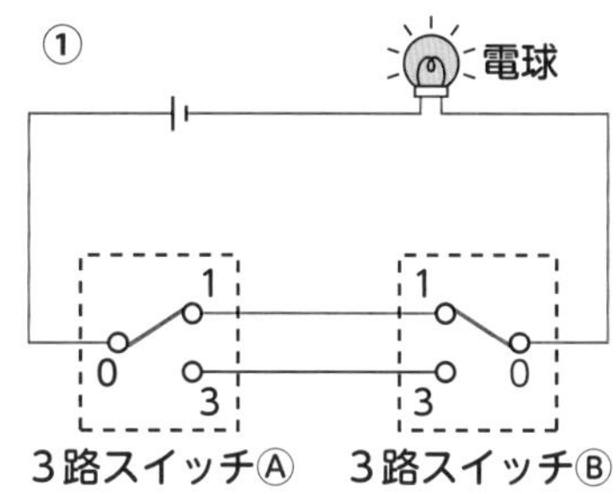

スイッチⒶⒷともに同じ番号どうしの「1」が選択されている。この場合、回路が形成されて電球が点灯する。

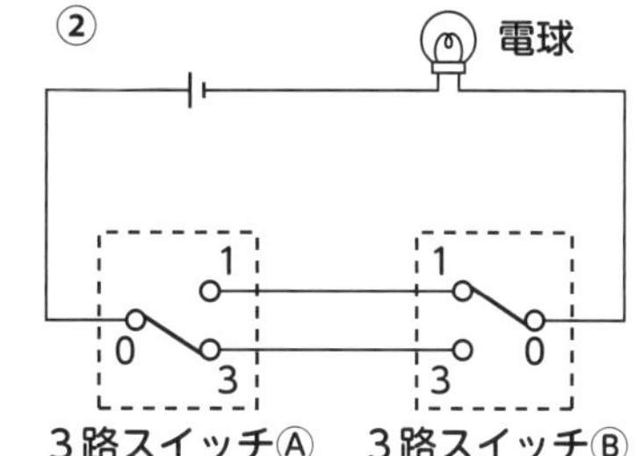

スイッチⒶを切り替えると、スイッチⒶが「3」、スイッチⒷが「1」のままの状態になる。すると、回路が形成されず、電球が消灯する。

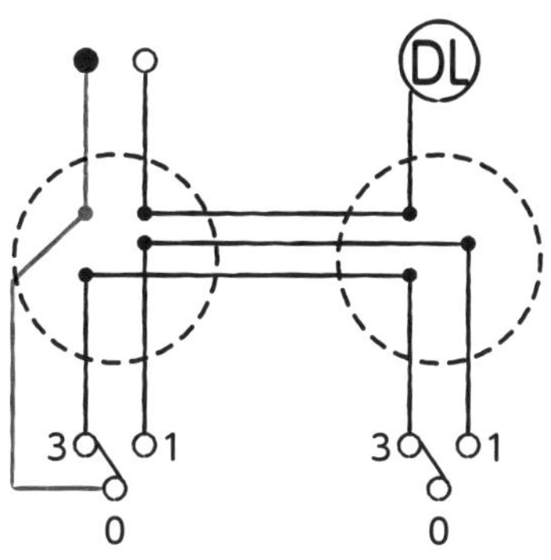

非接地側電線を3路スイッチに接続する

電源に近いほうの3路スイッチに電源の非接地側電線をボックス経由で接続する。

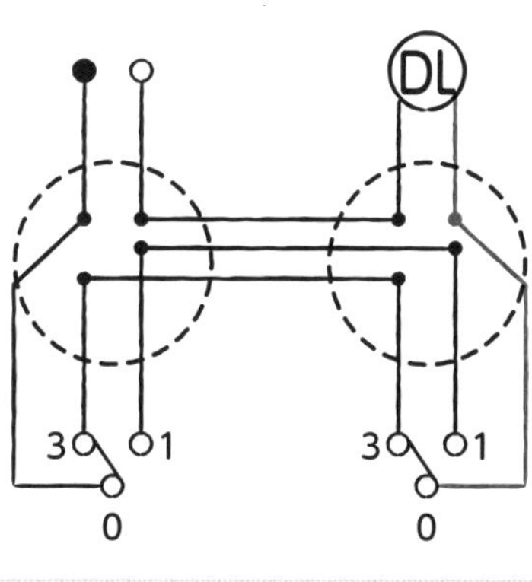

完成

器具に近い3路スイッチと器具を接続する

電気器具に近いほうの3路スイッチに電気器具の非接地側電線をつなぐ。

6 3路/4路スイッチの回路

ポイント

3路スイッチと同様、「3路/4路スイッチが1つの大きなスイッチ」と考えて、基本ルールをもとに複線図を起こすのがコツ。

単線図の例

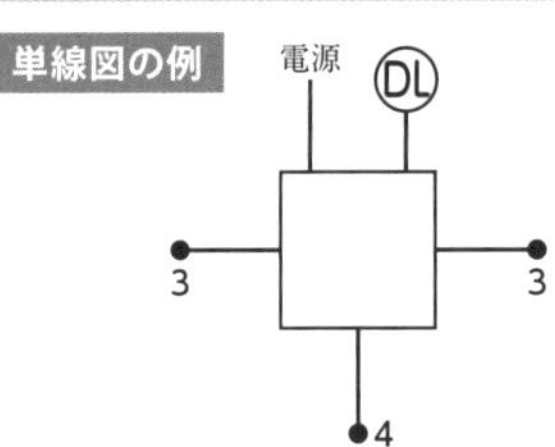

手順 1

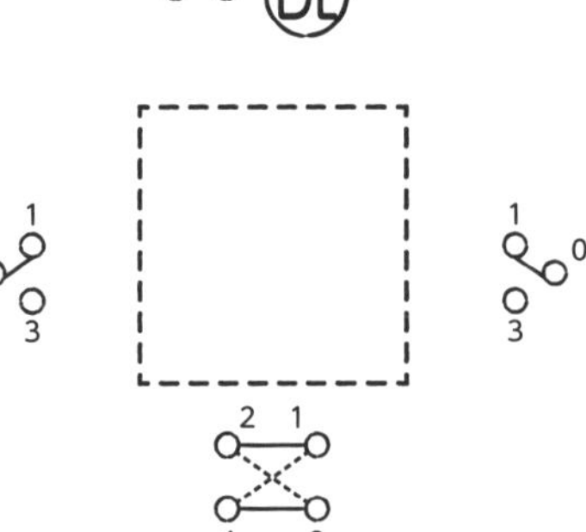

器具とボックスを配置する

4路スイッチはボックス内の結線がややこしくなるので、ボックスを大きめに描く。

手順 2

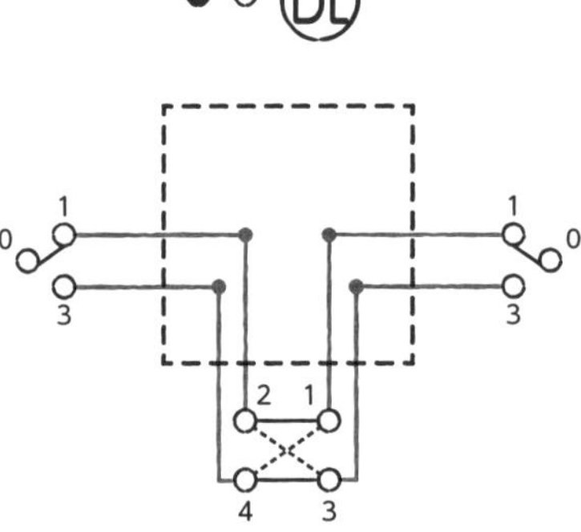

3路スイッチと4路スイッチを接続する

3路スイッチと4路スイッチは相手の状態に合わせて入り切りが変わるので、スイッチの番号どうしを接続する必要はない。

手順 3

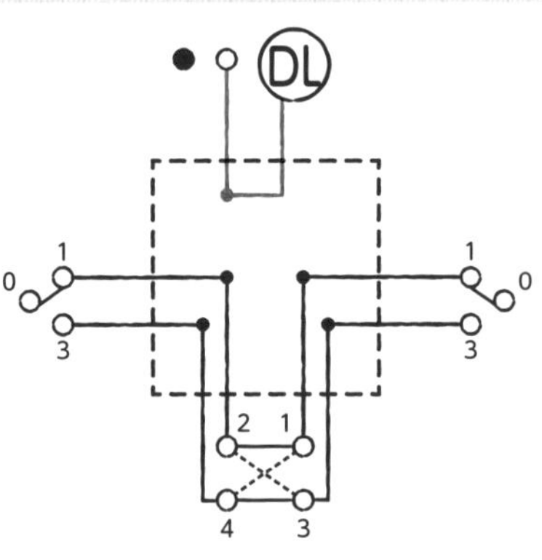

接地側電線を器具に接続する

基本手順どおり、接地側電線を電気器具に接続する。ボックス内の接続点を忘れないように。

1個以上の照明を3か所以上の場所から点灯、消灯させる

4路スイッチは端子1-2、3-4と接続されるか（②図）、端子1-4、2-3と接続されるか（①図）のどちらかになる。3路スイッチ、4路スイッチを切り替えると電球が点滅することがわかる。

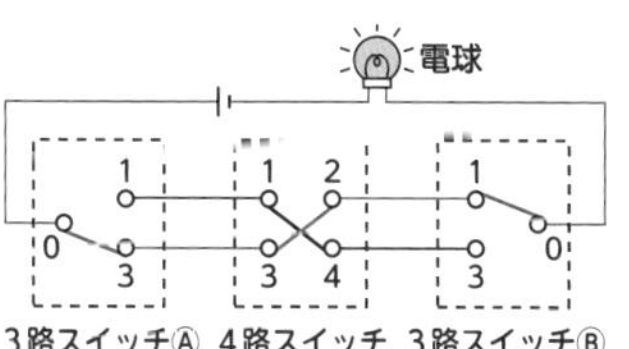

①回路を形成しているので、電球が点灯する。

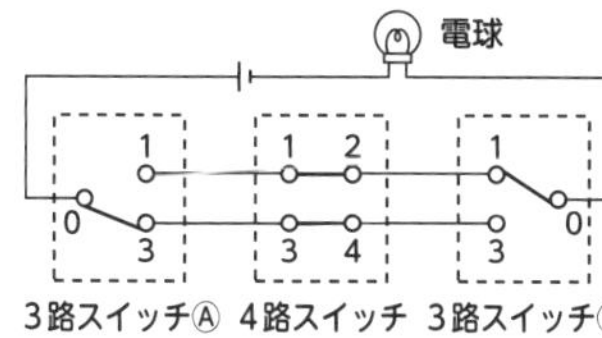

②4路スイッチを切り替えると、4路スイッチの接点が図のように変わる。すると、回路が形成されず、電球は消灯する。

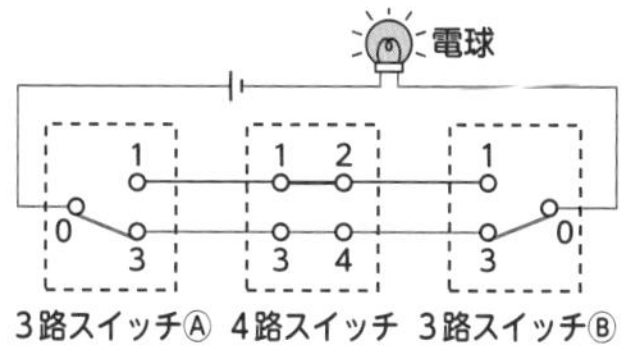

③3路スイッチⒷを切り替えると、Ⓑの接点が図のように変わる。すると、回路を形成するので、電球は点灯する。

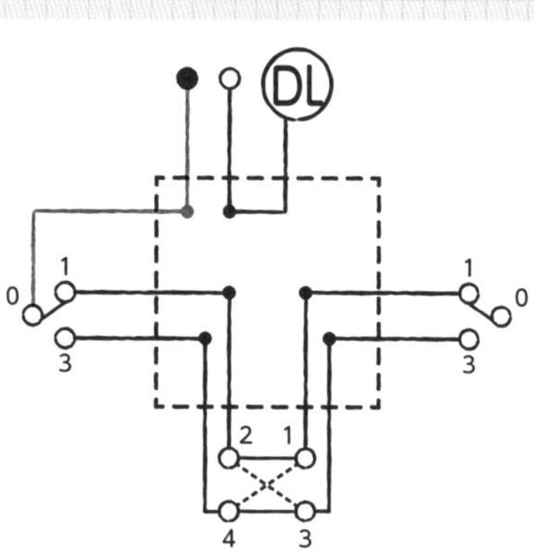

非接地側電線を3路スイッチに接続する

電源からの非接地側電線をボックスを経由して電源に近いスイッチにつなぐ。ボックス内の接続点を忘れないように。

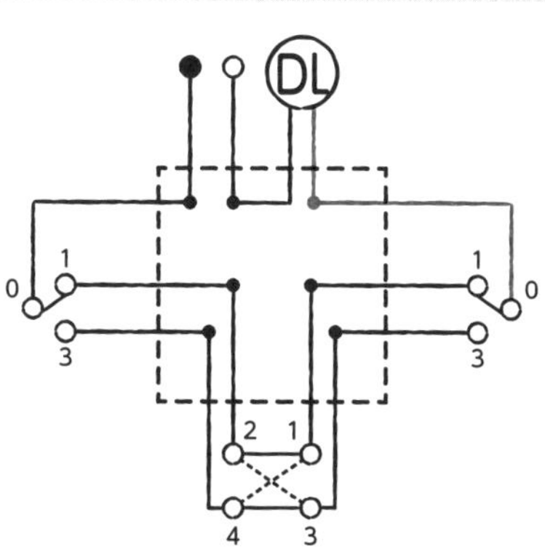

完成

3路スイッチと器具を接続する

電気器具の非接地側電線をボックスを経由して器具に近いスイッチにつなぐ。

7 常時点灯のパイロットランプのある回路

ポイント

パイロットランプは常に点灯しているので、スイッチを介さずに電源からの非接地側線を直接つなぐ。わたり線はまずスイッチに入れてからパイロットランプにつなぐとよい。

単線図の例

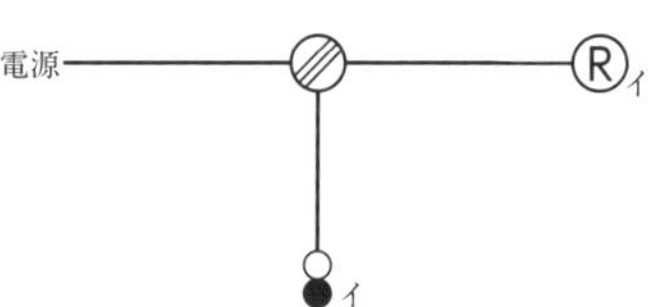

手順 1

器具とボックスを配置する

ボックス内は配線が込み合うので、少し大きめに描く。

手順 2

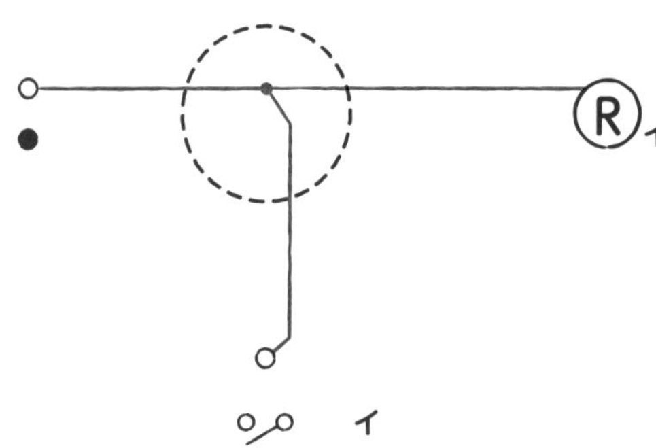

接地側電線を照明器具とパイロットランプに接続する

パイロットランプも照明器具の1つとして考える。

⚠ **パイロットランプには極性はないので、実際の工事では黒線・白線をどちらに差し込んでもよい。**

手順 3

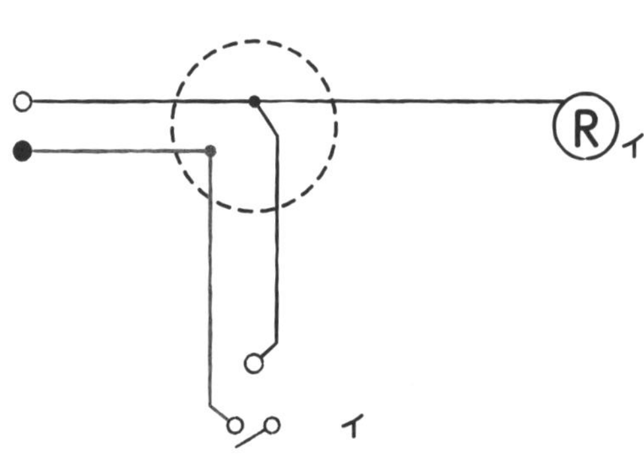

非接地側電線をスイッチに接続する

連用器具がパイロットランプとスイッチの場合、まずスイッチに電源からの非接地側電線を接続する。

覚えておこう！ スイッチとパイロットランプの結線

パイロットランプに電源からの非接地側電線を接続し、スイッチ「イ」へわたり線を接続してもよい（B）。ただし、通常、スイッチに電源からの非接地側電線を接続する（A）。これはパイロットランプを介してスイッチを接続すると、パイロットランプに異常が発生した場合、スイッチに電源が供給されずに他の照明器具を点灯できないおそれがあるからだ。

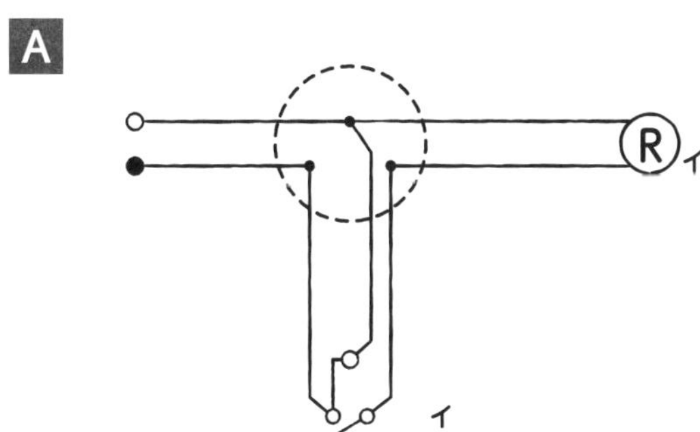

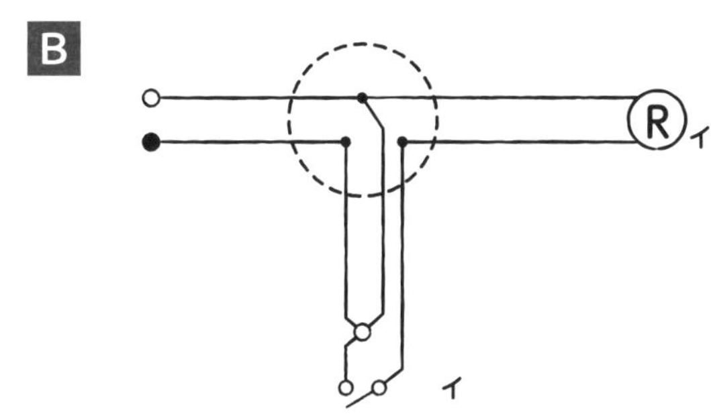

手順 4

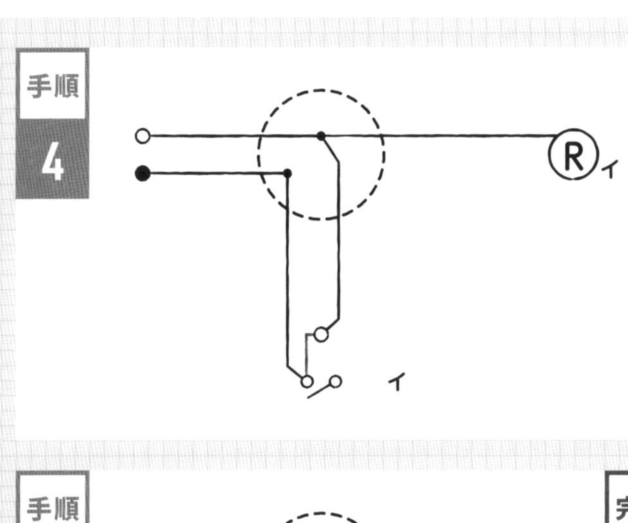

スイッチとパイロットランプにわたり線を接続する

常時点灯のパイロットランプは、スイッチの状態とは無関係に常時点灯させるため、スイッチの1次側（電源側）からのわたり線を接続する。

手順 5 完成

スイッチと器具を接続する

スイッチ「イ」とランプレセプタクル「イ」を、ボックスを経由して接続する。

8 同時点滅のパイロットランプのある回路

ポイント

パイロットランプは電気器具と同時に点滅をするため、電気器具と同じスイッチを介して接続する。わたり線はまずスイッチに入れてからパイロットランプにつなぐとよい。

単線図の例

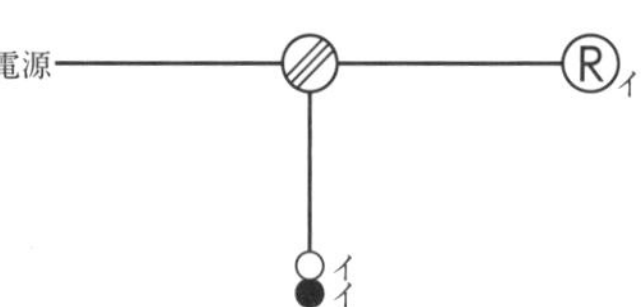

手順 1

器具とボックスを配置する

ボックス内は配線が込み合うので、少し大きめに描く。

手順 2

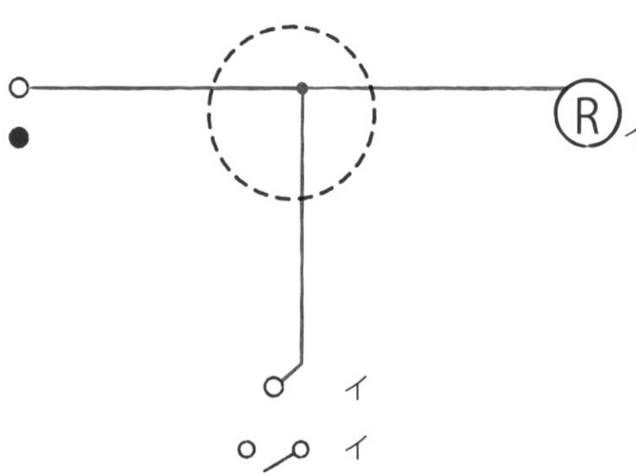

接地側電線を電気器具とパイロットランプに接続する

パイロットランプも照明器具の1つとして考える。

⚠ **パイロットランプには極性はないので、実際の結線では黒線・白線をどちらに差し込んでもよい。**

手順 3

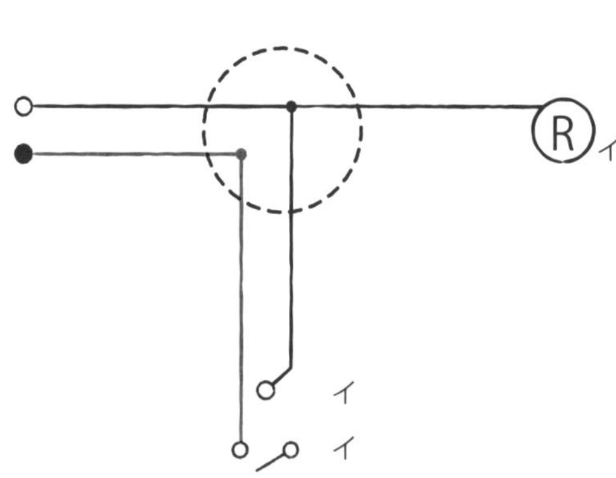

非接地側電線をスイッチに接続する

連用器具がパイロットランプとスイッチの場合、まずスイッチに電源からの非接地側電線を接続する。

覚えておこう！ 同時点滅のパイロットランプの結線

同時点滅のパイロットランプは、スイッチの状態と連動して点滅させるため、スイッチの2次側（負荷側、器具側）からのわたり線を接続する。すなわち、同時点滅のパイロットランプは、スイッチ連動の照明器具と考えて配線すればよい。
スイッチの1次側（電源側）からわたり線をつなぐ常時点灯の接続と比較するとわかりやすい。

常時点灯の接続

パイロットランプをスイッチの1次側（電源側）から電源に接続することで、常に通電している状態になる。

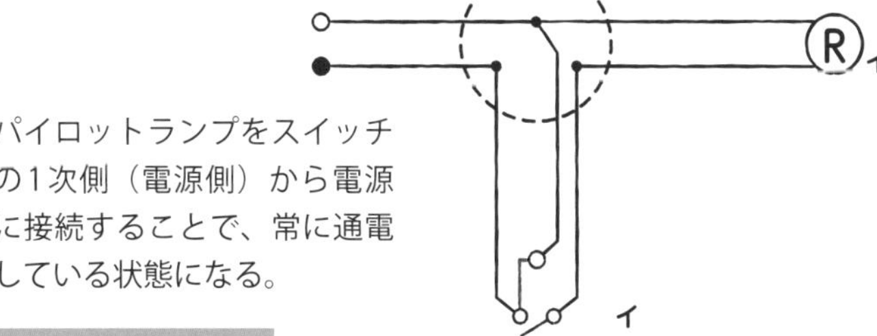

同時点滅の接続

パイロットランプをスイッチの2次側（負荷側）から電源に接続することで、スイッチの点滅に連動することになる。

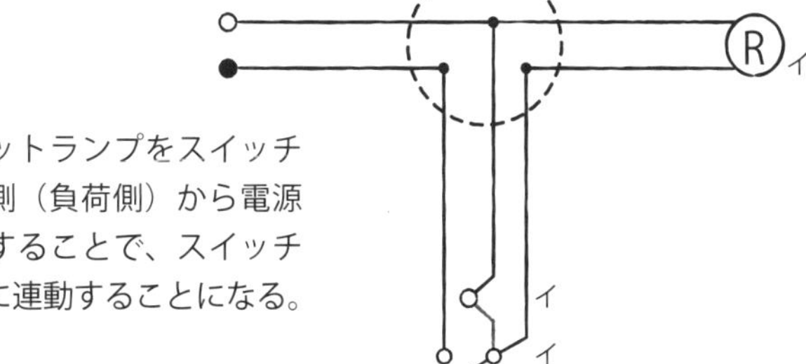

手順 4

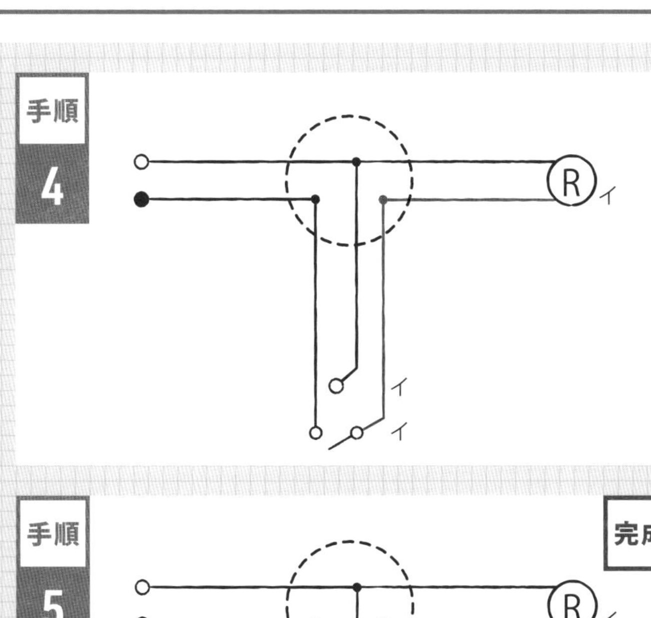

スイッチと電気器具を接続する

スイッチ「イ」とランプレセプタクル「イ」を、ボックスを経由して接続する。

手順 5 完成

R
イ
イ
イ

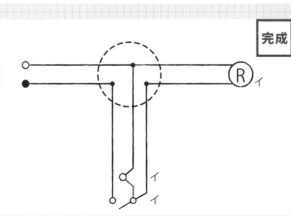

スイッチとパイロットランプをわたり線で接続する

スイッチの2次側（負荷側）からわたり線をつなぐことで、スイッチの点滅でパイロットランプが点滅する回路になることがわかる。

9 タイムスイッチのある回路

ポイント

右の単線図の場合、S_1、S_2はタイマー（M）を動作させるための給電端子で、S_1端子は単極スイッチの固定極（可動部のない極）につながっているから、非接地側電線を接続する。

単線図の例

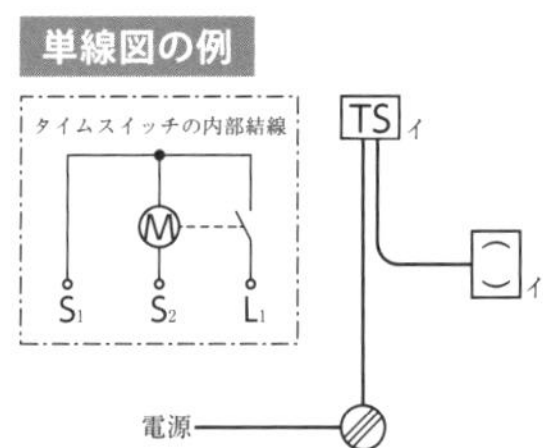

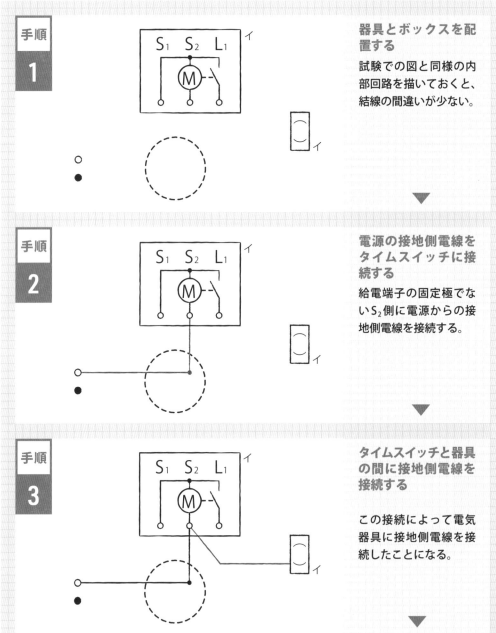

手順 1

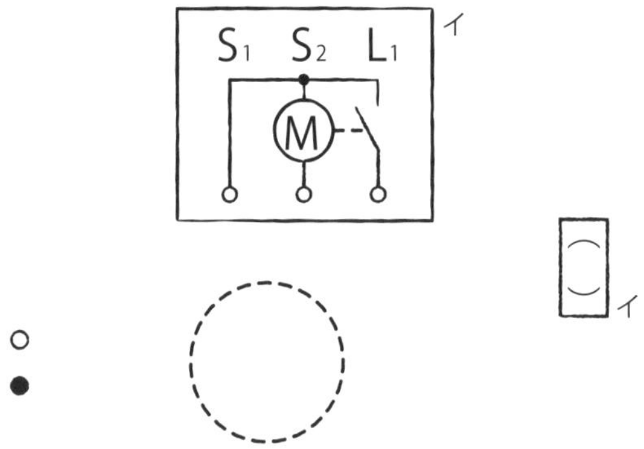

器具とボックスを配置する

試験での図と同様の内部回路を描いておくと、結線の間違いが少ない。

手順 2

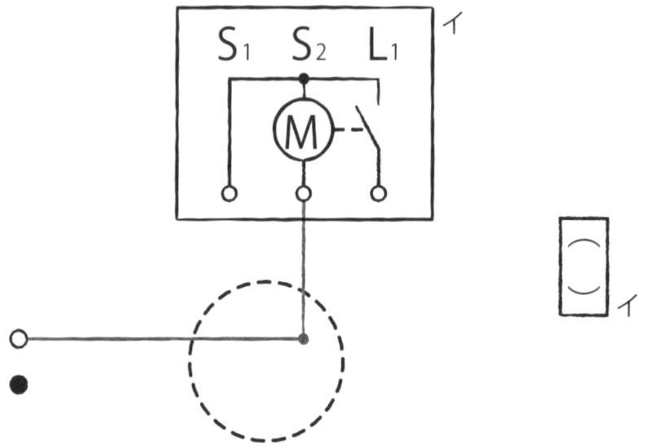

電源の接地側電線をタイムスイッチに接続する

給電端子の固定極でないS_2側に電源からの接地側電線を接続する。

手順 3

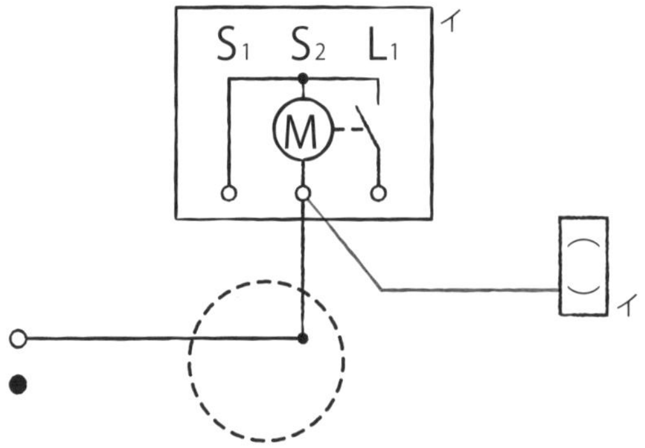

タイムスイッチと器具の間に接地側電線を接続する

この接続によって電気器具に接地側電線を接続したことになる。

覚えておこう！ タイムスイッチの内部回路と動作

タイムスイッチは、定められた時刻になると、タイマーによりスイッチを開閉する機能をもつスイッチである。タイマーに給電する必要があり、その端子が設けられている。タイムスイッチの端子記号のSは電源（source）、Lは負荷（load）、Ⓜは電動機（motor）を意味している。問題によっては、前ページの内部回路図とは異なる場合があるが、「単極スイッチの固定極」が非接地側になる、と覚えておこう。

給電端子S_1（単極スイッチの固定極）
電源の非接地側電線を接続する

給電端子S_2
電源の接地側電線を接続する

負荷への接続端子L_1
電気器具の非接地側電線を接続する

タイマー
定められた時刻になると電動機によりスイッチが入る

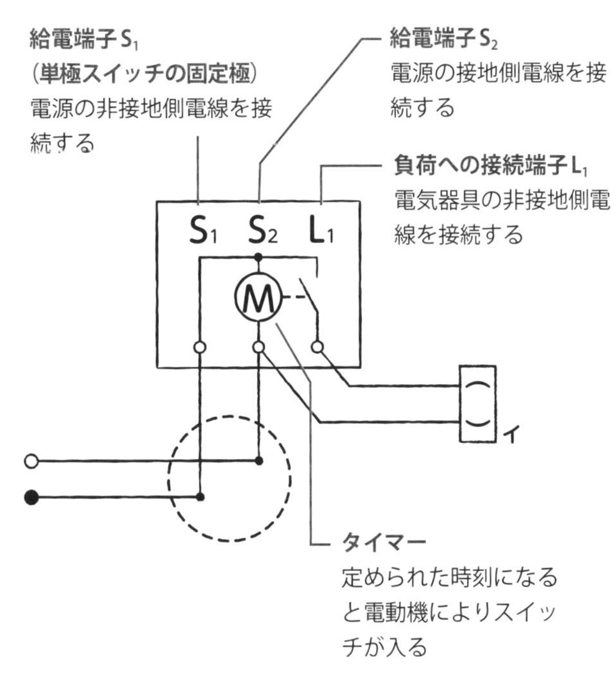

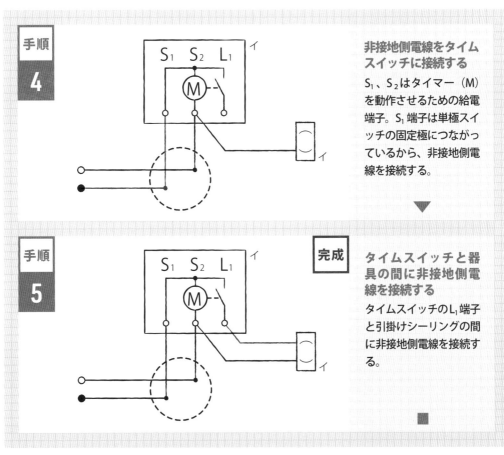

手順 4

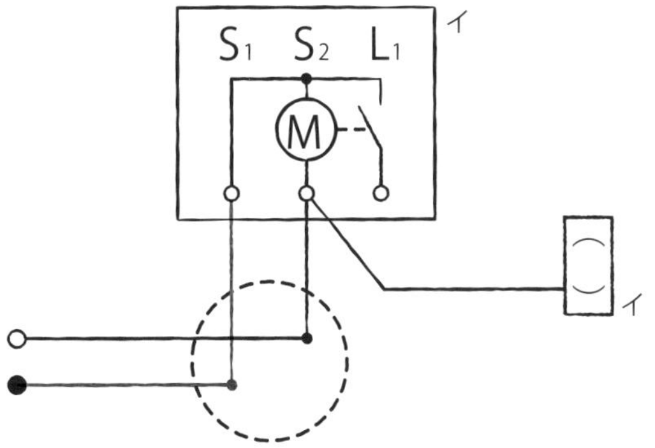

非接地側電線をタイムスイッチに接続する

S_1、S_2はタイマー（M）を動作させるための給電端子。S_1端子は単極スイッチの固定極につながっているから、非接地側電線を接続する。

▼

手順 5

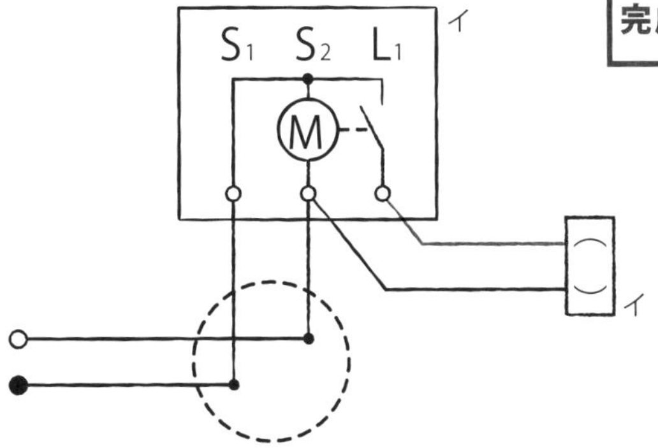

完成

タイムスイッチと器具の間に非接地側電線を接続する

タイムスイッチのL_1端子と引掛けシーリングの間に非接地側電線を接続する。

■

10 自動点滅器のある回路

ポイント

右の単線図の場合、「1」と「2」はセンサーを動作させるための給電端子で、「1」端子は単極スイッチの固定極につながっているから、非接地側電線を接続する。

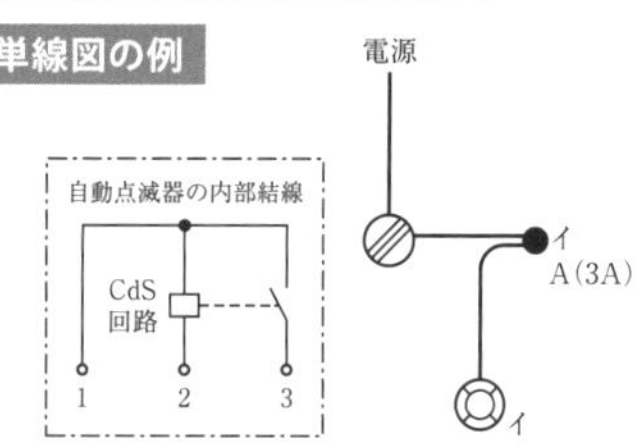

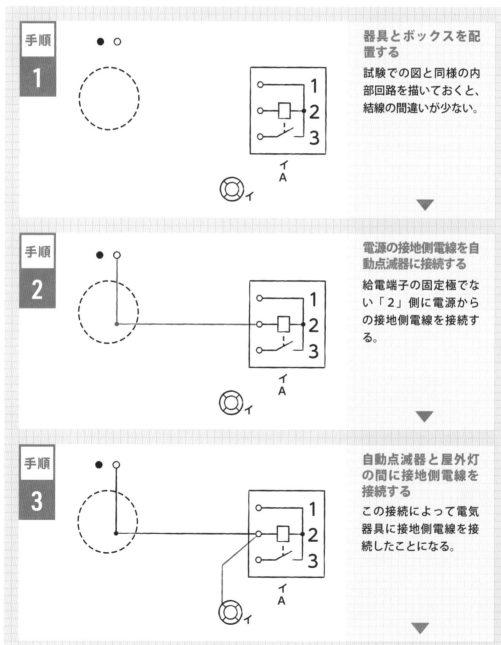

手順 1

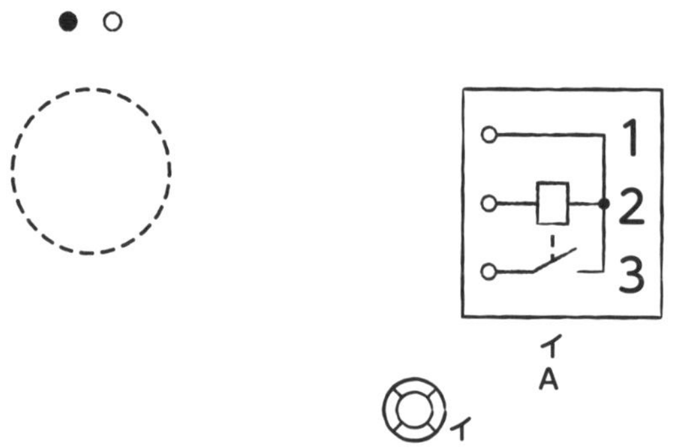

器具とボックスを配置する

試験での図と同様の内部回路を描いておくと、結線の間違いが少ない。

手順 2

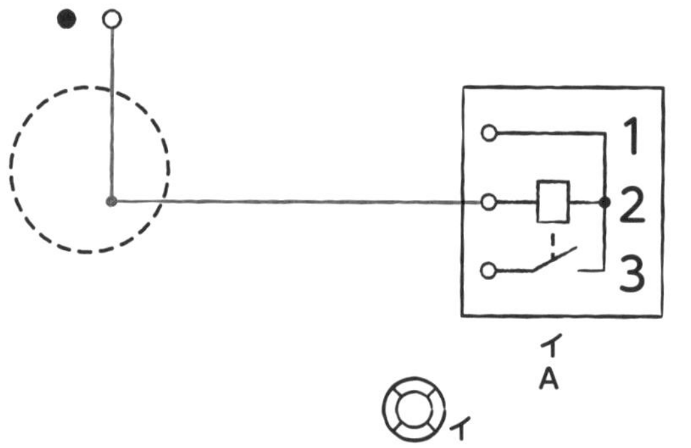

電源の接地側電線を自動点滅器に接続する

給電端子の固定極でない「2」側に電源からの接地側電線を接続する。

手順 3

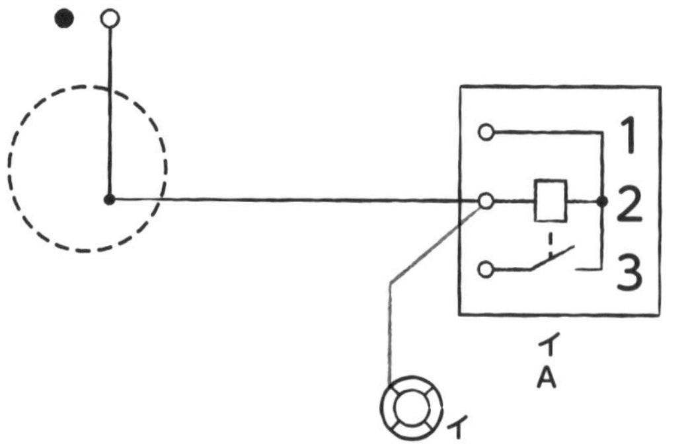

自動点滅器と屋外灯の間に接地側電線を接続する

この接続によって電気器具に接地側電線を接続したことになる。

覚えておこう！ 自動点滅器の内部回路と動作

自動点滅器は、周囲の明るさにより自動でスイッチを開閉する機能をもつスイッチである。センサー部のCdS回路のCdSとは、硫化カドミウムのことで、明るさにより電気抵抗が変化する性質があり、この性質を利用してスイッチの点滅を行う。センサーに給電する必要があり、その端子が設けられている。問題によっては、前ページの内部回路図とは異なる場合があるが、「単極スイッチの固定極」が非接地側になる、と覚えておこう。

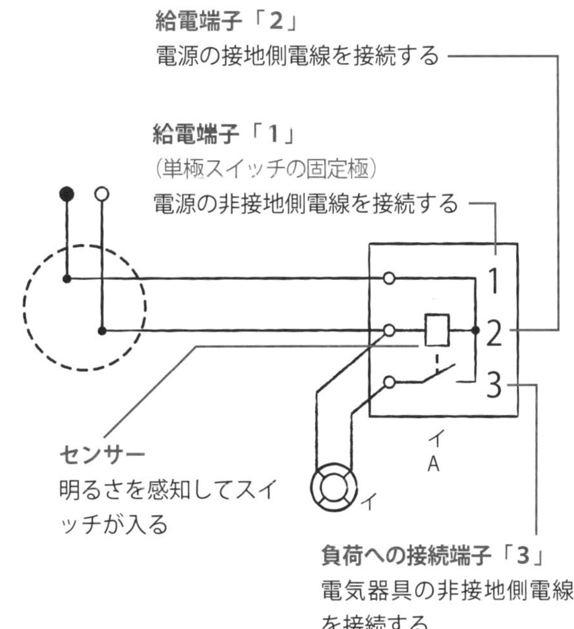

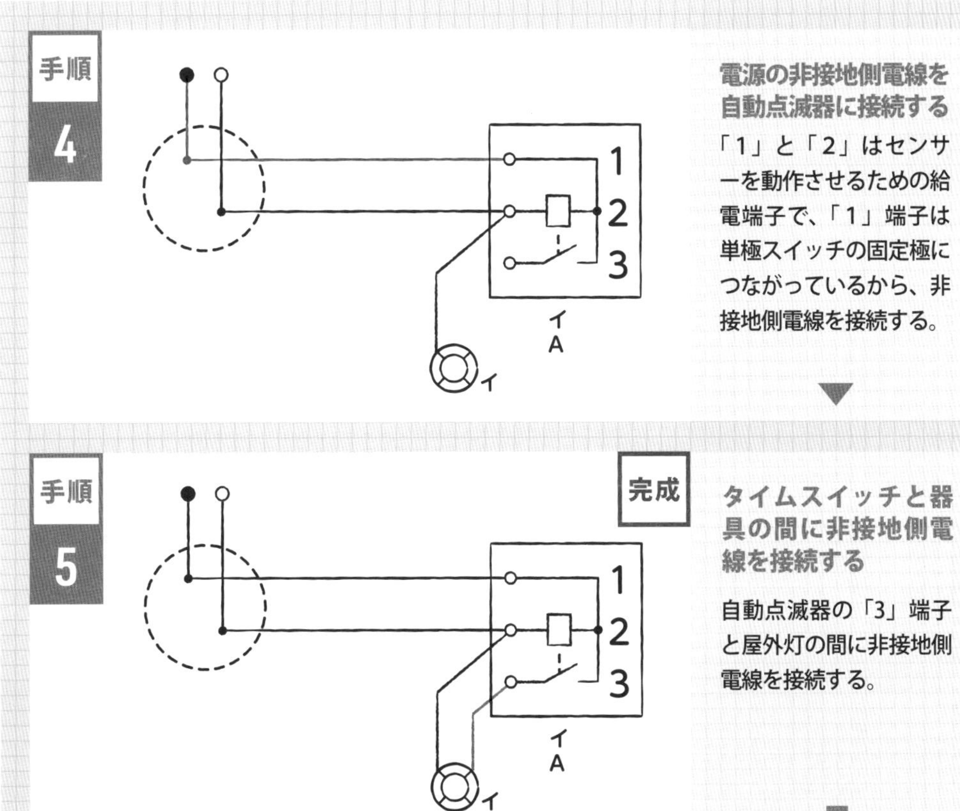

手順4 電源の非接地側電線を自動点滅器に接続する

「1」と「2」はセンサーを動作させるための給電端子で、「1」端子は単極スイッチの固定極につながっているから、非接地側電線を接続する。

手順5 タイムスイッチと器具の間に非接地側電線を接続する

自動点滅器の「3」端子と屋外灯の間に非接地側電線を接続する。

11 リモコン回路

リモコン回路は、負荷につながる主回路とリモコン操作用の回路に分かれている。技能試験では、リモコン操作用の回路が省略され、主回路の複線図とリモコンリレーの主回路側につながるスイッチ部分を描く。

単線図の例

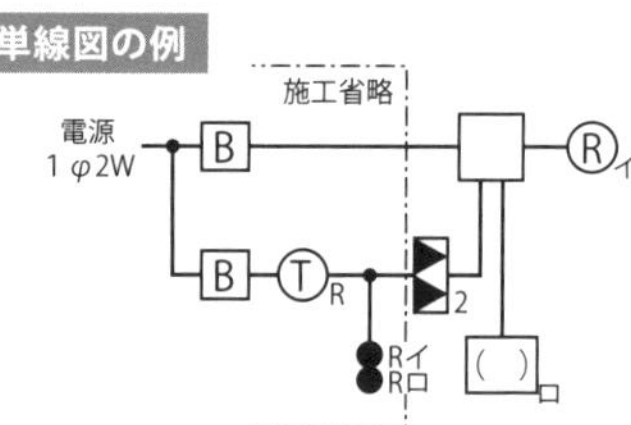

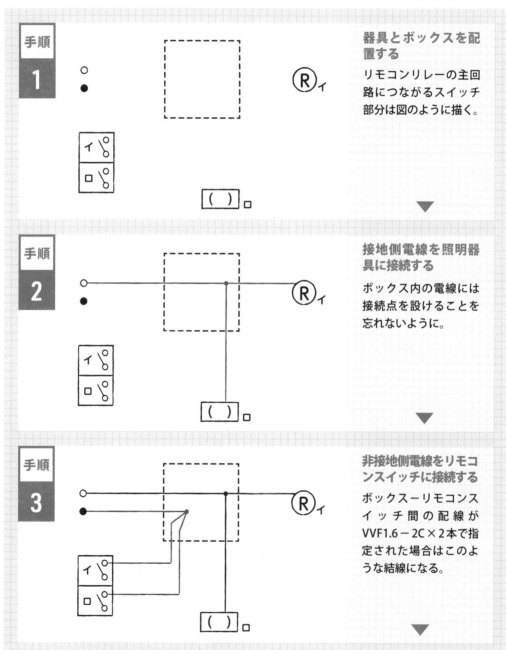

手順 1

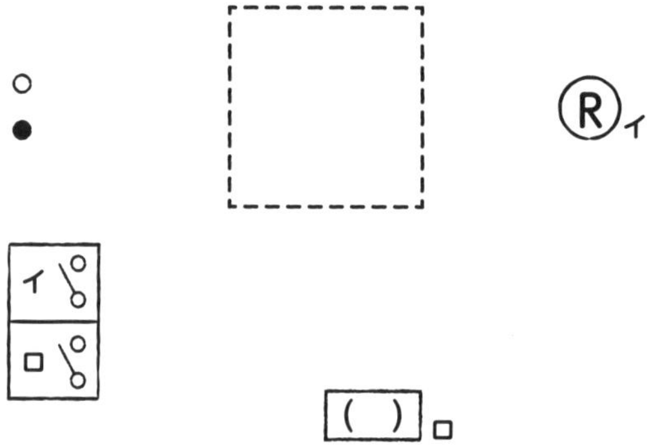

器具とボックスを配置する

リモコンリレーの主回路につながるスイッチ部分は図のように描く。

手順 2

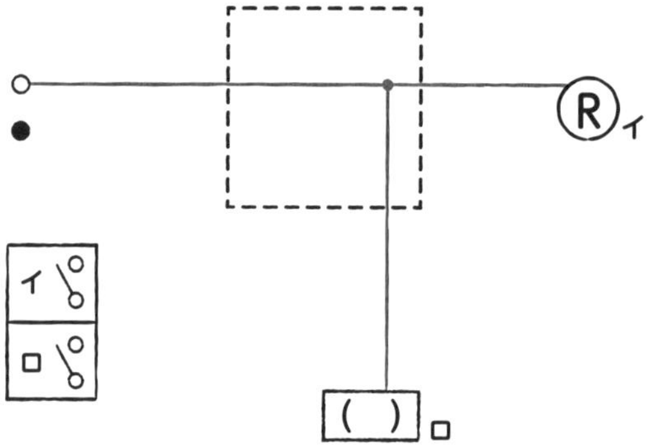

接地側電線を照明器具に接続する

ボックス内の電線には接続点を設けることを忘れないように。

手順 3

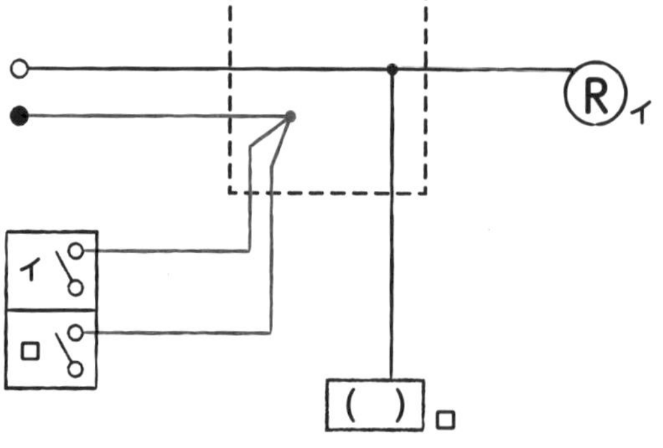

非接地側電線をリモコンスイッチに接続する

ボックス―リモコンスイッチ間の配線がVVF1.6－2C×2本で指定された場合はこのような結線になる。

覚えておこう！ リモコンリレーの回路

リモコン回路は電気機器の点滅を遠隔で行うことができる、リモコンスイッチのある回路のこと。ここで解説したのは、2回路のリモコンリレーと2個のリモコンスイッチとリモコントランス（リモコン用小型変圧器）があるリレー2回路で、点滅器が2個あってそれぞれの回路を電源からの電線が通っていない離れた場所から点滅できる。

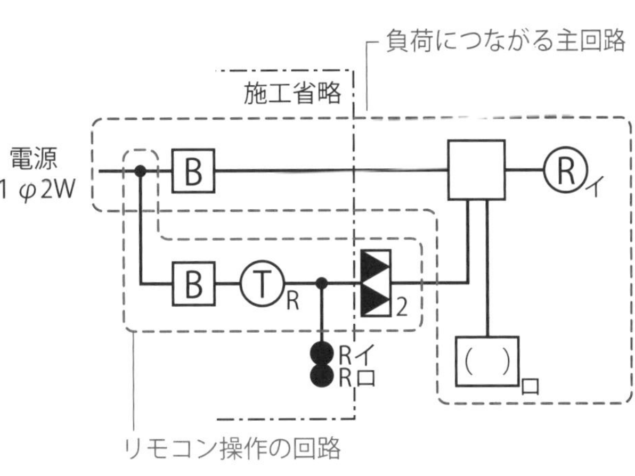

手順 4

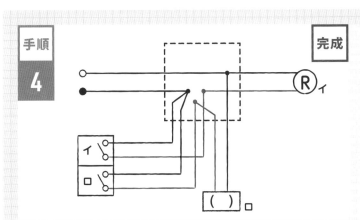

完成 リモコンスイッチと器具を接続する

スイッチ「イ」とランプレセプタクル「イ」を、スイッチ「ロ」と引掛シーリング「ロ」を、ボックスを経由して接続する。

■

別解答

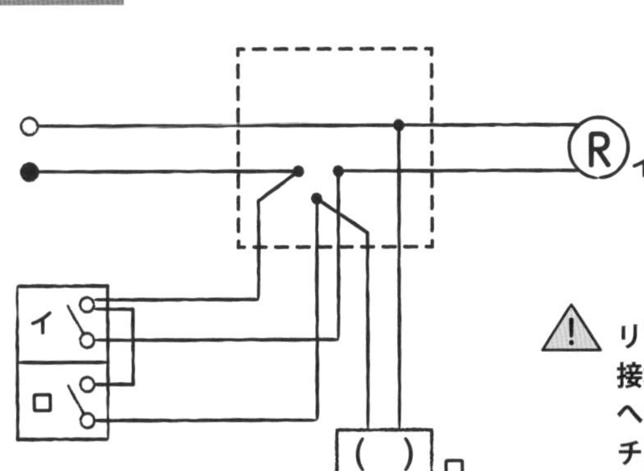

ボックスーリモコンスイッチ間の配線がVVF1.6－3C×1本で指定された場合は、非接地側電線をリモコンスイッチ「イ」に接続して、リモコンスイッチ「イ」とリモコンスイッチ「ロ」の間にわたり線を接続する。

⚠ リモコンスイッチ「ロ」にボックスからの非接地側電線を接続し、リモコンスイッチ「イ」へわたり線を接続してもよい。ただし、スイッチどうしの場合、配線が複雑にならないよう、通常、ボックスからの距離が近いほうに、ボックスからの配線を接続する。

12 三相電源回路

三相３線交流が漏電遮断器を介して電動機に接続される。３極３素子の漏電遮断器の代用として端子台が支給される出題がある。

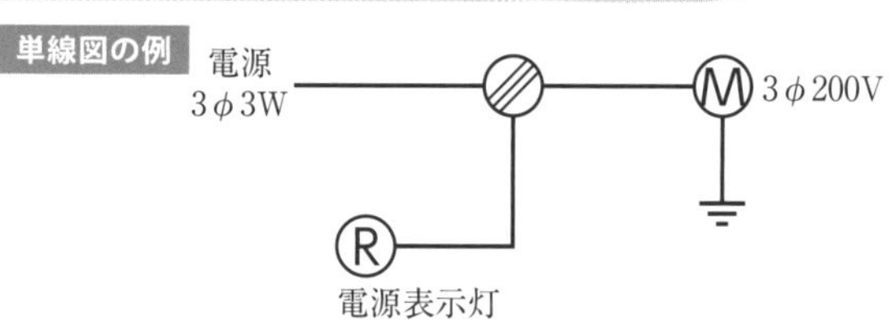

＊三相のＳ相は接地極。電源表示灯はＳ相とＴ相間に接続

候補問題では、三相３線交流が漏電遮断器を介して電動機に接続されて、漏電遮断器の代用として端子台が支給されることがある。次のように接地端子や給電端子、また線の色を指示されることがあるので、施工条件を確認すること。
「三相電源のＳ相は接地されているものとし、電源表示灯はＳ相とＴ相間に接続すること」
「Ｒ相に赤、Ｓ相に白、Ｔ相に黒を使用する」

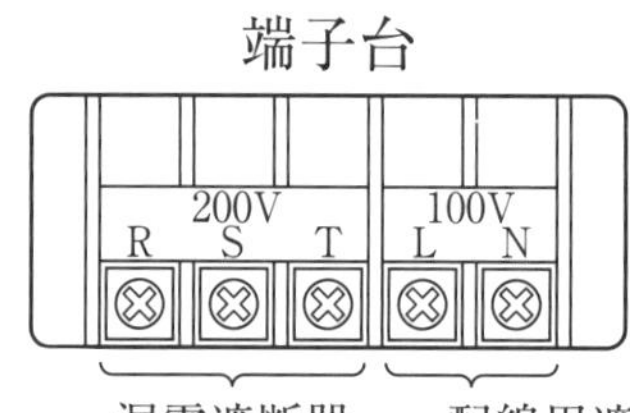

手順 1

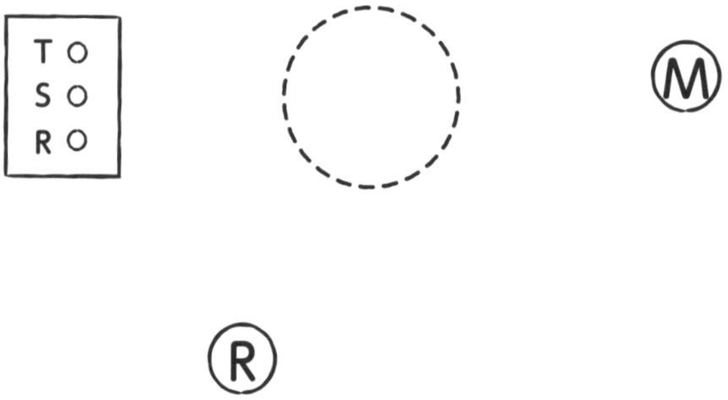

T S R

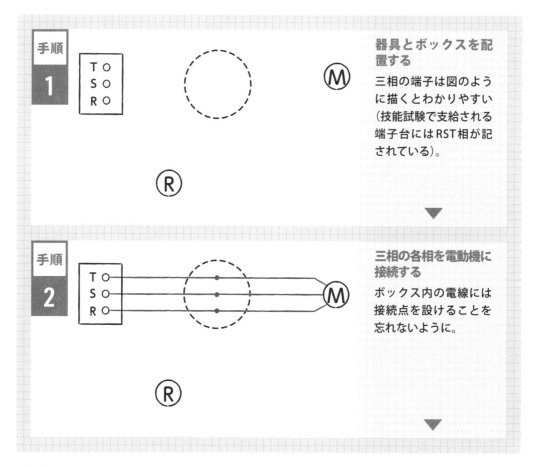

器具とボックスを配置する

三相の端子は図のように描くとわかりやすい（技能試験で支給される端子台にはRST相が記されている）。

手順 2

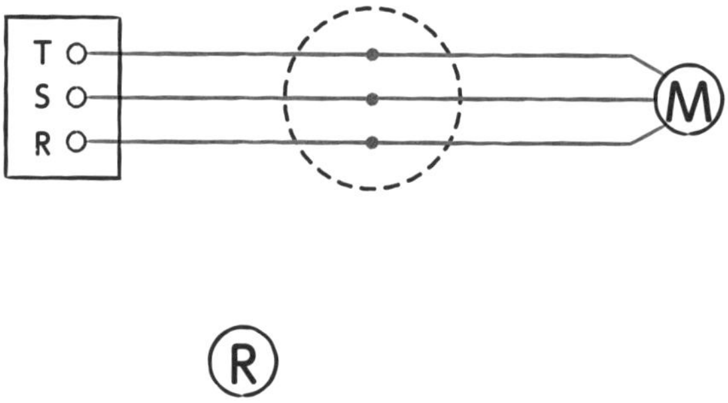

T S R

三相の各相を電動機に接続する

ボックス内の電線には接続点を設けることを忘れないように。

覚えておこう！

三相誘導電動機の結線

工場などの大規模動力が必要な場所でよく用いられているのが、この回路で出てくる三相誘導電動機だ。この電動機は物理的に120度ずつ離した固定コイルが設けられており、それぞれに三相交流を流して3つのコイルの位相差で電気的に磁界が回転するしくみになっている。三相誘導電動機には3つの接続端子があり、それぞれを漏電遮断器のRST相につなぐのがここで解説した配線だ。

●三相3線交流（スター結線）

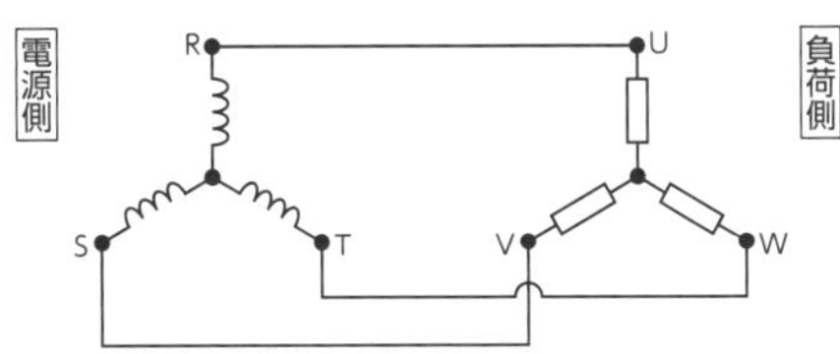

120°ずつ位相がずれた3本（R、S、T）の交流で、容易に回転磁界が得られるため、モータで動力を得るのに非常に適している。

●三相誘導電動機（かご形）の構造

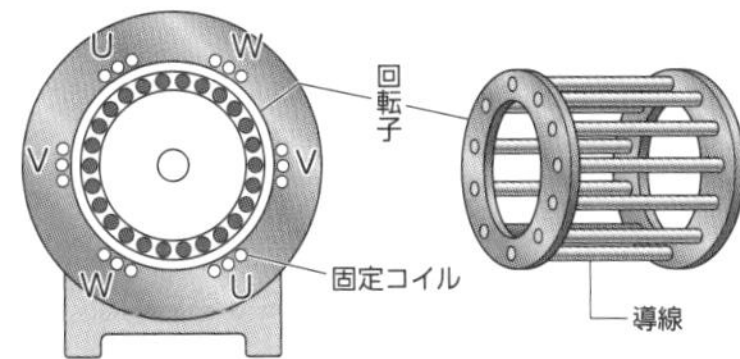

互いに120°ずつずれたU、V、Wの固定コイルが組み合わさっている。U、V、Wに電流を流すと、回転磁界が発生して導線に誘導電流が流れて回転子が回転する。

手順 3

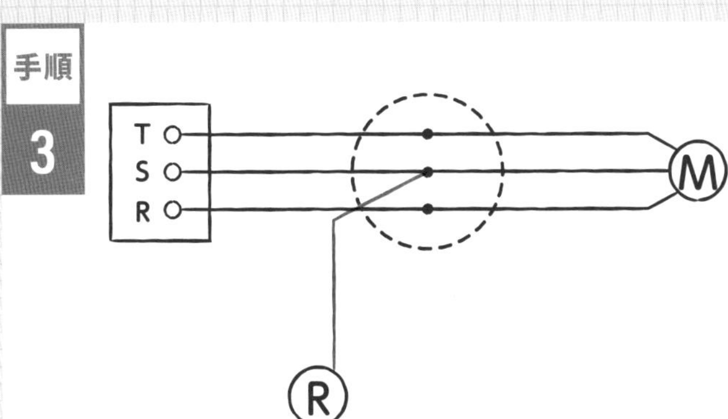

電源表示灯をS相に接続する

施工条件にしたがい、ボックス内のS相の接続点より、接地側電線を電源表示灯に接続する。

手順 4

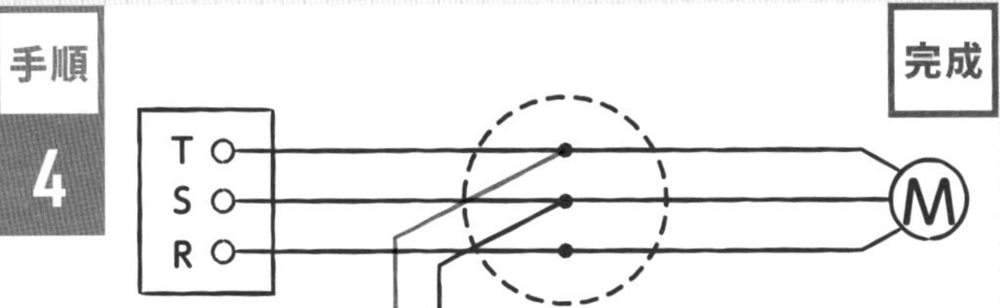

完成

電源表示灯をT相に接続する

施工条件にしたがい、ボックス内のT相の接続点より、非接地側電線を電源表示灯に接続する。

⚠ **ランプレセプタクルへの配線がS-T相以外という施工条件が提示されたら、それに従わなければならない。注意しよう。**

コラム

複線図を完成させたら配線ミス、結線ミスをチェックしよう

複線図は、配線作業の設計図ですから、ミスがあってはいけません。したがって、本試験で複線図を描いたら、最後に必ず配線のミス、結線のミスがないか単線図や施工条件と照合してチェックをしましょう。

配線ミス、結線ミスのチェックでは、P.151 で解説した「電源から出て電気機器に入り、電源に帰る」を利用します。赤の矢印のとおりに指で追ってみて、行き帰りがおかしくないか、接続点がおかしくないかをチェックします。

①コンセントは電源から出て（スイッチを介さずに）電源に帰っているか。

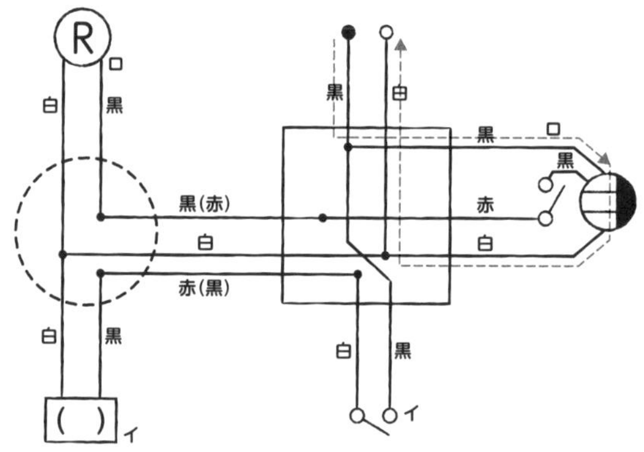

②電灯器具などは電源から出てスイッチを介して電源に帰っているか

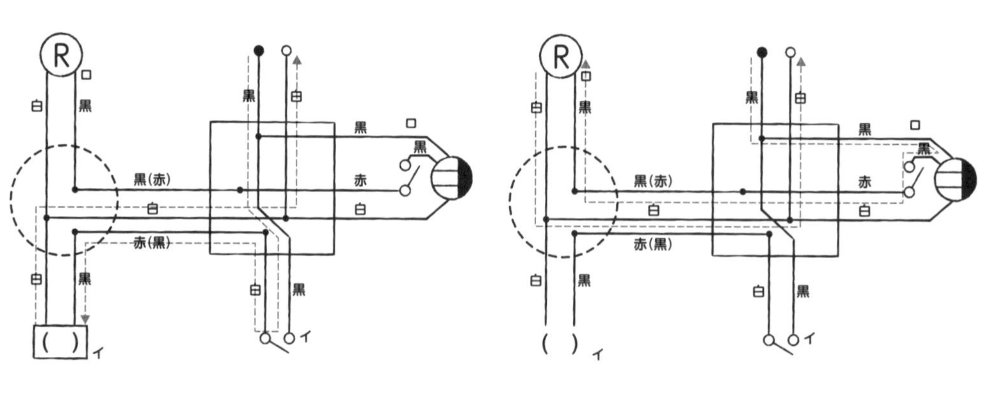

PART 3

技能の基本技術

1 ケーブル加工の準備
切断寸法と外装・絶縁被覆のはぎ取り寸法

問題の配線図にはケーブルの寸法が示されていて、それにしたがって工事をしなければなりません。工事に十分足りるケーブルが用意されているので、追加支給はされません。切断寸法を間違えると、指示とおりに工事ができないおそれがあります。また、配線図に示された寸法の 50%以下だと欠陥になります。

ケーブルの切断寸法

試験問題に示されている寸法は、「配線器具の中心から中心までの距離」と指定されています。完成したときの仕上がりが試験問題の寸法になっている必要があり、「問題に示された寸法の 50%以下」で施工すると、欠陥と判断されます。

つまり、仕上がり寸法に加えて、電気器具につなぐ寸法や電線どうしをつなぐ寸法を足し合わせてケーブルを切断する必要があります。

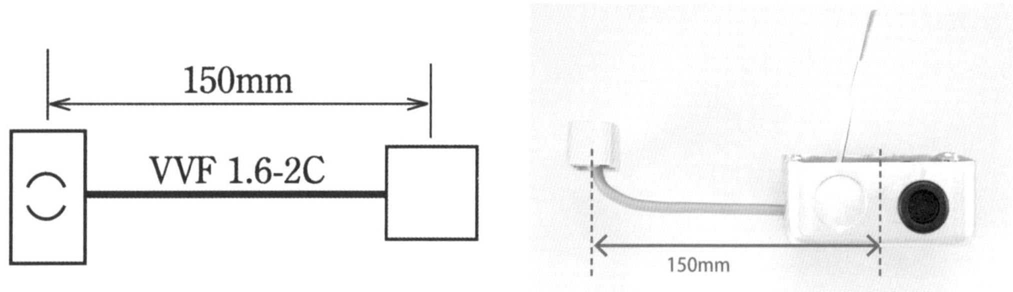
150mm
VVF 1.6-2C
150mm

配線図に示された寸法に器具や電線どうしの結線に使う分を加えて切断する必要がある。

▶ケーブルの切断寸法の計算式

ケーブルの
切断寸法
=
問題に
示されている
寸法
+
電気器具や
電線どうしの
接続に
必要な寸法

外装のはぎ取り寸法と絶縁被覆のはぎ取り寸法

ケーブルを切断したら次に外装をはぎ取り、絶縁被覆をむいて心線（銅線）を出します。外装や絶縁被覆のはぎ取り寸法は次のとおりです。器具にストリップゲージがついているものは、心線の長さをそれに合わせる必要があります。

▶電気器具や電線どうしの接続に必要な寸法（目安）

＊1 動画では絶縁被覆を50mmでむいている。

配線する器具		切断時に加える長さ	外装のはぎ取り寸法	絶縁被覆のはぎ取り寸法
ジョイントボックス	WF用ジョイントボックス アウトレットボックス	100mm	100mm	30～50mm ＊1 差込形コネクタはストリップゲージにあわせる。
埋込連用器具	スイッチ コンセント パイロットランプ	50～100mm	50～100mm	ストリップゲージ
その他電気器具	ランプレセプタクル 露出形コンセント 引掛シーリング* 単独のスイッチやコンセント 配線用遮断器 端子台	50mm	50mm	ストリップゲージがあるものはそれにあわせる。 それ以外の器具は器具の寸法、差し込む長さなどにあわせる。
わたり線	埋込連用器具	100mm	-	ストリップゲージにあわせる。

＊引掛シーリング側の外装のはぎ取り寸法はシーリングの高さにあわせてもよい（P.200、202参照）

▶計算例

（候補問題No.2）

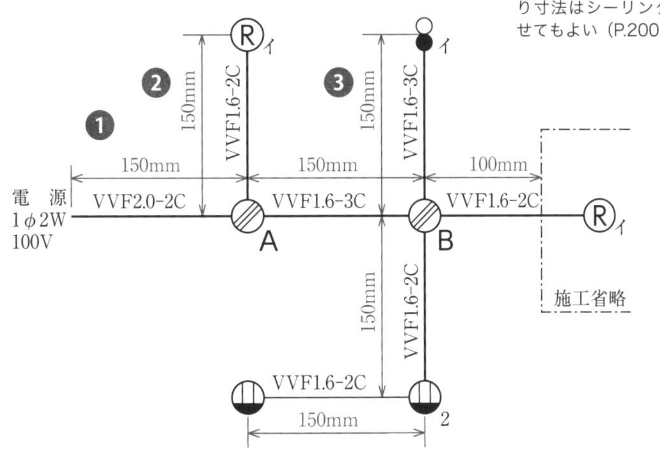

❶	切断寸法	150mm（配線図の寸法） ＋ 100mm（ジョイントボックス内） ＝ 250mm
	外装のはぎ取り寸法	ジョイントボックス側：100mm
	絶縁被覆のはぎ取り寸法	ジョイントボックス側：30～50mm
❷	切断寸法	150mm（配線図の寸法） ＋ 100mm（ジョイントボックス内） ＋ 50mm（ランプレセプタクル） ＝ 300mm
	外装のはぎ取り寸法	ジョイントボックス側：100mm ランプレセプタクル側：50mm
	絶縁被覆のはぎ取り寸法	ジョイントボックス側：30～50mm ランプレセプタクル側：器具の大きさに合わせる
❸	切断寸法	150mm（配線図の寸法） ＋ 100mm（ジョイントボックス内） ＋ 100mm（埋込連用器具） ＝ 350mm
	外装のはぎ取り寸法	ジョイントボックス側：100mm 埋込連用器具側：100mm
	絶縁被覆のはぎ取り寸法	ジョイントボックス側：30～50mm 埋込連用器具側：ストリップゲージにあわせる

2 電線の長さを測る

動画をチェック

ケーブルの切断寸法を測るとき、また外装をむく寸法を測るときなどに使用するのが**スケール**です。実際の工事現場でもとてもよく使います。スケールはロック付きのものを用意して、作業する机の端にセットしておき、長さを測るときにいつもこのスケールに当てるようにします。

1 スケールを出しておけるロック付きのものを使用。ロックを解除してスケールを引き出す。

⚠ **試験では 2m 測れるスケールで十分。ただし、ロック付きのものを用意しよう。**

ロック

▼

2 30～40cm引き出してからロックボタンを押してロックする。

ロックを解除しておく

▼

3 スケールをロックして机の上端に常に置いておく。ケーブルや絶縁被覆の寸法を測るときはいつもこのスケールに当てるようにする。

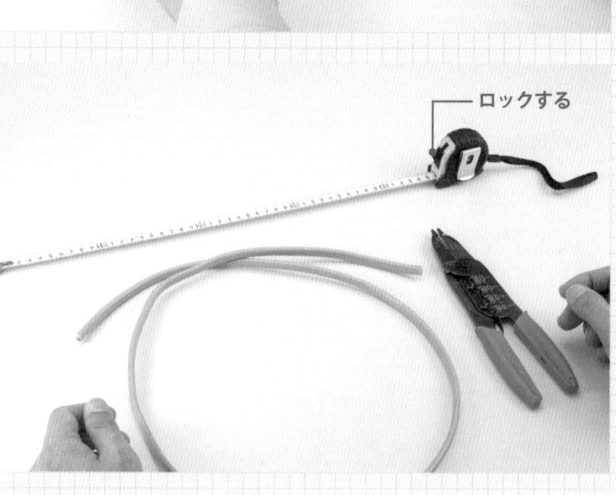

■

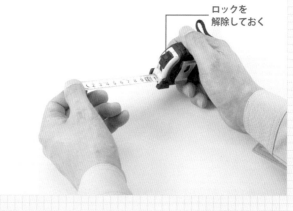

3 ケーブルを切断する

動画をチェック

ケーブルの切断には**ケーブルストリッパ**や**ペンチ**を使用します。切断寸法を測って、切断する箇所を人差し指と親指で押さえて、そこに切断刃を当てて切断します。3心ケーブルの切断には力がいりますから、力を入れやすい切断工具を用意しましょう（刃が錆びているような古い工具は使わない）。

1 ケーブルをスケールに当てて切断するところを親指と人差し指で押さえる。

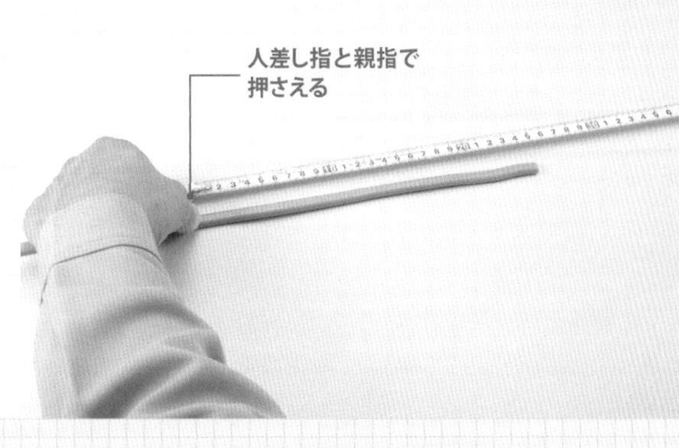
人差し指と親指で
押さえる

2 指で押さえたところにケーブルストリッパやペンチの刃を当てて切断する。

ケーブルストリッパは刃が鋭いので、手を切らないように注意しよう。

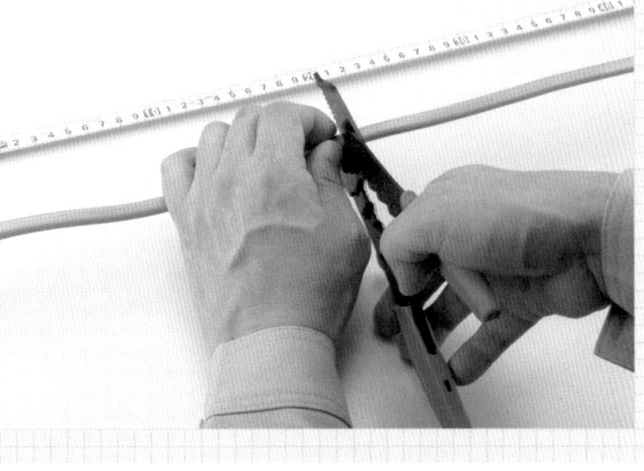

注意

ペンチの裏で切断しないように！

ペンチには刃のついている表側と、穴の空いている裏側がある。切断箇所に裏側を当てないように注意しよう。

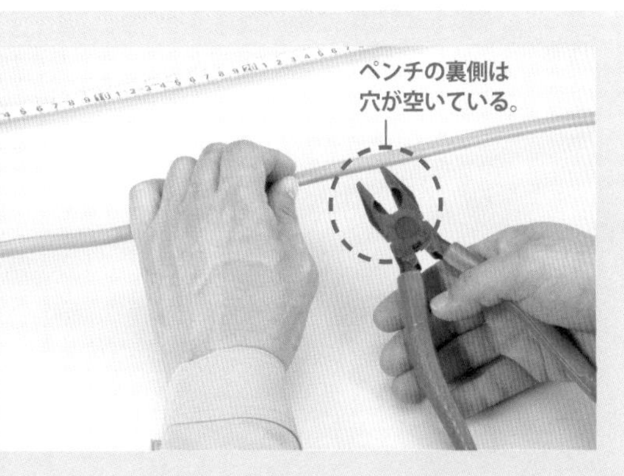
ペンチの裏側は
穴が空いている。

4 電線の外装のはぎ取り

外装（がいそう）とは、電線を保護するために外側に巻いてある被覆のことで、**シース**、**保護被覆**（ほごひふく）ともいいます。外装をはぎ取ってシース内にある電線をむき出しにする作業では、正確なはぎ取り寸法を測り、内部の電線を傷つけないように施工することが大切です。VVF などの平形ケーブルはケーブルストリッパ（下の写真）でむくといいでしょう。

絶縁被覆をむく部分。このタイプは 1.6mm を 3 本、または 2.0mm を 3 本まとめてむくことができる。

外装をむく部分。このタイプは 1.6mm2 心、1.6mm3 心、2.0mm2 心、2.0mm3 心をむくことができる。

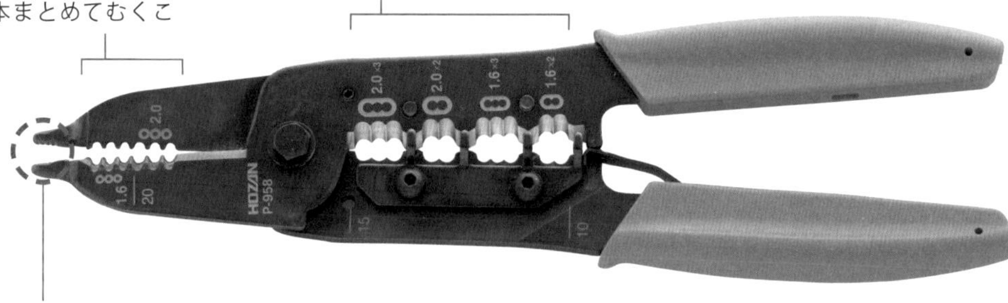

心線などをつかむ部分。ペンチに比べて先が細く、輪作りなどの作業がしやすい。

1 はぎ取る位置をスケールで測って親指と人差し指ではさむ。

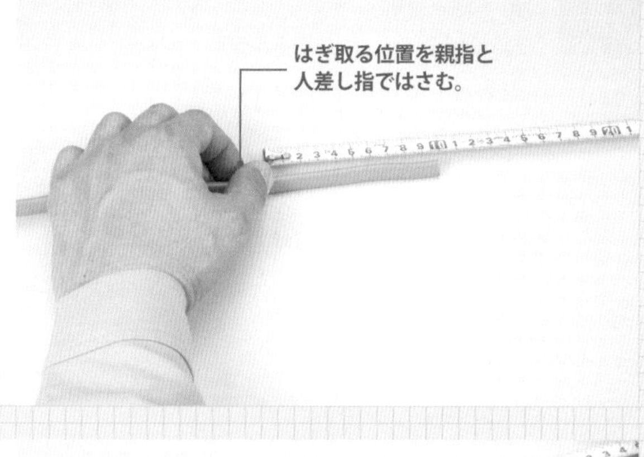

2 はぎ取る位置をケーブルを持っていない手の親指と人差し指ではさんだまま、ケーブルストリッパの刃を当てる。

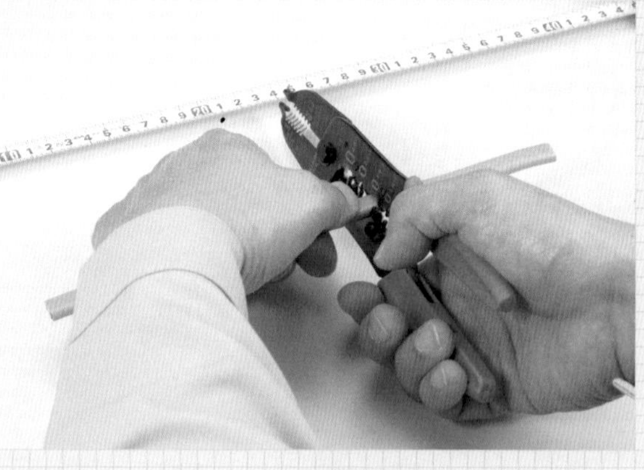

3 ケーブルストリッパのハンドルを握って外装に切れ目を入れる。外装に切れ目が入ったら、絶縁被覆が少し見えるところまで親指でケーブルストリッパを押す。

4 ケーブルストリッパをケーブルから外し、手に持ち替える。

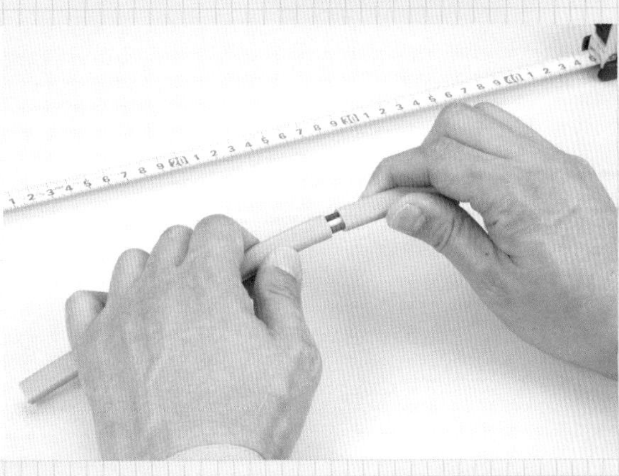

5 外装を手で引いてはぎ取る。

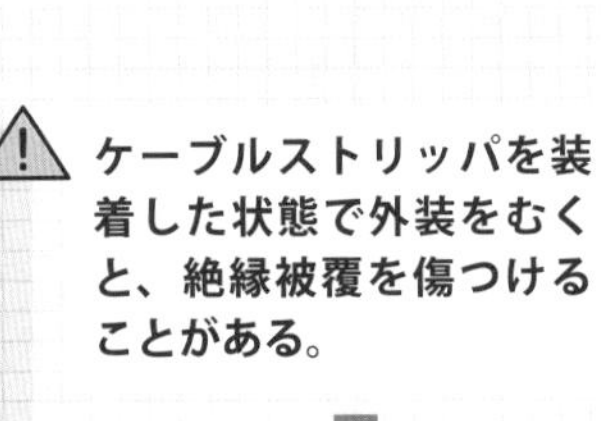

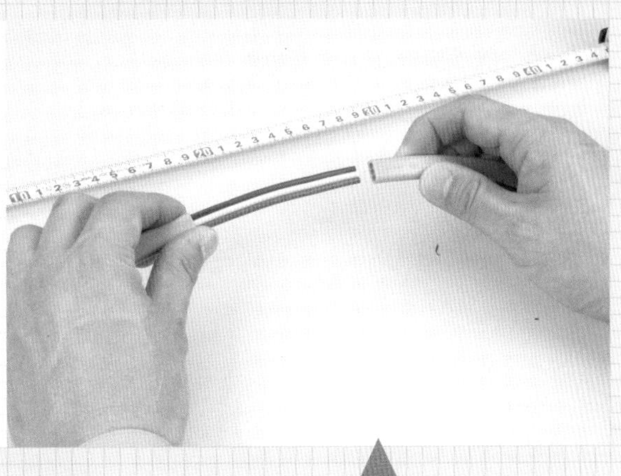

⚠ ケーブルストリッパを装着した状態で外装をむくと、絶縁被覆を傷つけることがある。

これも覚えておこう！

すっぽ抜け防止に端折りを

外装をむくとき、中の線も一緒に抜けてしまうことがある。その場合は、端を折り曲げてからむくとよい。

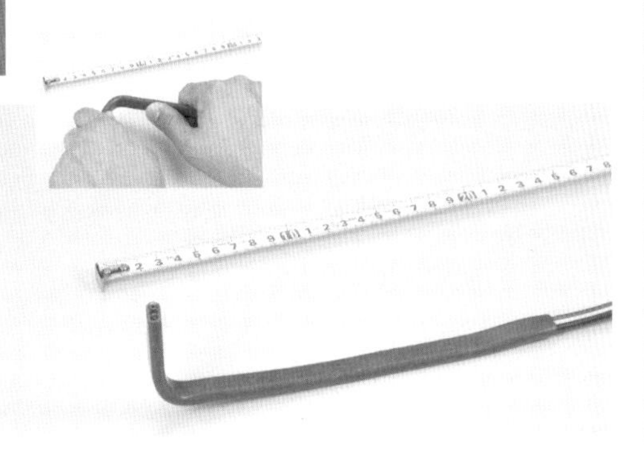

VVRケーブルの外装のはぎ取り

VVR ケーブルは、断面が丸形のケーブルです。ケーブルストリッパではVVF やEEF などの平型ケーブルの外装をはぎ取れますが、VVR のような丸形ケーブルの外装ははぎ取れません。VVR ケーブルは電工ナイフを使って外装をむきます。

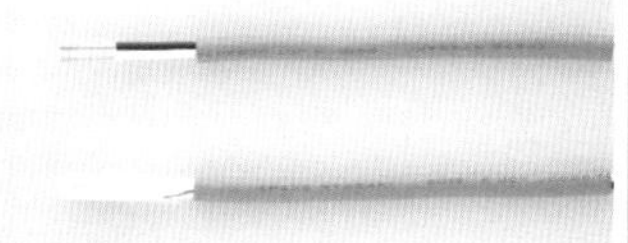
絶縁被覆は紙やフィルムの成形材に包まれている。

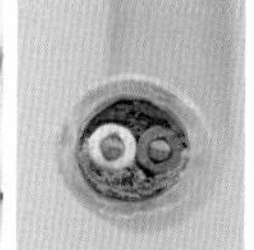
VVR ケーブルの断面

1 電工ナイフの刃をゆっくりと開く。

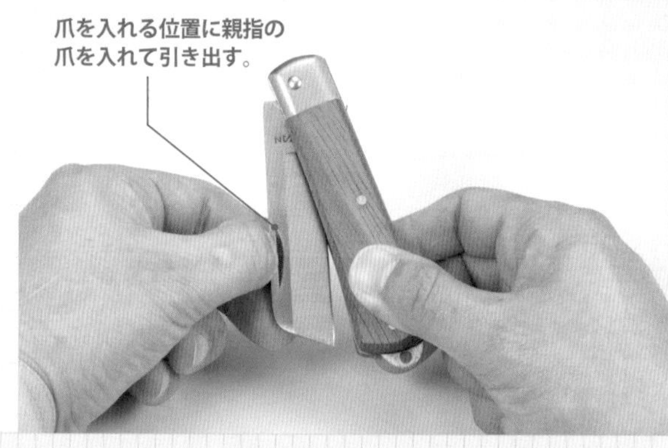

爪を入れる位置に親指の
爪を入れて引き出す。

2 はぎ取る位置に電工ナイフの刃を当てる。ケーブルを転がしながら、外周に切れ込みを入れる。

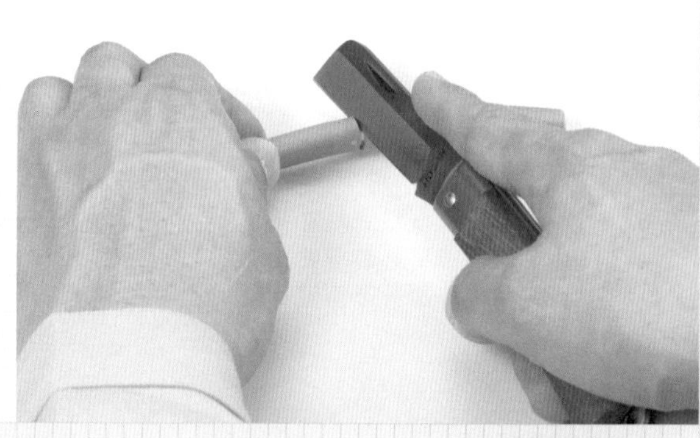

3 外周に切れ込みが入ったら、その切れ込み位置に電工ナイフの刃先を当てる。ケーブルの端に向かって外装を切る。

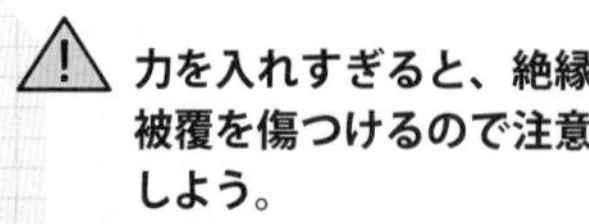
⚠ 力を入れすぎると、絶縁被覆を傷つけるので注意しよう。

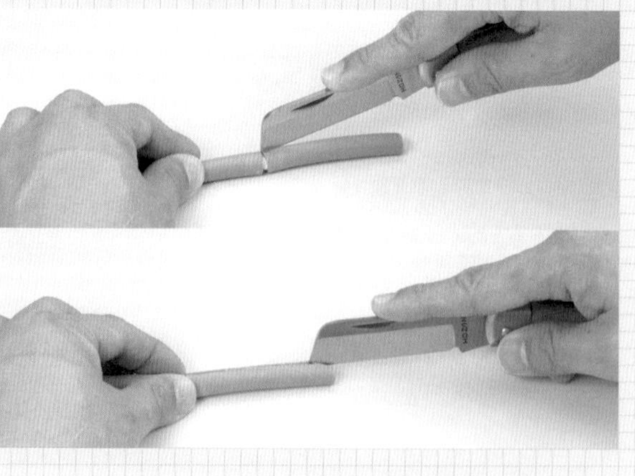

4

外装を手ではぎ取る。電線を成形する紙やフィルムの介在物が出てくる。

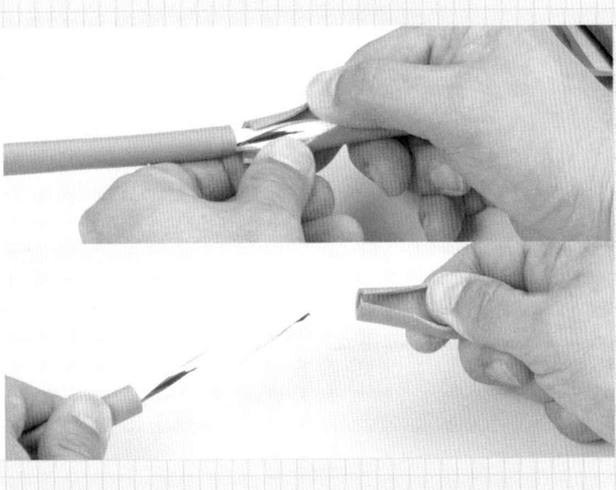

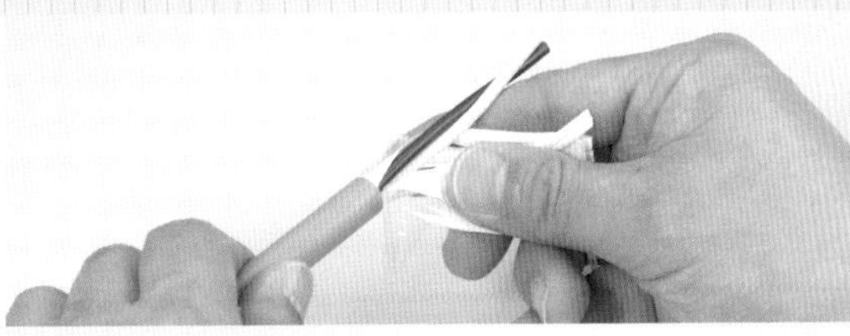

5

介在物をとって絶縁被覆を出す。介在物の根元をペンチやニッパーで切断する。

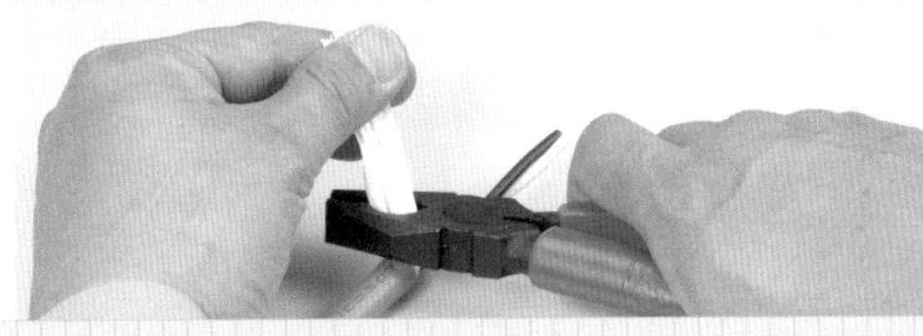

6

根元に介在物が多少残っていても欠陥にはならない。

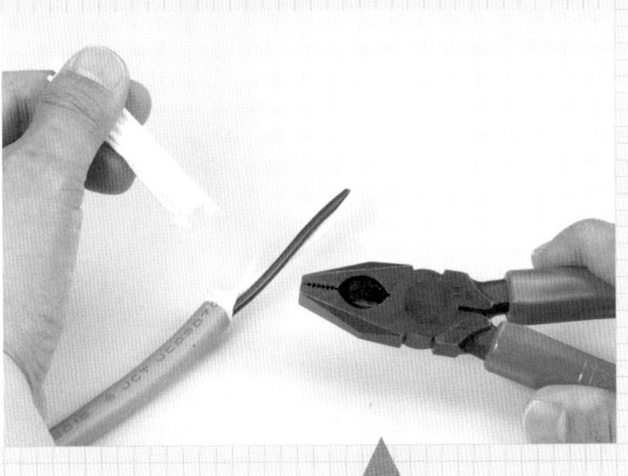

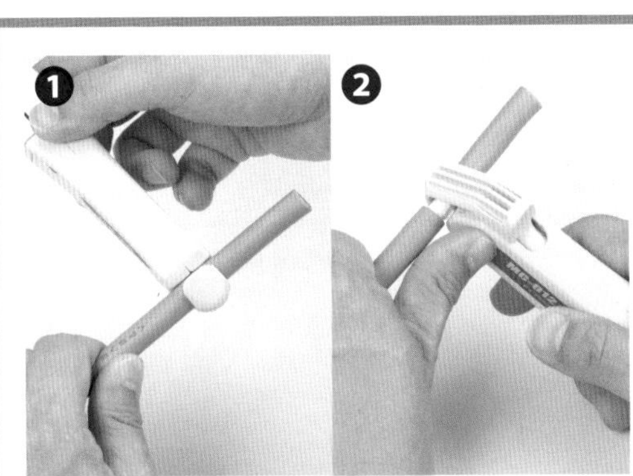

これも覚えておこう！

VVR 専用のストリッパ

VVR 専用のケーブルストリッパもある。絶縁被覆を傷つけにくく、切り口もきれいに仕上がる。刃を当てて 1 回転させて（❶）、切れ目が入ったら親指で押して外装をむく（❷）。

5 絶縁被覆のはぎ取り

動画をチェック

絶縁被覆（ぜつえんひふく）は、**心線**（**銅線**）を絶縁している被覆のことです。絶縁被覆をはぎ取って銅線をむき出しにする作業では、正確なはぎ取り寸法を測り、心線を傷つけないようにていねいに施工することが大切です。ストリップゲージのついている器具はその寸法にあわせてむきます。

1 はぎ取る位置をスケールで測って、親指と人差し指ではさむ。

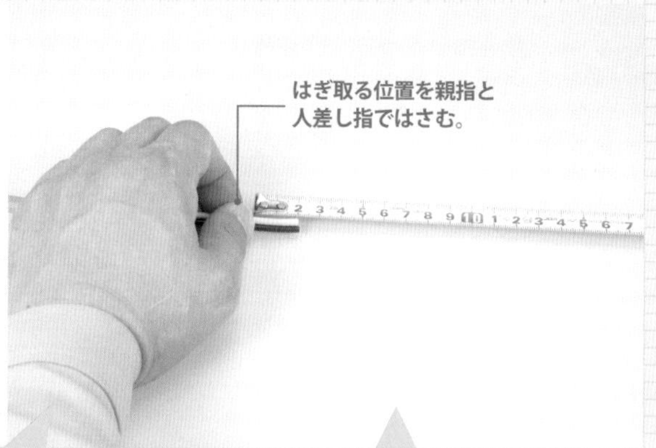
はぎ取る位置を親指と
人差し指ではさむ。

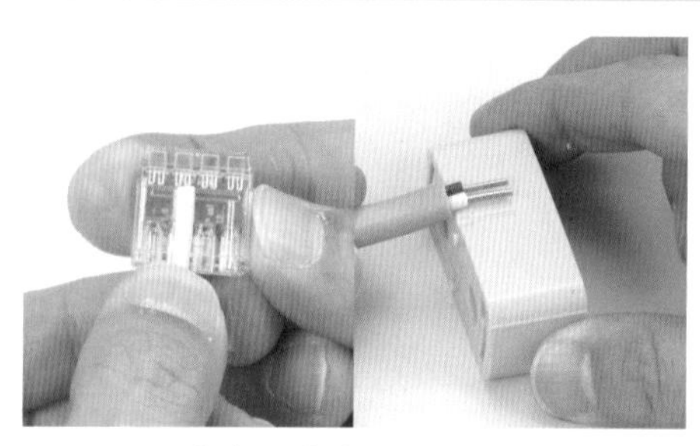

ストリップゲージがついている器具はそれにあわせて絶縁被覆をむく。

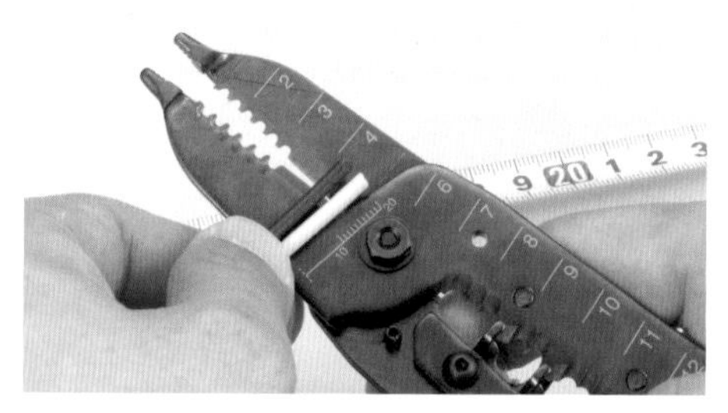

ケーブルストリッパについているスケールで測ることもできる。

2 はぎ取る位置をケーブルストリッパを持っていない手の親指と人差し指ではさんだまま、ケーブルストリッパの刃を当てる。

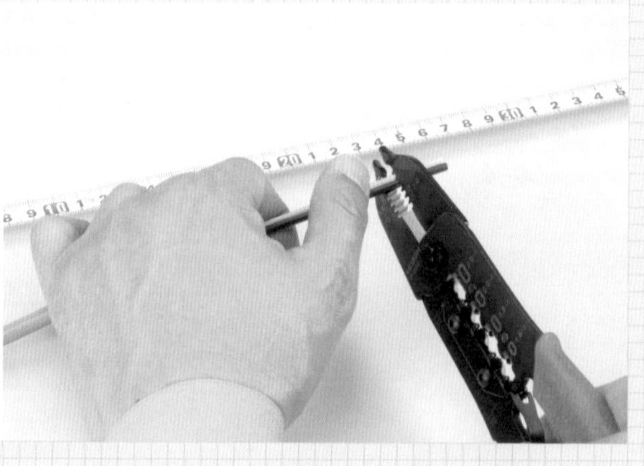

3

ケーブルストリッパのハンドルを握って絶縁被覆に切れ目を入る。切れ目が入ったら、心線が見えるところまで親指でケーブルストリッパを少し押す。

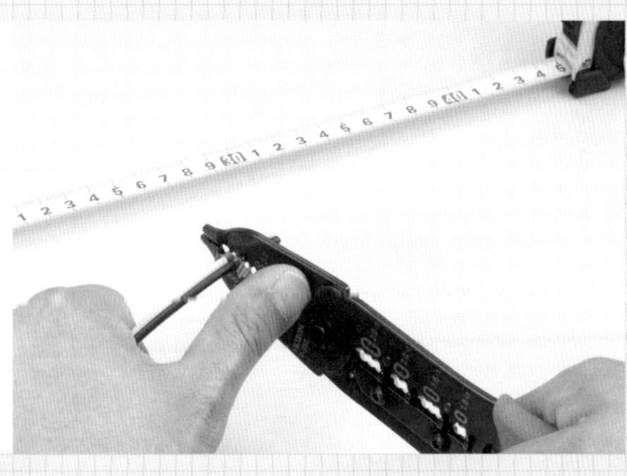

4

ケーブルストリッパをケーブルから外し、手に持ち替える。

⚠ **ケーブルストリッパを装着した状態で絶縁被覆をむくと、心線を傷つけることがある。**

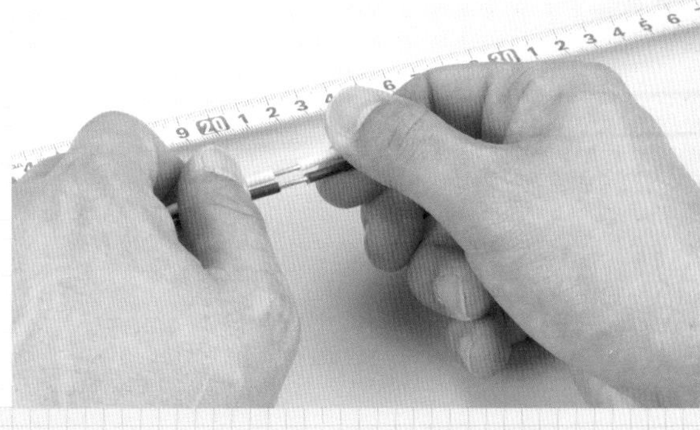

5

手で絶縁被覆を引っ張る。手を使うことで心線を損傷させずに、むくことができる。

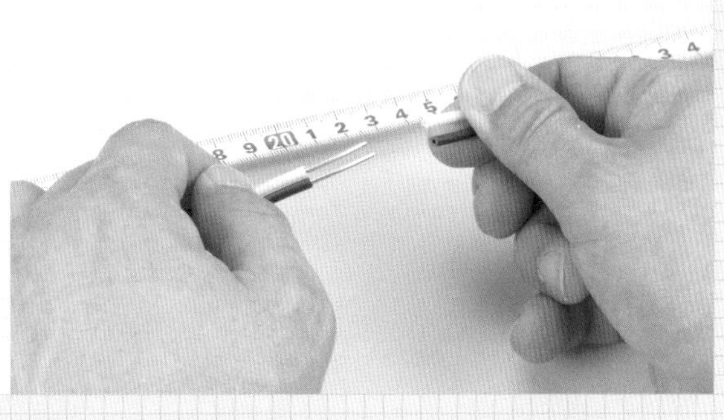

注意 ⚠

ケーブルストリッパを引いてむくと銅線を傷つけることがある

ケーブルストリッパを引いてむくと、銅線を傷つけることがあるので、最後は手で引き抜いたほうがよい。また、ケーブルストリッパは一度に数本の絶縁被覆をむくことができるが、力の入れ方が難しいので、慣れないうちは１本１本確実にむこう。

ケーブルストリッパを引いてむくと、銅線を傷つけることがある。

専用のケーブルストリッパでのはぎ取り

専用のケーブルストリッパは平形ケーブルの外装のはぎ取りと絶縁被覆のはぎ取りが効率よくできる工具で、実際の電気工事の現場でもよく使われています。絶縁被覆は心線の太さに関係なく、むくことができます。

VVF ケーブルや EM-EEF ケーブルなど平形ケーブルの外装のはぎ取り、絶縁被覆のはぎ取りに特化した工具。工事現場でもよく使われる。

外装をむく部分。ここに外装をはさんでハンドルを握るだけで、外装のカットとはぎ取りが一気にできる。

絶縁被覆をむく部分。1.6mm、2.0mm どちらにも対応。また、2 心でも 3 心でもまとめてむくことができる。

1

まず、外装のはぎ取りから。はぎ取る位置をスケールで測って、ケーブルストリッパの外装はぎ取り用の刃を当てる。

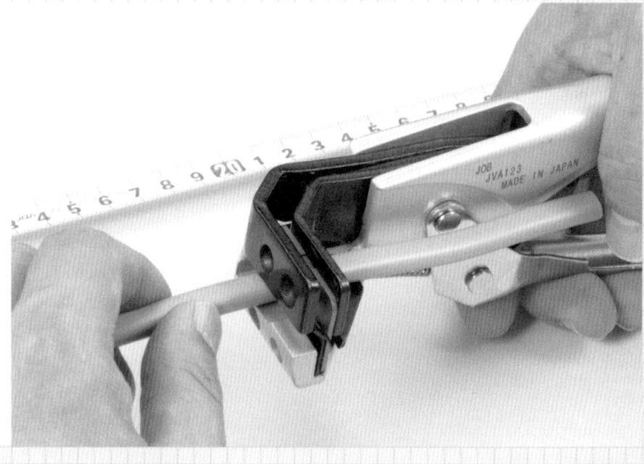

2

ハンドルを一気に握る。「バチッ」という音とともに、外装が少しちぎれるようにしてはがれる。

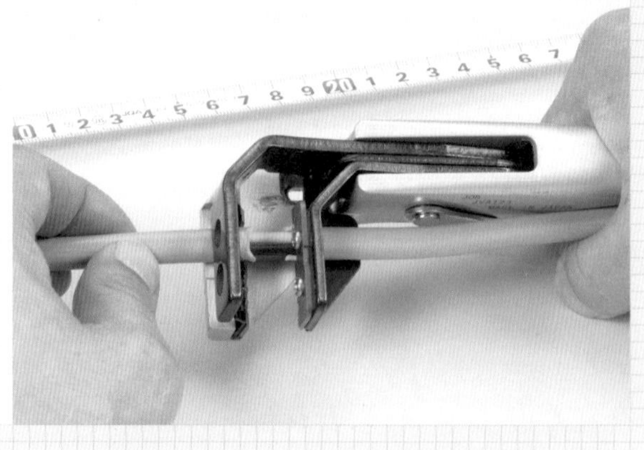

3 ケーブルを手に持ち替えて、外装をむく。

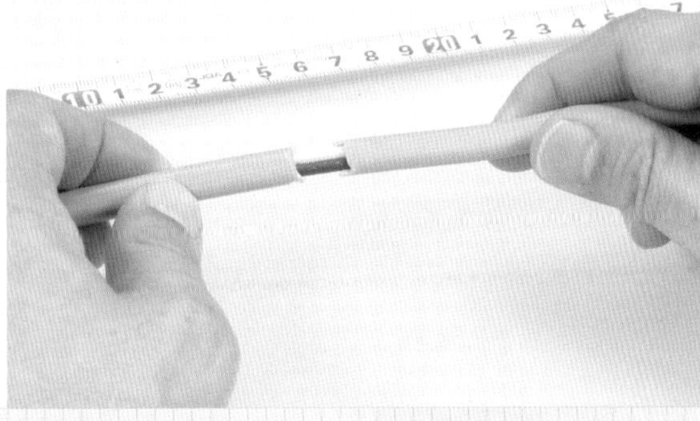

4 次に絶縁被覆のはぎ取り。はぎ取る位置をスケールで測って、ケーブルストリッパの絶縁被覆はぎ取り用の刃を当てる。

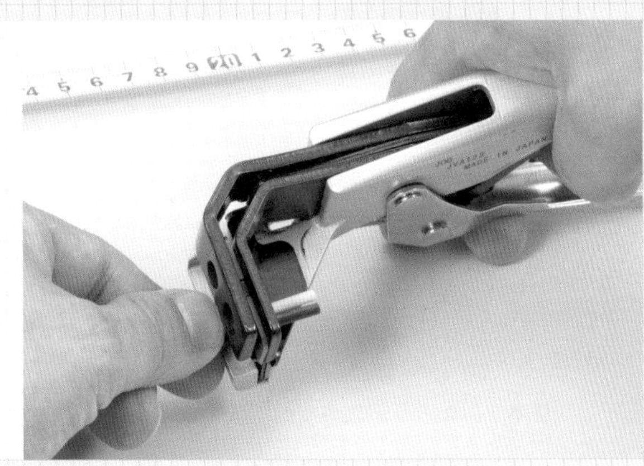

5 ハンドルを一気に握る。「バチッ」という音とともに、絶縁被覆が少しはがれる。

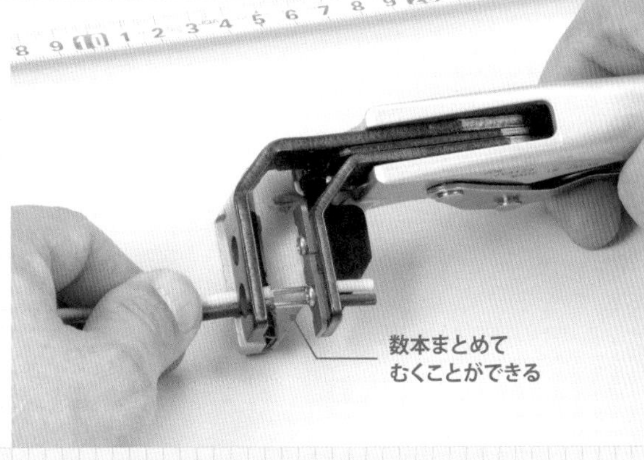

6 手で絶縁被覆を引っ張ってはがす。むく長さが短ければ、手を使わなくてもそのままむける。

6 リングスリーブでの電線の接続

リングスリーブは、心線同士を強くはさんで圧着して接続する材料です。圧着には**圧着ペンチ**という専用工具が必要です。心線の本数と太さによって、リングスリーブの種類や圧着ペンチで打刻される刻印が決まっています。

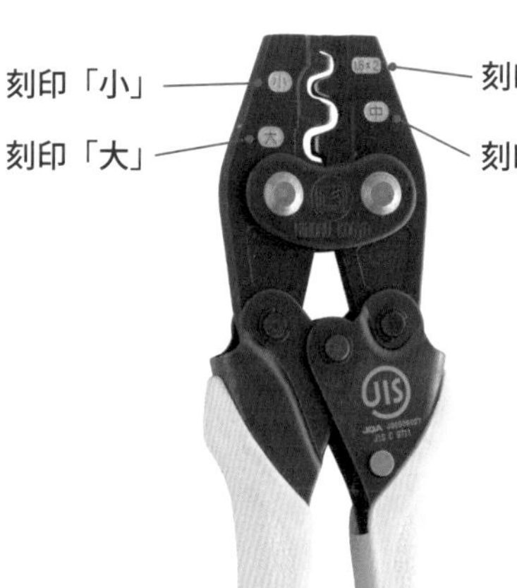

圧着ペンチで打刻される刻印を間違えると欠陥になる。

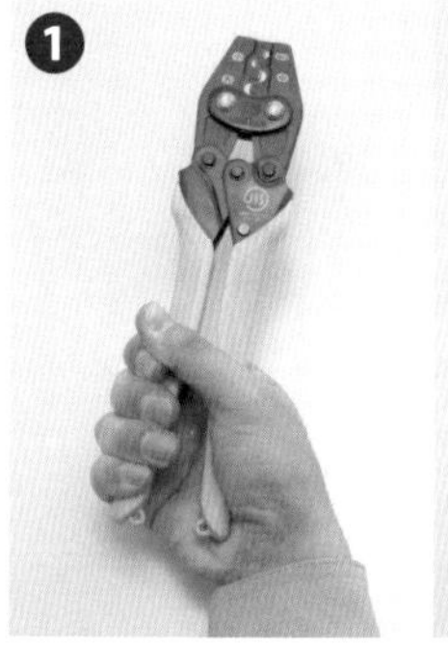

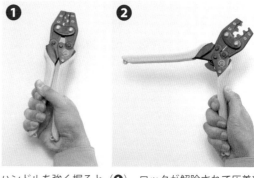

ハンドルを強く握ると（❶）、ロックが解除されて圧着部が開く（❷）。

1 リングスリーブの開いているほうから心線を通す。絶縁被覆から1mmほど空けた位置まで下げる。

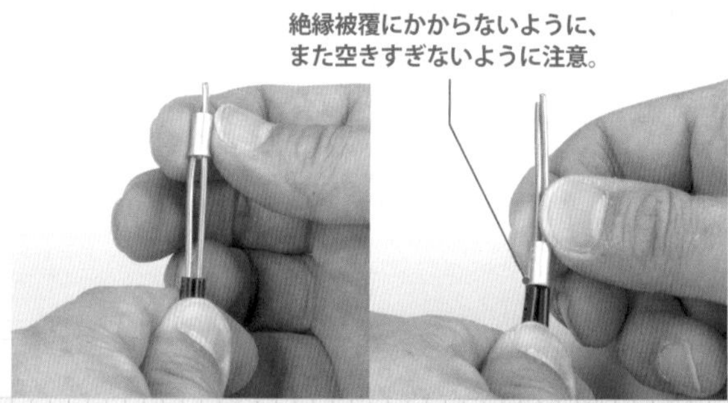

絶縁被覆にかからないように、
また空きすぎないように注意。

2 圧着ペンチのハンドルを強く握ってロックを解除し、リングスリーブを正しい圧着位置にセットする。

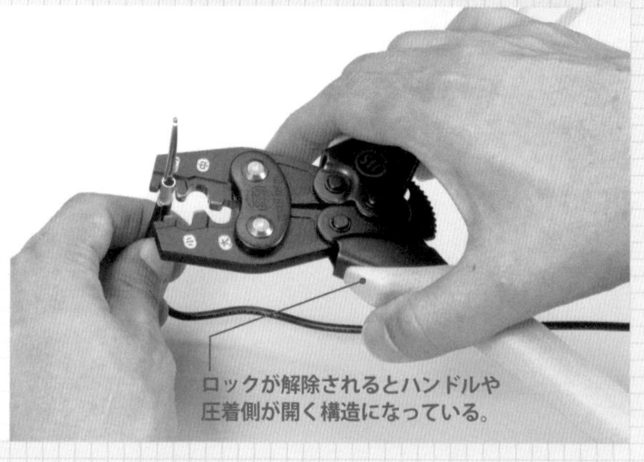

ロックが解除されるとハンドルや
圧着側が開く構造になっている。

3 ハンドルを強く握って圧着する。正しい刻印が打たれているかどうかを確認する。

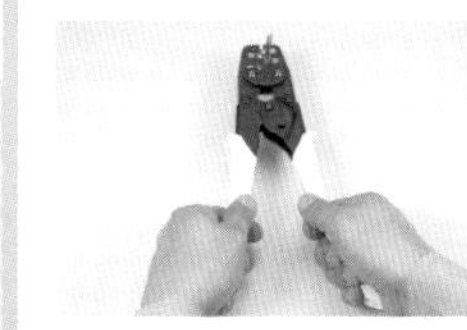

手が小さい、握力が弱いなどで、ハンドルがうまく握れない場合は両手を使って圧着するとよい。

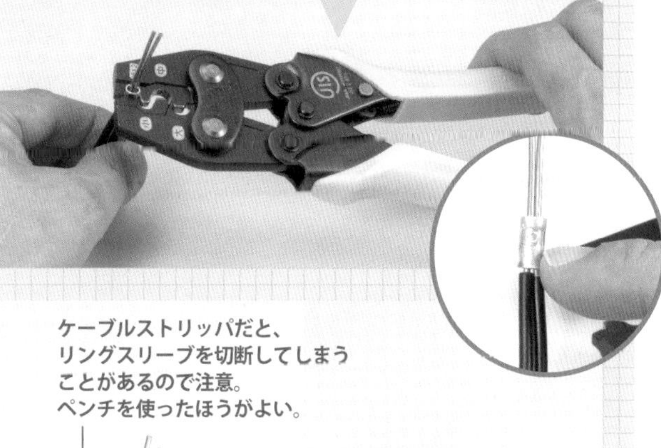

4 リングスリーブからはみ出した心線をペンチで切断する。

ケーブルストリッパだと、リングスリーブを切断してしまうことがあるので注意。ペンチを使ったほうがよい。

リングスリーブ	刻印	同じ太さの電線を使用する場合			異なる太さの電線を使用する場合
		1.6mm	2.0mm	2.6mm	
小	○	2本	—	—	—
	小	3～4本	2本	—	2.0mm × 1本と 1.6mm × 1～2本
中	中	5～6本	3～4本	2本	2.0mm × 1本と 1.6mm × 3～5本
					2.0mm × 2本と 1.6mm × 1～3本
					2.0mm × 3本と 1.6mm × 1本
					2.6mm × 1本と 1.6mm × 1～3本
					2.6mm × 1本と 2.0mm × 1～2本
					2.6mm × 2本と 1.6mm × 1本

リングスリーブで接続できる電線の太さ・本数

注意 !

古い圧着ペンチは欠陥になる可能性も！

ネットオークションなどで古い圧着ペンチが出回っている。古い圧着ペンチは刻印が打たれないタイプのものがあるので、中古を購入する際は注意しよう。

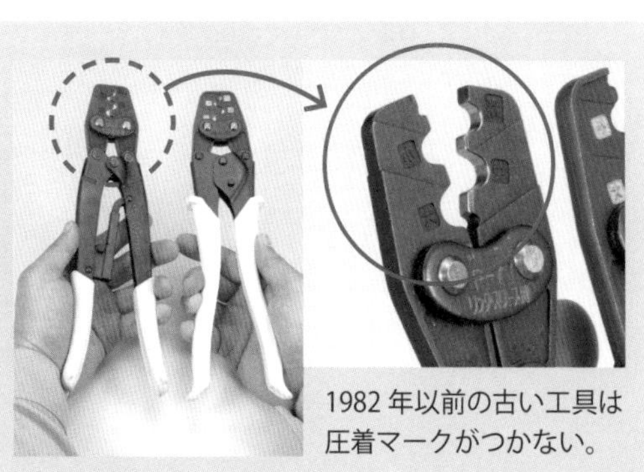

1982年以前の古い工具は圧着マークがつかない。

7 差込形コネクタでの電線の接続

差込形コネクタは、心線を挿入することで心線同士を接続する材料です。専用の工具を必要とせず、簡単に接続できます。差し込む心線の長さをコネクタ側部の**ストリップゲージ**で確認してから絶縁被覆をむきます。コネクタ上部から心線の先端が見えるまでしっかり押し込むことも大切です。

1

差込形コネクタについているストリップゲージに絶縁被覆を当てて、はぎ取る絶縁被覆の位置を親指と人差し指でつかむ。

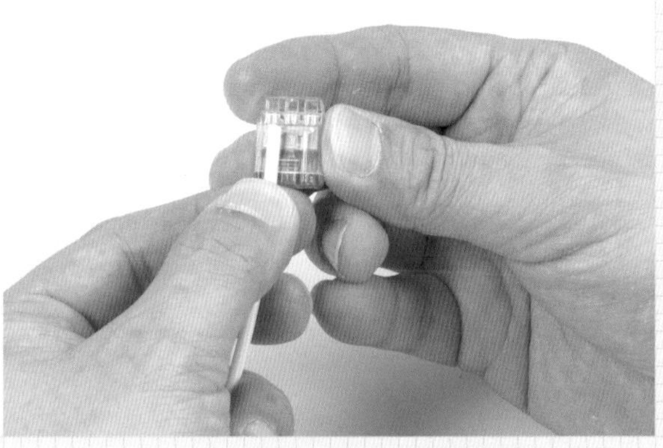

2

親指と人差し指ではさんだ位置にケーブルストリッパの刃を当てる。

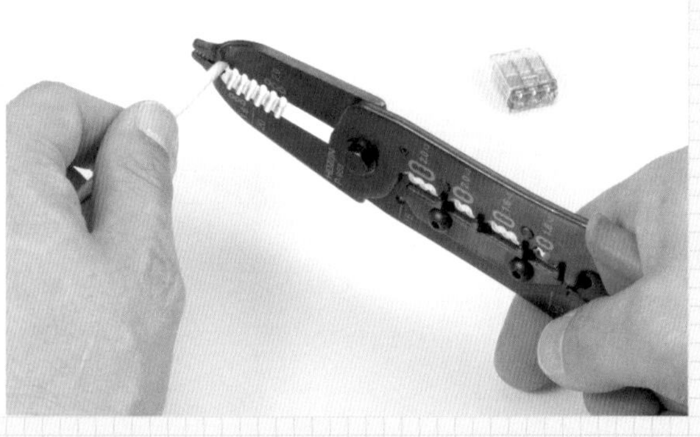

3

ハンドルを握って絶縁被覆に切れ目を入れて、心線を出す。

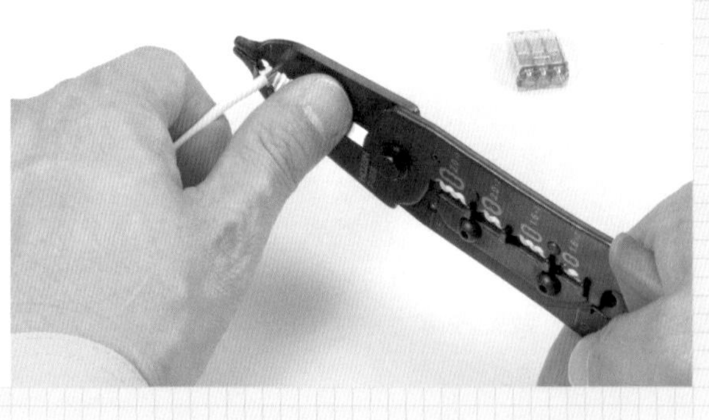

4 差込形コネクタに心線を挿入する。

5 心線の先端が差込形コネクタの窓から見える位置まで押し込む。

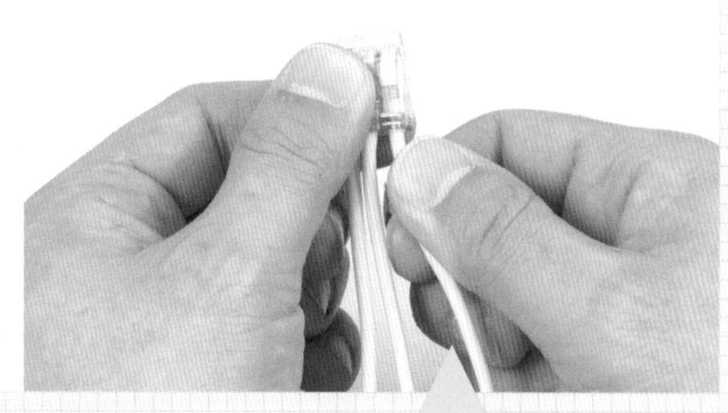

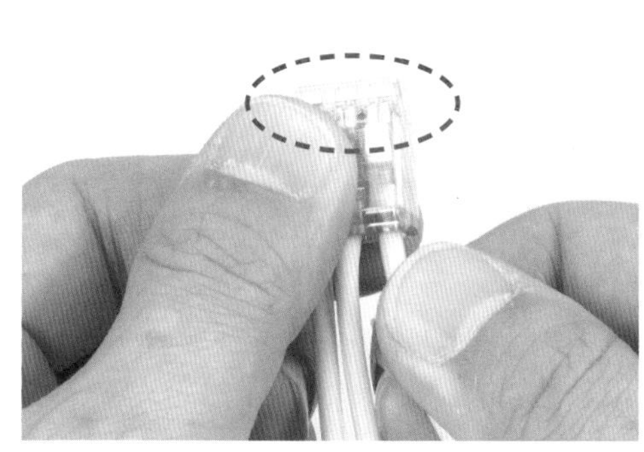

コネクタの上部から心線の先が見えるように。心線が短すぎると欠陥になる。

注意 接続し直すときは？

心線がコネクタの先端から見えない（心線が短すぎ）、またはコネクタから露出している（心線が長すぎ）ときは、差込形コネクタを再支給してもらい、電線を切断してやり直す。時間がないときは、一度コネクタを外して心線の長さをストリップゲージで測り直し、正しい長さで切断して差し込み直す。差込形コネクタをペンチではさんで、左右にねじりながら電線を引っ張ると心線を引き抜ける。

力を入れてはさむと破損する危険がある。軽くはさんで左右にねじりながら徐々に抜いていく。

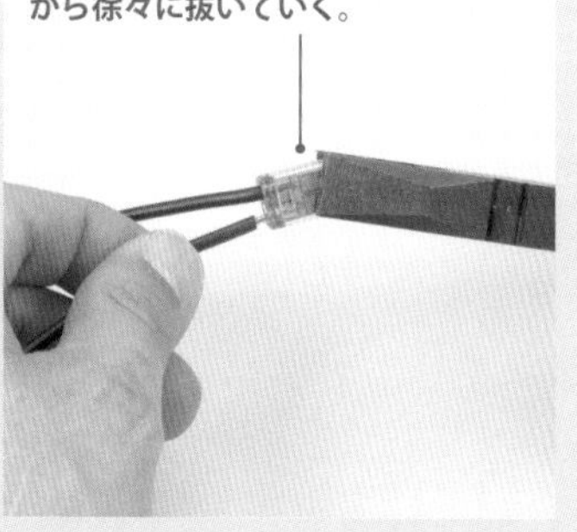

8 輪作り

輪作りとは、心線の先端に輪を作る作業のことです。技能試験では、ランプレセプタクル、露出形コンセント、ボンド線で輪作りが必要です。輪作りはすべての候補問題で出題されるので、必須の技術といえます。初心者は長めの心線で輪を作り、輪の大きさを整えたほうがよいでしょう。

1 約10ｃm外装をはぎ取る。

⚠ **心線が短すぎると輪が小さくなってしまう。長めにむいておいて、輪を作ってから大きさを調整したほうがよい。**

2 外装の端を器具の挿入口にあわせてから、絶縁被覆を巻き付けるねじのほうに曲げて絶縁被覆をむく位置を指でつかみ、絶縁被覆をむく。

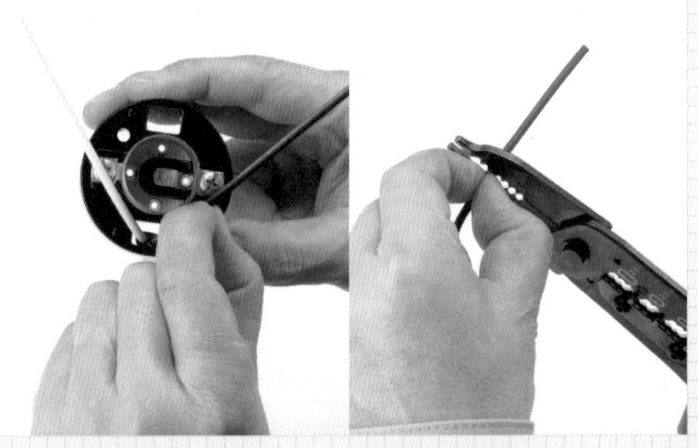

3 絶縁被覆の端から2mm程度空けてケーブルストリッパの先で心線をはさみ、直角に折り曲げる。

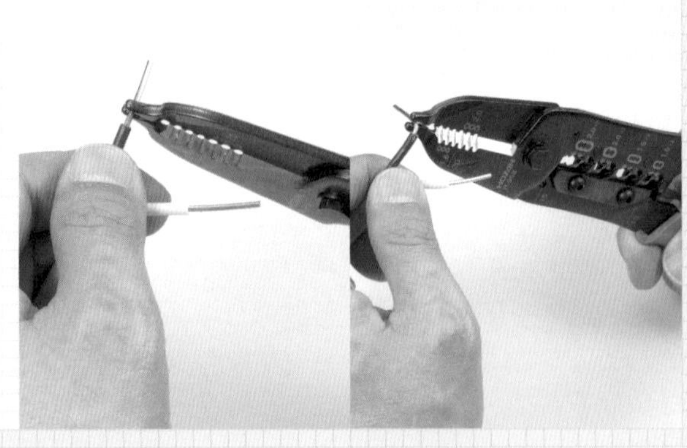

4 ケーブルストリッパを回転させながら、輪を作る。

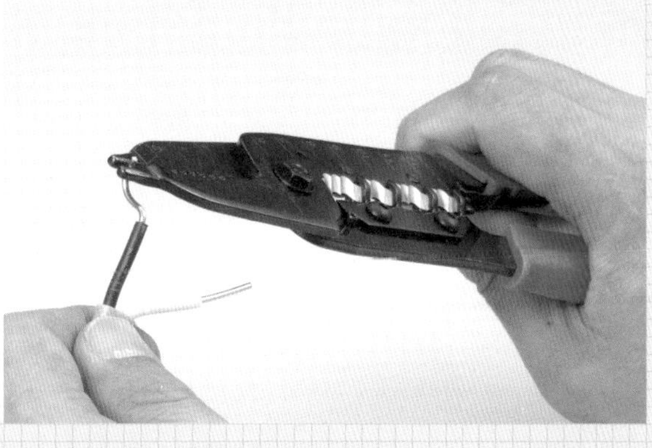

5 ケーブルストリッパではさむ心線の位置を少しずつ変えて、何回かに分けながらきれいに輪を作っていく。

⚠ **輪作りは一度できれいに作れる熟練者もいるが、慣れないうちは何回かに分けて輪の大きさや形を整えながら作業をしたほうがよい。**

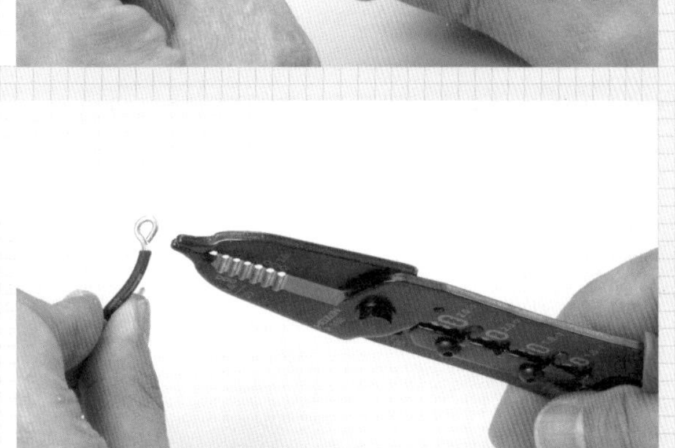

6 完成。ランプレセプタクルなどの器具にはめたときに、右回りになっていることが必要。

注意

輪が大きすぎたときは？

最初のうちは輪が大きすぎたり小さすぎたりすることがある。慣れないうちは輪を少し大きめに作ることを心がけよう。大きすぎた場合は、心線の先をニッパーで切断してから、小さい輪になるように調整する。

ペンチを使った輪作り

電気工事に慣れた人はペンチを使って輪作りをします。ペンチの寸法に合わせて折り曲げができるので、素早く施工ができるからです。ただ、輪をきれいに適切な大きさで作るのはなかなか難しいので、慣れるまで繰り返し練習が必要です。

1 外装を50mmはぎ取り、心線の端から2mm空けてペンチでつかみ、90度に折り曲げる。

2mm空ける。2mm以下だと、結線したときに被覆をかむおそれがある。

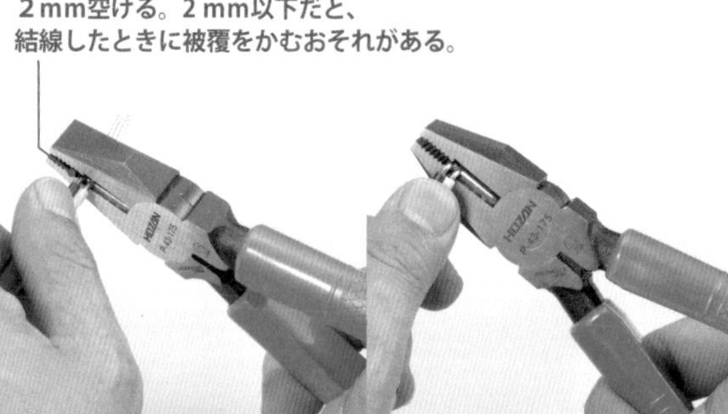

2 ペンチから出た心線を90度折り曲げてかぎ状にする。

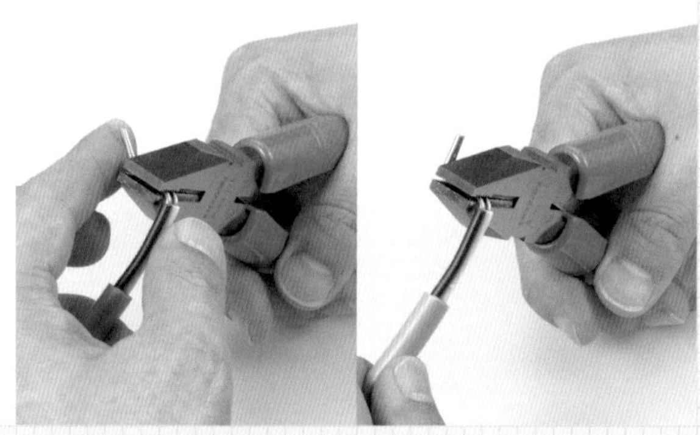

3 心線の先端を2mm残して、ペンチで切断する。残した2mmをペンチでつかんで輪作りをする。

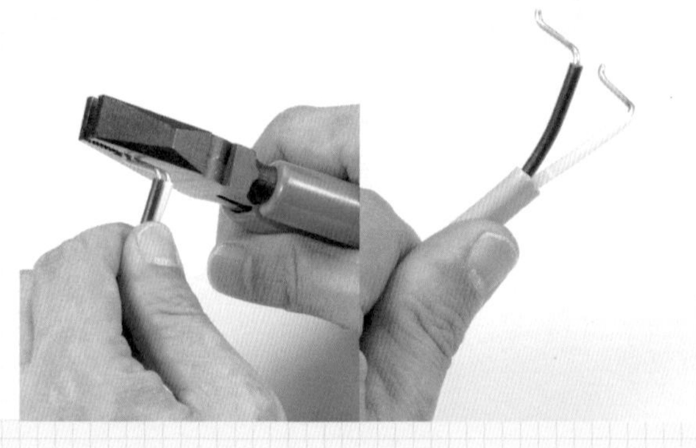

4

2mm残した心線をペンチの角でつかむ。つかむときの手の向きに注意。写真のようにしないと、輪がうまく作れない。

⚠ ×の写真のようにつかんでしまうと、輪がうまく作れない。

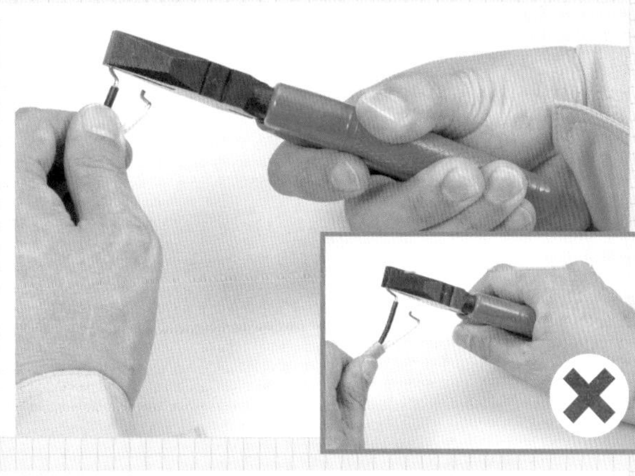

5

手をくるっと半周回転させると輪ができる。

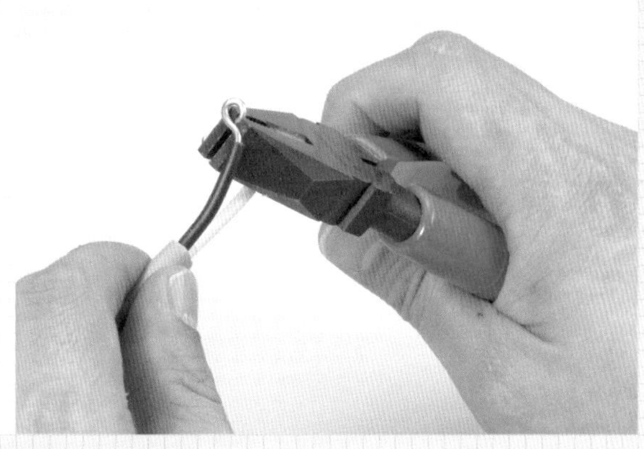

6

もう一方も同様に作業をして完成。

⚠ 慣れると短時間でできる。ただ、慣れないうちはケーブルストリッパでの輪作りのように、少しずつ輪を整えていくやり方のほうがよい。

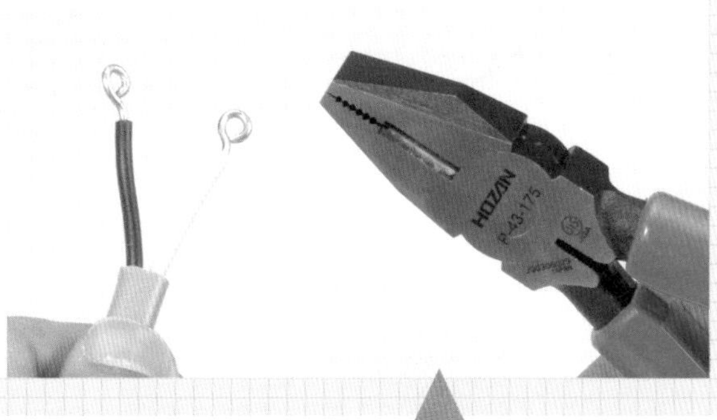

これも覚えておこう！

輪の形を整えるには？

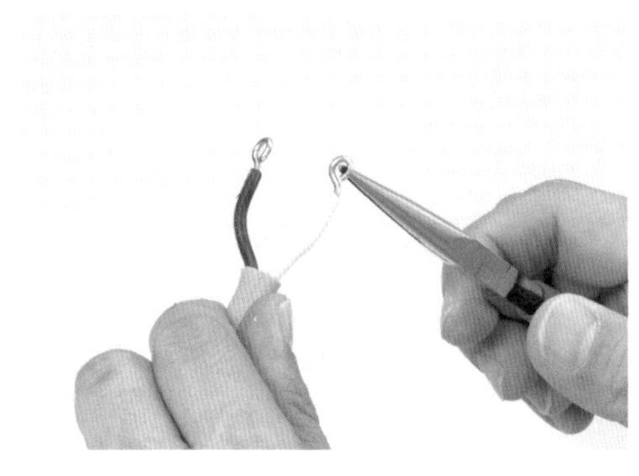

ねじが入らないくらい輪の形が整っていなかったら、ラジオペンチを使うとうまく整えることができる。輪作りに限らず、ラジオペンチは心線の加工の際に役立つ。工具の1つに加えておくとよい。

9 ランププレセプタクルへの結線

ランプレセプタクルへの結線はほとんどの候補問題で出題されます。輪の向きのミス、極性の間違いなど欠陥が起こりやすい作業です。輪作りから結線までの流れを何度も練習しておきましょう。

1 ランプレセプタクルについているねじを外す。

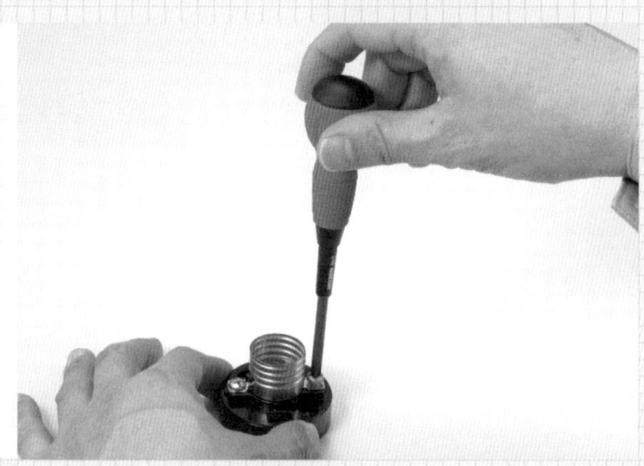

2 ケーブルを通す穴からケーブルを通す。ケーブルの端（輪作りしていないほう）を上から穴に通すとよい。

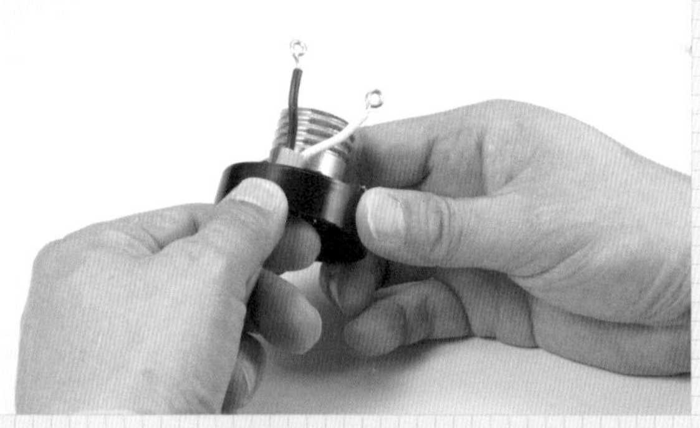

3 白線と黒線を極性にあわせて振り分ける。振り分けたときに輪の向きが右回りになっていることを確認する。

⚠ **輪が右回りになっていなかったら、ケーブルストリッパやペンチで輪をつかんで、輪の向きを右回りになるようにねじる。**

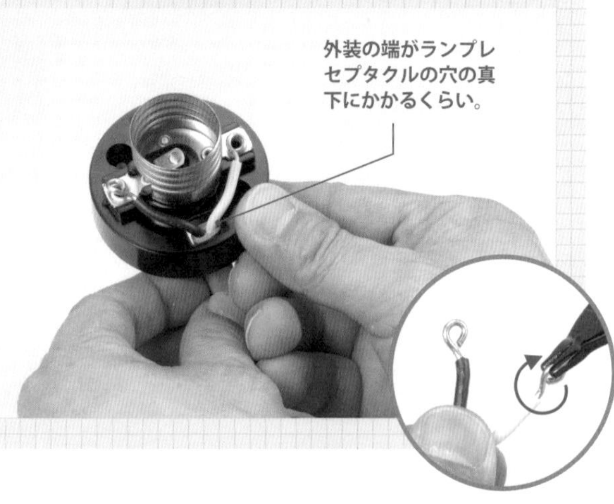

外装の端がランプレセプタクルの穴の真下にかかるくらい。

4

輪をねじ穴にあわせ、ねじを挿入して結線する。

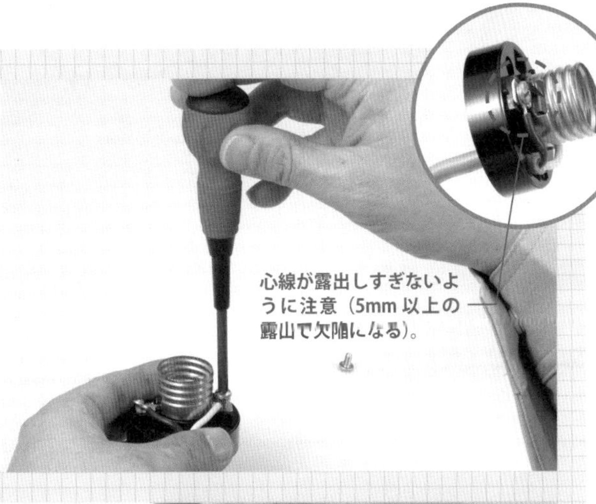

心線が露出しすぎないように注意（5mm 以上の露出で欠陥になる）。

▼

5

もう一方のねじを締める。心線の締め付けはぐらつかないことが大切。

⚠ **締め付けすぎるとねじが破損することがある。ランプレセプタクルは破損しやすいので注意しよう。**

▼

6

ランプレセプタクルの結線は欠陥対象となる箇所が多い。最後に欠陥対象となる箇所をチェックをする。

絶縁被覆が長すぎないか

絶縁被覆をかんでいないか

絶縁被覆がランプレセプタクル底部からはみ出していないか

■

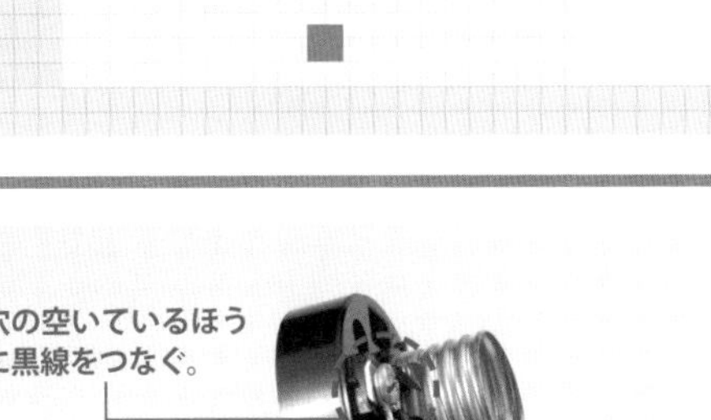

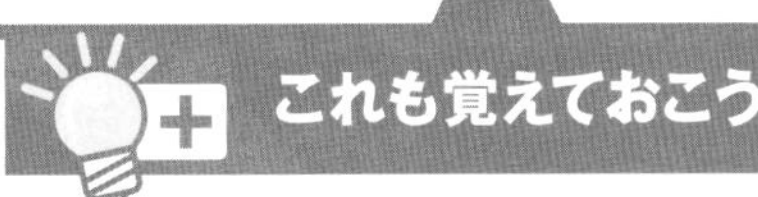

極性の間違いを防ぐには？

受け金に穴の空いているほうに非接地側電地線を接続する（黒線を接続する）と覚えておこう。

10 露出形コンセントへの結線

露出形コンセントへも輪作りでの輪で結線します。輪の向きの間違い、極性の間違いに気をつけましょう。また、器具から絶縁被覆が出すぎないように、外装をむく寸法にも気をつける必要があります。

1 露出形コンセントについているねじを外す。

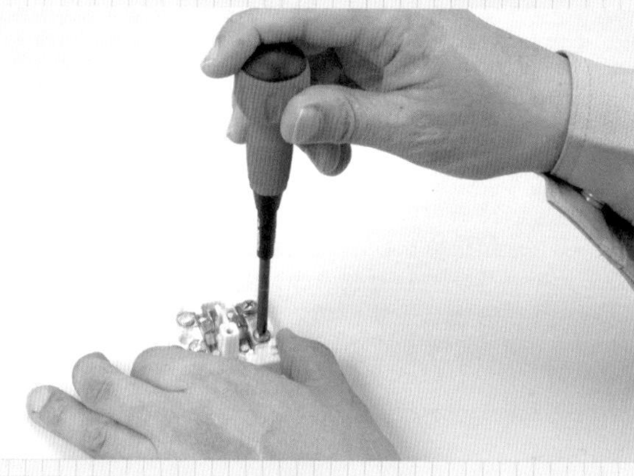

2 輪作りしたケーブルを器具の穴から挿入する。輪作りしていないほうの端を器具の上から挿入するとよい。極性に合わせて白線と黒線を振り分ける。

「W」と書いてあるほうに接地線を接続する。

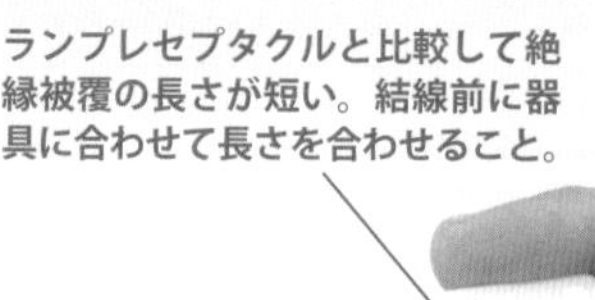

ランプレセプタクルと比較して絶縁被覆の長さが短い。結線前に器具に合わせて長さを合わせること。

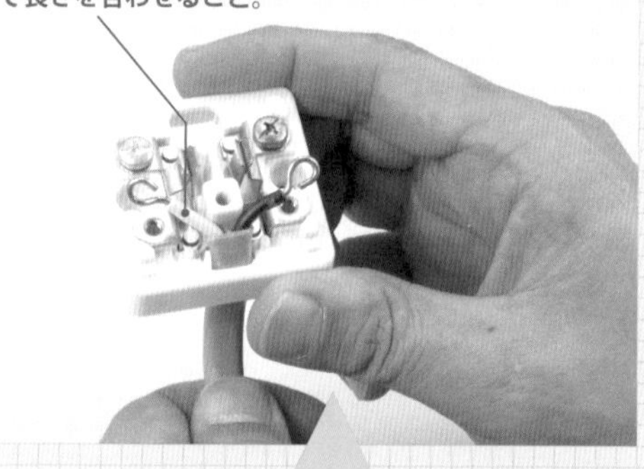

輪が右回りになっていなかったら、ケーブルストリッパやペンチで輪をつかんで、輪の向きを右回りになるようにねじる。

3 輪をねじ穴にあわせ、ねじを挿入して結線する。

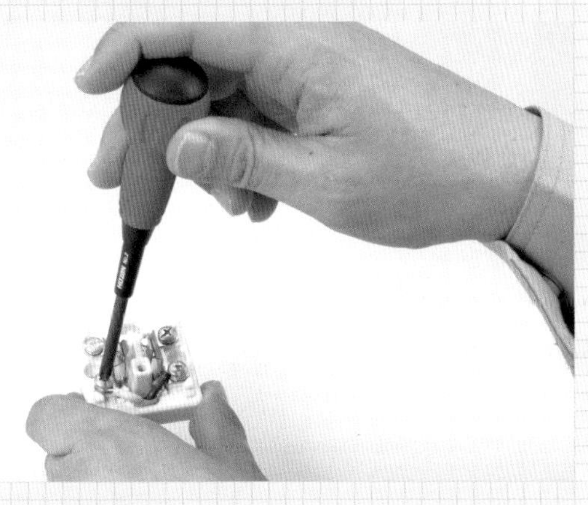

4 もう一方のねじを締める。結線したらケーブルを曲げておく。

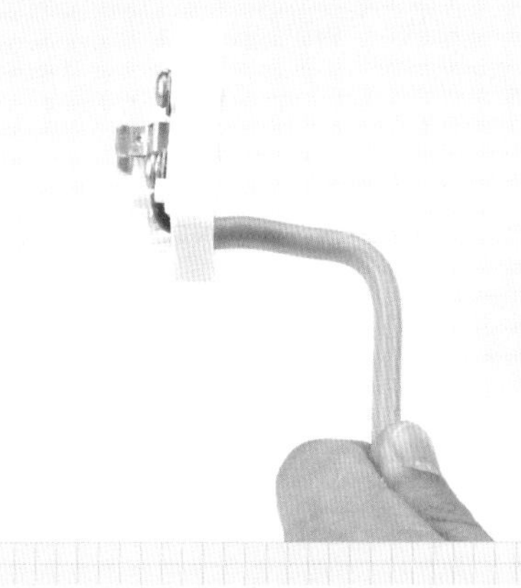

5 露出形コンセントの結線は欠陥対象となる箇所が多い。最後に欠陥対象となる箇所をチェックする。

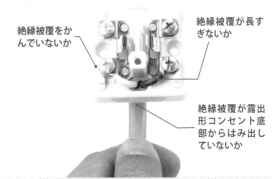

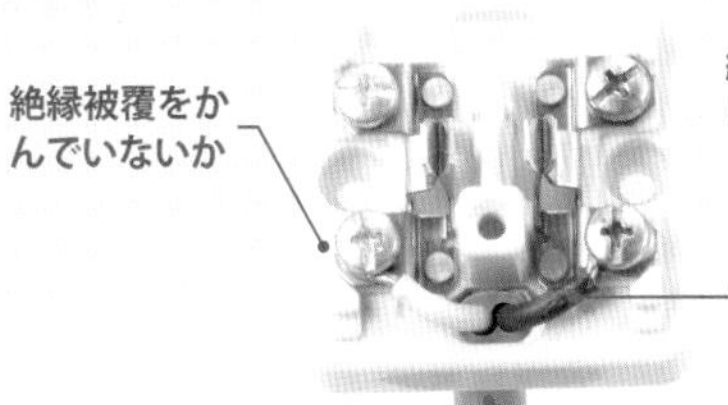

これも覚えておこう！

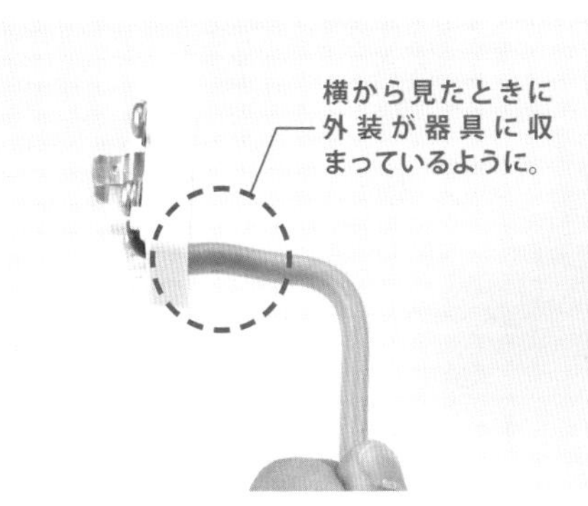

横から見たときに外装が器具に収まっているように。

外装のむきすぎに注意！

外装をむきすぎると、絶縁被覆が器具の台座からはみ出してしまう。こうなると心線であるIV線が造営物に触れるおそれがある。外装が器具内に収まっていることを確認すること。

11 引掛シーリング角形への結線

引掛シーリングは、天井に照明器具を取り付けるための器具で、角形と丸形があります。結線の際に差し込む心線の長ささえ間違えなければ、難しい作業ではありません。心線の長さ、残す絶縁被覆の長さは器具の側部にあるストリップゲージに合わせます。技能試験でよく出題されるので、必ず練習をしておきましょう。

1 シーリングの高さにあわせて外装をはぎ取る。

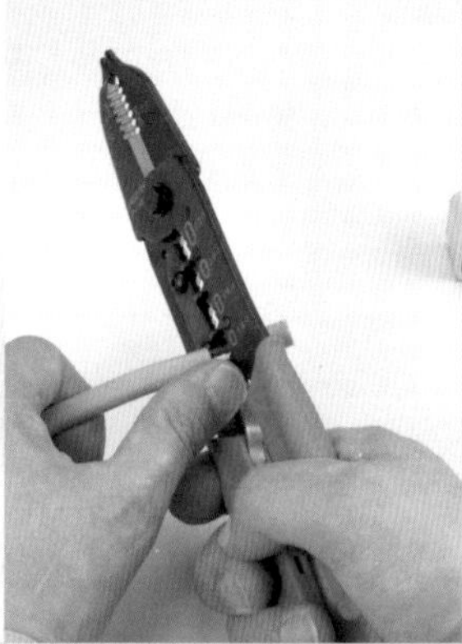

2 シーリングの側面につけられているストリップゲージで残す絶縁被覆の長さを測ってから、絶縁被覆をむいて心線を出す。

P177の表のとおり、外装を50mmではぎ取った場合は、シーリングの高さにあわせて絶縁被覆を切断してからこの工程に入ること。

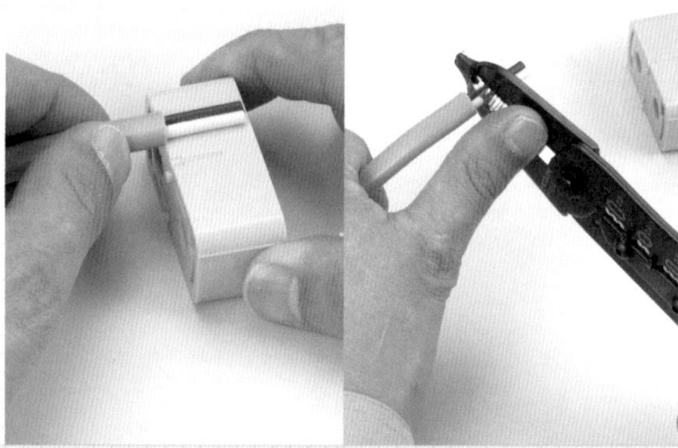

3 ストリップゲージで挿入する心線の長さを確認して、心線の先端を切断する。

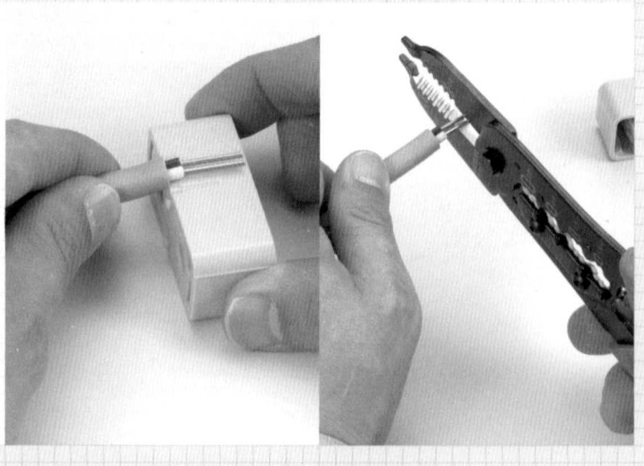

4 心線の長さを確認してから。器具に差し込む。

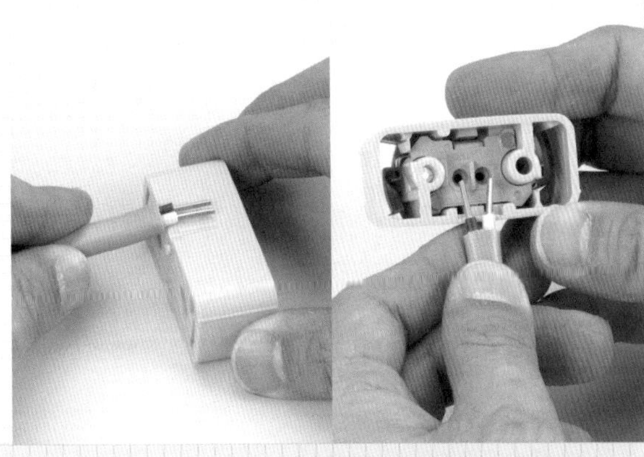

5 「接地側」や「W（ホワイト）」、「N（ニュートラル）」と書いてあるほうに接地側電線（白線）を差し込む。

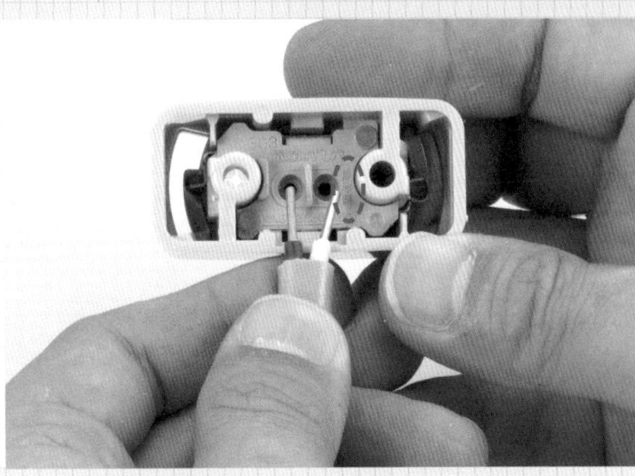

6 しっかり挿入したらケーブルを90度に折り曲げて完成。

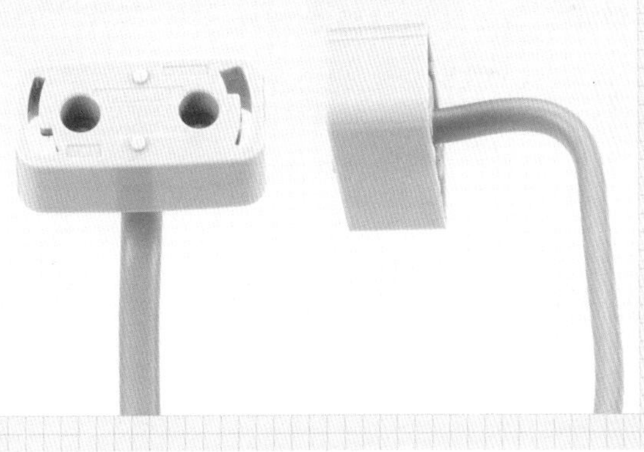

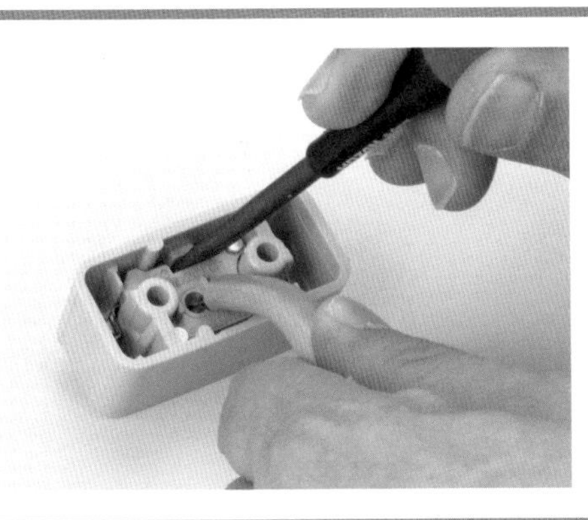

これも覚えておこう！

結線ミスがあったら？

極性を間違えたり、心線の寸法を間違えたりしたら、心線を引き抜いて心線の長さを調整して結線し直す。心線を引き抜く際には、シーリングの「はずし穴」にマイナスドライバを差して押しながらケーブルを引くと抜ける。

12 引掛シーリング丸形への結線

引掛シーリング丸形も、角形と同様、天井に照明器具を取り付けるための器具です。結線の際に差し込む心線の長さと、白線と黒線を差し込む位置を間違えないようにしましょう。 心線の長さ、残す絶縁被覆の長さは器具の側部にあるストリップゲージに合わせます。

1 シーリングの高さにあわせて外装をはぎ取る。

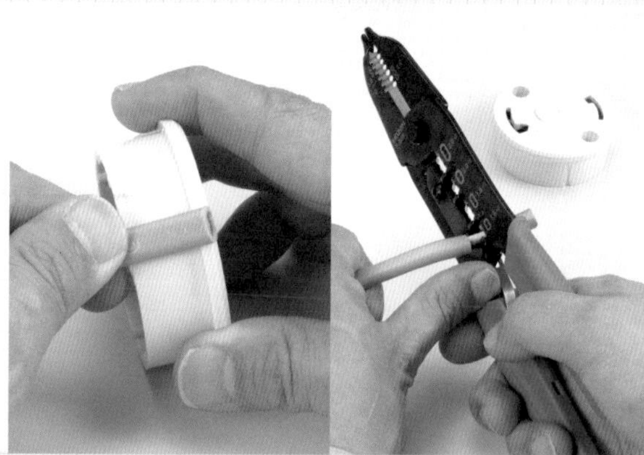

2 シーリングの側面につけられているストリップゲージで残す絶縁被覆の長さを測ってから、絶縁被覆をむいて心線を出す。

P177の表のとおり、外装を50mmではぎ取った場合は、シーリングの高さにあわせて絶縁被覆を切断してからこの工程に入ること。

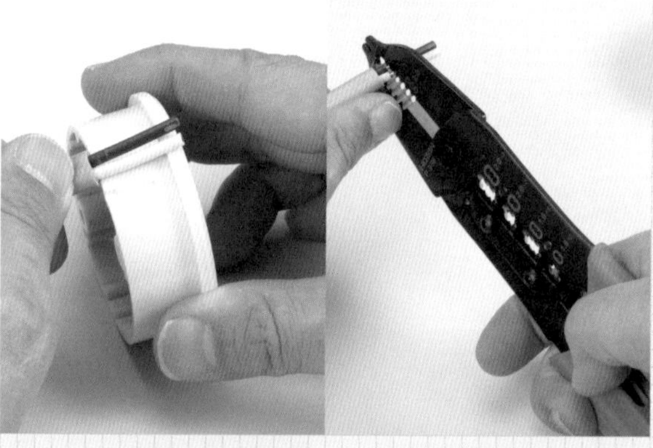

3 ストリップゲージで挿入する心線の長さを確認して、心線の先端を切断する。

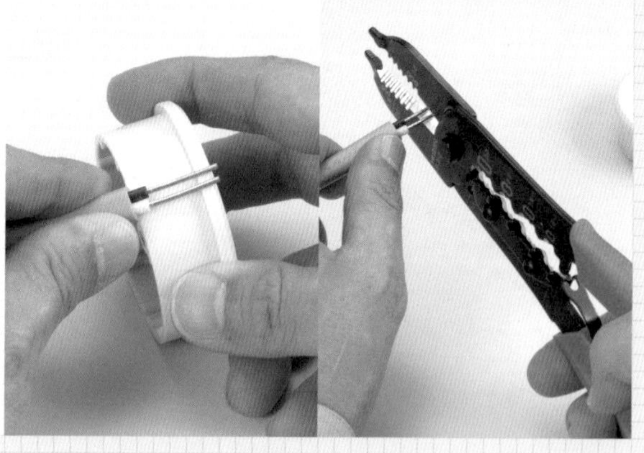

4 心線の長さを確認してから。器具に差し込む。

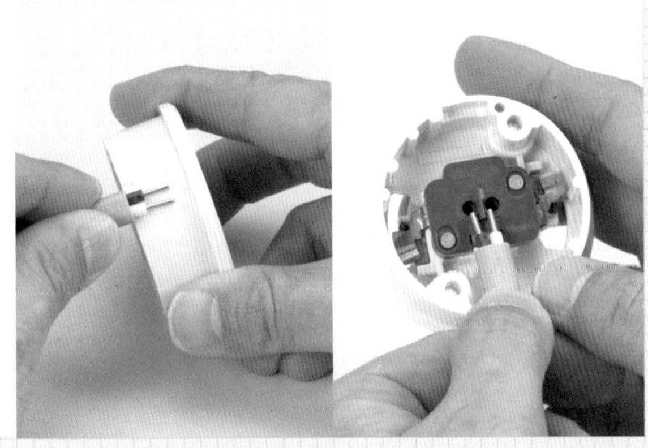

5 「接地側」や「W（ホワイト）」、「N（ニュートラル）」と書いてあるほうに接地側電線（白線）を差し込む。

6 しっかり挿入したらケーブルを90度に折り曲げて完成。

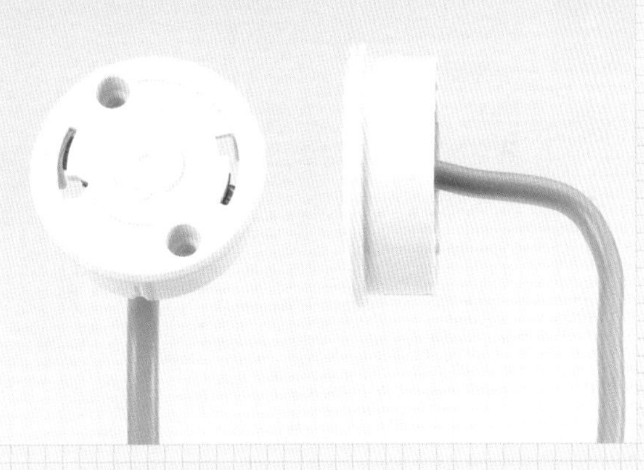

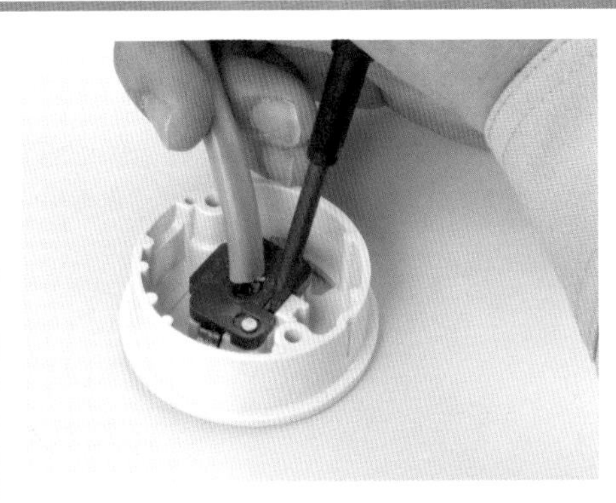

これも覚えておこう！

結線ミスがあったら？

極性を間違えたり、心線の寸法を間違えたりしたら、心線を引き抜いて心線の長さを調整して結線し直す。心線を引き抜く際には、シーリングの「はずし穴」にマイナスドライバを差して押しながらケーブルを引くと抜ける。

13 埋込連用取付枠への器具の取り付け

埋込連用取付枠とは、家庭のコンセントやスイッチなど、壁に埋め込むタイプの器具を取り付ける金属製の枠のことです。コンセントやスイッチなどはこの枠に取り付けてから結線することが多く、技能試験でもよく出題されます。取付枠から器具が外れないように確実に取り付けることが大切です。

取付枠が裏側

取り付けミスに注意

埋込連用取付枠は３つの器具が取り付けられるようになっている。１つの器具を取り付けるときは真ん中に取り付けること。それ以外の場所に取り付けると欠陥になる。また、取付枠の裏側に取り付けても欠陥になる。

1 取付枠の表と裏、上下をまず確認し、裏から器具をはめる。配線器具の左側にある金属穴に取付枠の出っ張りをはめる。

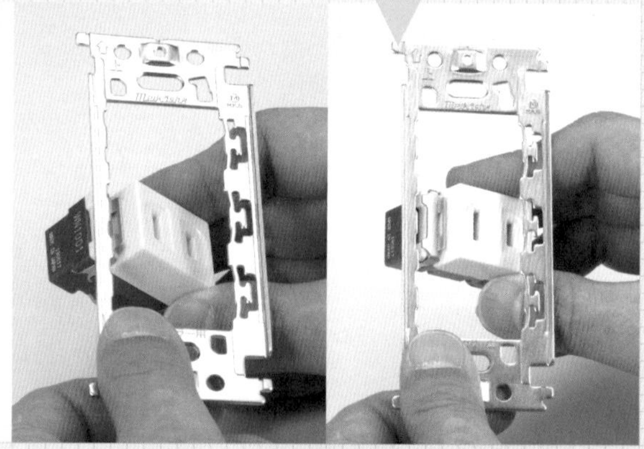

2 マイナスドライバを取付枠の右側にある穴に挿入する。

3

取付枠右側の出っ張りが器具の穴にはまるように、ドライバを少し回転させる。出っ張りが穴に入ると器具が外れなくなる。

▼

4

出っ張りに器具がきちんとはまっているかを確認する。器具を指で少し押しただけで外れてしまう場合は、もう一度取り付け直す。

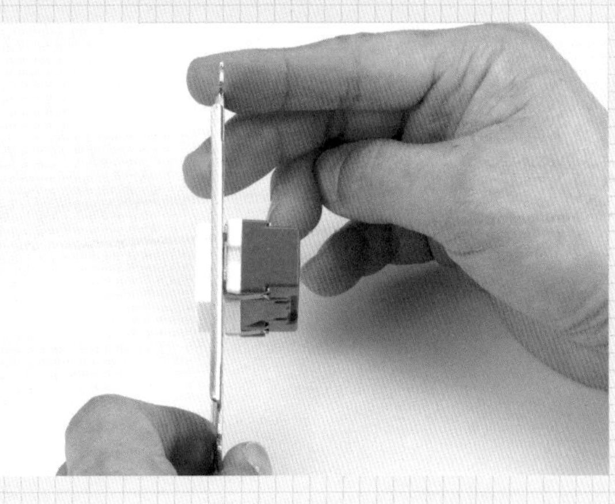

■

これも覚えておこう!

器具を取り外すときは?

器具がうまく取り付けられなかったり、取付位置を間違っていたりしたら、器具をいったん外してから付け直すことになる。取付枠右側の穴にマイナスドライバを差し込み(❶)、ドライバを右に少し回転させると(❷)、出っ張りが器具の穴から外れて器具を取り外すことができる(❸)。

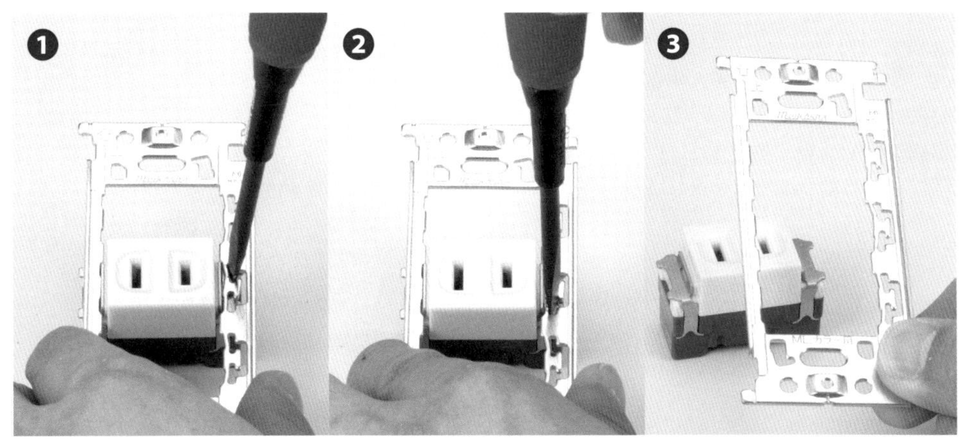

14 埋込連用器具の結線

コンセントやスイッチなど**埋込連用器具**には、器具の後ろにある穴に心線を差し込むことで結線できます。心線の長さを間違えないこと、極性のある器具の場合は白線と黒線の挿入位置を間違えないことが大切です。差し込む心線の長さは連用器具の裏にあるストリップゲージに合わせます。

1 埋込連用器具の裏にあるストリップゲージで、差し込む心線の寸法を測り、心線を切断する。

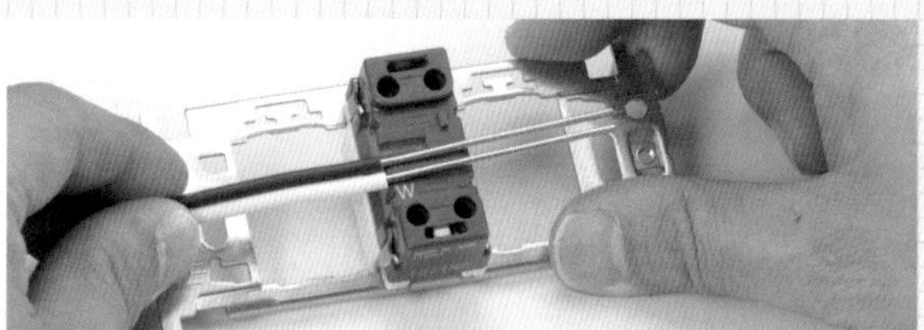

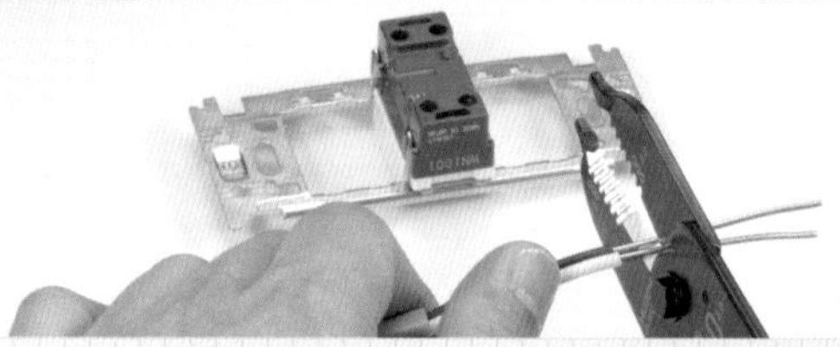

2 ストリップゲージで心線の長さが適正かどうかを確認する。

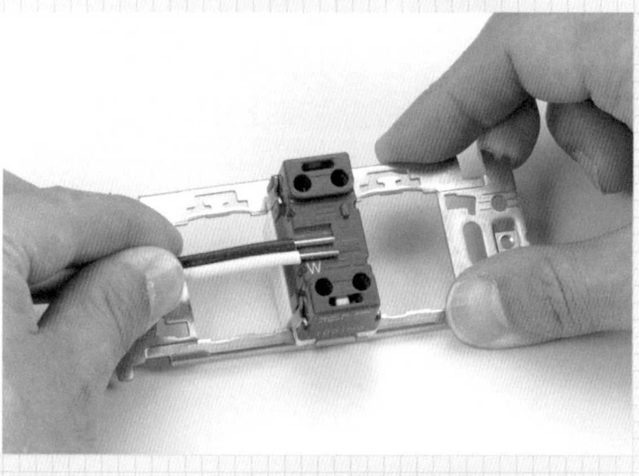

3 心線を器具に挿入する。極性がある場合は「接地側」や「W（ホワイト）」とあるほうに白線を差し込む。

4

心線を引っ張ってしっかり接続されていることを確認する。
ケーブルを90度に曲げて完成。

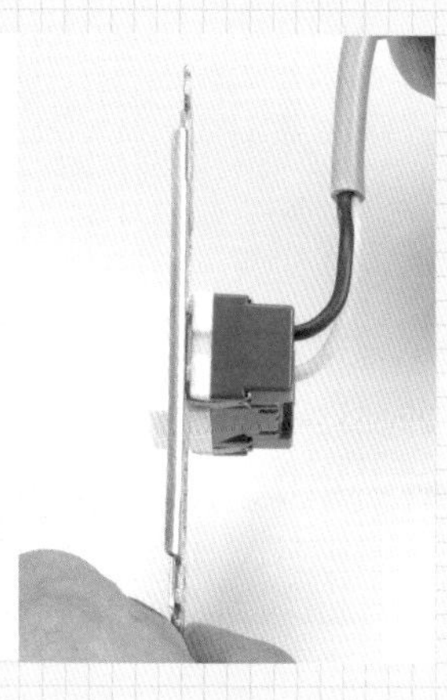

接地極付コンセントへの結線

接地極付コンセントには電源端子(穴)と接地端子(穴)がある。接地マーク⏚のついているほうに接地線(緑のIV線)を接続すること。接地極への接続はどちらの接地端子(穴)でもよい。余った穴は他のコンセントへの接地線のわたり線に使用できる。

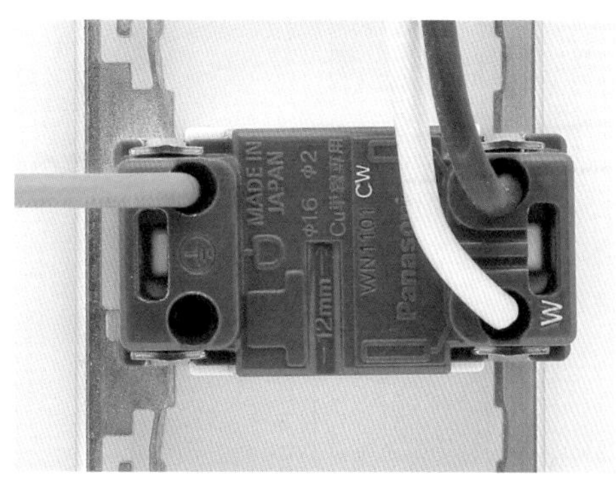

これも覚えておこう!

器具からケーブルを取り外すときは?

結線を間違えてしまったら、ケーブルをいったん外してから差し込み直すことになる。器具の裏側にある「はずし穴」にマイナスドライバを差し込み(❶)、ドライバを押し込みながらケーブルを引き抜くと外れる(❷)。

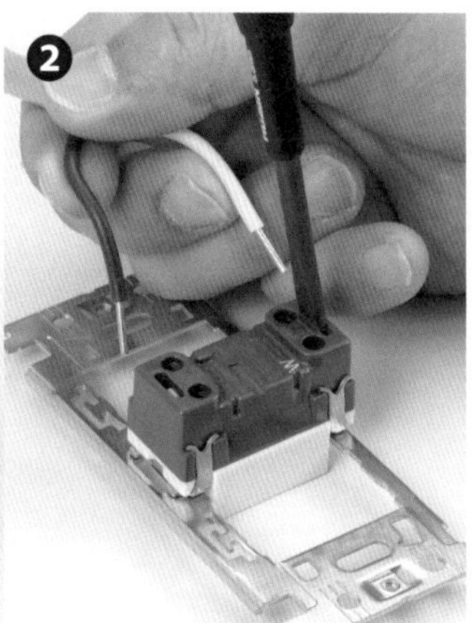

取り外しのための専用工具を使って同様に外すこともできる。

スイッチとコンセントの結線

埋込連用器具のタンブラスイッチとコンセントへの結線では、器具同士をつなぐ「**わたり線**」が必要です。電源からの電線を最初にコンセントにつないでから、スイッチに「わたり線」で分岐させます。わたり線は施工条件で色が指定されている場合があるので、必ず確認してから作業に取り掛かりましょう。

取付枠への取付位置の間違いに注意

２つの埋込連用器具を取り付けるときは一番上と一番下に取り付けることになる。取付位置を間違えると欠陥になるので注意しよう。

1 埋込連用器具の裏にあるストリップゲージで、差し込む心線の寸法を測り（約10mm）、絶縁被覆をむく。

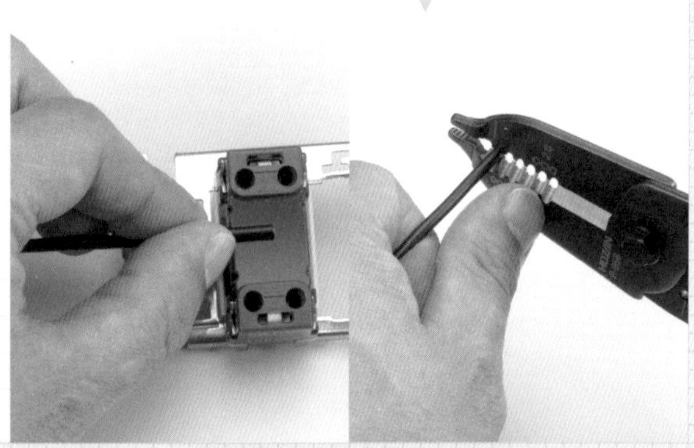

2 接続するケーブルのほかに、わたり線を作る。わたり線は約100mmあるとよい。わたり線は電線の色が指定されることがあるので注意（黒線を指定されることが多い）。

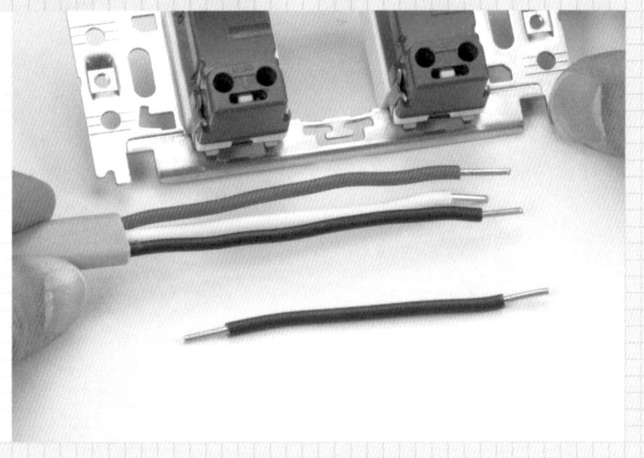

3 まずコンセントに心線を挿入する。コンセントは極性があるので「接地側」や「W（ホワイト）」とあるほうに白線を差し込む。

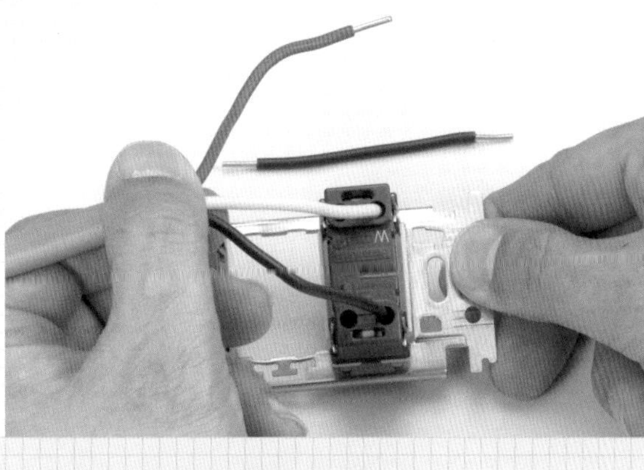

4 コンセントからスイッチにわたり線をつなぐ。コンセントの非接地側の結線穴とスイッチの結線穴に差し込む。

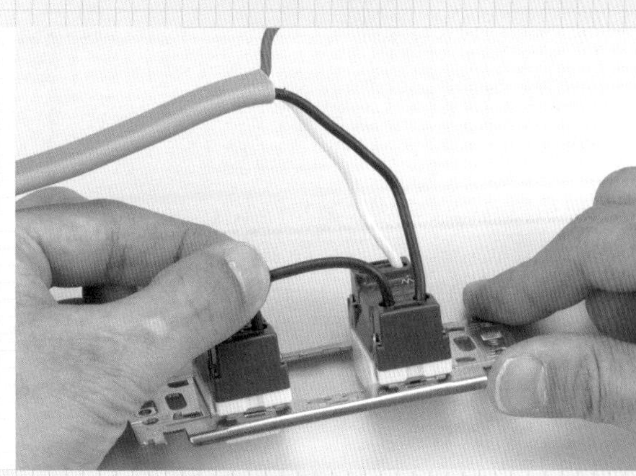

5 最後に非接地側電線の赤線をスイッチにつなぐ。

これも覚えておこう！

わたり線を曲げるときのテクニック

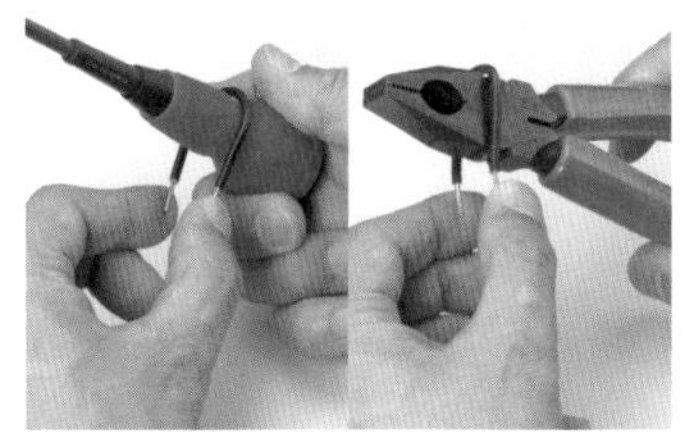

わたり線は端を曲げる必要があるが、写真のようにドライバのハンドルやペンチを使えば楽に曲げられる。埋込連用器具への配線は差し込む心線の長さに注意しなければならないが、電線そのものの長さに神経質になる必要はない。配線を間違えないことに注意を向けよう。

16 スイッチ2つとコンセントの結線

埋込連用器具のタンブラスイッチ2つとコンセントへの結線では、器具同士をつなぐ「**わたり線**」が必要です。結線方法は1つに限りませんが、電源からの電線を最初にコンセントにつないでから、スイッチに「わたり線」で分岐させるのが基本です。VVF線2本を使った配線で説明します。

取付枠への取付位置は配線図どおりに

埋込連用器具は配線図どおりに取り付けること。取付位置を間違えると欠陥になるので注意しよう。また、技能試験で複数の器具を取り付けるときはコンセントが一番下になることを覚えておこう。

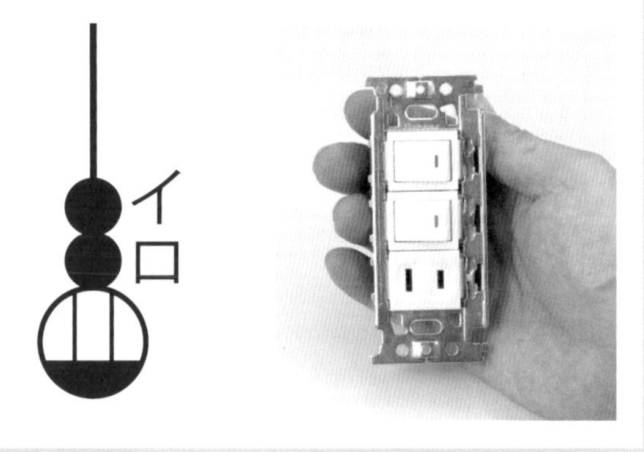

1 埋込連用器具の裏にあるストリップゲージで、差し込む心線の寸法を測り（約10mm）、絶縁被覆をむく。

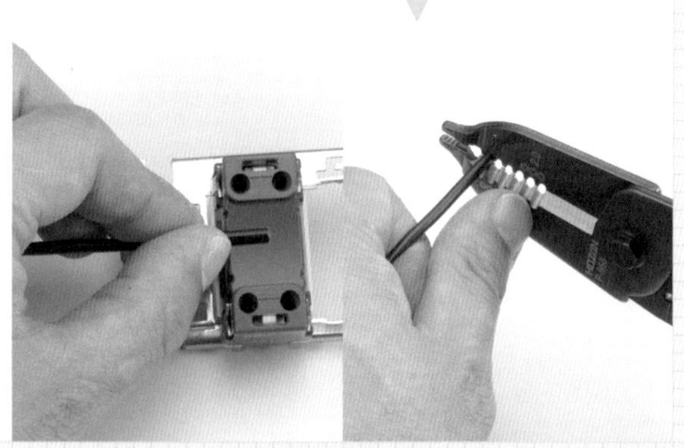

2 まずコンセントに心線を差し込む。コンセントは極性があるので「接地側」や「W（ホワイト）」とあるほうに白線を差し込む。

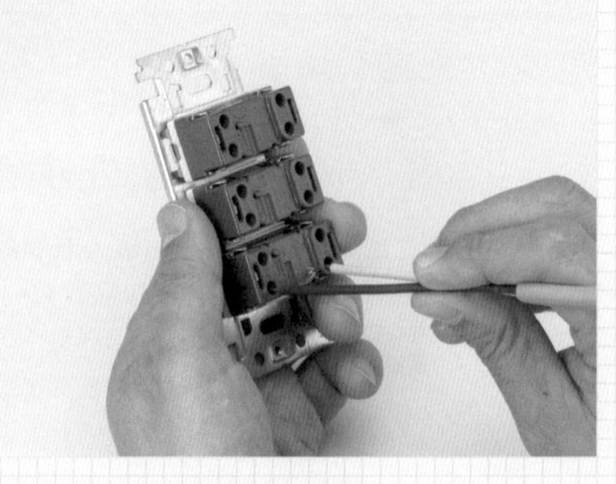

3

次にスイッチに器具へつなぐ線をつなぐ。コンセントの接地側の上にある穴に心線を差し込む。

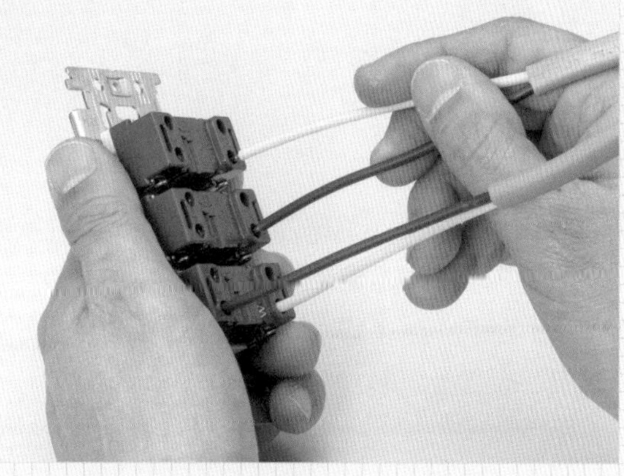

4

最後にコンセントに入った非接地電線をわたり線でスイッチ2つに分岐させる。

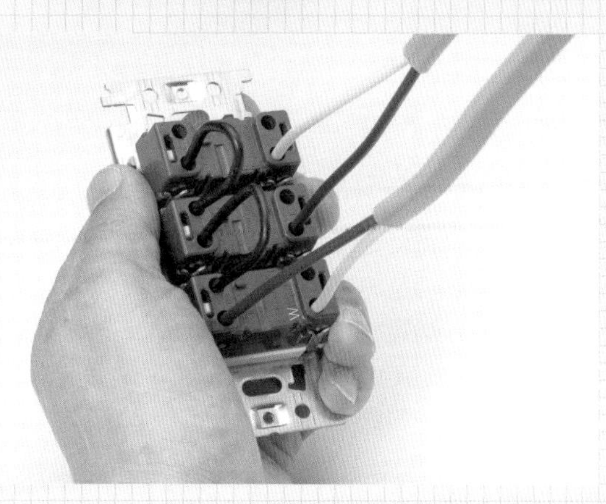

これも覚えておこう！

複数の埋込器具への結線では順番を決めておく

複数の埋込器具への結線方法にはここで解説した結線以外の方法も考えられる。配線が間違っていなければ欠陥をとられることはないが、コンセントが含まれている場合は、電源からの線はまずコンセントに入れてからわたり線で他スイッチなどの埋込器具に分岐させると覚えておこう。

ここで解説した結線

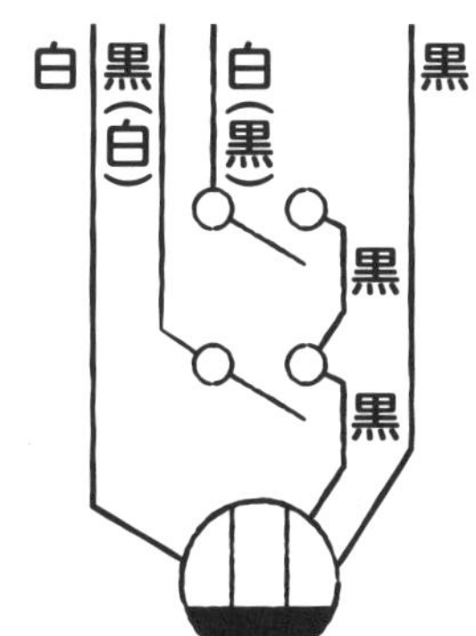

別の結線

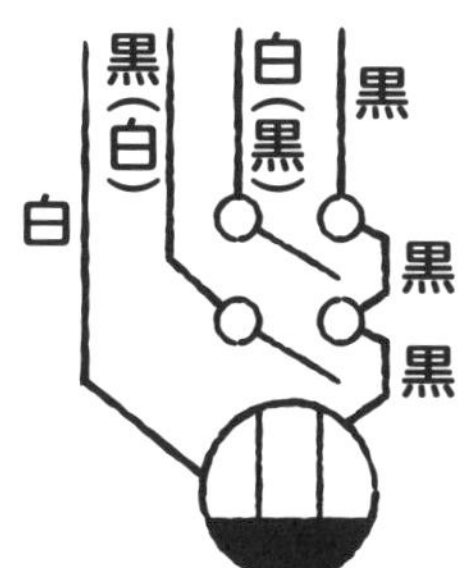

17 パイロットランプの常時点灯回路

パイロットランプ（**確認表示灯**）は、通電状態、点滅状態、位置を確認するための表示灯です。常時点灯回路は、スイッチの点滅にかかわらず、常に点灯している回路のことです。パイロットランプが点灯していることで、このスイッチへ常に通電されていることがわかります。

パイロットランプの常時点灯回路とは？

スイッチの点滅に関係なく、常にパイロットランプが点灯している回路のこと。右の複線図のように電源から常に電気が通電されている回路になる。パイロットランプが点灯していることで、この埋込器具に電気が来ていることがわかる。

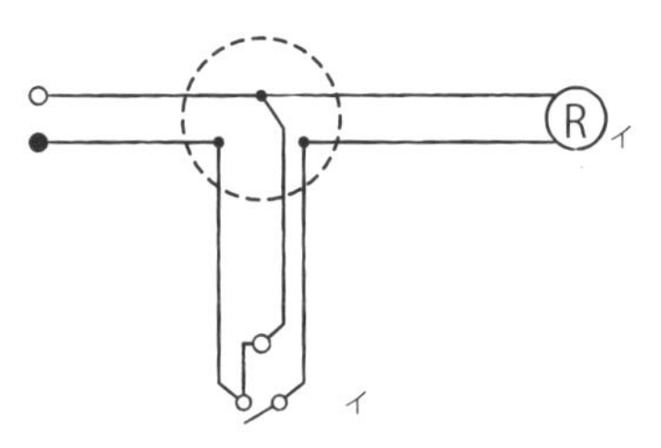

1

埋込連用器具の裏にあるストリップゲージで、差し込む心線の寸法を測り（約10mm）、絶縁被覆をむく。

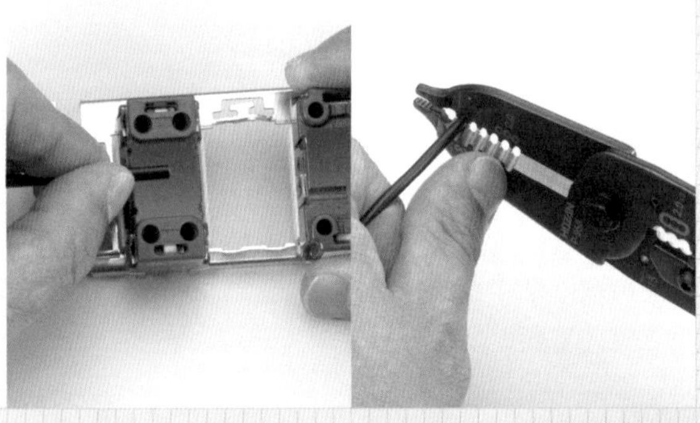

2

接続するケーブルすべて絶縁被覆をむいておく。わたり線の両端も心線を出しておく。

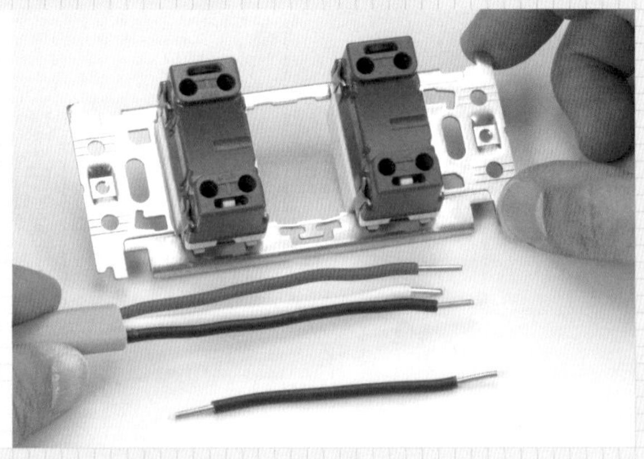

3 まず電源からの線をスイッチに接続する。

4 スイッチの非接地側とパイロットランプをわたり線でつなぐ。

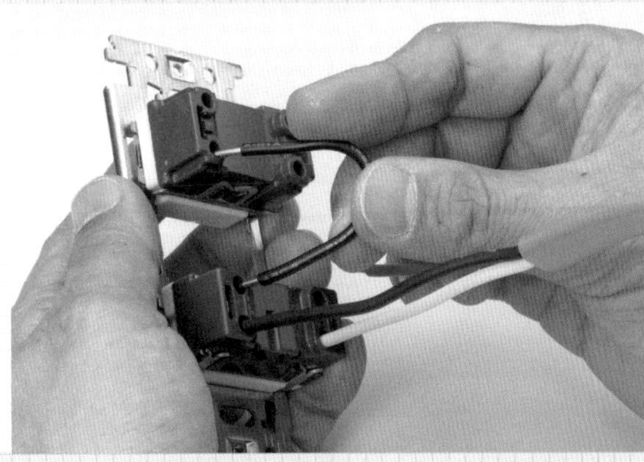

5 パイロットランプの接地側電線をつなぐ（赤の線）。

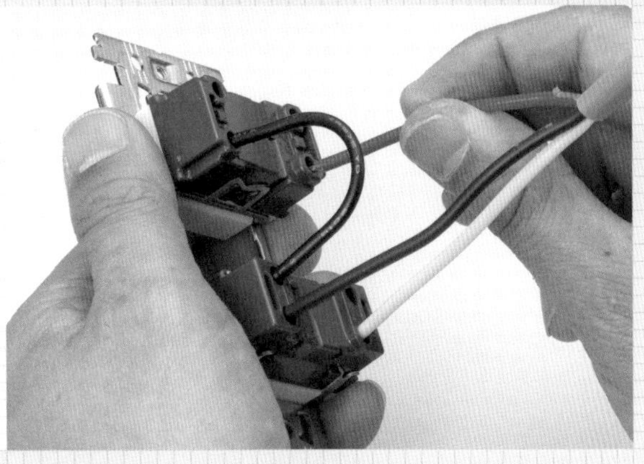

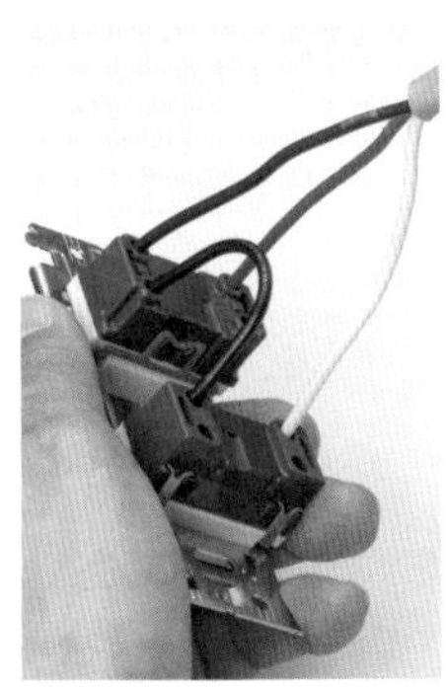

これも覚えておこう！

スイッチとパイロットランプの結線

左の写真のように、電源からの線をパイロットランプにつないでから、わたり線をスイッチにつなぐ結線方法でも間違いではないが、ランプを先に通すとランプに異常があった場合、スイッチ側に通電されない可能性がある。通常はスイッチに入れてからパイロットランプに分岐するように結線する。

18 パイロットランプの同時点滅回路

パイロットランプ（確認表示灯）は、通電状態、点滅状態、位置を確認するための表示灯です。パイロットランプの点滅パターンのうち、同時点滅の場合の結線方法を解説します。ここでは候補問題にあるコンセント１つ、スイッチ１つ、パイロットランプ１つで配線してみましょう。

パイロットランプの同時点滅回路とは？

スイッチにつながるシーリングランプなどが点灯したときにパイロットランプが点灯し、ランプなどが消灯したときにパイロットランプが消灯する回路のこと。右の複線図のようにスイッチを入れると電灯イとパイロットランプが点灯、スイッチを切ると電灯イとパイロットランプが消灯することがわかる。

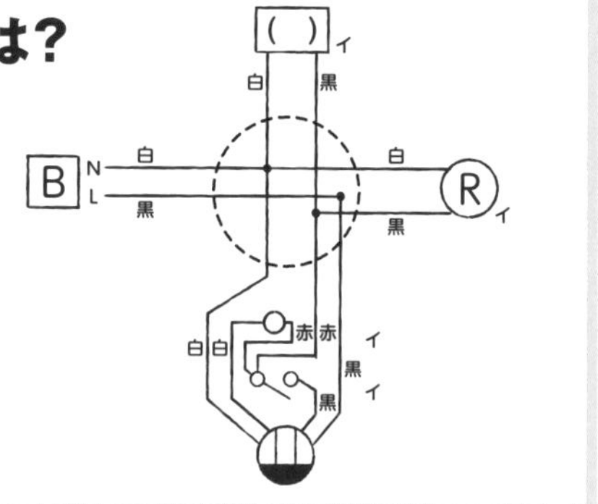

1 埋込連用器具の裏にあるストリップゲージで、差し込む心線の寸法を測り、絶縁被覆をむく。

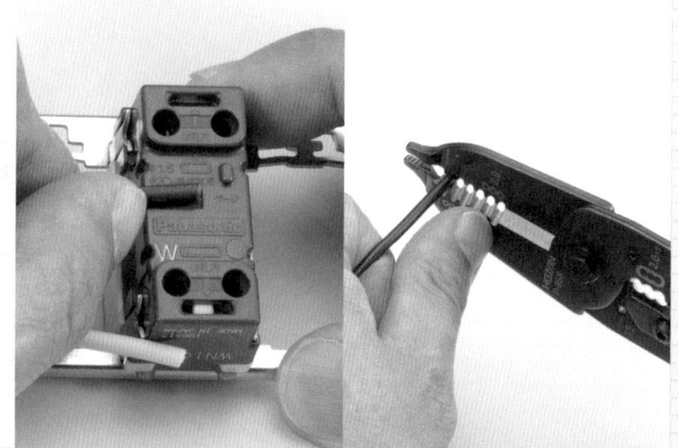

2 まずコンセントに心線を差し込む。コンセントは極性があるので「接地側」や「W（ホワイト）」とあるほうに白線を差し込む。

3

コンセントとスイッチをわたり線（黒）でつなぐ。

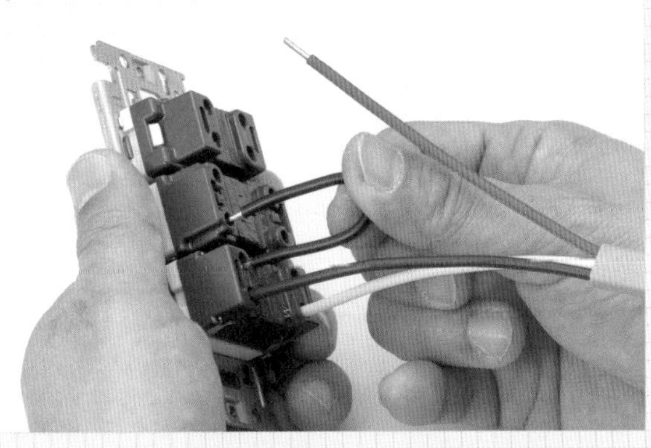

▼

4

コンセントの接地側とパイロットランプをわたり線（白）でつなぐ。

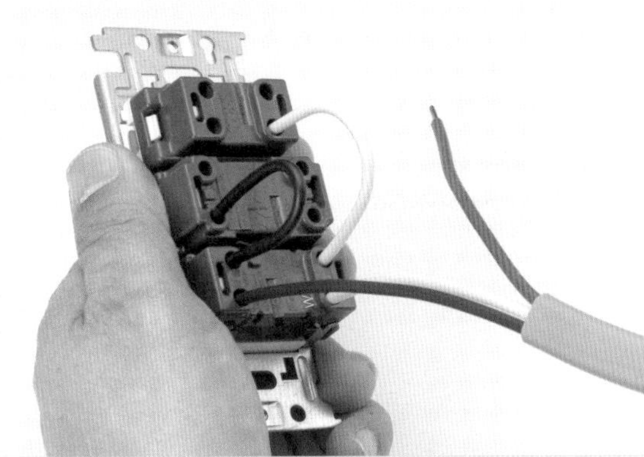

▼

5

スイッチと照明器具につなぐケーブル（赤）をスイッチに結線する。

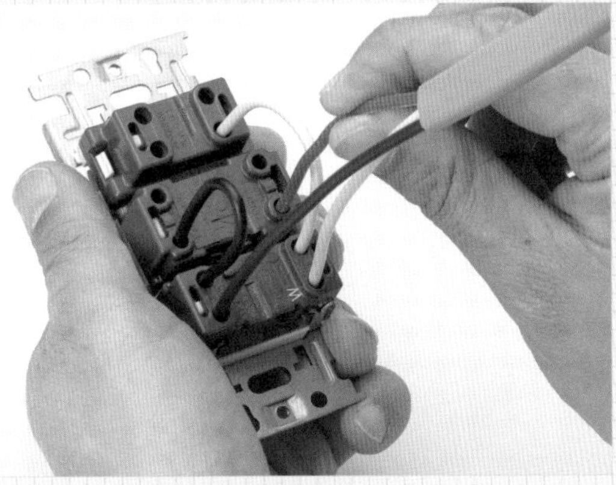

▼

6

スイッチとパイロットランプをわたり線（赤の線）で写真のように接続する。

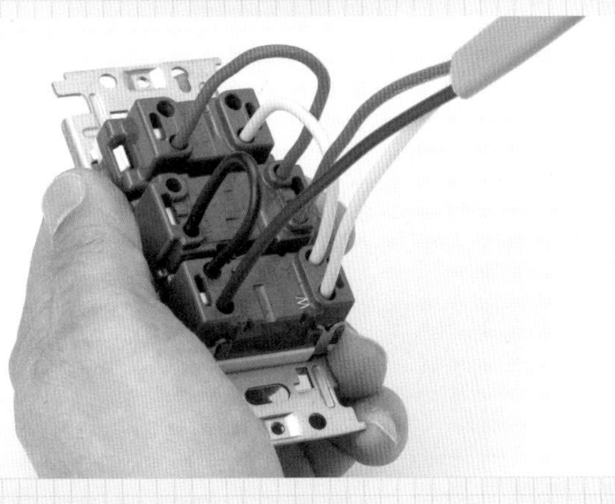

■

19 2口コンセントの結線

2口コンセントとは、すでに埋込連用取付枠に埋め込まれている２つ口のついたコンセントのことです。２つ口ですが、一組の結線穴に接地側電線と非接地側電線を差し込めば、どちらのコンセントにも通電します。

1 埋込連用器具の裏にあるストリップゲージで、差し込む心線の寸法を測り、絶縁被覆をむく。

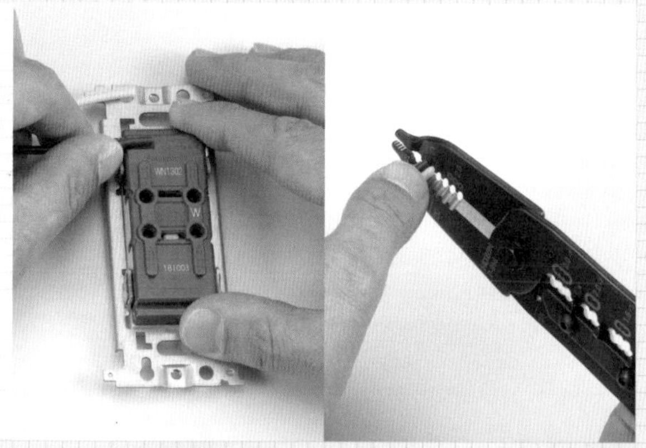

2 極性に注意して電源からの線を接続する。

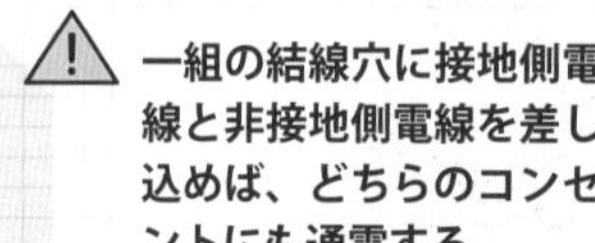

⚠ 一組の結線穴に接地側電線と非接地側電線を差し込めば、どちらのコンセントにも通電する。

これも覚えておこう！

コンセントから コンセントへの配線

候補問題 NO 2では、2口コンセントからもう1つの埋込コンセントへの接続をする。この場合、２口コンセントに電源からの線を接続した穴の下にある穴から線を伸ばして結線する。

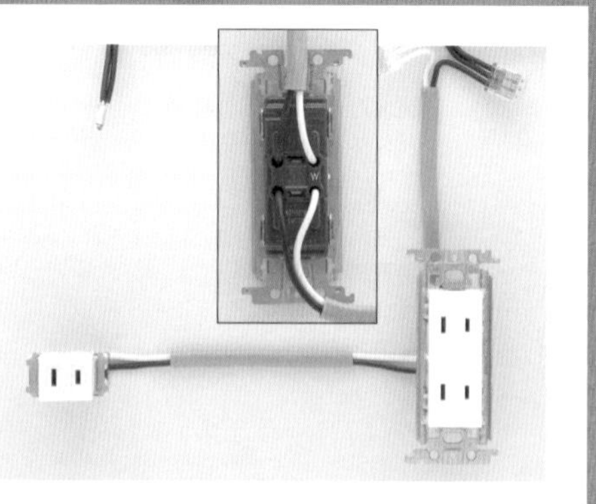

20 接地端子付接地極付コンセントの結線

接地端子と接地極がついているコンセントには電源からの線と、接地用の線を接続する必要があります。接続のしかたは簡単ですが、接続する箇所を間違えないようにしましょう。

1 埋込連用器具の裏にあるストリップゲージで、差し込む心線の寸法を測り、絶縁被覆をむく。接地線の片側もむいておく。

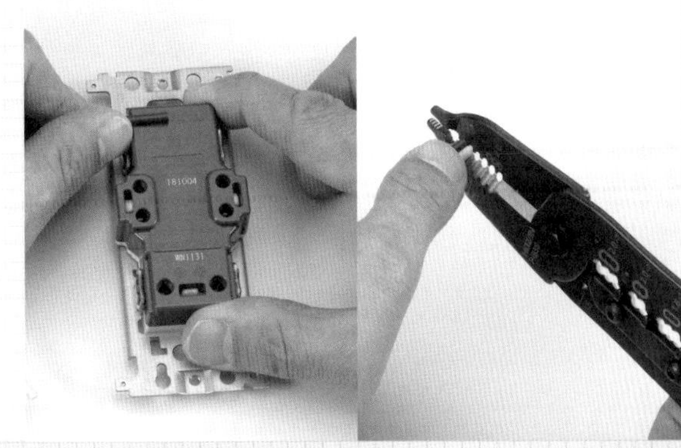

2 まず電源からの線を接続する。極性に注意して、「接地側」「W（ホワイト）」と書いてあるほうに白線を接続する。

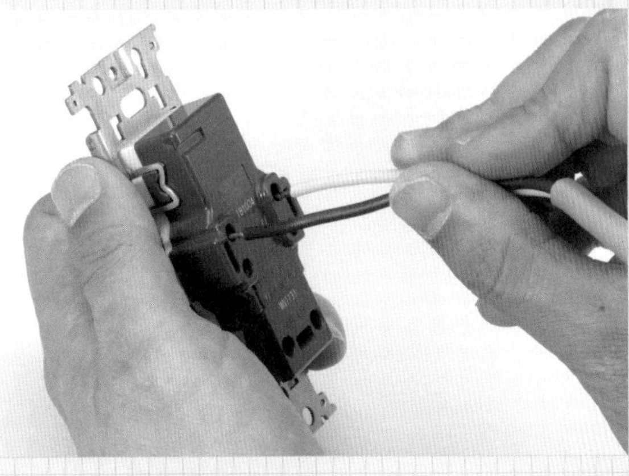

3 一番下にある接地端子に接地線を接続する。

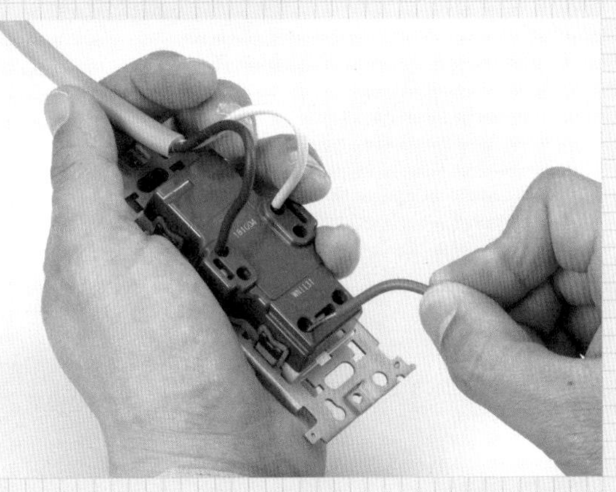

20A250VE コンセントの結線

20A250VE コンセントはエアコンなどに使われるコンセントです。接地用電線を接続する必要がありますが、施工条件に何も書かれていなければ電源側の電線の色は問われません。結線する位置を間違えないように注意しましょう。

20A250VE コンセントの形状と電線の差込位置

一番上と下にある穴が電源端子、左の２つある穴が接地端子。施工条件に何も書かれていなければ、電源端子に差し込む電源側の電線の色は問われない。接地端子には緑色の電線を差し込む。

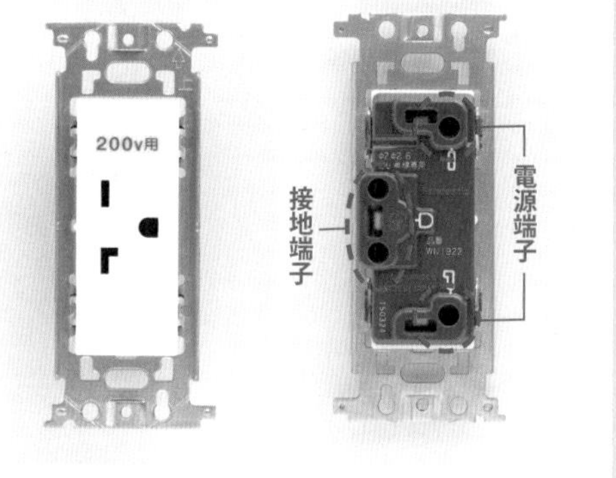

1 埋込連用器具の裏にあるストリップゲージで、差し込む心線の寸法を測って絶縁被覆をむいたら、まず接地線から差し込む。

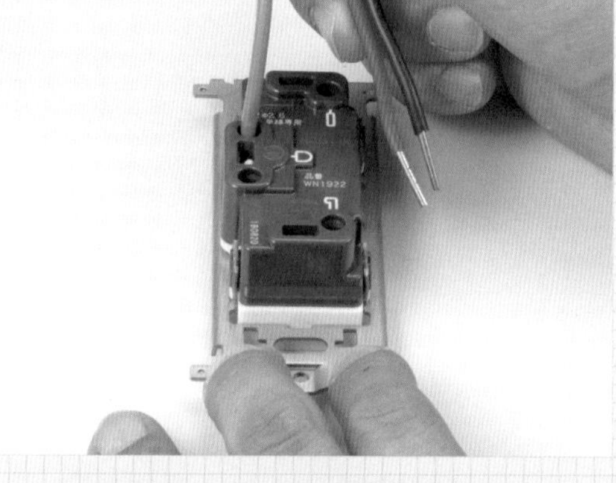

2 次に電源からの電線を差し込む。施工条件に何も書かれていなければ、上が赤線、下が黒線になってもかまわない。

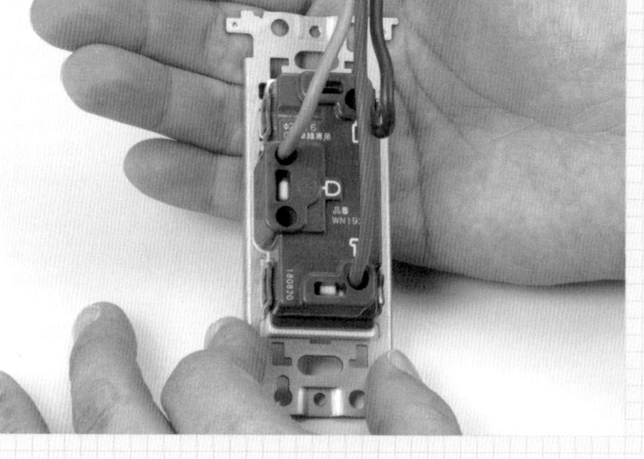

22 3路スイッチ、3路／4路スイッチの結線

3路スイッチ、**3路／4路スイッチ**の結線はスイッチのしくみを知ったうえで正確に複線図が書けることが肝心です。実際に結線するときは複線図を確認しながら慎重に行うようにしましょう。また、3路スイッチと4路スイッチの外見はとてもよく似ています。裏に書かれているスイッチの形状を確認し間違えないようにしましょう。

3路スイッチの配線

左の3路スイッチの結線

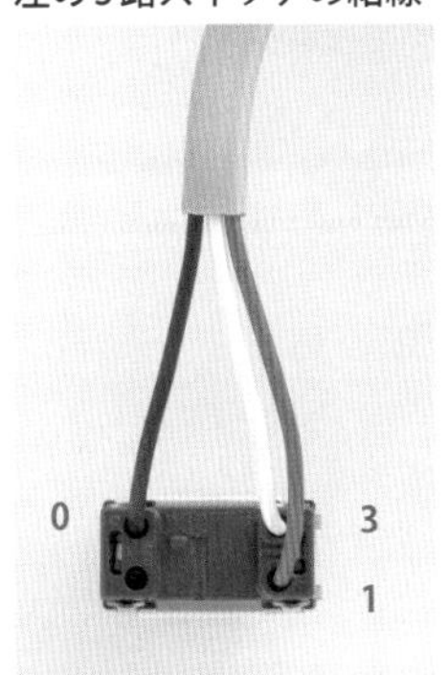

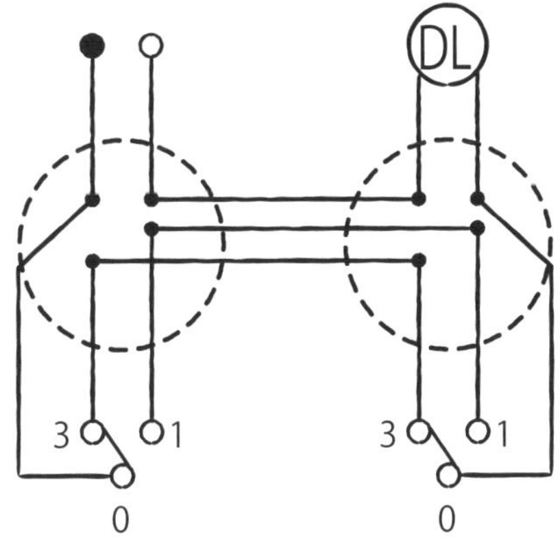

右の3路スイッチの結線

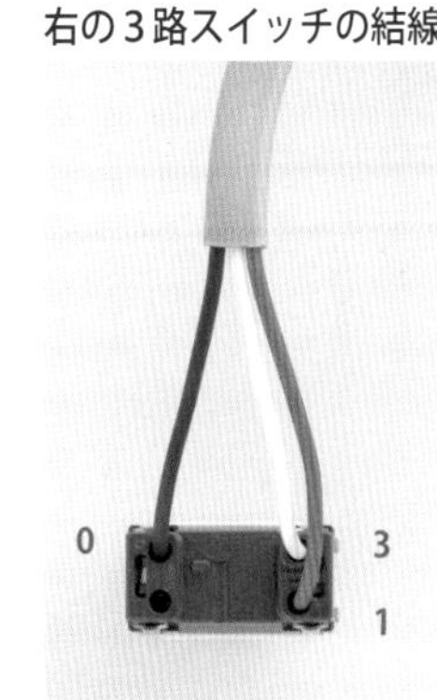

3路スイッチの配線方法は施工条件で、「0」端子には電源側または負荷側の電線を結線し、「1」と「3」端子にはスイッチ相互間の電線を結線することになっている。したがって、「0」端子に黒線を差し込み、「1」と「3」端子は「白」と「赤」を配線する。２つのスイッチで同じ配線になるように接続するとわかりやすい。

3路／4路スイッチの配線

4路スイッチの結線

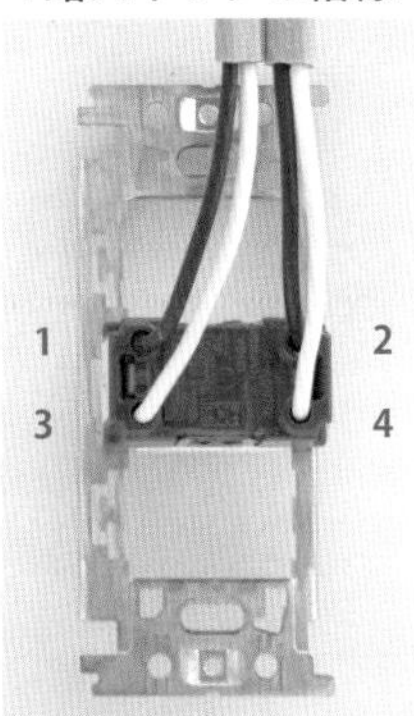

3路スイッチの結線

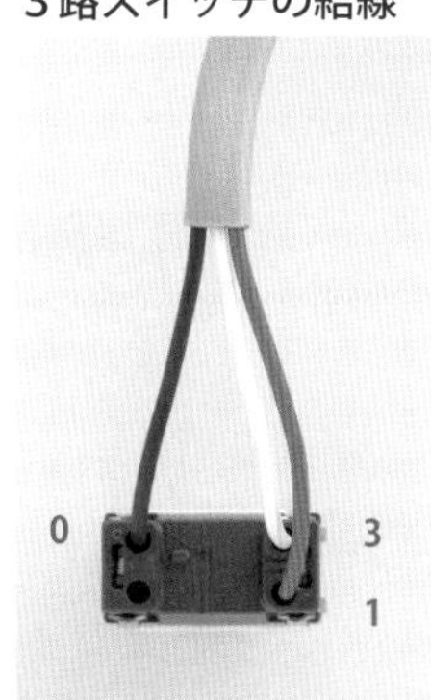

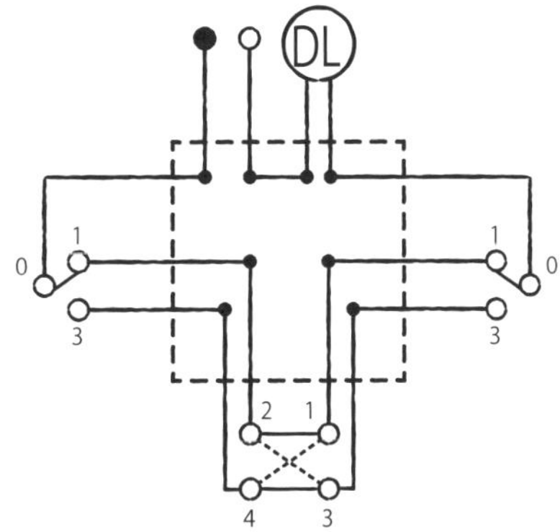

3路スイッチの配線方法は上記の「3路スイッチ」と同様に行う。４路スイッチは、「2」と「4」端子を一方の3路スイッチに、「1」と「3」端子をもう一方の3路スイッチに結線する。したがって、「2」と「4」端子の結線に１本のVVF2心、「1」と「3」端子の結線にもう１本のVVF2心を使うことになる。

23 配線用遮断器の結線

屋内配線用の過電流遮断器として**配線用遮断器**が回路に組み込まれている問題が出題されることがあります。配線用遮断器には極性がありますから、**接地側**（**N＝ニュートラル**）に白線を**非接地側**（**L＝ライブ**）に黒線を接続します。また接続後はねじ止めを忘れないようにしましょう。

1 接続するケーブルの外装を5～10ｃm程度むく。

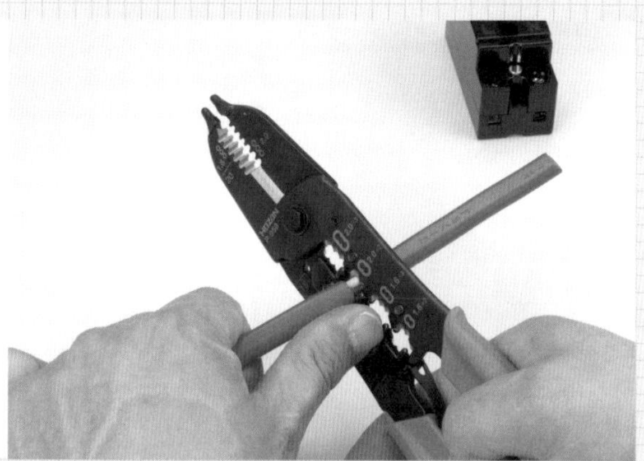

2 配線用遮断器の結線部分に絶縁被覆を当てて、被覆をむく寸法を測った後、絶縁被覆をむいて心線を出す。

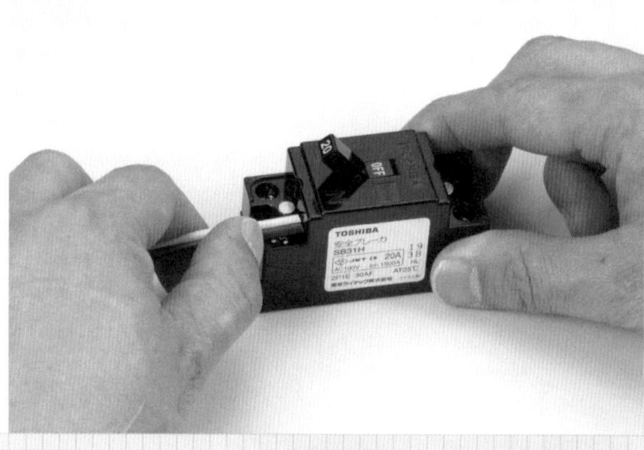

3 配線用遮断器のねじを緩める。

配線用遮断器は上下どちらにも結線できるようになっている。通常、上下どちらを電源側、負荷側にしてもかまわない。

4 N（ニュートラル）端子に白線を、L（ライブ）端子に黒線を差し込む。

5 ねじを締めて接続する。

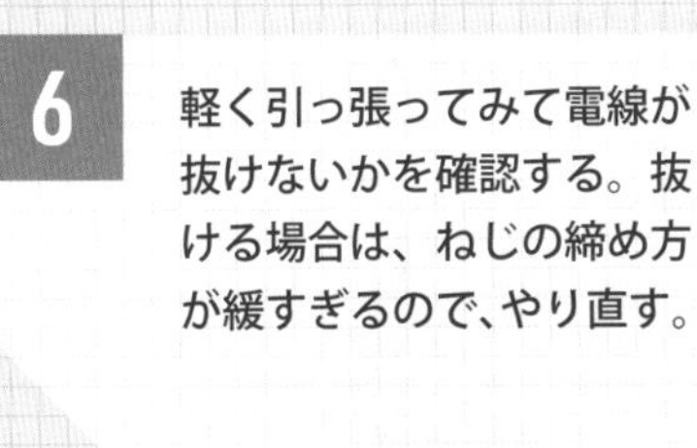
⚠ ねじを締める前に絶縁被覆をかんでいないか、また心線が5mm以上露出していないかを確認する。

6 軽く引っ張ってみて電線が抜けないかを確認する。抜ける場合は、ねじの締め方が緩すぎるので、やり直す。

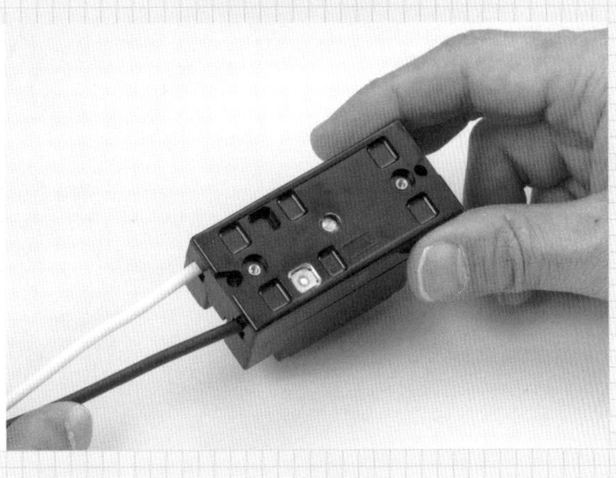

7 極性に間違いがないかをもう一度確認して完成。

24 端子台の結線

技能試験では、配線用遮断器や漏電遮断器、タイムスイッチや自動点滅器などへの結線の代用として**端子台**が用いられることがあります。代用する器具によって極数が異なりますが、結線のしかたは同じです。絶縁被覆のはぎ取り寸法に気をつけましょう。

端子台とは？

元々盤や機器への結線に用いられる器具だが、技能試験では配線用遮断器や自動点滅器の代用として用いられる。極数は問題によって異なるが、結線の方法は同じ。

1

端子台に電線を当てて差し込む長さを測り、切断する位置と人差し指と親指ではさむ。

⚠ **短すぎると絶縁被覆をかんでしまうおそれがあるので、数ミリ長めにするとよい。**

▼

2

人差し指と親指ではさんだ位置にケーブルストリッパを当てて絶縁被覆をはぎ取る。

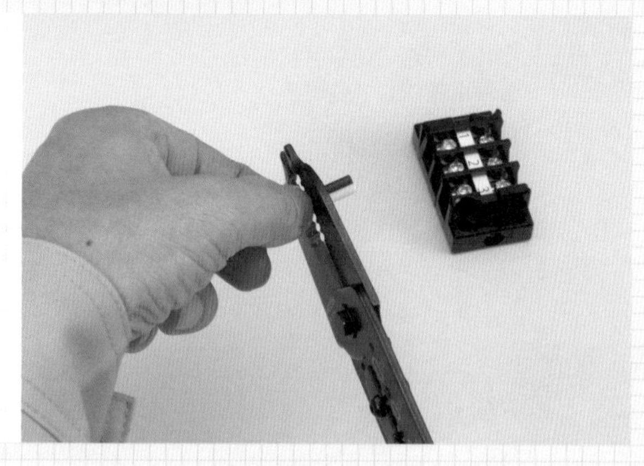

▼

3 端子台のねじを、心線が差し込めるスペースが空く程度緩める。

4 端子台から1mm程度心線が出る程度の長さに調整し、極性を確認して心線を差し込む。

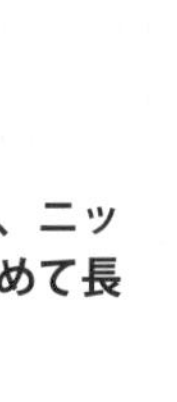

心線が長すぎたら、ニッパーなどで切り詰めて長さを調整する。

5 絶縁被覆をかんでいないかを確認してねじを締める。

6 1極に2本の心線を差し込む場合は、ねじの左右に2本差し込んでからねじを締める。

25 PF管の取り付け

合成樹脂管のうち**可とう電線管**（**PF 管**）をアウトレットボックスに取り付ける作業が出題されることがあります。PF 管を引っ張ったとき、ロックナットが外れたりしないように確実に差し込むことと、アウトレットボックスに装着してからロックナットをしっかりと締めてぐらつきなく取り付けることがポイントです。

ボックスコネクタと PF 管が支給される。問題によっては、アウトレットボックスに接続するほうのみにボックスコネクタを装着する場合がある。その場合はボックスコネクタは１つだけ支給される。

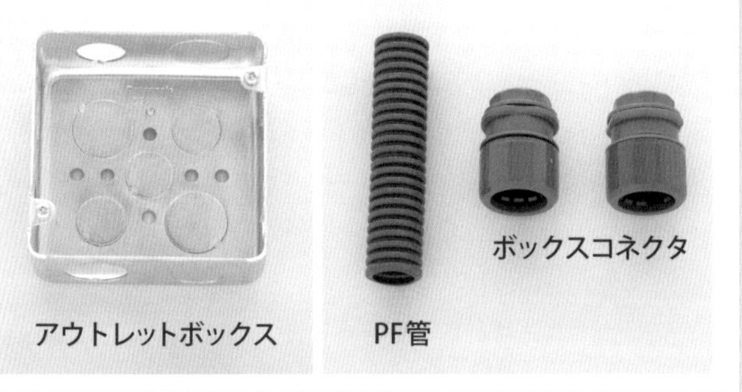

1 ボックスコネクタの留め具にPF管を強く押し込んで取り付ける。

2 ボックスコネクタについているロックナットを外す。

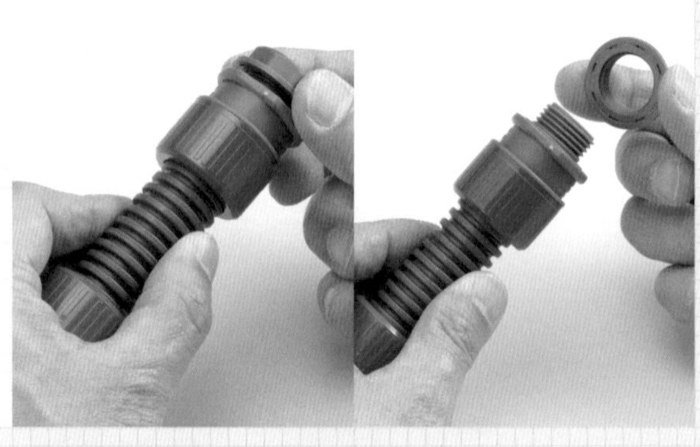

3 アウトレットボックスの外側からボックスコネクタ付きPF管を差し込み、アウトレットボックスの内側からロックナットを取り付ける。

4 手でしっかり締まらないときは、ウォータポンププライヤでさらに締める。

これも覚えておこう！

ボックスコネクタをアウトレットボックス側のみにつける問題も

本書の候補問題NO12の解説では、ボックスコネクタをPF管の両側に装着しているが、問題によっては「ジョイントボックス（アウトレットボックス）側に取り付けること」として、1つのボックスコネクタのみ支給されることがある。その場合、一方は取り付けなくてもよい。

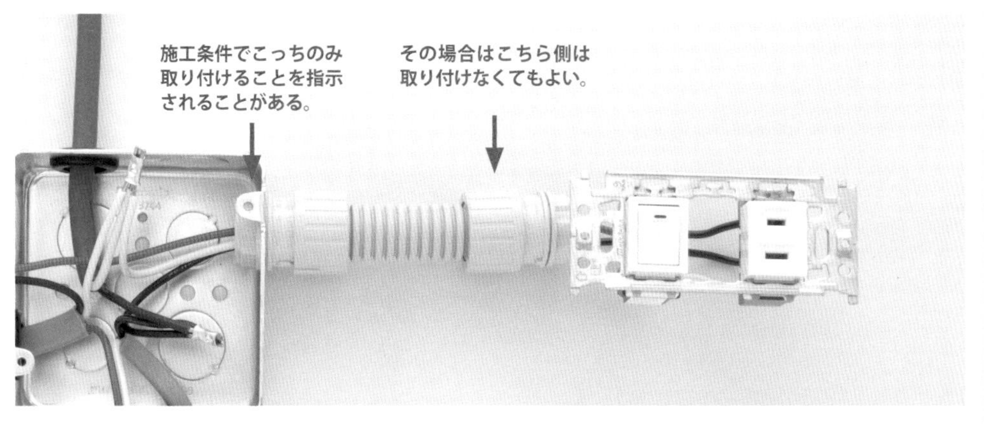
施工条件でこっちのみ取り付けることを指示されることがある。
その場合はこちら側は取り付けなくてもよい。

26 ねじなし電線管の取り付け

技能試験では、**ねじなし電線管**をアウトレットボックスに取り付ける作業が出題されることがあります。コネクタのねじのねじ切り、ロックナットのつけ忘れ、接続の不備（ぐらつき）など、欠陥が発生しやすい作業です。また、手際よく進めないと時間もかかるので、何度も練習して手順をつかんでおくことが大切です。

金属製ねじなしボックスコネクタ、絶縁ブッシング、ねじなし電線管が支給される。アウトレットボックスに接続するほうのみにボックスコネクタを装着する場合がある。その場合、ボックスコネクタは１つだけ支給される。

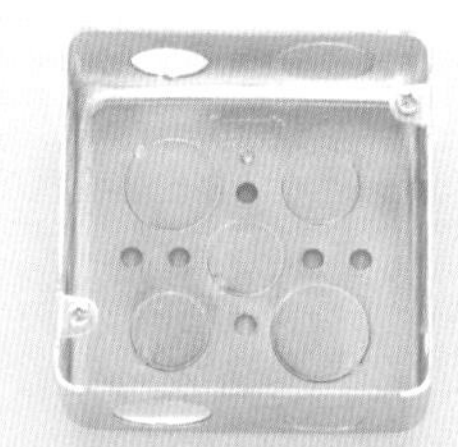

アウトレットボックス

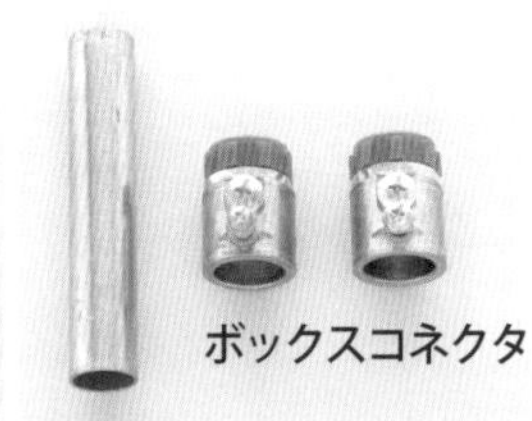

ねじなし電線管

ボックスコネクタ

1 コネクタについているねじを緩める。ねじなし電線管が差し込める程度に緩めればOK。

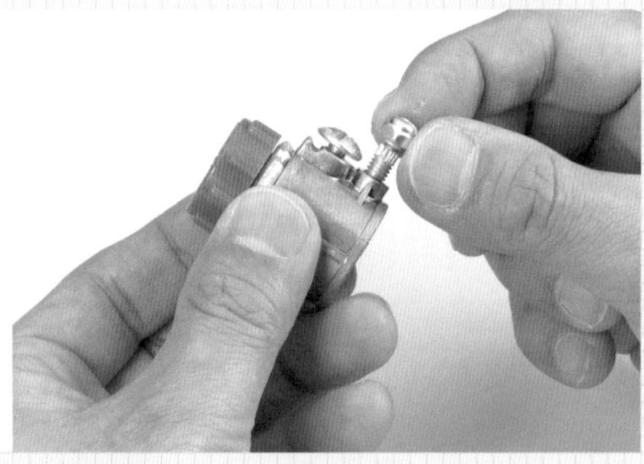

2 コネクタにねじなし電線管を奥までしっかり差し込む。

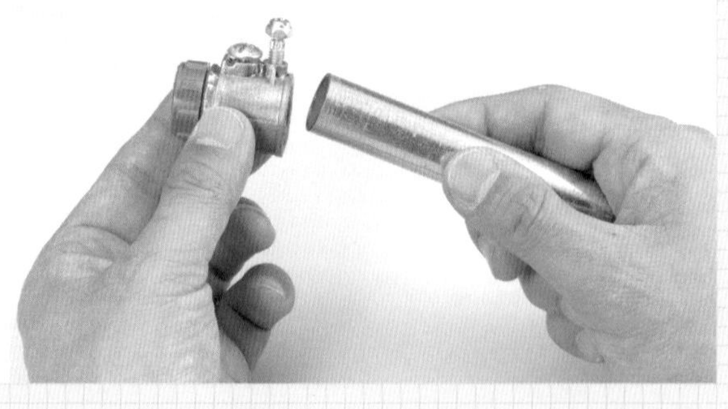

3 奥まで差し込んだ状態で手でねじを締める。

4 ねじがある程度締まったら、プラスドライバでさらに締めつける。

⚠ **ねじを締め続けることでねじの頭を切ることもできる。**

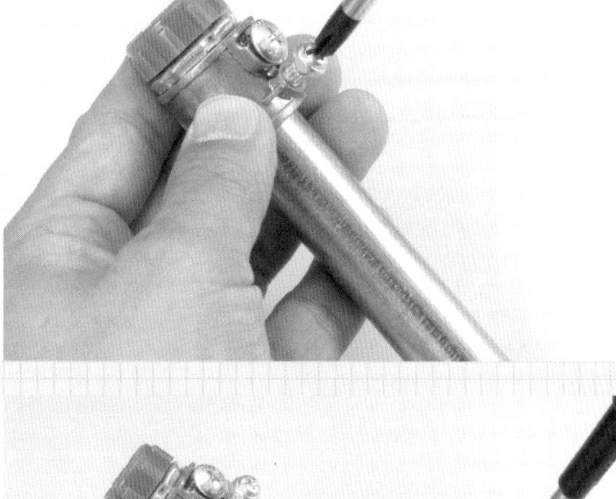

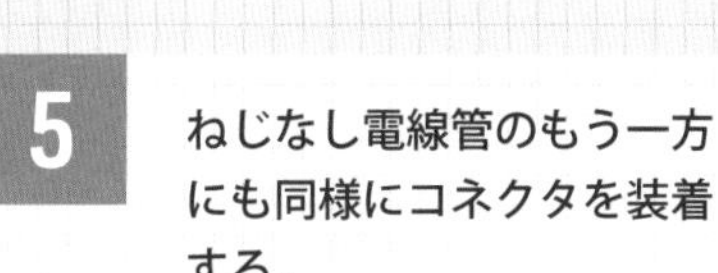

5 ねじなし電線管のもう一方にも同様にコネクタを装着する。

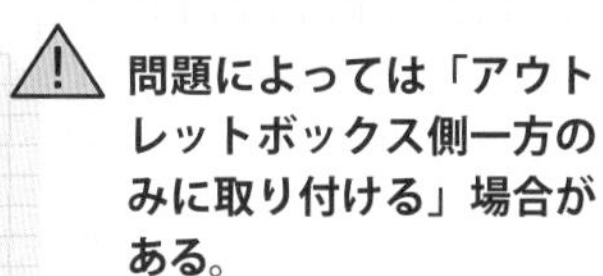

⚠ **問題によっては「アウトレットボックス側一方のみに取り付ける」場合がある。**

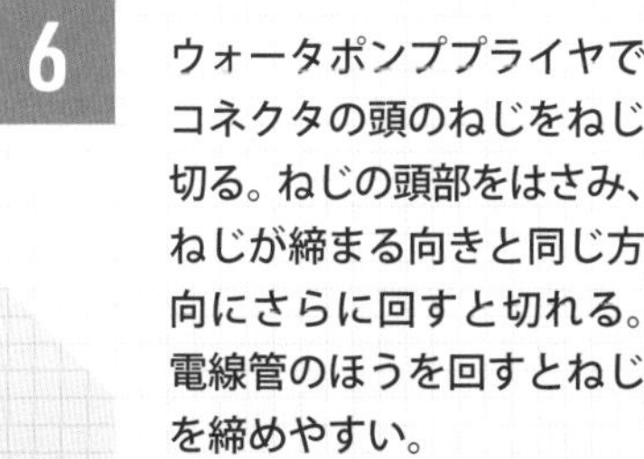

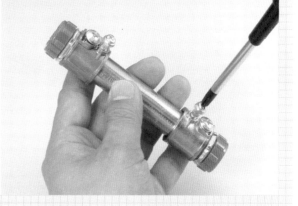

6 ウォータポンププライヤでコネクタの頭のねじをねじ切る。ねじの頭部をはさみ、ねじが締まる向きと同じ方向にさらに回すと切れる。電線管のほうを回すとねじを締めやすい。

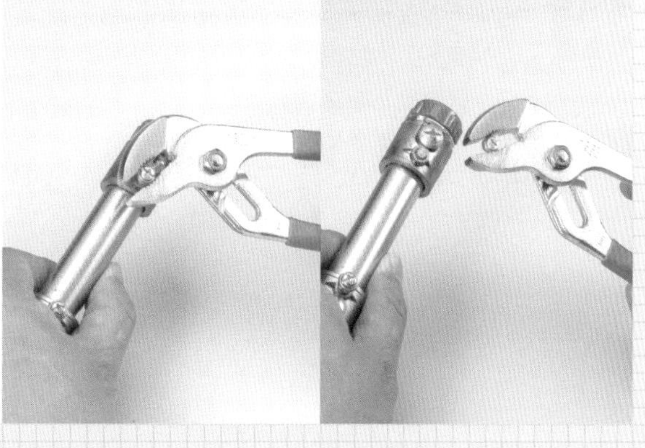

7

コネクタについている絶縁ブッシングを外す。

⚠ **絶縁ブッシングとロックナットはアウトレットボックスに装着する直前に取り外したほうが、装着ミスが防げる。**

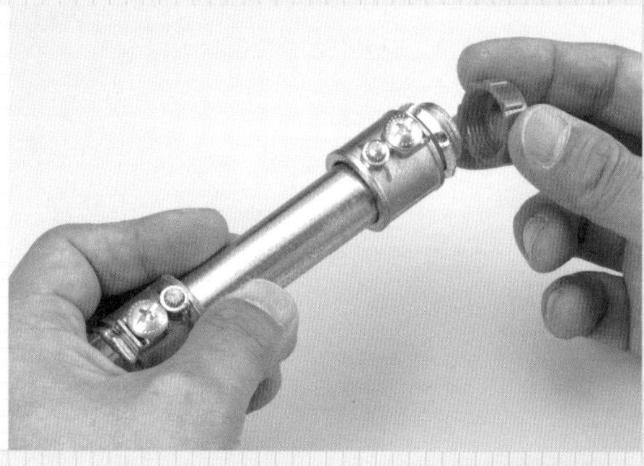

▼

8

コネクタについているロックナットを外す。

⚠ **ロックナットは一方が凸状、もう一方が凹状になっている。**

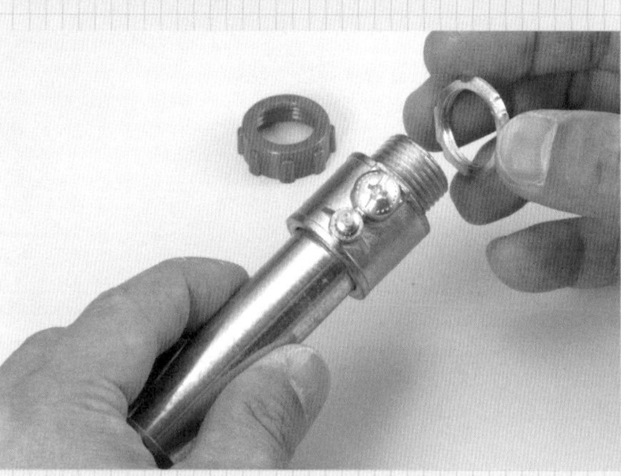

▼

9

ねじなし電線管をアウトレットボックスに差し込み、ロックナットを取り付ける。

⚠ **ぐらつきなく確実に取り付けるために、ロックナットの凹状になっている部分をアウトレットボックスと接する側になるように。**

▼

10

ウォータポンププライヤでロックナットを締めつける。ロックナットをプライヤで固定して電線管をひねると締めつけやすい。

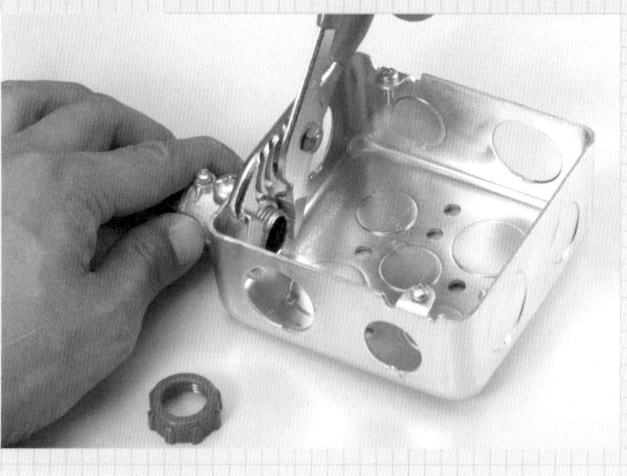

▼

絶縁ブッシングを取り付ける。

絶縁ブッシングとロックナットの装着を忘れてからボックス内の電線を結線してしまうとやり直しが難しい。注意しよう。

12

ぐらつきがないことを確認して完成。

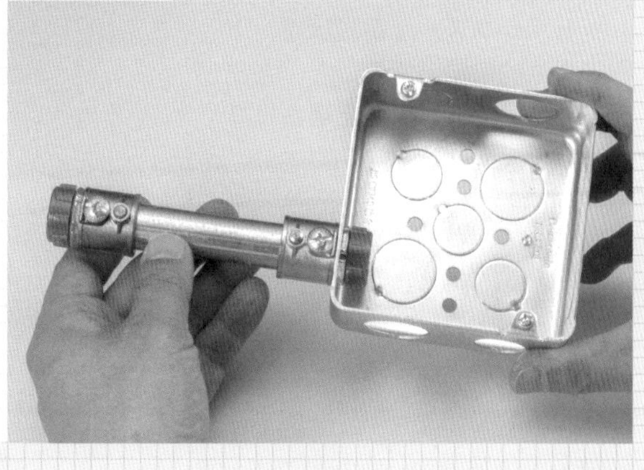

これも覚えておこう！

ねじなしボックスコネクタをアウトレットボックス側のみにつける問題も

本書の候補問題の解説では、ボックスコネクタを金属管の両側に装着しているが、問題によっては「ジョイントボックス（アウトレットボックス）側に取り付けること」として、1つのボックスコネクタのみ支給されることがある。その場合、反対側は取り付けなくてもよい。

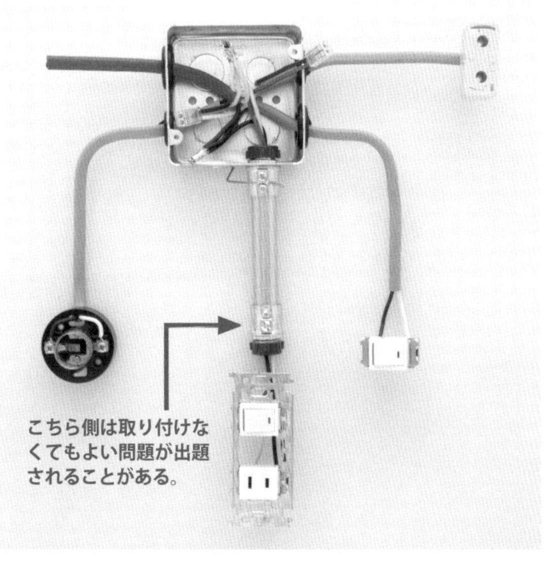

こちら側は取り付けなくてもよい問題が出題されることがある。

27 ボンド線の取り付け

動画をチェック

ボンド線とは、アウトレットボックスと金属管をつなぐ裸銅線のことで、これによって金属管を接地することができます。作業自体は難しくないのですが、ボンド線の通し方に決まりがあります。試験では、省略されることが多いのですが、技能の１つとして覚えておきましょう。

ボンド線が支給されて、「アウトレットボックスと金属管はボンド線で電気的に接続すること」と施工条件が提示されていた場合はこの工事を行う必要がある。

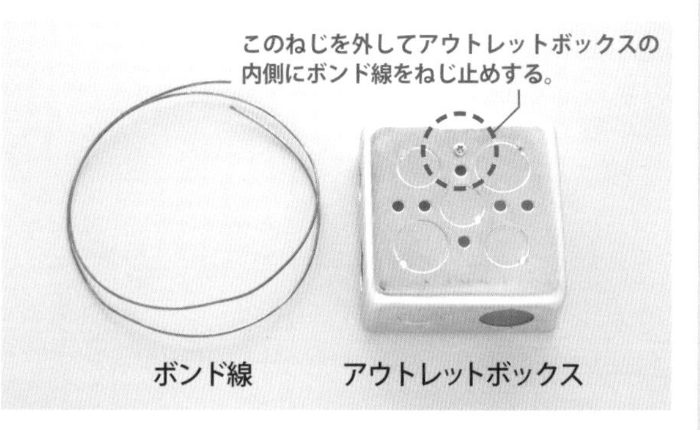
このねじを外してアウトレットボックスの内側にボンド線をねじ止めする。
ボンド線
アウトレットボックス

1 アウトレットボックスについている「接地用取付ねじ」を外す。

2 輪作りをしたボンド線をねじを外した穴に通して、輪作りの輪とねじ穴を重ねてねじで止める。

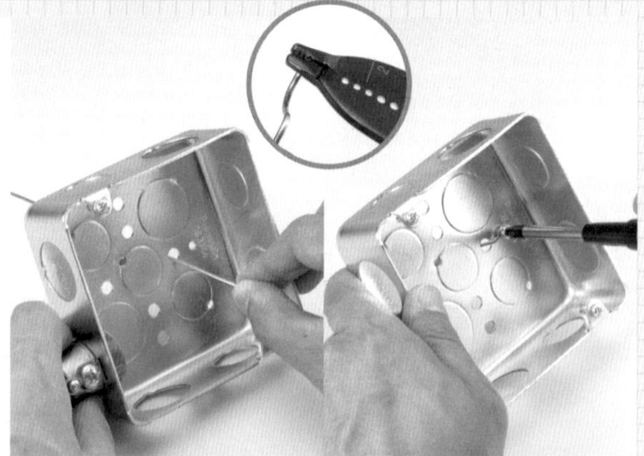

3 ボックスコネクタについているボンド線用の止めねじを緩め、止めねじのところにある溝にボンド線を通す。

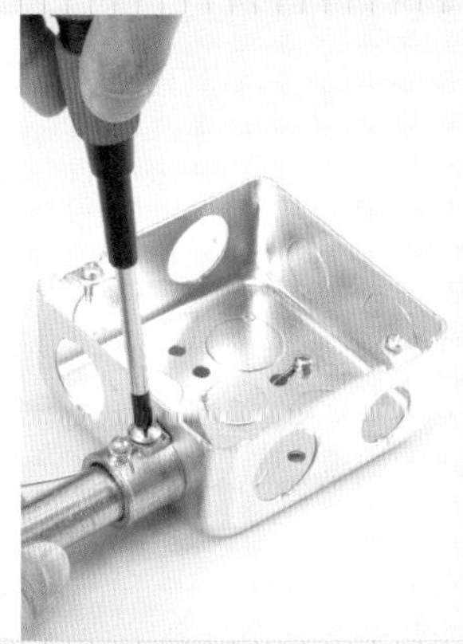
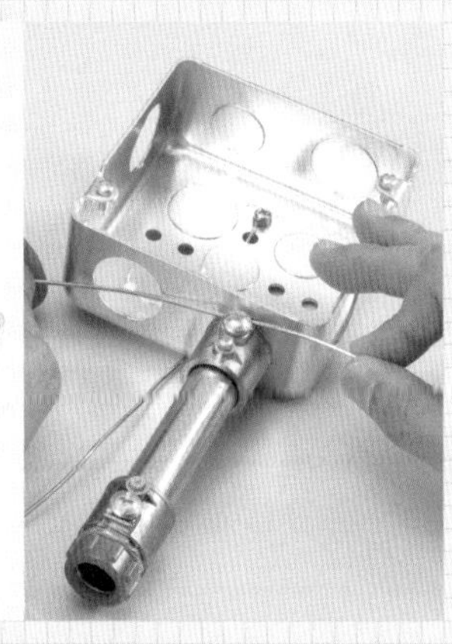

4 ボンド線をねじで止めて余った銅線を切断する。止めねじの端からボンド線が少し出ている状態にする。

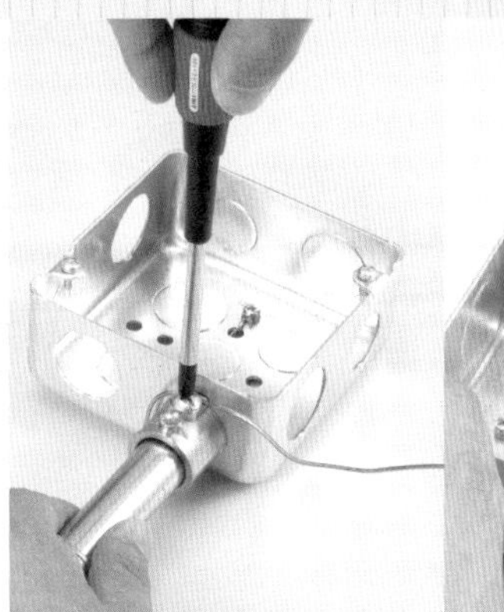
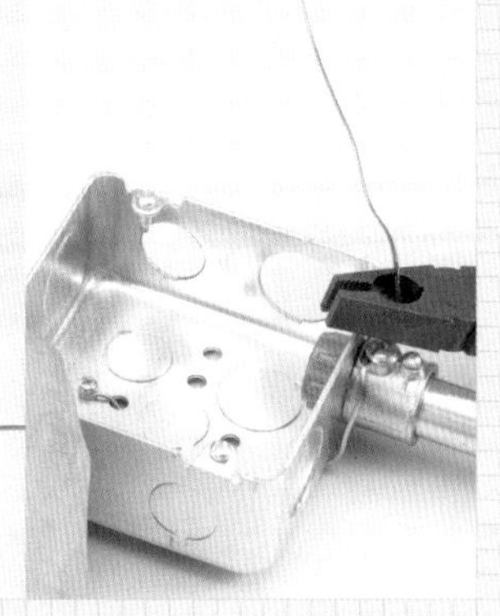

5 ボンド線がしっかり接続されているか確認する。

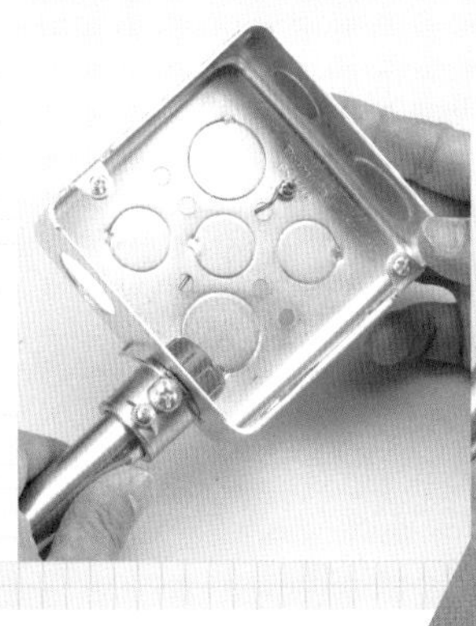
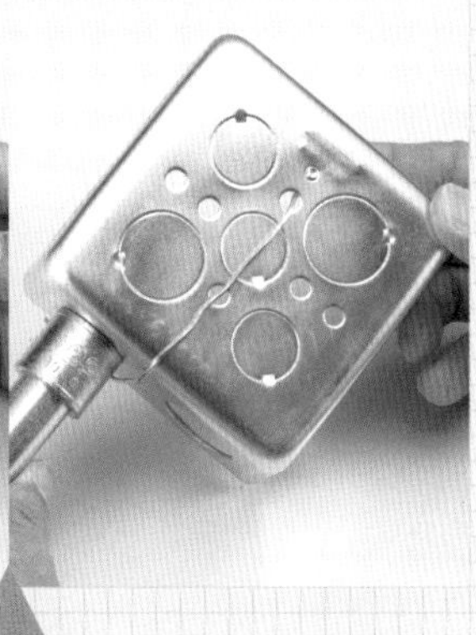

これも覚えておこう！

ボンド線を通す溝はボックスコネクタの形状によって異なる。写真のタイプは溝が２箇所あるが、どちらにつけてもかまわない。溝が１箇所しかないボックスの場合は、その溝に通すようにすること。

28 ゴムブッシングの取り付け

動画をチェック

ゴムブッシングとは、アウトレットボックスの電線を通す穴に装着するゴム製の絶縁材料です。技能試験では、ゴムブッシングを装着する穴があらかじめ打ち抜いてあるので、そこに正しく装着します。ゴムブッシングを装着しないでボックス内の電線を結線してしまうとやり直しが大変なので、装着ミスには注意しましょう。

ゴムブッシングには19mmと25mmのものがある。アウトレットボックスの穴の径にあわせて、取り付けるゴムブッシングを選ぶ。また、ゴムブッシングの裏表は関係ない。アウトレットボックスの穴にゴムブッシングの溝に確実にはまるようにすること。

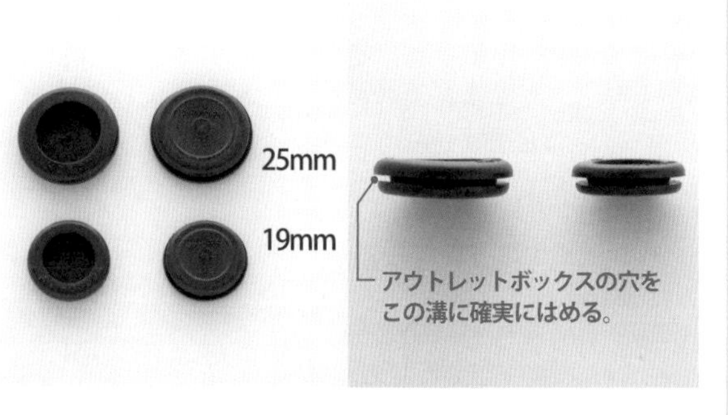
25mm
19mm
アウトレットボックスの穴を
この溝に確実にはめる。

1 電工ナイフでゴムブッシングに切れ込みを入れる。この切れ込みから電線を通すことになる。

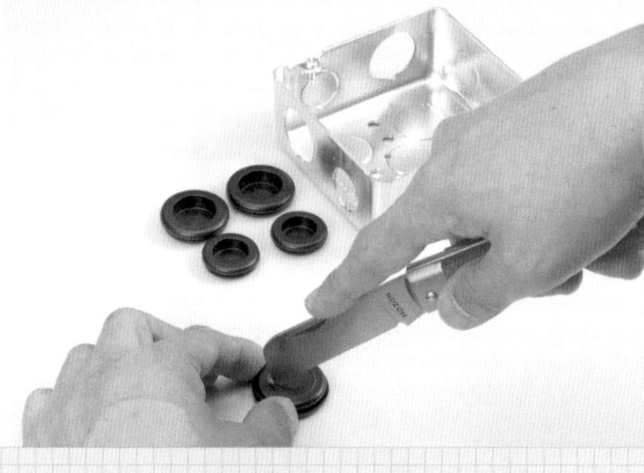

▼

2 アウトレットボックスの外側からゴムブッシングを装着する。アウトレットボックスの穴のラインにゴムブッシングの溝が確実にはまるようにする。

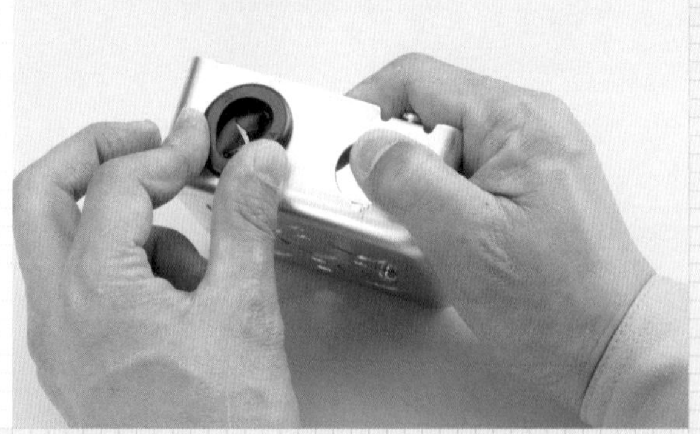

■

これも覚えておこう！

電工ナイフの安全な使い方

ＶＶＲケーブルの外装をはぎ取るときや、ゴムブッシングの切れ込みを入れるときなどに電工ナイフが用いられる。電工ナイフは折りたたみ式の電気工事専用ナイフで、刃を正しく開いたり閉じたりしないと、工事中にケガをするおそれがある。また、使い終わったら、必ず閉じて隅に置くことを心がけよう。

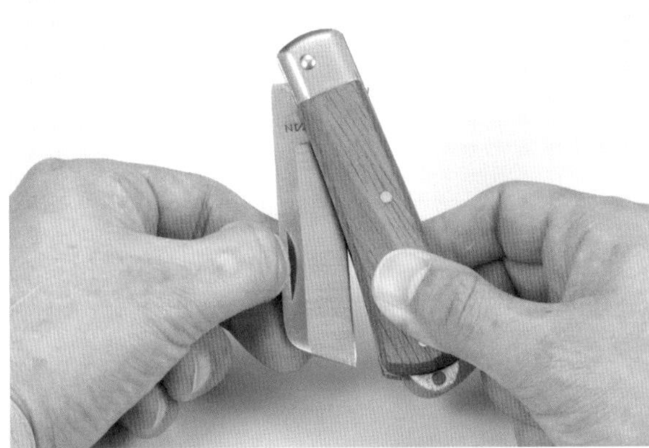

刃の出し方

刃についている爪を引っ掛ける穴に爪をかけてゆっくりと刃を引き出す。

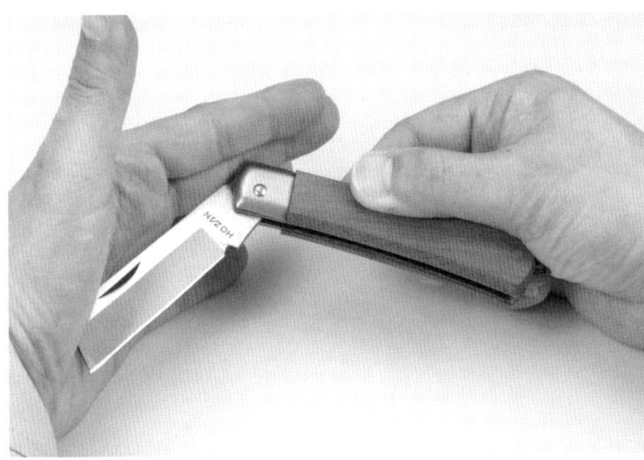

刃の閉じ方

刃の背を手の平で押さえてゆっくりと閉じる。閉じるとき、刃が収まるところに指をかけないように注意しよう。

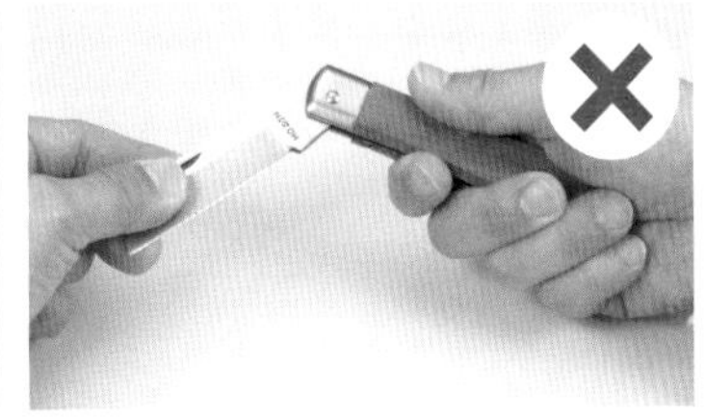

電工ナイフの使い方

電工ナイフは人差し指で刃の背を軽く押さえながら使うと、刃の向きの調整、力の入れ具合を微妙に調整することができる。

防護管の取り付け

防護管（ぼうごかん）とは、木造のメタルラス張り（モルタルを塗るときに使われる金属製の網）や金属板張りの壁にケーブルを通す場合、絶縁用に使われる樹脂製の管のことです。技能試験でその施工を行うことがあります（最近は出題されていません）。

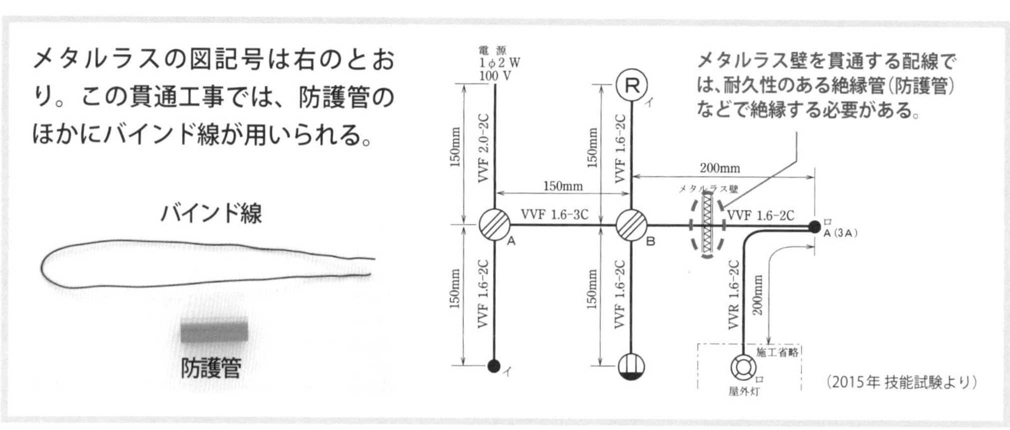

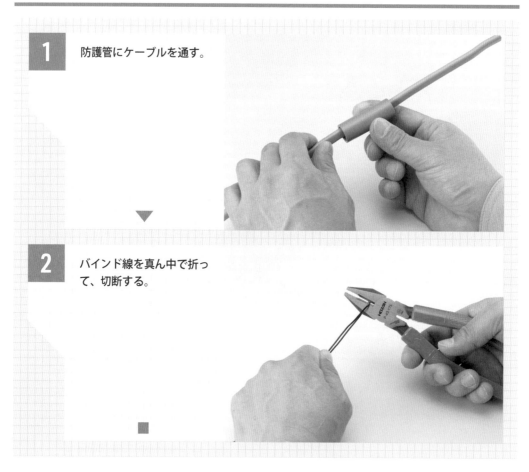

1 防護管にケーブルを通す。

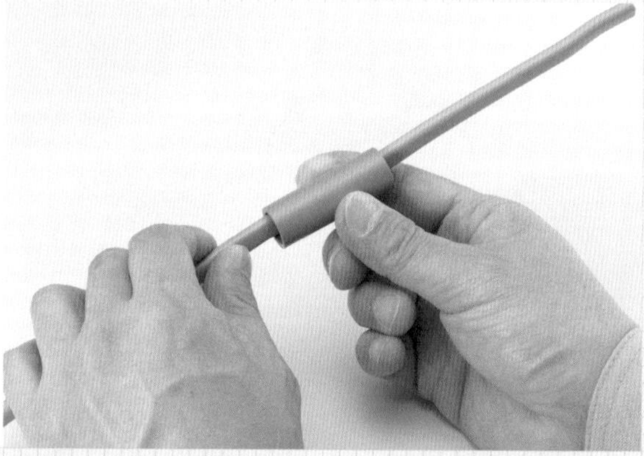

2 バインド線を真ん中で折って、切断する。

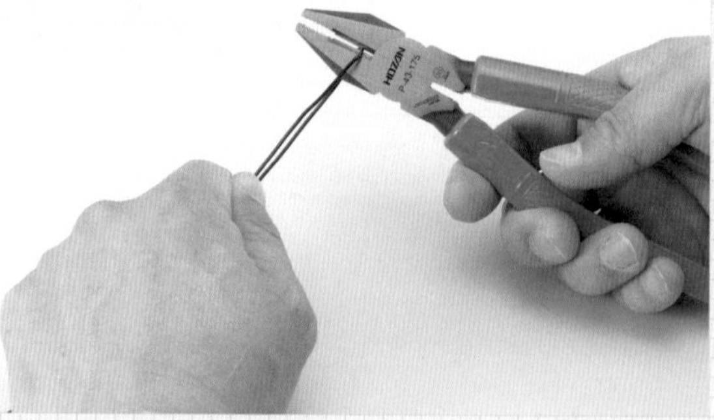

3

防護管を取り付ける位置を決めたら、その防護管の端が来る位置にバインド線を巻く。ケーブルに３～４回巻きつける。

⚠ **バインド線が動かないことがポイント。しっかりと堅く巻きつけること。**

▼

4

巻きつけたバインド線を５～６回ねじる。ペンチを使ってねじってもよい。

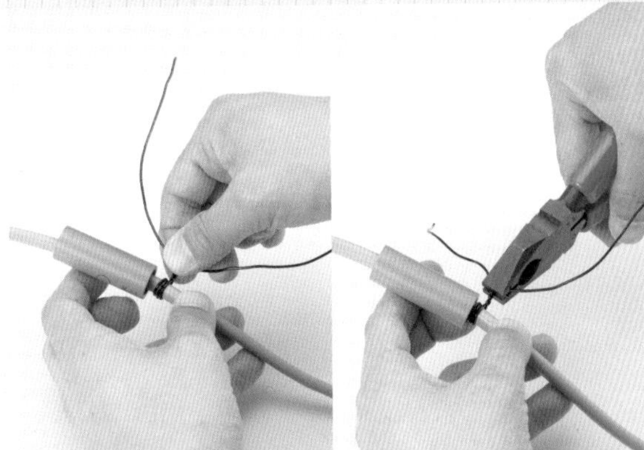

▼

5

余ったバインド線をペンチで切断して内側に折る。

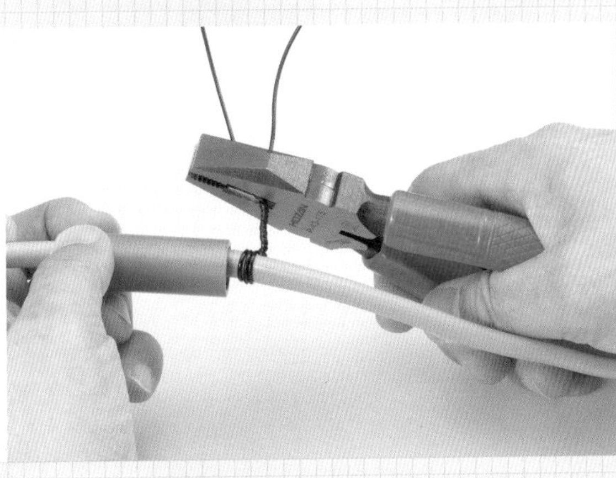

▼

6

もう一方も同様に施工する。防護管が動かないかを確認する。

⚠ **防護管が動いてしまう場合は、いったんバインド線を外して、ケーブルに取り付ける位置を調整して、しっかり巻きつける。**

■

コラム

電気技術者試験センターの公開資料で欠陥の詳細を必ずチェックしよう

「欠陥の判断基準」は、P.260 以降で解説していますが、より詳細なものが電気技術者試験センターの公開資料**「技能試験の概要と注意すべきポイント」**に掲載されています。

この資料は技能試験の要点をまとめたもので、全３部で構成されています。そのうち、「第Ⅲ部　押さえておくべき技能のポイント」に写真付きで適切な例と欠陥の例がまとめられています。試験前に入手して必ず目を通しておきましょう。

入手先 URL：https://www.shiken.or.jp/candidate/pdf/point2023.pdf

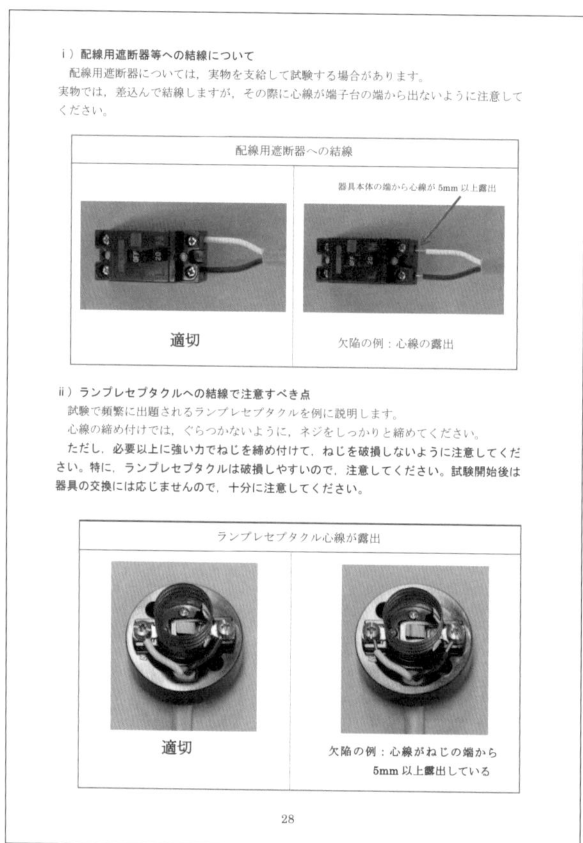

ⅰ）配線用遮断器等への結線について

配線用遮断器については，実物を支給して試験する場合があります。
実物では，差込んで結線しますが，その際に心線が端子台の端から出ないように注意してください。

ⅱ）ランプレセプタクルへの結線で注意すべき点

試験で頻繁に出題されるランプレセプタクルを例に説明します。

心線の締め付けでは，ぐらつかないように，ネジをしっかりと締めてください。

ただし，必要以上に強い力でねじを締め付けて，ねじを破損しないように注意してください。特に，ランプレセプタクルは破損しやすいので，注意してください。試験開始後は器具の交換には応じませんので，十分に注意してください。

28

「技能試験の概要と注意すべきポイント」の中面。
写真付きで適切な例と欠陥の例が載っている。時々改訂されるので、最新版を入手しよう。

PART 4

技能試験の概要

1 受験の準備とスケジュール

第２種電気工事士試験の受験に当たっては、試験の実施団体である「一般財団法人 電気技術者試験センター」が発行する受験案内、WEB サイトを参考に試験のスケジュールを確認しましょう。

受験の準備

技能試験の受験に際しては、試験の実施団体である「一般財団法人 電気技術者試験センター」が発行する「**技能試験の概要と注意すべきポイント**」を入手しましょう。これは技能試験の流れや出題の意図などの要点をまとめた小冊子で、試験センターの WEB サイトからダウンロードが可能です。年始めに、最新版が公表されることがあります。

受験資格者

第２種電気工事士国家試験を受けるのに、年齢・性別・学歴・国籍などの制限は一切ありません。ただし、技能試験を受験できるのは、**学科試験の合格者**もしくは**学科試験を免除された人のみ**です。

学科試験免除の条件

次の条件に該当する場合、学科試験が免除され、技能試験のみの受験とすることができます。

- 前回の学科試験に合格、技能試験に不合格だった人
- 高等学校、高等専門学校及び大学等において経済産業省令で定める電気工学の課程を修めて卒業した人
- 電気主任技術者免状取得者
- 旧電気事業主任技術者資格検定規則による電気事業主任技術者の有資格者
- 旧自家用電気工作物施設規則第 24 条第１項（ヘ）及び（ト）の規定により電気技術に関し相当の知識経験を有すると認定された人
- 鉱山保安法第 18 条の規定による試験のうち、電気保安に関する事項を分掌する係員の試験に合格した人

工業高校の電気科を卒業した人は１次試験免除の対象になることが多いが、免除申し込みできることを知らない人がいる。心当たりがある人は、確認してみよう。

受験スケジュール

試験は上期と下期の2回行われる

第２種電気工事士国家試験は、上期と下期の年２回行われています。例年、日程は次のようになっています。なお、上期試験、下期試験の両方の受験申込みが可能です。

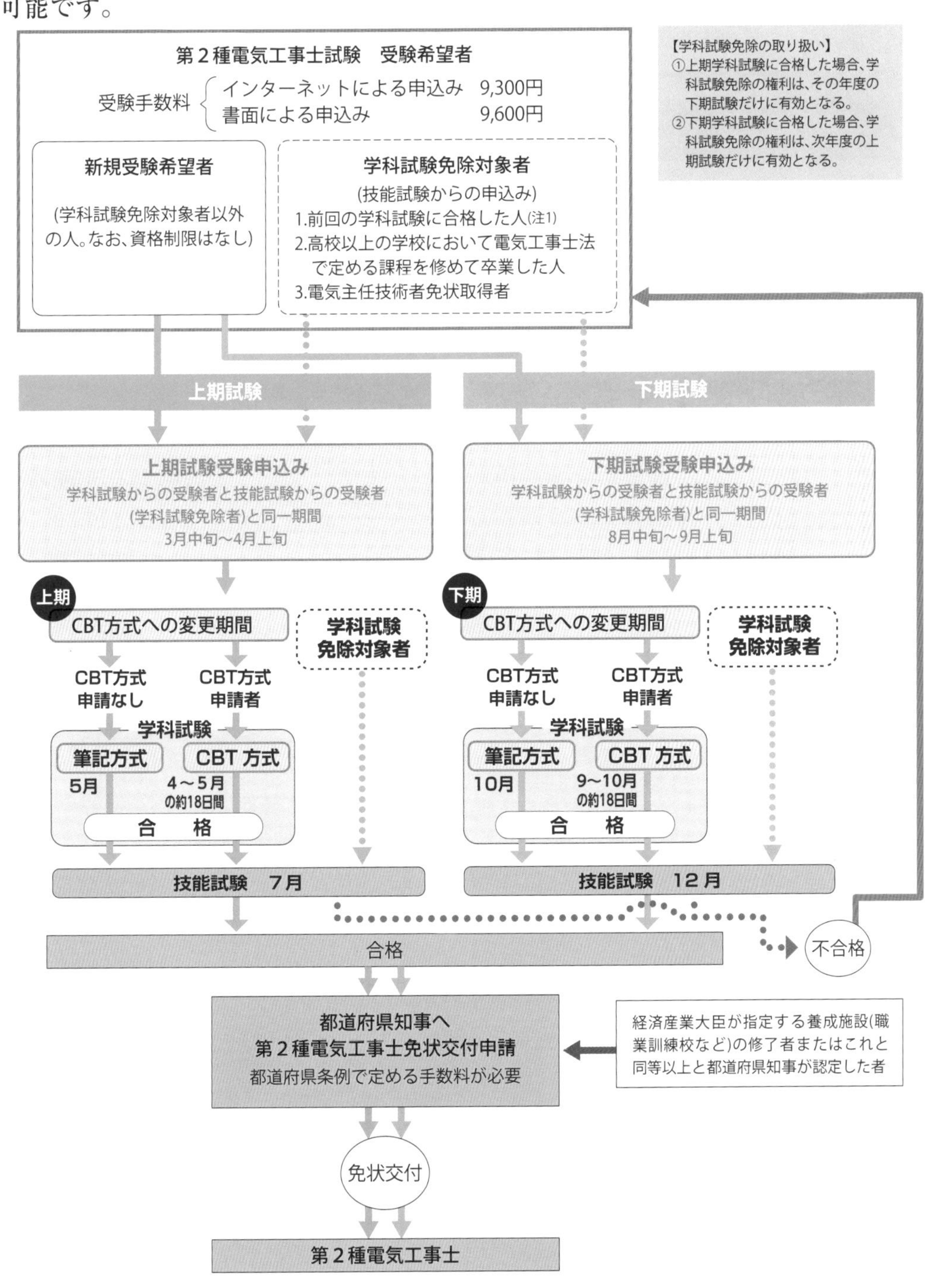

2 実際の試験の流れ

技能試験は時間との戦いです。試験当日の流れを知っておくと、落ち着いて試験を受けことができます。会場には早めに入室して作業する机の大きさから工具をどう配置するかなどをシミュレーションしておきましょう。また、練習の際には、本番さながらに時間を測って取り組んでみましょう。

1 試験会場への集合と着席

定められた着席時刻までに試験会場に入室します。着席時刻から５分以上遅れると受験できません。なお、受験票・写真票に写真が貼っていないと入室できません。

▼

2 試験開始前の注意と受験番号札の配布

受験に当たっての注意事項などの説明があります。また、受験番号札が配布されるので、受験番号と氏名を鉛筆やシャープペンシルで記入します。この際、鉛筆やシャープペンシル以外で記入すると受け付けてもらえません。

▼

3 試験問題と材料の配布

受験者カードへの記入などの後に、試験問題と支給材料が入った材料箱が配布されます。試験開始前に試験問題を開くと不正行為となります。

事前に候補問題を十分練習していると、この段階で何番の課題が出題されているのかを推測できるようになります。

材料の確認

- 試験問題の表紙にある「材料表」と支給材料を照合して材料の不足や不良、不備がないかを確認します。
- 不備や不足があった場合は、監督員に申し出ます。
（試験開始後の支給材料の交換は一切できません）
- ランプレセプタクル用の端子ねじやリングスリーブ、差込形コネクタは、作業のやり直し等により不足が生じた場合は、申し出れば追加支給してくれます。

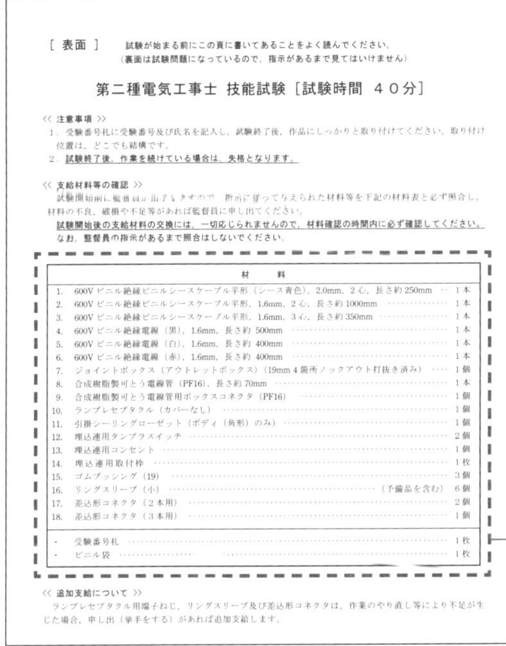

［ 表面 ］　試験が始まる前にこの頁に書いてあることをよく読んでください。
（裏面は試験問題になっているので，指示があるまで見てはいけません）

第二種電気工事士 技能試験［試験時間　４０分］

<< 注意事項 >>
1．受験番号札に受験番号及び氏名を記入し，試験終了後，作品にしっかりと取り付けてください。取り付け位置は，どこでも結構です。
2．試験終了後，作業を続けている場合は，失格となります。

<< 支給材料等の確認 >>
試験開始前に監督員が指示しますので，指示に従って与えられた材料等を下記の材料表と必ず照合し，材料の不良，破損や不足等があれば監督員に申し出てください。
試験開始後の支給材料の交換には，一切応じられませんので，材料確認の時間内に必ず確認してください。
なお，監督員の指示があるまで照合はしないでください。

	材　料	
1.	600V ビニル絶縁ビニルシースケーブル平形（シース青色），2.0mm，2心，長さ約 250mm	1本
2.	600V ビニル絶縁ビニルシースケーブル平形，1.6mm，2心，長さ約 1000mm	1本
3.	600V ビニル絶縁ビニルシースケーブル平形，1.6mm，3心，長さ約 350mm	1本
4.	600V ビニル絶縁電線（黒），1.6mm，長さ約 500mm	1本
5.	600V ビニル絶縁電線（白），1.6mm，長さ約 400mm	1本
6.	600V ビニル絶縁電線（赤），1.6mm，長さ約 400mm	1本
7.	ジョイントボックス（アウトレットボックス）（19mm 4 箇所ノックアウト打抜き済み）	1個
8.	合成樹脂製可とう電線管（PF16），長さ約 70mm	1本
9.	合成樹脂製可とう電線管用ボックスコネクタ（PF16）	1個
10.	ランプレセプタクル（カバーなし）	1個
11.	引掛シーリングローゼット（ボディ（角形）のみ）	1個
12.	埋込連用タンブラスイッチ	2個
13.	埋込連用コンセント	1個
14.	埋込連用取付枠	1枚
15.	ゴムブッシング（19）	3個
16.	リングスリーブ（小）（予備品を含む）	6個
17.	差込形コネクタ（２本用）	2個
18.	差込形コネクタ（３本用）	1個
・	受験番号札	1枚
・	ビニル袋	1枚

<< 追加支給について >>
ランプレセプタクル用端子ねじ，リングスリーブ及び差込形コネクタは，作業のやり直し等により不足が生じた場合，申し出（挙手をする）があれば追加支給します。

＊写真はイメージ。このような箱に梱包されて支給される。

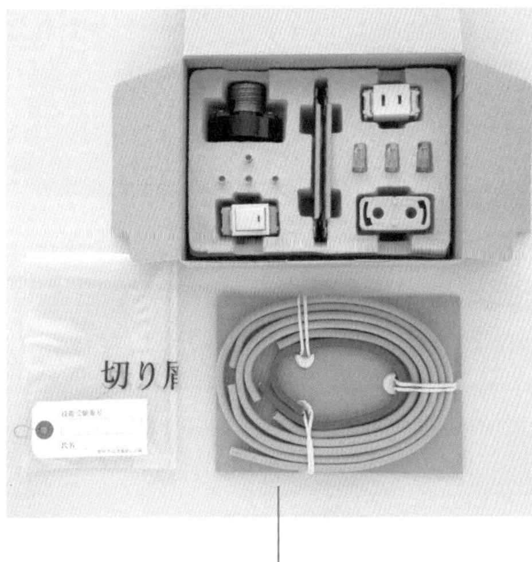

試験問題表紙にある「材料表」と「支給材料」を照合する。

4 試験開始～試験中

監督員の「それでは始めてください」の指示によって試験開始となります。ここで初めて試験問題を見ることができます。問題の指示に従って作業を進めます。試験時間は 40 分です。

5 試験終了

監督員の「止めてください」の指示で直ちに作業を終了します。指示の後に作業を続けている場合は失格となります。

試験終了後は、受験番号と氏名を記入した受験番号札を完成させた作品に取り付けます。

合否の判定

欠陥がない作品が合格、１箇所でも欠陥がある作品は不合格になる（欠陥の判断基準は P.260 を参照）。
かつて欠陥には「重大欠陥」と「軽欠陥」の 2 種類があり、合格するためには「重大欠陥がなく、かつ軽欠陥が 2 つ以下」が条件だったが、この基準はなくなった。

3 指定工具の知識

技能試験では、電動工具以外のすべての工具を使用できます。電気技術者試験センターでは、最低限必要な工具として「指定工具」を指定していますが、それ以外の工具も持ち込めます。工具を忘れたり、工具が壊れていたりすると適切な工事ができません。試験前日に必ずチェックしましょう。

指定工具を確認しよう

技能試験において使用する工具は、必ず自分で持参しなければなりません（工具の貸し借りは禁止されています）。

最近は、ネットオークションなどを利用して中古品を安く手に入れることもできますが、雑な扱われ方をした工具は性能が落ちていてうまく使えず、それが原因でケガをすることもあります。中古品を入手する際は気をつけましょう。

技能試験では、電動工具以外のすべての工具を使用することができます。最低限必要とされる工具（**指定工具**）は次のとおりです。いずれも使い慣れたものを持参しましょう。特にリングスリーブ用圧着工具は扱うのにコツがいりますから、手にあったものを選びましょう。

なお、小型充電式ドライバなど小型の充電式電動機能付工具も「電動工具」となり、電源をオフにして利用する場合でも使用できません。電動工具を使用すると不正行為として失格になります。

指定工具

- スケール（ものさし）
- プラスドライバ
- 電工ナイフ
- リングスリーブ用圧着工具
- ペンチ
- マイナスドライバ
- ウォータポンププライヤ

＊ケガのおそれがあるため、カッターナイフは使用しないこと。

なお、工具を入れるための腰ベルトや工具入れが使用できます。作業机はさほど広くないので、必要のない工具を入れておくものを用意しておくほうがよいでしょう。

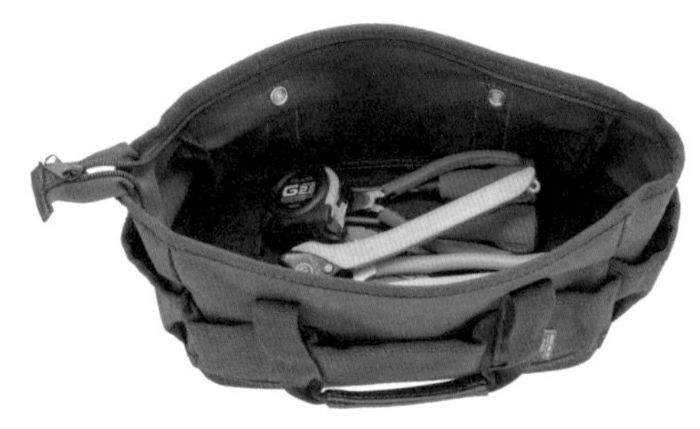

スケール（ものさし）

スケールには、巻き取り式のコンベックス、定規、布状のメジャーなどさまざまなタイプがあります。慣れないうちは机の上に出しっぱなしにして寸法を測るたびにスケールに当てるようにしたようがよいでしょう。そのためには巻き取り式の場合はストッパがついているものがおすすめです。実際の工事でも使えます。また、定規やメジャーは最低でも 30cm は測れるものを用意しましょう。

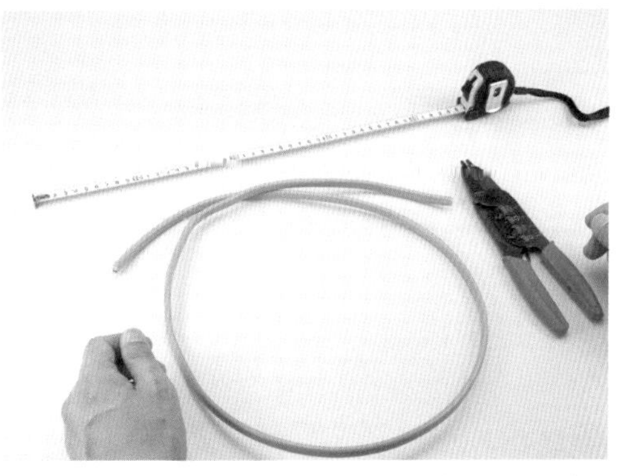
机の上端において寸法を測るたびにスケールに当てるようにする。

ペンチ

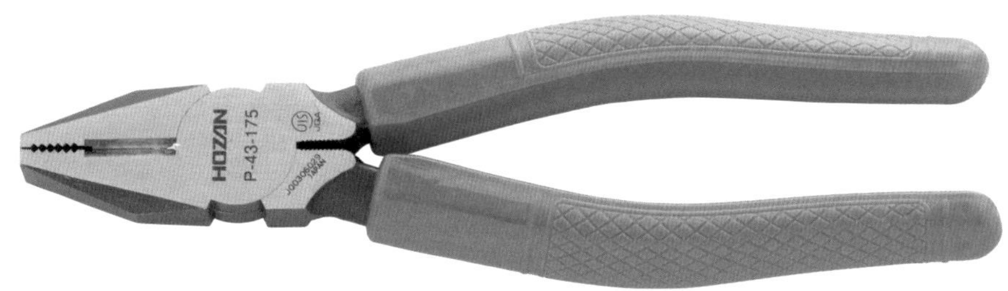

ペンチは、ケーブルや心線の切断に使います。また、ケーブルの端をつかんで外装をはぎ取るなど、ものをつかむときにも使います。技能試験では太いケーブルを切断することがあるため、切断刃がしっかりしている必要があります。刃が錆びているようなものを使ってはいけません。また、サイズもさまざまなので、自分の手にあったものを選びましょう。

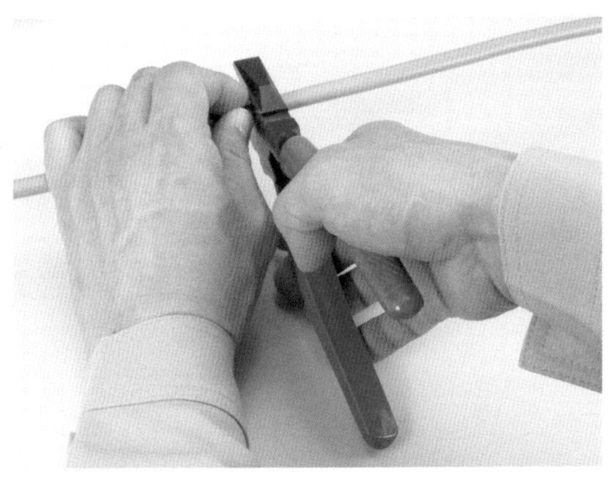

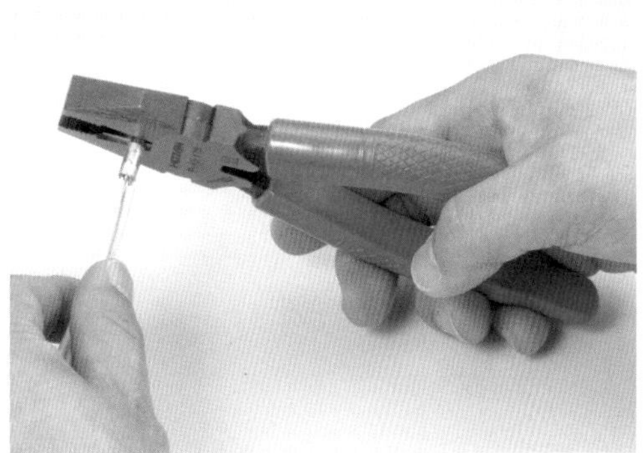

ペンチはケーブルや心線を切断するときに使われる。太いケーブルの切断は力がいる。切れ味がよいものを選ぼう。

プラスドライバ

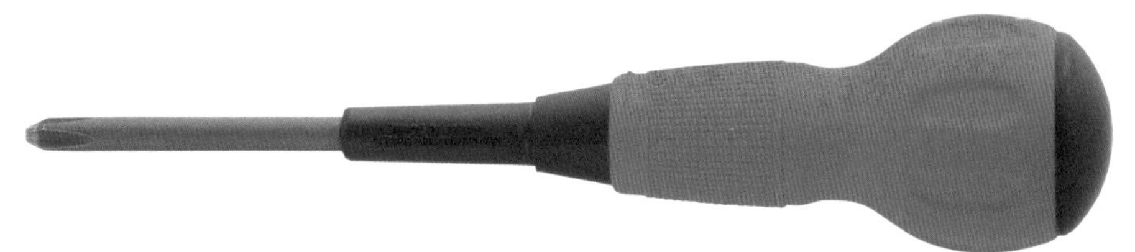

プラスドライバは、ランプレセプタクルや露出形コンセントのねじ回し、端子台のねじ回しなど、技能試験では出番の多い工具です。サイズの合わないドライバで無理矢理ねじを回すとねじ山をつぶしてしまうことがあるので、適正サイズの工具を使用します。先端サイズ No.2 のものがよいでしょう。また、100 円ショップなど廉価品の中にはプラスねじにはまらないなど粗悪なものがあるので、信用ある製品を使ってください。
なお、小さいねじを扱うことがあるので、先端が磁石になっている商品がおすすめです。

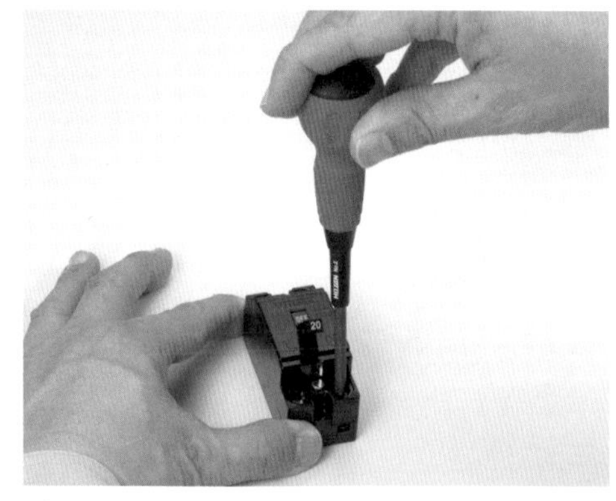

プラスドライバは出番の多い工具。適正なサイズで信用あるメーカーの商品を選ぼう。

マイナスドライバ

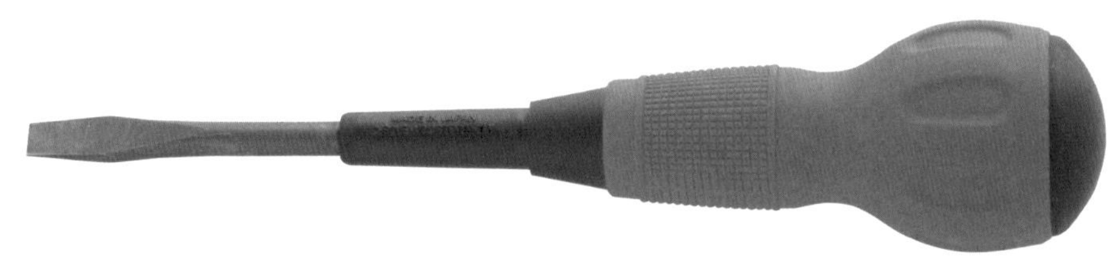

マイナスドライバは、埋込連用器具を埋込連用取付枠に取り付けるときや取り外すとき、また、埋込連用器具や引掛シーリングから心線を引き抜くときに使われます。電気工事士技能試験ではねじを回す用途では使われません。サイズは端幅 5.5mm のものがよいでしょう。

埋込連用器具の埋込連用取付枠への取り付けや取り外し、埋込連用器具や引掛シーリングから心線を引き抜くときに使われる。

電工ナイフ

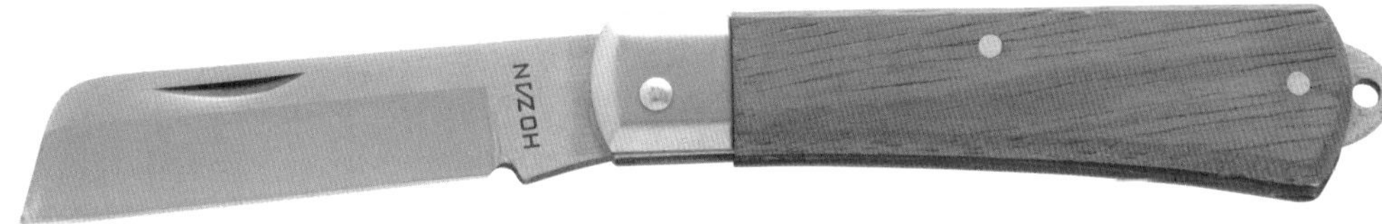

電工ナイフは、VVR ケーブルの外装のはぎ取り、ゴムブッシングの加工などに使います。VVF など平形ケーブルの外装のはぎ取りなどにも使えますが、初心者はケーブルストリッパで代用するほうがよいでしょう。
刃を出した状態で作業机に置いておくとケガの元ですから、使い終わったらすぐにたたむようにしましょう。なお、電工ナイフの代わりにカッターナイフを使用する人がいますが、ケガをする人が増えているため、試験センターではカッターナイフの使用を自粛するよう呼び掛けています。

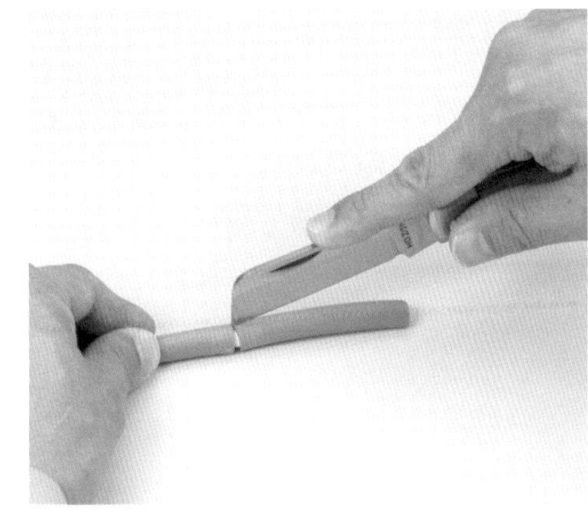
VVR ケーブルの外装をむくには電工ナイフが必要。

ウォータポンププライヤ

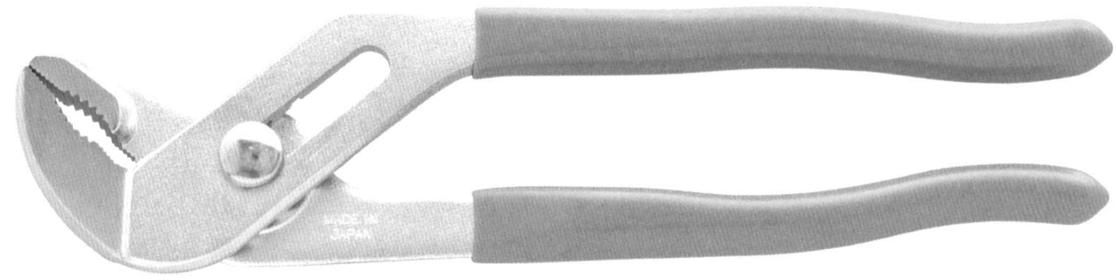

ウォータポンププライヤは、比較的大きなナットなどをつかむことができるプライヤです。使う場面は少ないのですが、金属製ボックスに金属管や合成樹脂管を固定する問題が出た場合に必要です。安物を使用すると、力を入れただけで首の部分のネジが緩み、指をはさんでケガをすることがあります。品質のよいものを選びましょう。

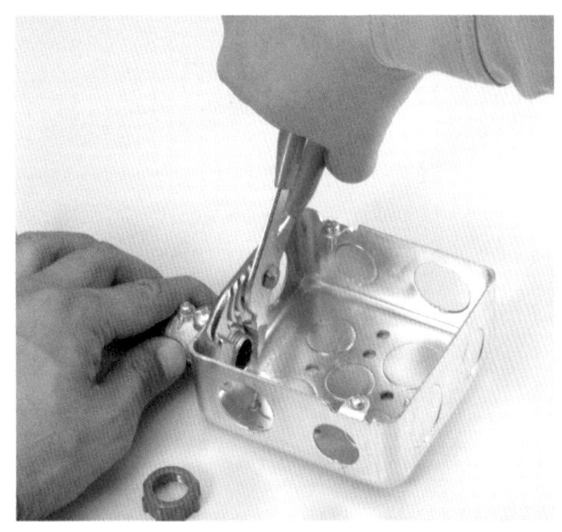

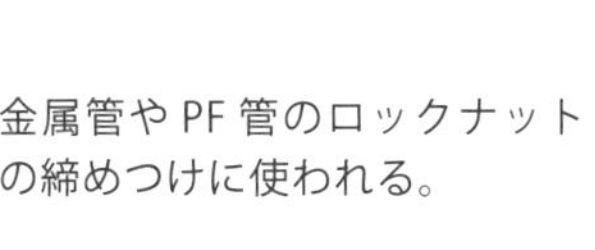
金属管や PF 管のロックナット
の締めつけに使われる。

リングスリーブ用圧着工具

（JIS C9711：1982・1990・1997 適合品）

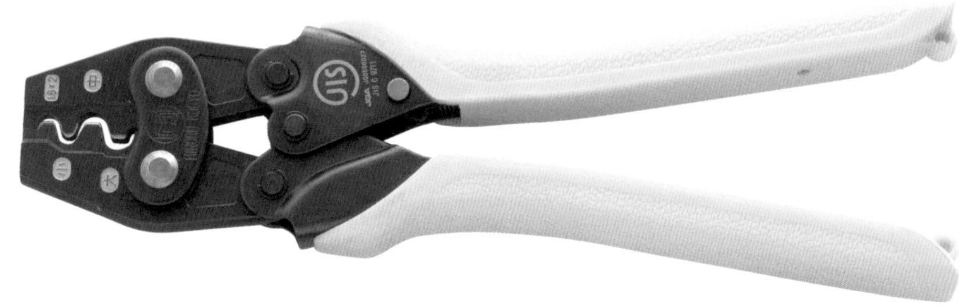

リングスリーブの圧着接続は必ず出題されますから、必ず持参しなければいけない工具です。持ち手が黄色で、圧着時に「○」「小」「中」「大」の記号が刻印されるようになっています。市販品では、大スリーブまで圧着できる大型の工具と、中スリーブまでしか対応していない工具がありますが、第２種電気工事士で大スリーブは出題されませんから、どちらを使用してもかまいません。
ただし、握力に自信がない人は、テコの原理を利用してより小さい力で圧着ができる大型工具の方が使いやすいかもしれません。好みに合わせて選びましょう。

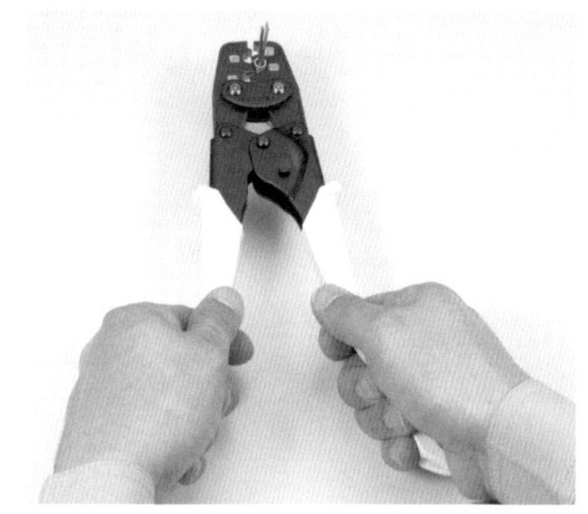

中スリーブの圧着は力がいる。握力に自信がない人は両手で扱える大型タイプがよい。

指定工具以外で持参したほうがよい工具

電工ニッパー

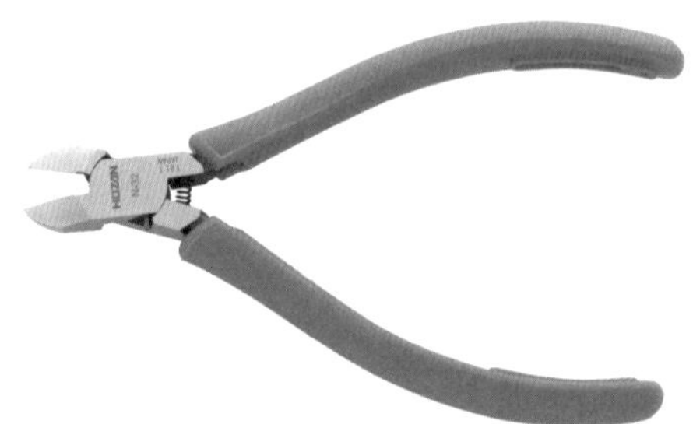

電工ニッパーは、輪作りの際に余った末端部分の銅線をミリ単位で切断してサイズ調整を行う際、持っていると非常に便利な工具です。プラモデル製作用の小型のものだと、銅線を切るだけで刃が欠けてしまいますから、必ず電工用のものを使用しましょう。

ラジオペンチ

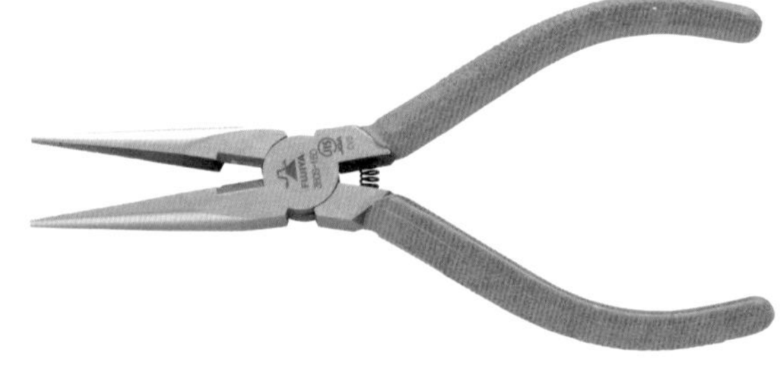

ラジオペンチは、輪作りの際の輪の大きさの調整など、心線の加工に使える工具です。切断機能もあるので、ラジオペンチ１本で輪作り作業を最初から最後まで行うことも可能です。

ケーブルストリッパ

ケーブルの外装や絶縁被覆のはぎ取りは電工ナイフやニッパーでもできますが、ケーブルストリッパがあれば作業時間の短縮を図れます。40 分という制限時間内に作品を完成させるためには必須の工具といえます。

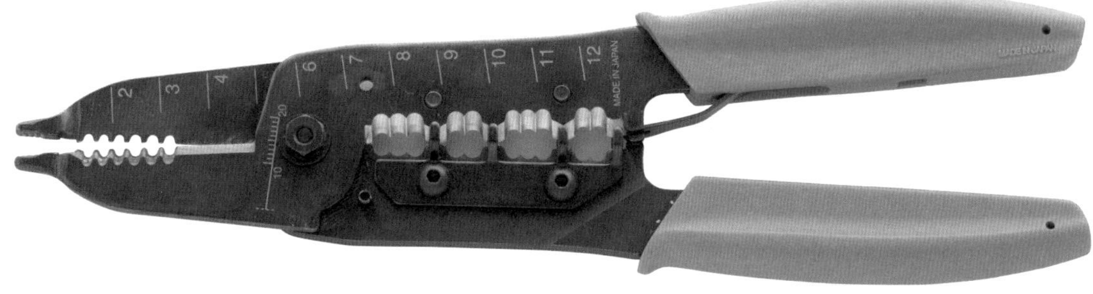

ケーブル加工がマルチにできるタイプ
ケーブルの切断、外装のはぎ取り、絶縁被覆のはぎ取りが１本でできる。

はぎ取り専用のタイプ
平形ケーブルの外装のはぎ取りと絶縁被覆のはぎ取りに特化している。

これも覚えておこう！

電気工事専用グローブ

作業中にケガで出血した場合、ケガの状態によっては手当を優先させるため、作業の終了を命じられることがある。ケガが心配な人は、専用グローブを使っての作業を検討してみよう。実際の現場でもよく使われている。

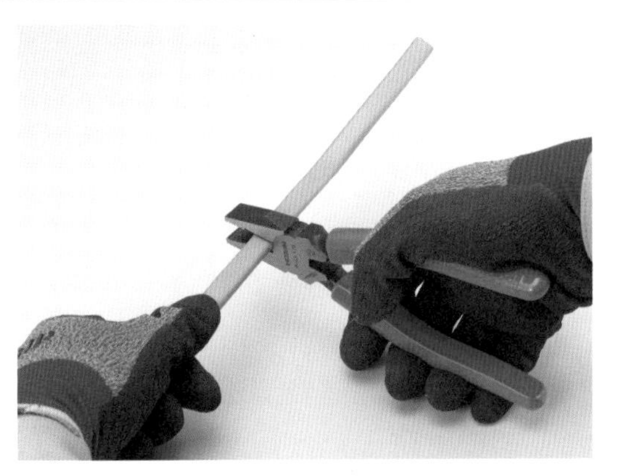

4 支給される材料

技能試験では器具を使って課題を完成させます。図記号で書かれた単線図を見ながら作業するので、図記号と器具の対応を把握していなければいけません。単線図で用いられる図記号と、それに対応する実際の部品を見ていきましょう。

電線

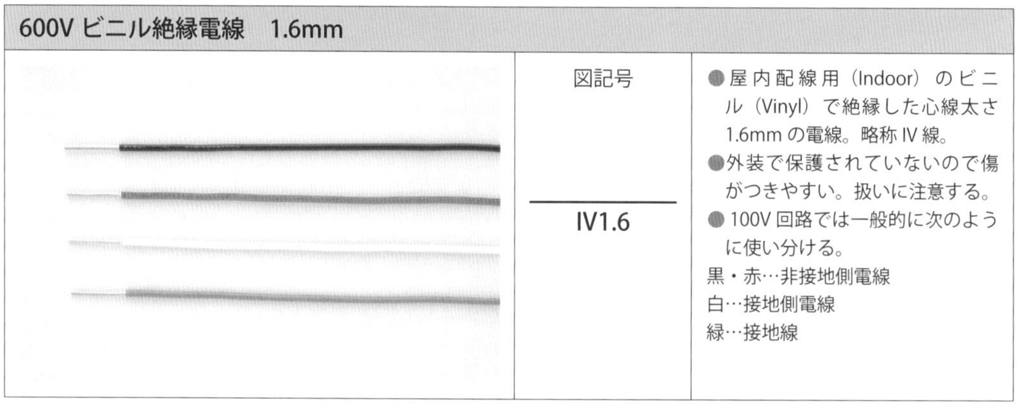

600V ビニル絶縁電線　1.6mm		
	図記号 IV1.6	●屋内配線用（Indoor）のビニル（Vinyl）で絶縁した心線太さ1.6mmの電線。略称IV線。 ●外装で保護されていないので傷がつきやすい。扱いに注意する。 ●100V回路では一般的に次のように使い分ける。 黒・赤…非接地側電線 白…接地側電線 緑…接地線

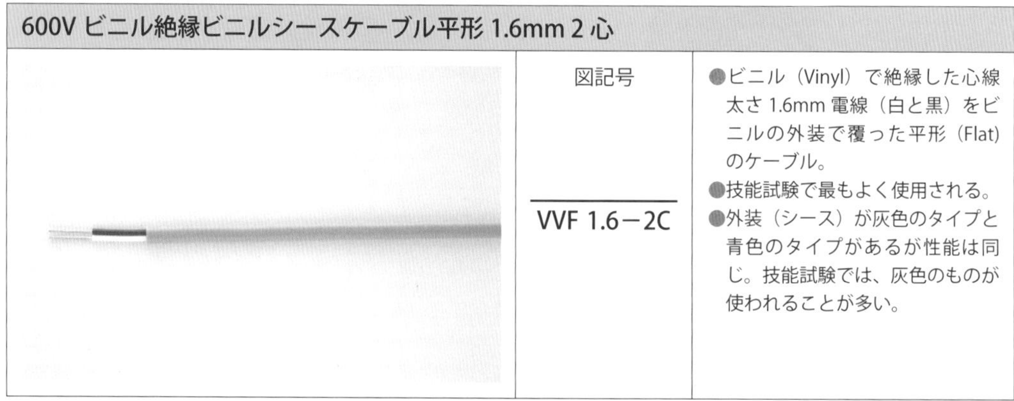

600V ビニル絶縁ビニルシースケーブル平形 1.6mm 2心		
	図記号 VVF 1.6－2C	●ビニル（Vinyl）で絶縁した心線太さ1.6mm電線（白と黒）をビニルの外装で覆った平形（Flat）のケーブル。 ●技能試験で最もよく使用される。 ●外装（シース）が灰色のタイプと青色のタイプがあるが性能は同じ。技能試験では、灰色のものが使われることが多い。

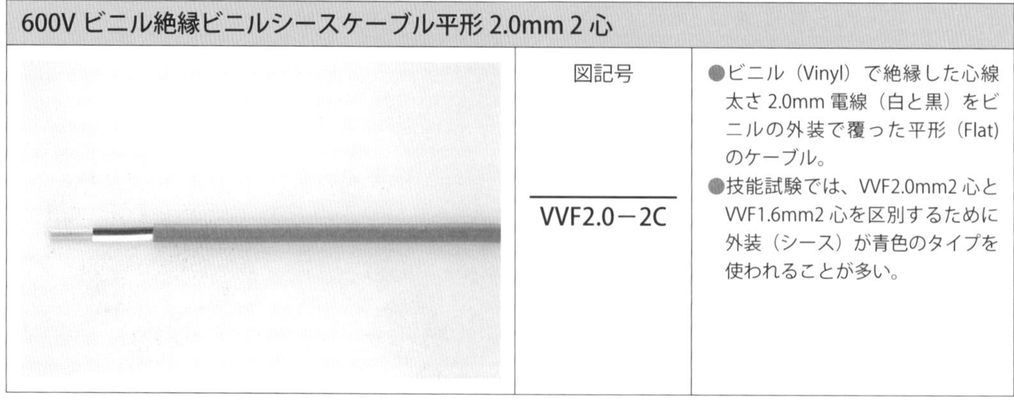

600V ビニル絶縁ビニルシースケーブル平形 2.0mm 2心		
	図記号 VVF2.0－2C	●ビニル（Vinyl）で絶縁した心線太さ2.0mm電線（白と黒）をビニルの外装で覆った平形（Flat）のケーブル。 ●技能試験では、VVF2.0mm2心とVVF1.6mm2心を区別するために外装（シース）が青色のタイプを使われることが多い。

600V ビニル絶縁ビニルシースケーブル平形 1.6mm 3 心

	図記号	
	VVF1.6－3C	●ビニル（Vinyl）で絶縁した心線太さ 1.6mm 電線（黒と白と赤）をビニルの外装で覆った平形（Flat）のケーブル。 ●外装（シース）が灰色のタイプと青色のタイプがあるが性能は同じ。技能試験では、灰色のものが使われることが多い。

600V ビニル絶縁ビニルシースケーブル平形 2.0mm 3 心

	図記号	
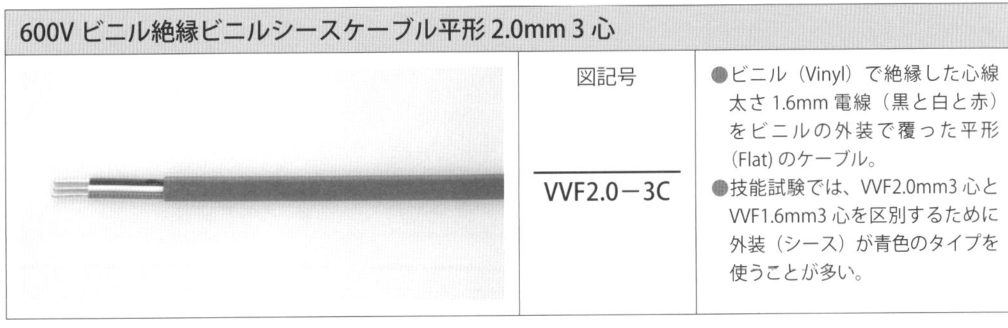	VVF2.0－3C	●ビニル（Vinyl）で絶縁した心線太さ 1.6mm 電線（黒と白と赤）をビニルの外装で覆った平形（Flat）のケーブル。 ●技能試験では、VVF2.0mm3 心とVVF1.6mm3 心を区別するために外装（シース）が青色のタイプを使うことが多い。

600V ビニル絶縁ビニルシースケーブル平形 1.6mm 3 心 （黒・赤・緑）

	図記号	
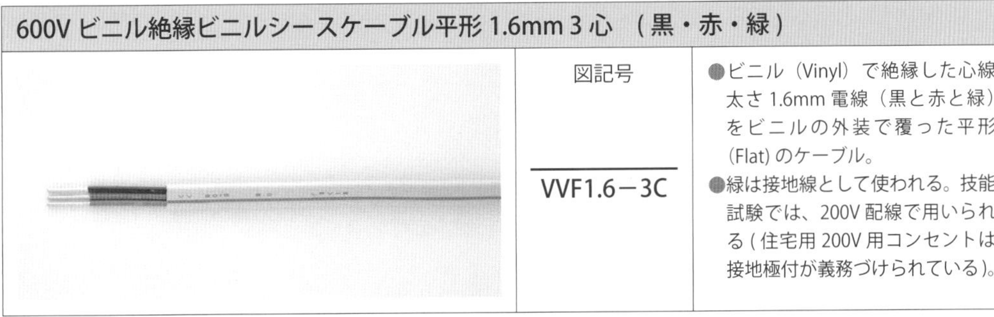	VVF1.6－3C	●ビニル（Vinyl）で絶縁した心線太さ 1.6mm 電線（黒と赤と緑）をビニルの外装で覆った平形（Flat）のケーブル。 ●緑は接地線として使われる。技能試験では、200V 配線で用いられる (住宅用 200V 用コンセントは接地極付が義務づけられている)。

600V ビニル絶縁ビニルシースケーブル丸形 2.0mm 2 心

	図記号	
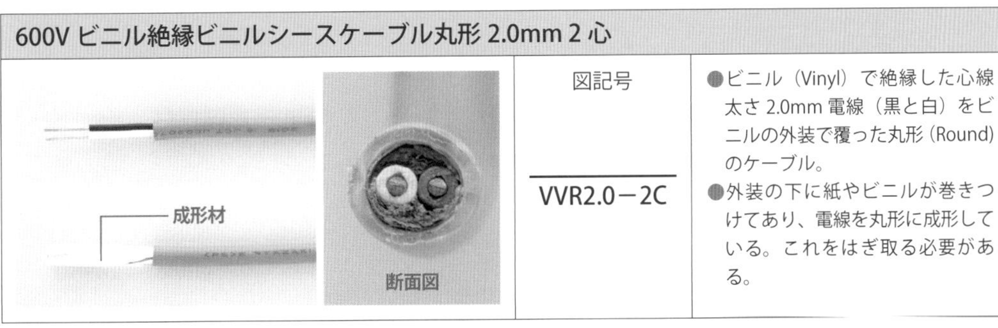	VVR2.0－2C	●ビニル（Vinyl）で絶縁した心線太さ 2.0mm 電線（黒と白）をビニルの外装で覆った丸形（Round）のケーブル。 ●外装の下に紙やビニルが巻きつけてあり、電線を丸形に成形している。これをはぎ取る必要がある。

600V ポリエチレン絶縁耐熱性ポリエチレンシースケーブル平形 2.0mm 2 心

	図記号	
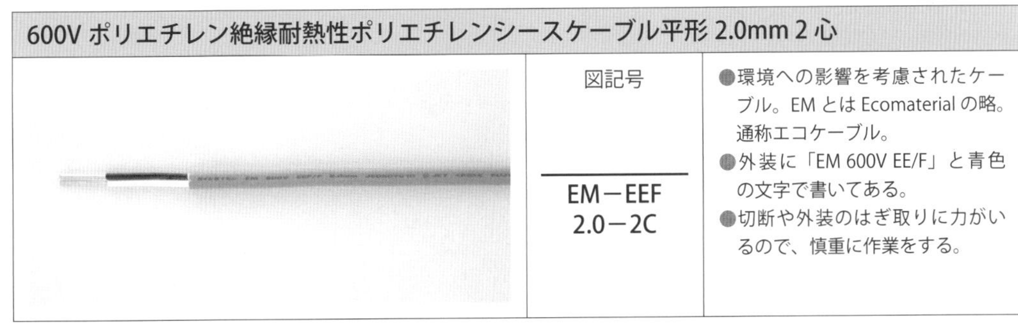	EM－EEF 2.0－2C	●環境への影響を考慮されたケーブル。EM とは Ecomaterial の略。通称エコケーブル。 ●外装に「EM 600V EE/F」と青色の文字で書いてある。 ●切断や外装のはぎ取りに力がいるので、慎重に作業をする。

電線どうしを接続する材料

リングスリーブ		
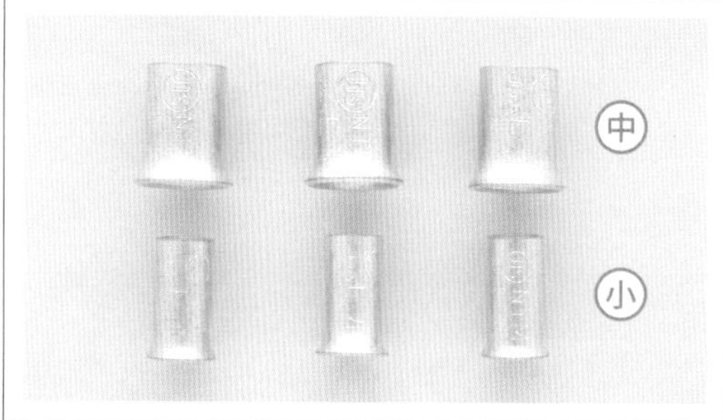 	図記号 なし	●リングスリーブの穴に心線を通して圧着ペンチで圧着して接続する。 ●すべての候補問題で使用される。大きさは大・中・小の3種類があるが、試験では中・小しか使用しない。

差込形コネクタ		
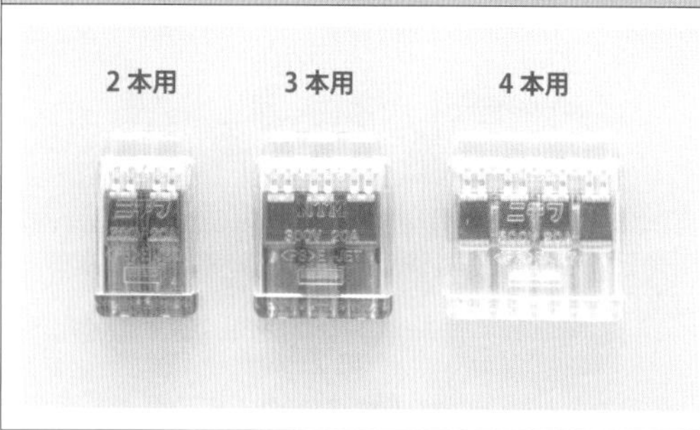 	図記号 なし	●心線を差し込んで接続する。2本用、3本用、4本用がある。 ●簡単に接続できるが、外すのに力がいる。差し込む前に結線が間違っていないかを確認すること。

埋込連用器具(スイッチ、コンセント、パイロットランプ)と取付枠

埋込連用タンブラスイッチ（片切スイッチ）		
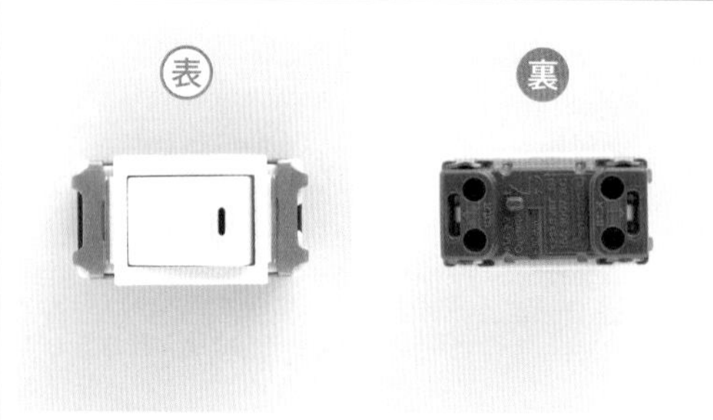 	図記号  内部接点	●最も一般的なスイッチ。技能試験では電灯器具の点灯・消灯に使われる。 ●電源からの非接地側電線に結線して、スイッチから電灯器具などの負荷に接続する。

埋込連用タンブラスイッチ（3路スイッチ）		
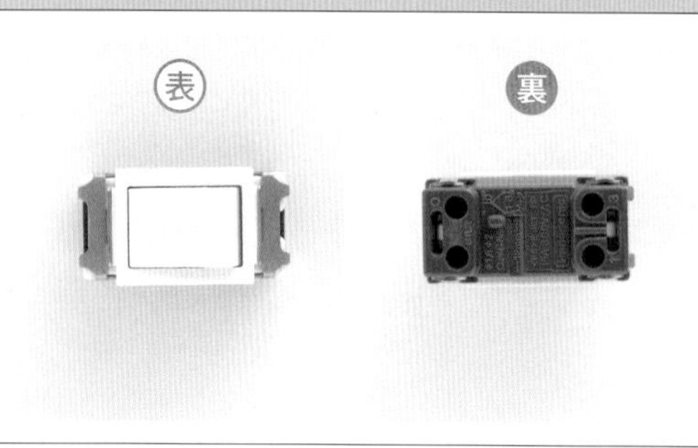 	図記号  内部接点 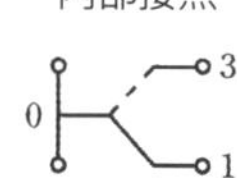 	●2つの3路スイッチを組み合わせることで、2箇所で電灯器具などの点灯・消灯ができる。 ●「0」端子には非接地側電線（黒色）を結線する。

埋込連用タンブラスイッチ（4路スイッチ）

図記号

内部接点

1 2
3 4

- 3路スイッチと4路スイッチを組み合わせると、複数箇所で電灯器具などの点灯・消灯ができる。
- 「1」と「3」の端子がセット、「2」と「4」の端子がセットになっている。2心のケーブルをそれぞれつないで、電源側もしくは負荷側の3路スイッチに結線する。

埋込連用位置表示灯内蔵形スイッチ

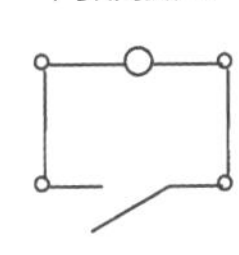

- スイッチをオンにすると内蔵ランプが消灯、オフにすると内蔵ランプが点灯してスイッチの位置を表示する。
- 俗称、ほたるスイッチ。

埋込連用確認表示灯（パイロットランプ）

- 通電状態、点滅状態、スイッチの位置確認のいずれかの用途に用いられる表示灯。
- 「常時点灯回路」「同時点滅回路」「異時点滅回路」の3つの配線がある。技能試験では「常時点灯」と「同時点滅」が出題される。単線図の「特記」にどの回路で配線するか書かれている。

埋込連用コンセント

図記号

- 屋内配線で最もよく使用される100V用コンセント。
- 接地側極端子（W、接地側と書かれている穴）に接地側電線（白線）をつなぐ。

埋込連用接地極付コンセント

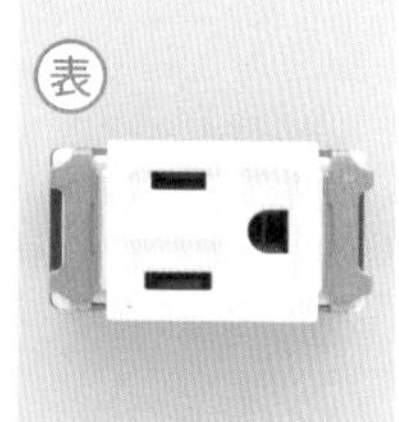

図記号

E

- 100V 用コンセントに接地極がついたもの。
- 電源端子の接地側極端子（W、接地側と書かれた穴）に接地側電線（白線）をつなぐ。
- 接地マーク⏚のついているほうに接地線（緑の IV 線）を接続する。

露出形コンセント

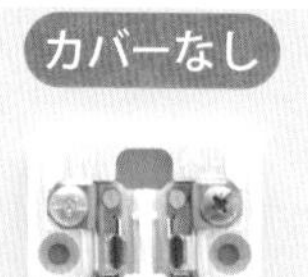

図記号

- 埋め込まれるのではなく、露出した状態で取り付けるタイプのコンセント。

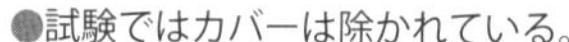

- 試験ではカバーは除かれている。
- 接地側極端子 (W、接地側と書かれている端子) に接地側電線 (白線) をつなぐ。

埋込 2 口コンセント

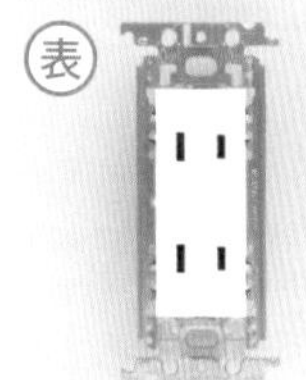

図記号

2

- 2 口のコンセントがあらかじめ埋込連用枠に取り付けられているタイプ。
- 接地側極端子 (W、接地側と書かれている穴) に接地側電線 (白線) をつなぐ。

埋込接地極付接地端子付コンセント

図記号

- 上に接地極、下に接地端子がついたコンセント。
- 試験では下の接地用差込口に接地線（緑の IV 線）を結線する。
- 接地側極端子 (W、接地側と書かれている穴) に接地側電線 (白線) をつなぐ。

埋込接地極付コンセント（20A250V）

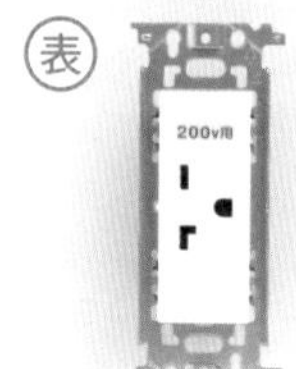

図記号

- 屋内配線で使われる２００V 用のコンセント。
- 裏の接地用差込口に接地線（緑の IV 線）を結線する。
- 2 つある電源端子には電源からの非接地側電線を結線する。色の指定はない。

埋込連用取付枠

埋込連用取付枠	図記号	
   裏	なし	●埋込連用スイッチや埋込連用コンセント、パイロットランプを取り付ける枠。 ●表と裏があるので注意。間違えると連用器具が取り付けられない（文字が書いてあるほうが表）。

照明器具

ランプレセプタクル	図記号	
  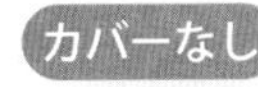 	Ⓡ	●白熱電球やLED電球などを取り付けるための口金ソケット。技能試験では、カバーは取り外した状態で支給される。 ●ほとんどの問題で出題される ●受け金ねじ部の端子に接地側電線 (白線) をつなぐ。

引掛シーリング (角形)	図記号	
   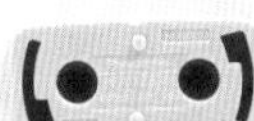 	( )	●天井に取り付ける蛍光灯などの照明器具用の角形電源ソケット。照明器具などを引っ掛けて支える。 ●側面にあるストリップゲージに心線の長さをあわせて結線する。器具からの絶縁被覆のはみ出し、端子からの心線のはみ出しなど、厳しく審査される。

引掛シーリング (丸形)	図記号	
表 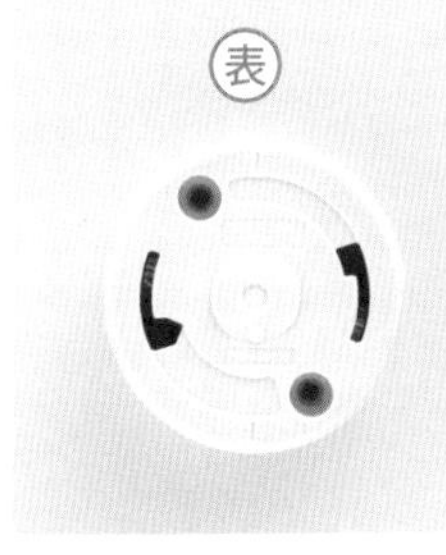 裏 	( )	●天井に取り付ける蛍光灯などの照明器具用の丸形電源ソケット。照明器具などを引っ掛けて支える。 ●側面にあるストリップゲージに心線の長さをあわせて結線する。器具からの絶縁被覆のはみ出し、端子からの心線のはみ出しなど、厳しく審査される。

アウトレットボックスと電線管

アウトレットボックス

	図記号	
	□	●電線の接続や分岐、引き入れ、引き出しなどに用いる金属製の箱。側面に空いた穴から電線を通す。あらかじめ開けられた箇所以外を開けると欠陥になる。 ●電線を通すときは穴にゴムブッシングを装着する。

合成樹脂製可とう電線管　合成樹脂製可とう電線管用ボックスコネクタ

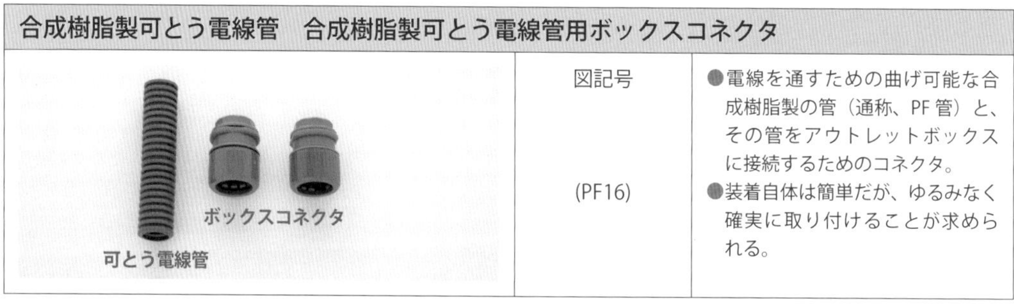

	図記号	
	(PF16)	●電線を通すための曲げ可能な合成樹脂製の管（通称、PF 管）と、その管をアウトレットボックスに接続するためのコネクタ。 ●装着自体は簡単だが、ゆるみなく確実に取り付けることが求められる。

ねじなし金属管 (E19)　絶縁ブッシング　ねじなしボックスコネクタ

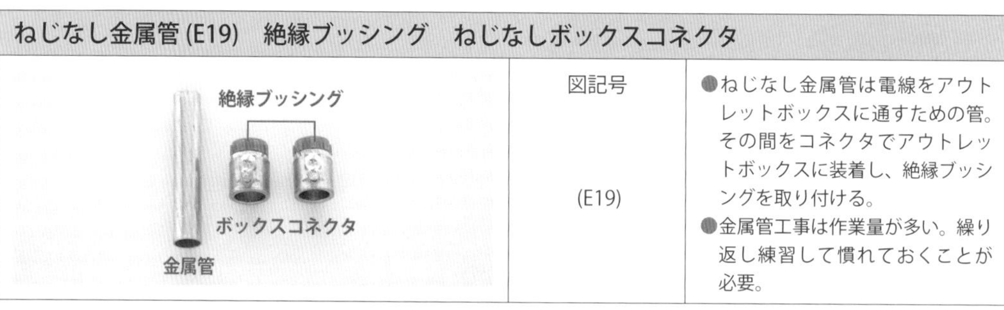

	図記号	
	(E19)	●ねじなし金属管は電線をアウトレットボックスに通すための管。その間をコネクタでアウトレットボックスに装着し、絶縁ブッシングを取り付ける。 ●金属管工事は作業量が多い。繰り返し練習して慣れておくことが必要。

ゴムブッシング

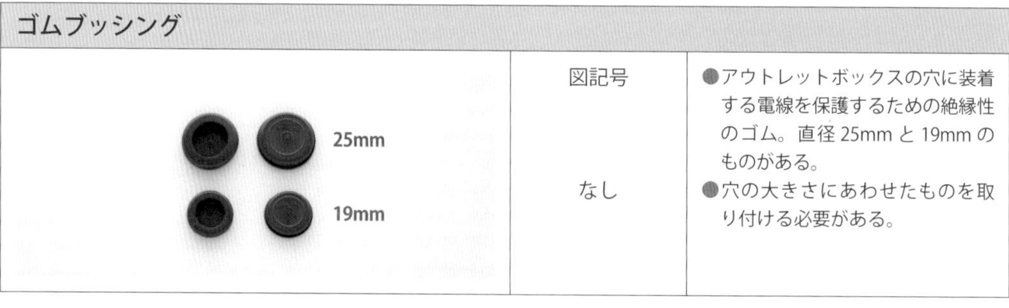

	図記号	
	なし	●アウトレットボックスの穴に装着する電線を保護するための絶縁性のゴム。直径 25mm と 19mm のものがある。 ●穴の大きさにあわせたものを取り付ける必要がある。

ボンド線

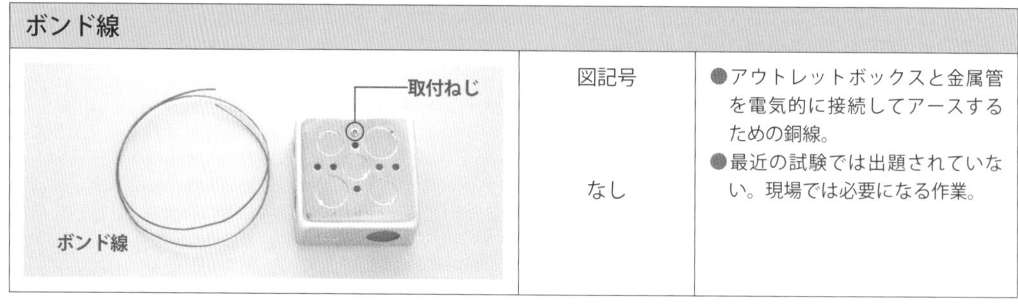

	図記号	
	なし	●アウトレットボックスと金属管を電気的に接続してアースするための銅線。 ●最近の試験では出題されていない。現場では必要になる作業。

端子台と配線用遮断器

端子台　タイムスイッチの代用

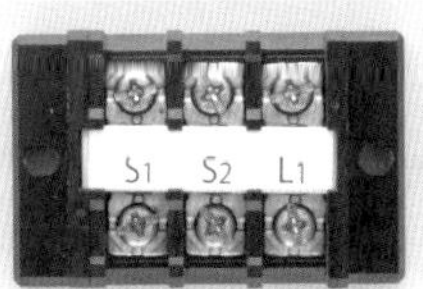

図記号

TS

- スイッチのオンとオフの時間を設定できるスイッチ。図記号はTime Switchの略。
- 端子台にあるS_1、S_2には電源からの線、S_2とL_1には負荷（電気器具）につなぐ線を結線する。

端子台　配線用遮断器と漏電遮断器の代用

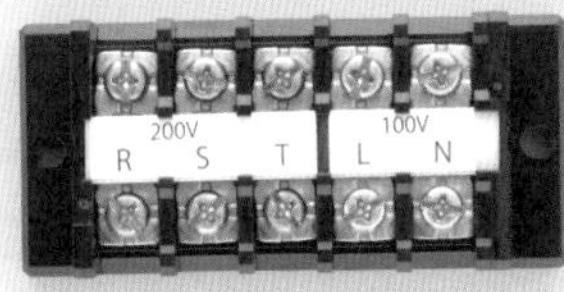

図記号

B

BE

- LN端子があるほうが100V用配線用遮断器、RST端子があるほうが200V用漏電遮断器。

端子台　配線用遮断器と漏電遮断器、接地端子の代用

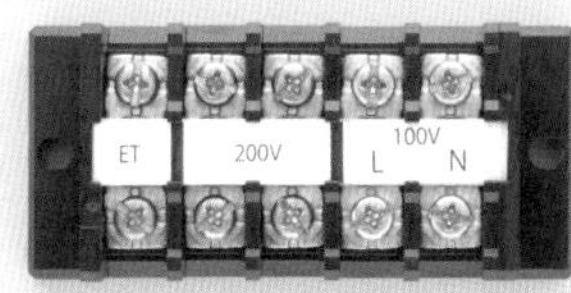

図記号

B

BE

- LN端子があるほうが100V用配線用遮断器、200VとETとあるのが20A250V接地極付埋込コンセント用の端子。

端子台　リモコンリレーの代用

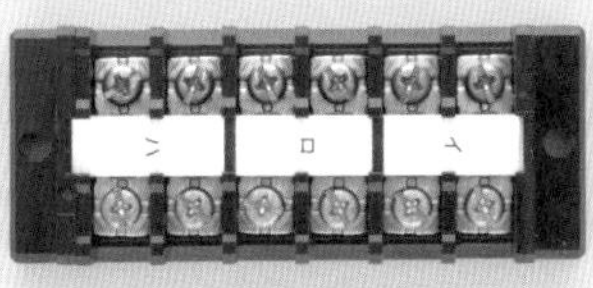

図記号

- リモコンリレーとは、照明器具などを遠隔操作で点灯・消灯できるスイッチのこと。
- スイッチ「イ」「ロ」「ハ」それぞれに操作する負荷がつながる。

端子台　自動点滅器の代用

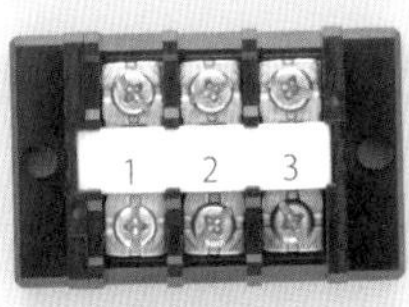

図記号

- 周囲が明るくなるとオフ、暗くなるとオンとなるスイッチ。
- 技能試験では、内部結線と端子台の端子番号が指示される。

配線用遮断器

図記号

B

- 大電流が流れたときに自動的に電路を遮断する装置。
- N側に接地側電線、L側に非接地側電線を結線する。

5 施工条件の確認

候補問題は単線図だけが公開されて、実際の試験ではさらに細かい条件が指定されます。これを施工条件といい、試験が開始されるまでわかりません。必ず指示される条件をまとめておきます。

施工条件はどこに書かれているか

試験問題の表紙を開くと、配線図とともに＜施工条件＞が提示されます。候補問題の発表時には、＜施工条件＞に書かれていることは提示されていないため、ここで初めて工事のやり方がつかめるわけです。

しかし、電気工事は法の規定等にのっとって行われなければなりませんから、必ず指定される条件があります。それをあらかじめ覚えておきましょう。

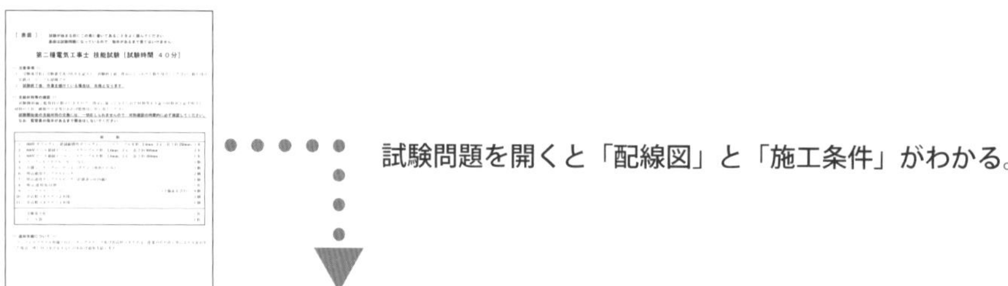

試験問題を開くと「配線図」と「施工条件」がわかる。

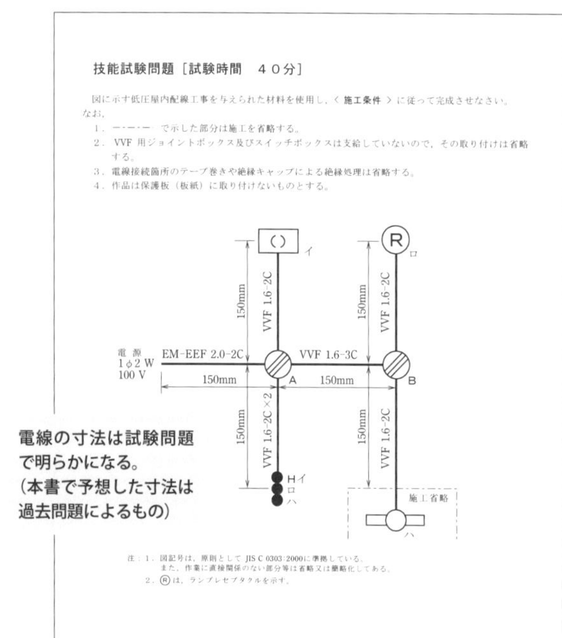
技能試験問題［試験時間　４０分］

図に示す低圧屋内配線工事を与えられた材料を使用し，〈 **施工条件** 〉に従って完成させなさい。
なお，
1．一・一・一 で示した部分は施工を省略する。
2．VVF 用ジョイントボックス及びスイッチボックスは支給していないので，その取り付けは省略する。
3．電線接続箇所のテープ巻きや絶縁キャップによる絶縁処理は省略する。
4．作品は保護板（板紙）に取り付けないものとする。

電線の寸法は試験問題で明らかになる。
（本書で予想した寸法は過去問題によるもの）

注：1．図記号は，原則として JIS C 0303:2000に準拠している。
　　また，作業に直接関係のない部分等は省略又は簡略化してある。
2．Ⓡは，ランプレセプタクルを示す。

〈 施工条件 〉

1．配線及び器具の配置は，図に従って行うこと。
なお，「ロ」のタンブラスイッチは，取付枠の中央に取り付けること。

2．電線の色別（絶縁被覆の色）は，次によること。
①電源からの接地側電線には，すべて**白色**を使用する。
②電源から点滅器までの非接地側電線には，すべて**黒色**を使用する。
③次の器具の端子には，**白色の電線**を結線する。
・ランプレセプタクルの受金ねじ部の端子
・引掛シーリングローゼットの接地側極端子（接地側と表示）

3．VVF 用ジョイントボックス部分を経由する電線は，その部分ですべて接続箇所を設け，接続方法は，次によること。
①A 部分は，リングスリーブによる接続とする。
②B 部分は，差込形コネクタによる接続とする。

施工条件で特に重要な部分は太字で書かれている。

電線の色の指定

<施工条件>には、必ず電線の色別（絶縁被覆の色）が指定されます。これは実際の工事でも守られる色で、電気工事の基本中の基本といったものです。

特に次の3つは結線箇所があればどの候補問題でも必ず指定されるものです。

●<施工条件>にある電線の色の指定

- 電源からの**接地側電線**には、すべて**白色**を使用する。
- 電源から点滅器、パイロットランプおよびコンセントまでの**非接地側電線**には、すべて**黒色**を使用する。
- **接地線**には**緑線**を使用する。

複線図を描くときに線の色を文字で書き込んでおくと、またボックス内を結線するときに「電源からの接地側電線を最初に結線する」などと決めておけば、ミスを防ぐことができます。

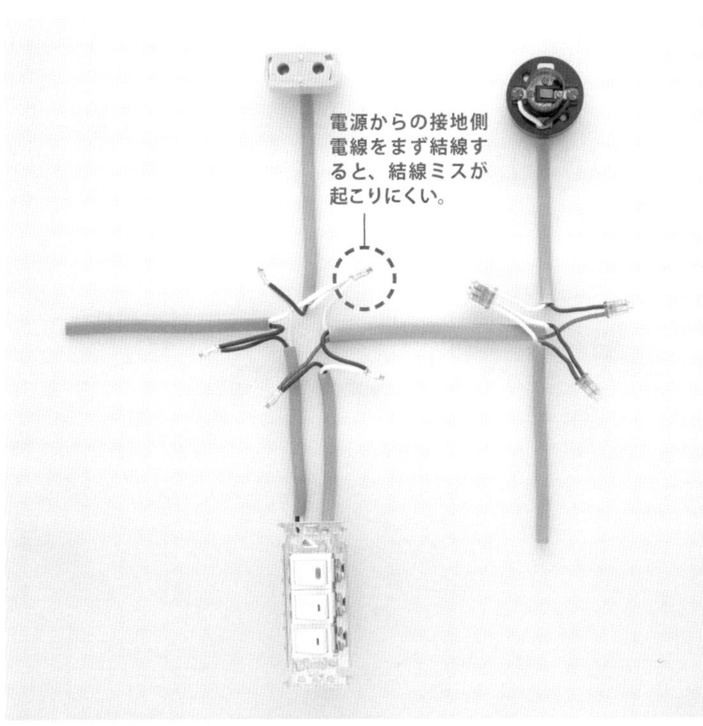

電源からの接地側電線をまず結線すると、結線ミスが起こりにくい。

各ボックス内の結線はスイッチを経由させる必要のない接地側電線から行うとよい。

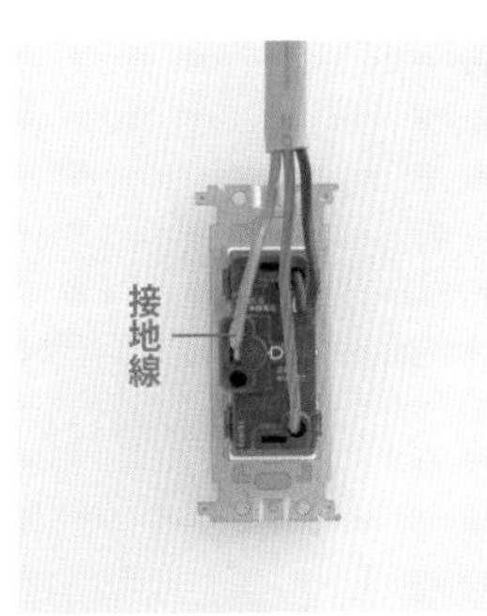

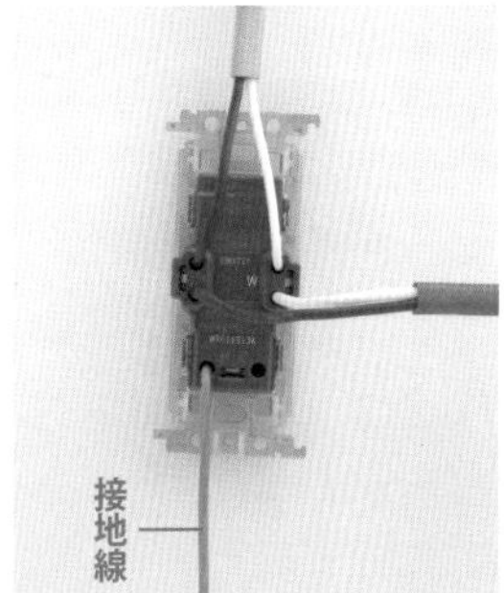

コンセントなどに接続する接地線は緑色の電線を使用する。

極性のある器具へ結線する電線の色

極性がある器具には接地側端子に白色の電線を結線します。

●器具に接続する電線の色の指定

次の器具の端子には白色の電線を結線する。

- ●コンセントの接地側極端子（接地側、W と表示）
- ●ランプレセプタクルの受け金ねじ部の端子
- ●露出形コンセントの接地側極端子（接地側、W と表示）
- ●引掛シーリングの接地側極端子（接地側、W と表示）
- ●配線用遮断器（端子台）の記号 N の端子

コンセントのW側には白線を結線する。

ランプレセプタクルの受け金ねじの端子には白線を結線する。

配線用遮断器のN端子には白線を結線する。

ボックス内の電線の接続の指示

ジョイントボックスやアウトレットボックスを経由する電線は、ボックス内で接続箇所を設けることになっています。また、「リングスリーブ」か「差込形コネクタ」のどちらかで接続することが指示されます。複線図を描く際にどちらで結線するかを記し、またリングスリーブなら刻印、差込形コネクタなら本数を書いておくとミスを防ぐことができます。

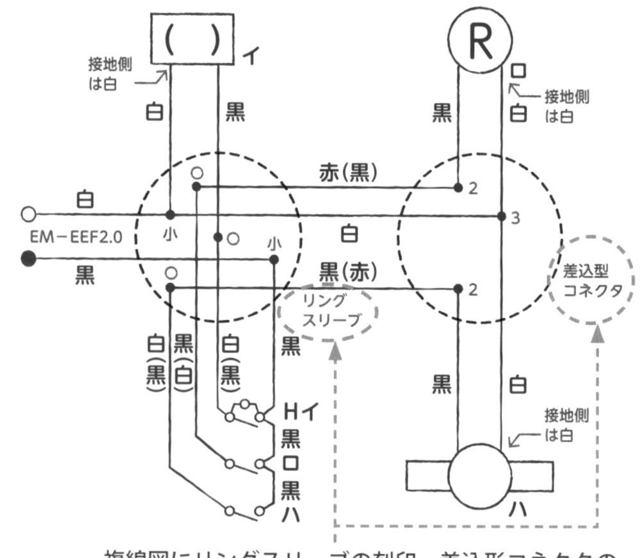

複線図にリングスリーブの刻印、差込形コネクタの数を書いておく。

3路スイッチ、3路／4路スイッチの配線方法

3路スイッチ、3路／4路スイッチには次の指示が行われ、実際の電気工事でもこのように配線されます。複線図を描く際には注意し、「0」端子には黒線を結線すると覚えておきましょう。

●3路スイッチの配線方法

3路スイッチの記号「0」の端子には電源側または負荷側の電線を結線し、記号「1」と「3」の端子にはスイッチ相互間の電線を結線する

（候補問題NO.6、P67の複線図を参照）

●3路／4路スイッチの配線方法

- 3箇所（3路スイッチ2箇所、4路スイッチ1箇所）をそれぞれ操作することにより、電灯器具を点滅できるようにする。
- 3路スイッチの記号「0」の端子には電源側または負荷側の電線を結線し、記号「1」と「3」の端子には4路スイッチとの間の電線を結線する。

（候補問題NO.7、P77の複線図を参照）

埋込連用取付枠に取り付ける器具

埋込連用取付枠を取り付ける器具を指示されることがあります。この指示を見落として、別の器具に取付枠を取り付けると欠陥になります。連用器具の取付枠への取り付けを、施工条件を確認した上で作業のいちばん最初に行うことにすればミスが防げます。

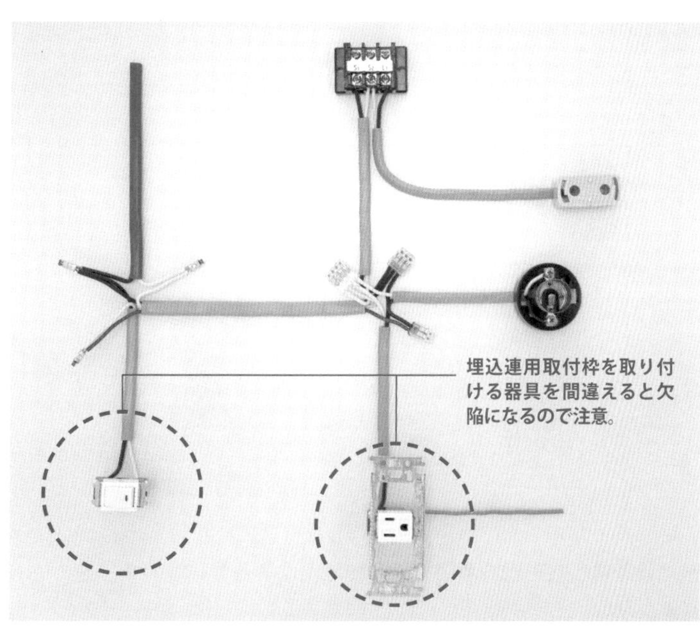

埋込連用取付枠を取り付ける器具を間違えると欠陥になるので注意。

6 欠陥の判断基準

技能試験の合否は、作品の欠陥の有無に基づいて試験委員会（試験場の判定員）で決定されます。合格となるのは欠陥が１つもない作品のみです。欠陥の判定は次の「欠陥の判断基準」に基づいて行われます。

1 未完成のもの

2 配置、寸法、接続方法等の相違

2-1 配線、器具の配置が配線図と相違したもの
2-2 寸法（器具にあっては中心からの寸法）が、配線図に示された寸法の 50％以下のもの
2-3 電線の種類が配線図と相違したもの
2-4 接続方法が施工条件に相違したもの

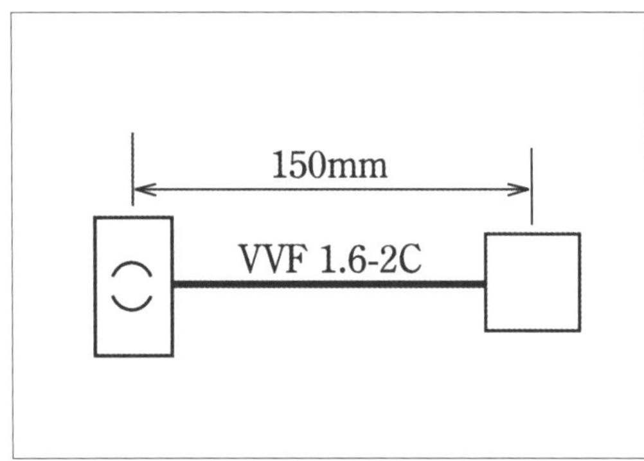

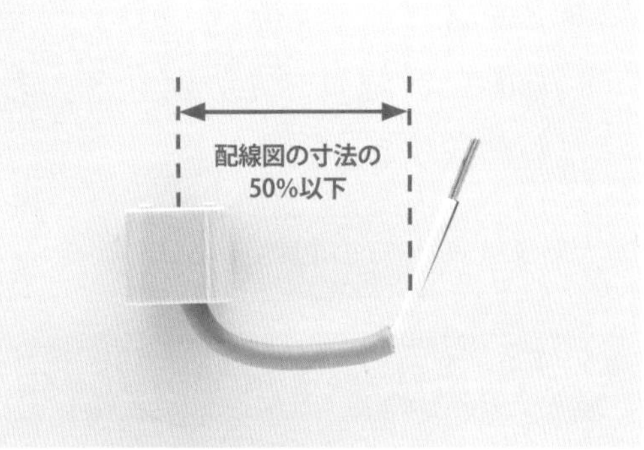

3 誤接続、誤結線のもの

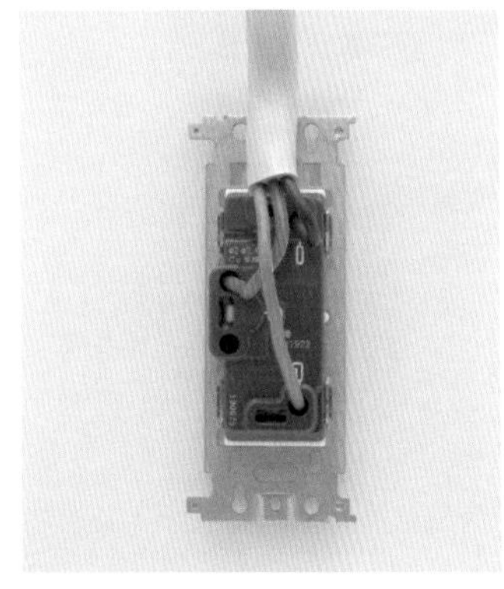
接地線を違う端子につないでしまった。

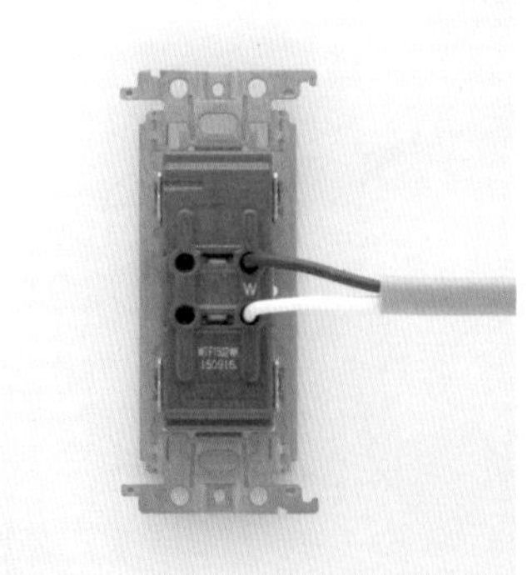

接地側端子と非接地側端子を間違えて結線した。

施工条件どおりの配線をしていない。

4　電線の色別、配線器具の極性が施工条件に相違したもの

わたり線の色を間違えて結線した。

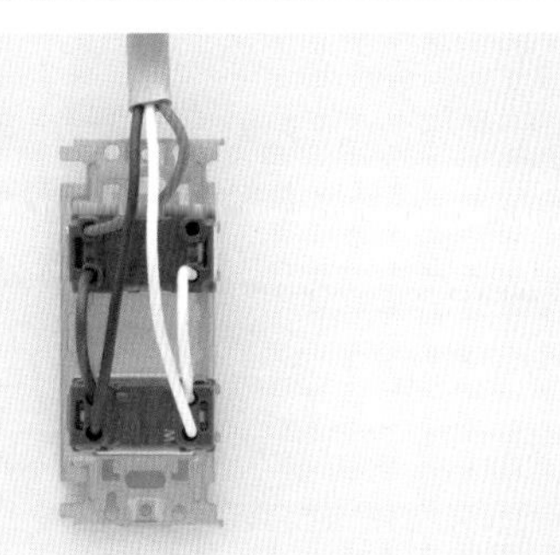

わたり線の結線のしかたを間違えている。

5　電線の損傷

5-1　ケーブル外装を損傷したもの
　イ　ケーブルを折り曲げたときに絶縁被覆が露出するもの
　ロ　外装縦われが20mm以上のもの
　ハ　VVR、CVVの介在物が抜けたもの
5-2　絶縁被覆の損傷で、電線を折り曲げたときに心線が露出するもの
ただし、リングスリーブの下端から10mm以内の絶縁被覆の傷は欠陥としない
5-3　心線を折り曲げたときに心線が折れる程度の傷があるもの
5-4　より線を減線したもの

ケーブルの外装が折り曲げたときに絶縁被覆が見えるほど損傷している。

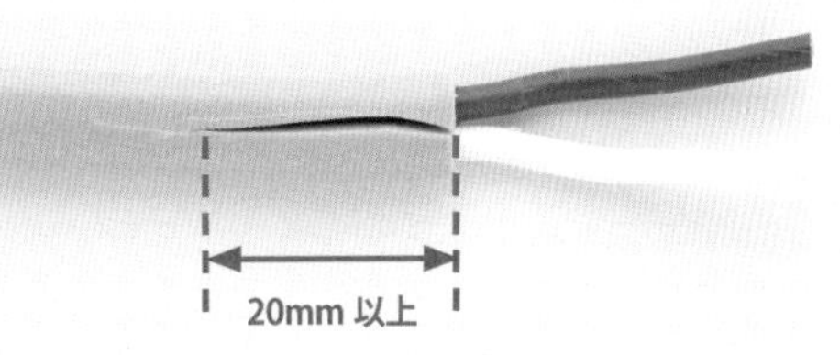

ケーブル外装の縦割れが20mm以上。

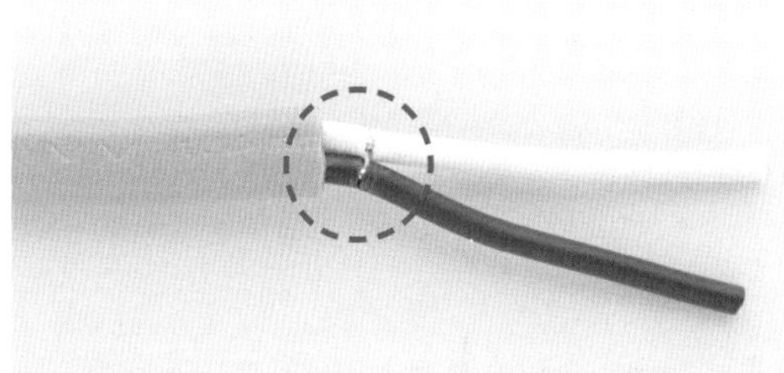

絶縁被覆を折り曲げたときに心線が露出するほど損傷している。

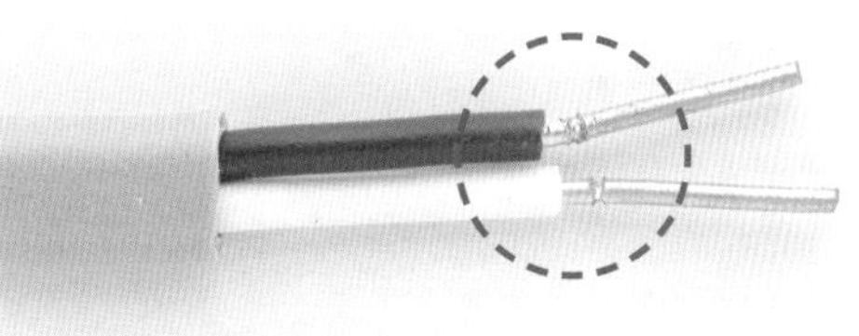

心線を折り曲げたときに心線が折れる程度の傷がある。

6　リングスリーブ（E形）による圧着接続部分

6-1　リングスリーブ用圧着工具の使用方法等が適切でないもの

イ　リングスリーブの選択を誤ったもの（JIS C 2806 準拠）

ロ　圧着マークが不適正のもの（JIS C 2806 準拠）

ハ　リングスリーブを破損したもの

ニ　リングスリーブの先端または末端で、圧着マークの一部が欠けたもの

ホ　1つのリングスリーブに2つ以上の圧着マークがあるもの

ヘ　1箇所の接続に2個以上のリングスリーブを使用したもの

6-2　心線の端末処理が適切でないもの

イ　リングスリーブを上から目視して、接続する心線の先端が一本でも見えないもの

ロ　リングスリーブの上端から心線が 5mm 以上露出したもの

ハ　絶縁被覆のむき過ぎで、リングスリーブの下端から心線が 10mm 以上露出したもの

ニ　ケーブル外装のはぎ取り不足で、絶縁被覆が 20mm 以下のもの

ホ　絶縁被覆の上から圧着したもの

ヘ　より線の素線の一部がリングスリーブに挿入されていないもの

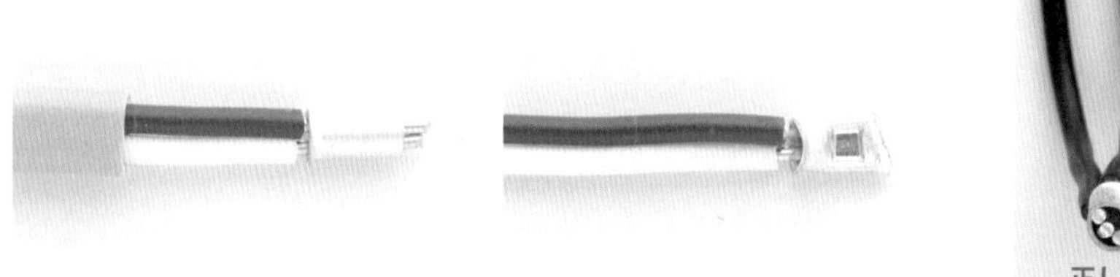

リングスリーブを圧着していない。

リングスリーブを破損している。

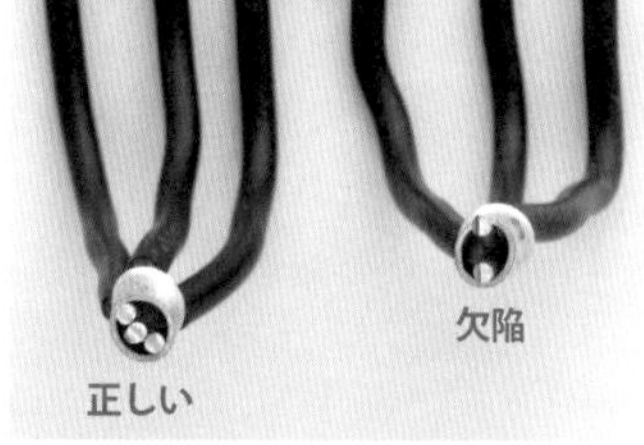

接続する心線の先端が見えない。

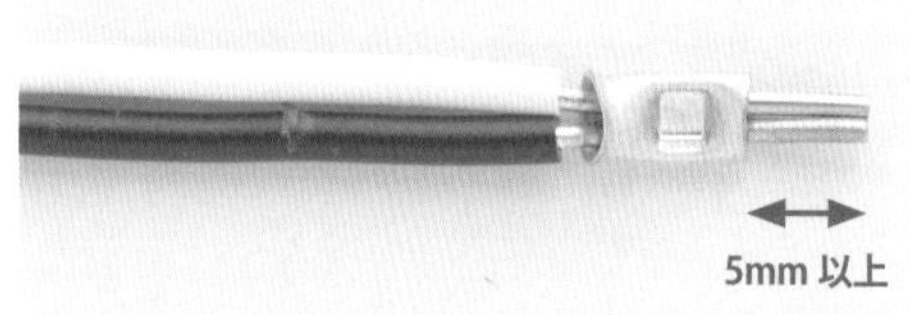

上端から心線が 5mm 以上露出している。

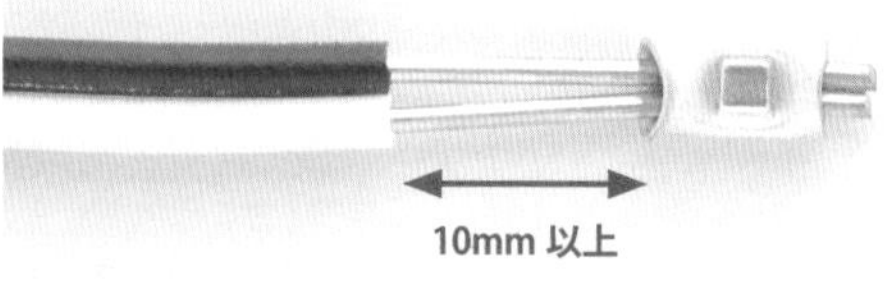

下端から心線が 10mm 以上露出している。

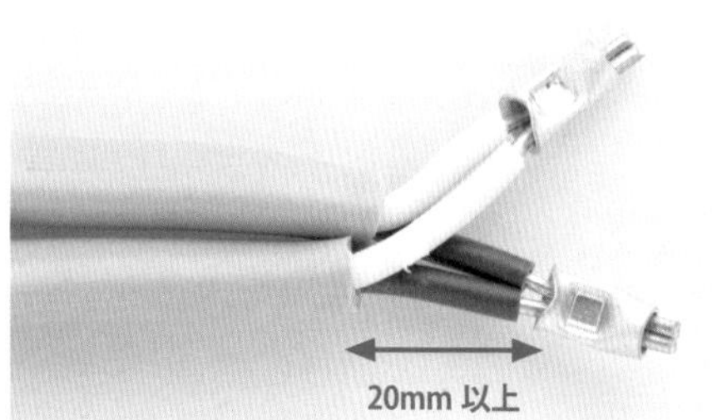

ケーブル外装のはぎ取り不足で絶縁被覆が 20mm 以下。

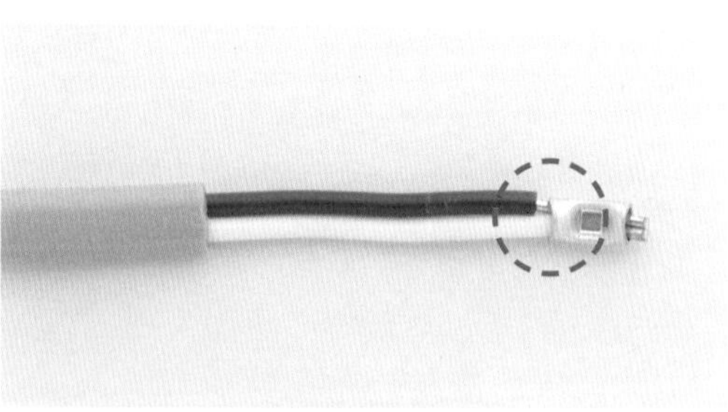

絶縁被覆の上から圧着している。

7 差込形コネクタによる差込接続部分

7-1 コネクタの先端部分を真横から目視して心線が見えないもの
7-2 コネクタの下端部分を真横から目視して心線が見えるもの

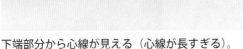

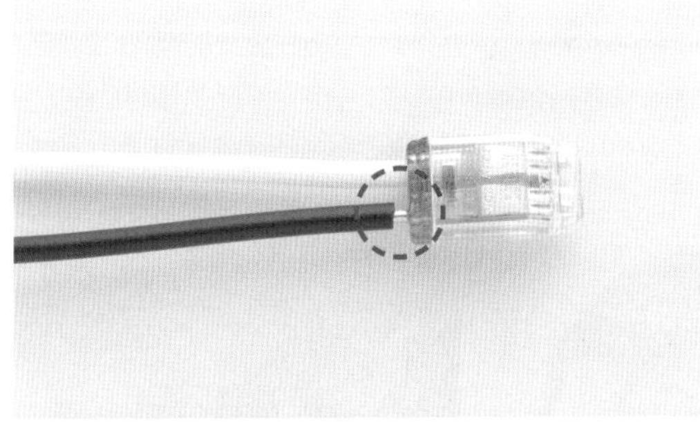
下端部分から心線が見える（心線が長すぎる）。

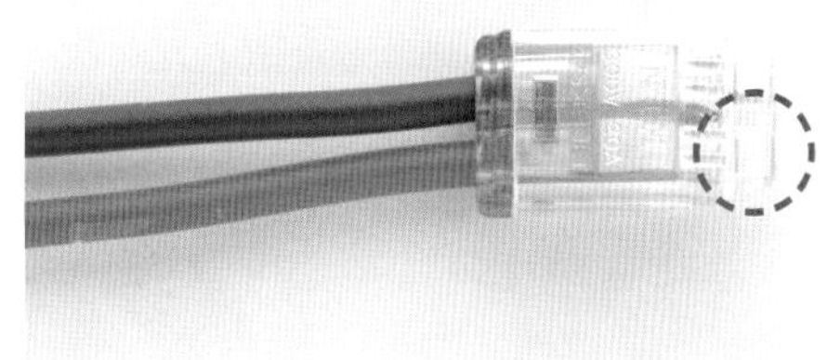
コネクタ先端に心線が見えない（心線の長さ不足あるいは差し込み不足）。

8 器具への結線部分

(1) ねじ締め端子の器具への結線部分

端子台、配線用遮断器、ランプレセプタクル、露出形コンセント等

8-1 心線をねじで締め付けていないもの
　イ　単線での結線にあっては、電線を引っ張って外れるもの
　ロ　より線での結線にあっては、作品を持ち上げる程度で外れるもの
　ハ　巻き付けによる結線にあっては、心線をねじで締め付けていないもの
8-2 より線の素線の一部が端子に挿入されていないもの
8-3 結線部分の絶縁被覆をむき過ぎたもの
　イ　端子台の高圧側の結線にあっては、端子台の端から心線が 20mm 以上露出したもの
　ロ　端子台の低圧側の結線にあっては、端子台の端から心線が 5mm 以上露出したもの
　ハ　配線用遮断器または押しボタンスイッチ等の結線にあっては、器具の端から心線が 5mm 以上露出したもの
　ニ　ランプレセプタクルまたは露出形コンセントの結線にあっては、ねじの端から心線が 5mm 以上露出したもの
8-4 絶縁被覆を締め付けたもの
8-5 ランプレセプタクルまたは露出形コンセントへの結線で、ケーブルを台座のケーブル引込口を通さずに結線したもの
8-6 ランプレセプタクルまたは露出形コンセントへの結線で、ケーブル外装が台座の中に入っていないもの
8-7 ランプレセプタクルまたは露出形コンセント等の巻き付けによる結線部分の処理が適切でないもの
　イ　心線の巻き付けが不足（3/4 周以下）、または重ね巻きしたもの
　ロ　心線を左巻きにしたもの
　ハ　心線がねじの端から 5mm 以上はみ出したもの
　ニ　カバーが締まらないもの

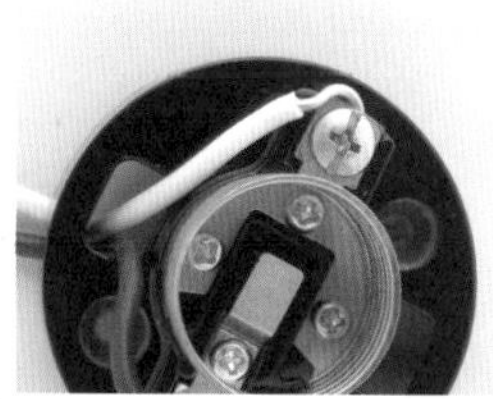

心線をねじで締めつけていない。

端子台の端から心線が5mm以上露出している。

配線用遮断器の端から心線が5mm以上露出している。

極性が間違っている。

ケーブル外装が台座の中に入っていない。

絶縁被覆をむきすぎて心線がねじからはみ出している。

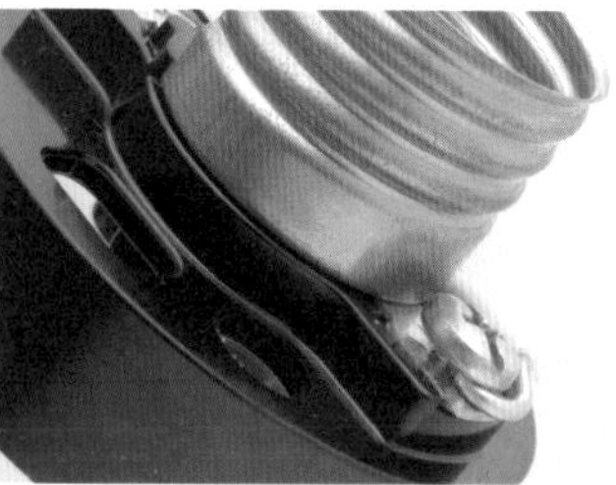

心線の巻き付けが不足している。

心線を左巻きにして結線している。

心線がねじの端から5mm以上はみ出している。

カバーが締まらない（外装のむき過ぎ）。

(2) ねじなし端子の器具への結線部分

埋込連用タンブラスイッチ（片切、両切、３路、４路）、埋込連用コンセント、パイロットランプ、引掛シーリングローゼット等

8-8　電線を引っ張って外れるもの
8-9　心線が差込口から 2mm 以上露出したもの
　　ただし、引掛シーリングローゼットにあっては、1mm 以上露出したもの
8-10　引掛シーリングローゼットへの結線で、絶縁被覆が台座の下端から 5mm 以上露出したもの

心線が差込口から2mm以上露出している。

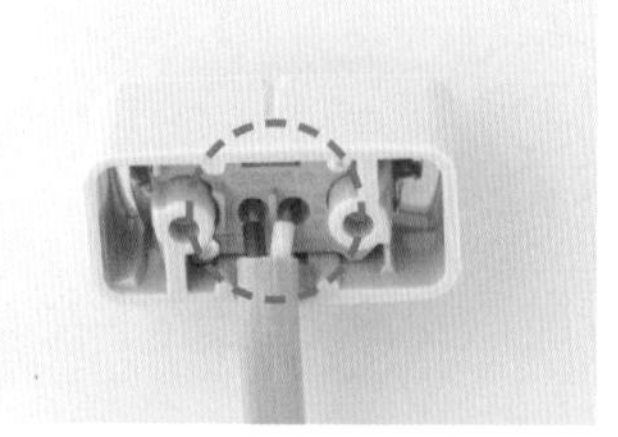

引掛シーリングの結線で心線が1mm以上露出している。

9　金属管工事部分

9-1　構成部品（「金属管」、「ねじなしボックスコネクタ」、「ボックス」、「ロックナット」、「絶縁ブッシング」、「ねじなし絶縁ブッシング」）が正しい位置に使用されていないもの

9-2　構成部品間の接続が適切でないもの

イ　「管」を引っ張って外れるもの

ロ　「絶縁ブッシング」が外れているもの

ハ　「管」と「ボックス」との接続部分を目視してすき間があるもの

9-3　「ねじなし絶縁ブッシング」または「ねじなしボックスコネクタ」の止めねじをねじ切っていないもの

9-4　ボンド工事を行っていないまたは施工条件に相違してボンド線以外の電線で結線したもの

9-5　ボンド線のボックスへの取り付けが適切でないもの

イ　ボンド線を引っ張って外れるもの

ロ　巻き付けによる結線部分で、ボンド線をねじで締め付けていないもの

ハ　接地用取付ねじ穴以外に取り付けたもの

9-6　ボンド線のねじなしボックスコネクタの接地用端子への取り付けが適切でないもの

イ　ボンド線をねじで締め付けていないもの

ロ　ボンド線が他端から出ていないもの

ハ　ボンド線を正しい位置以外に取り付けたもの

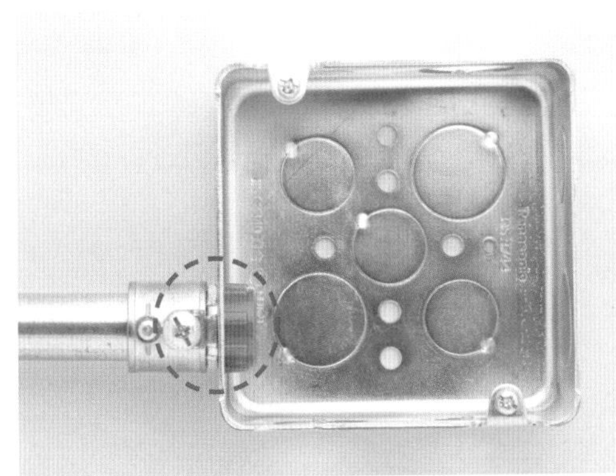
ロックナットが正しい位置に使用されていない。

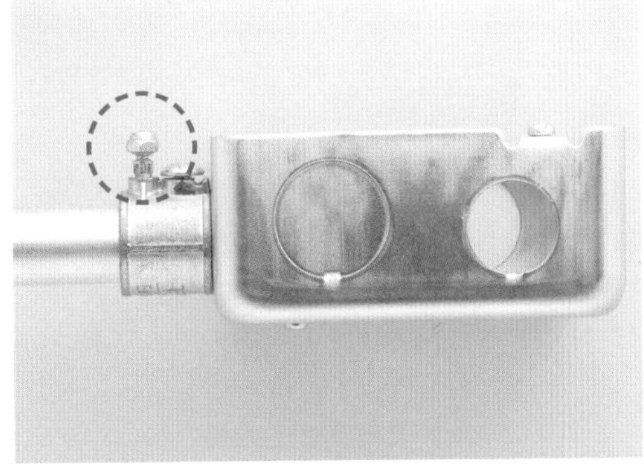
ボックスコネクタの止めねじをねじ切っていない。

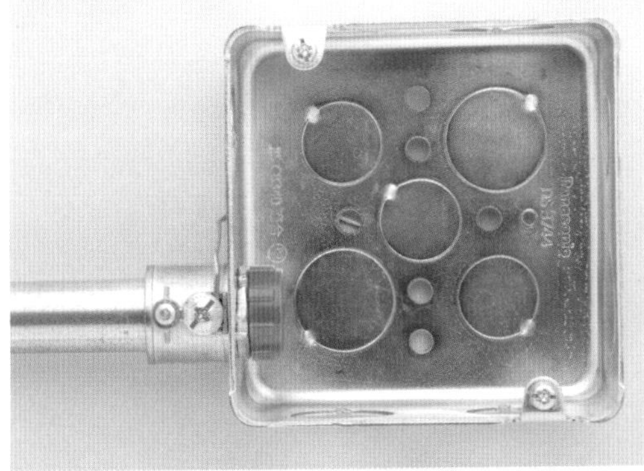
ボンド線をボックスの間違った位置に取り付けている。

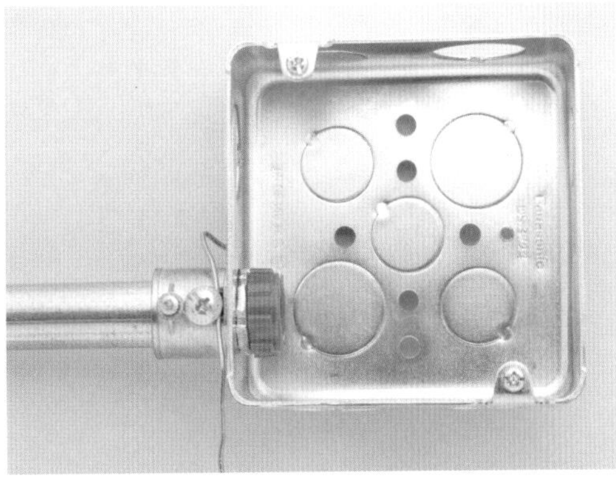
ボンド線をボックスコネクタへの取り付けが適切でない（端を切っていない）。

10　合成樹脂製可とう電線管工事部分

10-1 構成部品（「合成樹脂製可とう電線管」、「コネクタ」、「ボックス」、「ロックナット」）が正しい位置に使用されていないもの

10-2 構成部品間の接続が適切でないもの

　イ　「管」を引っ張って外れるもの

　ロ　「管」と「ボックス」との接続部分を目視してすき間があるもの

ロックナットを使用していない。

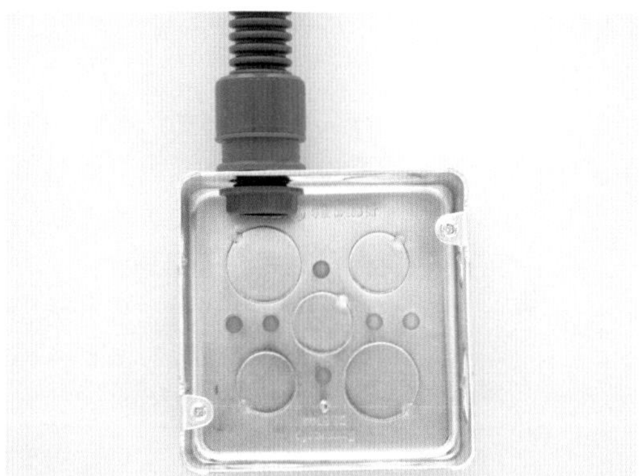

管とボックスとの接続部分にすき間がある。

11　取付枠部分

11-1 取付枠を指定した箇所以外で使用したもの

11-2 取付枠を裏返しにして、配線器具を取り付けたもの

11-3 取付けがゆるく、配線器具を引っ張って外れるもの

11-4 取付枠に配線器具の位置を誤って取り付けたもの

　イ　配線器具が１個の場合に、中央以外に取り付けたもの

　ロ　配線器具が２個の場合に、中央に取り付けたもの

　ハ　配線器具が３個の場合に、中央に指定した器具以外を取り付けたもの

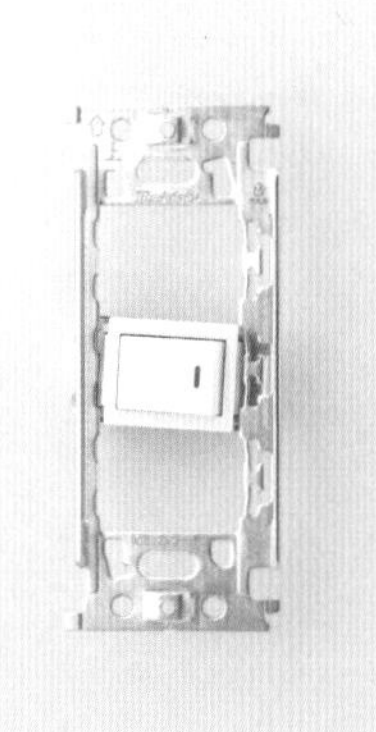

連用器具の取付けがゆるい。

連用器具の上下を逆に取り付けている。

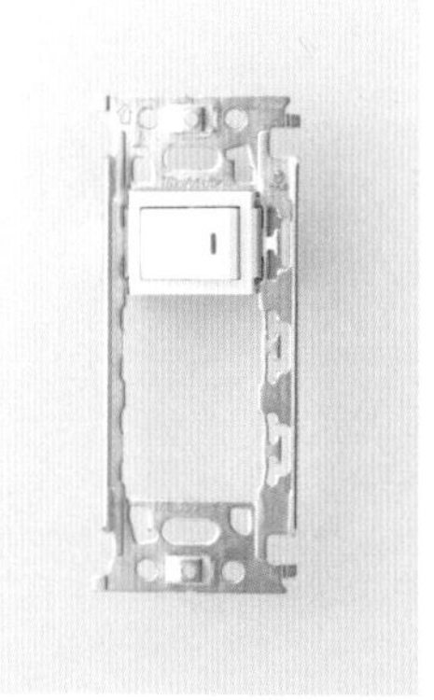

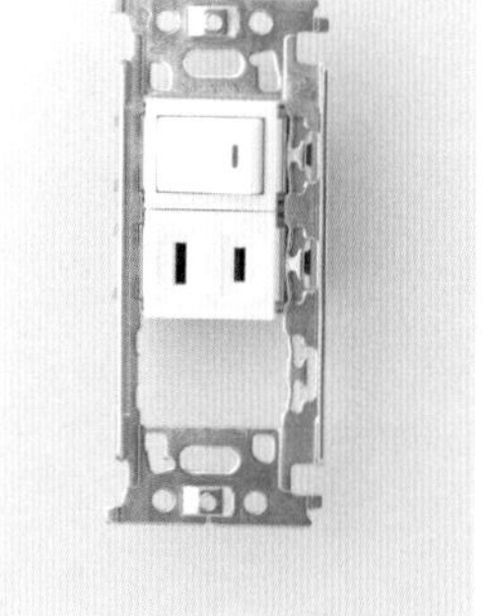

取付枠に配線器具の位置を誤って取り付けた。

12　その他

12-1 支給品以外の材料を使用したもの

12-2 不要な工事、余分な工事または用途外の工事を行ったもの

12-3 支給品（押しボタンスイッチ等）の既設配線を変更または取り除いたもの

12-4 ゴムブッシングの使用が適切でないもの

　イ　ゴムブッシングを使用していないもの

　ロ　ボックスの穴の径とゴムブッシングの大きさが相違しているもの

12-5 器具を破損させたもの
ただし、ランプレセプタクル、引掛シーリングローゼットまたは露出形コンセントの台座の欠けについては欠陥としない

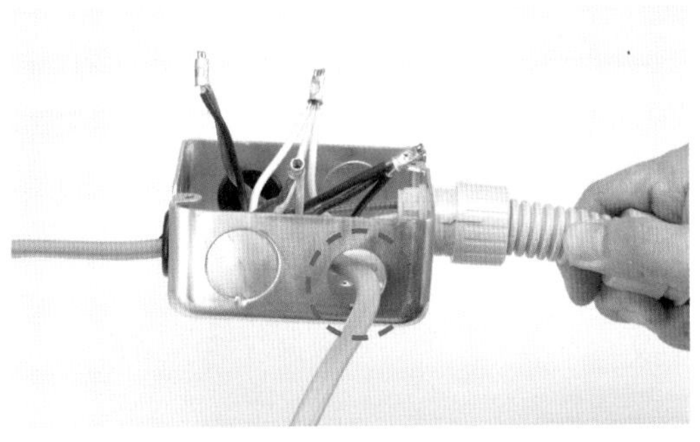

ゴムブッシングを使用していない（結線してから気づくとやり直しが難しい。十分に注意すること）。

ボックスの穴の径とゴムブッシングの大きさが違っている。

器具を破損した。

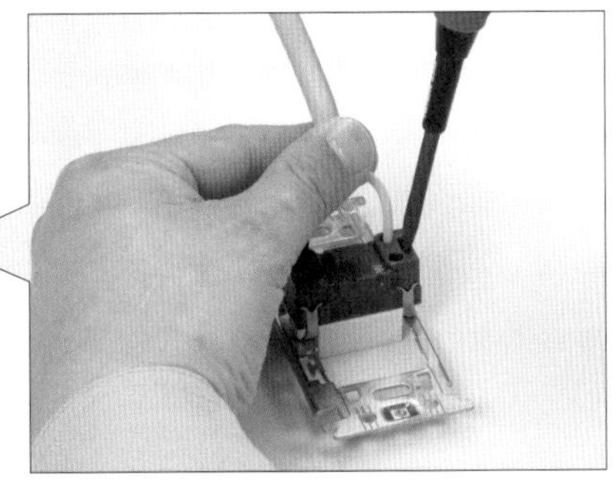

埋込連用器具から心線を抜くときに力を入れすぎると、端が破損することがある。

欠陥チェック表

作品を完成させたら最後にチェックしましょう

	主な欠陥
全　体	配線や器具の配置の間違い
	寸法が配線図の寸法の 50%以下
	電線の種類（色）が異なっている
	電線の損傷がある（外装の損傷、絶縁被覆の損傷、心線の損傷）
ジョイントボックス内の結線	ジョイントボックス内の接続が施工条件どおりになっていない
	リングスリーブの選択を間違っている
	圧着マークが不適切（間違い、複数のマーク）
	リングスリーブが破損している
	リングスリーブで接続する心線の上端が 1 本でも見えない
	リングスリーブの上端から心線が 5 mm 以上露出している
	リングスリーブの下端から心線が 10mm 以上露出している
	ケーブルの外装のはぎ取り不足で絶縁被覆が 20mm 以下
	絶縁被覆の上から圧着している
	差込形コネクタの先端部分から心線が見えない
	差込形コネクタの下端部分から心線が露出
ねじ締め端子の器具への結線 ランプレセプタクル 露出形コンセント 配線用遮断器 端子台 など	心線をねじで締め付けていない
	ねじの端から心線が 5 mm 以上露出（ランプレセプタクル、露出形コンセント）
	端子台の端から心線が 5mm 以上露出
	配線用遮断器の端から心線が 5 mm 以上露出
	絶縁被覆を締め付けている
	ケーブルを台座のケーブル引込口を通さずに結線（ランプレセプタクル、露出形コンセント）
	ケーブルの外装が台座の中に入っていない（ランプレセプタクル、露出形コンセント）
	輪作りのミス（左巻き、巻き付け不足 3/4 周以下、重ね巻き、カバーが締まらない）
ねじなし端子への器具の結線 埋込連用器具 引掛シーリング　など	電線を引っ張ると外れる
	心線が差込口から 2 mm以上露出（引掛シーリングは 1mm 以上の露出）
	引掛シーリングの結線で絶縁被覆が台座の下端から 5 mm 以上露出
金属管工事	金属管工事の構成部品が正しい位置に使用されていない
	金属管を引っ張るととれる
	絶縁ブッシングが外れている
	管とボックスの間にすき間がある
	ねじなしボックスコネクタの止めねじをねじ切っていない
	アウトレットボックスに余分な穴を開けた
	ボンド線の工事が不適切（取付位置のミス、ねじ締めの忘れ　など）
ＰＦ管工事	ＰＦ管工事の構成部品が正しい位置に使用されていない
	ＰＦ管を引っ張るととれる
	管とボックスの間にすき間がある
埋込連用取付枠	取付枠を指定以外の場所で使用
	取付枠を裏にして器具を取り付けた
	取り付けがゆるい
	取付枠に配線器具の位置を間違って取り付けた
アウトレットボックス	余分な穴を開けるなど、不要な工事を行った
	ゴムブッシングを使用していない
	ゴムブッシングの大きさと穴の径が相違している

	NO.1	NO.2	NO.3	NO.4	NO.5	NO.6	NO.7	NO.8	NO.9	NO.10	NO.11	NO.12	NO.13

練習に必要な材料表（本書掲載の予想問題全13回分を想定）

＊埋込連用器具などの器具、埋込連用取付枠、電灯器具、差込形コネクタ、アウトレットボックス、ゴムブッシングなどを再利用した最低数。ケーブルの長さは全 13 回分の総合計。

材料	寸法	本数・個数
600V ビニル絶縁電線 1.6mm　黒	1050mm	1
600V ビニル絶縁電線 1.6mm　白	850mm	1
600V ビニル絶縁電線 1.6mm　赤	850mm	1
600V ビニル絶縁電線 1.6mm　緑	150mm	1
600V ビニル絶縁ビニルシースケーブル平形 1.6mm 2 心	16500mm	1
600V ビニル絶縁ビニルシースケーブル平形 1.6mm 3 心	5800mm	1
600V ビニル絶縁ビニルシースケーブル平形 2.0mm 2 心　シース青	3500mm	1
600V ビニル絶縁ビニルシースケーブル平形 2.0mm 3 心　シース青	550mm	1
600V ビニル絶縁ビニルシースケーブル平形 2.0 mm 3 心　（黒・赤・緑）	350mm	1
600V ビニル絶縁ビニルシースケーブル丸形 1.6 mm 2 心	200mm	1
600V ビニル絶縁ビニルシースケーブル丸形 2.0mm 2 心	300mm	1
600V ポリエチレン絶縁耐燃性ポリエチレンシースケーブル平形 2.0 mm 2 心	250mm	1
ボンド線（裸軟銅線）	200mm	1
ランプレセプタクル	—	1
露出形コンセント	—	1
角形引掛シーリング	—	1
丸形引掛シーリング	—	1
埋込連用タンブラスイッチ　片切スイッチ	—	2
埋込連用タンブラスイッチ　3 路スイッチ	—	2
埋込連用タンブラスイッチ　4 路スイッチ	—	1
埋込連用タンブラスイッチ　位置表示灯内蔵　（ほたるスイッチ）	—	1
埋込連用コンセント	—	1
埋込連用接地極付コンセント	—	1
埋込ダブルコンセント（2 口コンセント）	—	1
埋込接地端子付接地極付コンセント	—	1
埋込コンセント　20A250V 接地極付	—	1
埋込連用パイロットランプ	—	1
埋込連用取付枠	—	2
配線用遮断器　100V　2 極 1 素子	—	1
アウトレットボックス	—	1
ねじなしボックスコネクタ　ロックナット付　(E19)	—	2
絶縁ブッシング (E19)	—	2
ねじなし電線管 (E19)	100mm	1
合成樹脂製可とう電線管用ボックスコネクタ (PF16)	—	2
合成樹脂製可とう電線管 (PF16)	100mm	1
端子台　3 極	—	1
端子台　5 極	—	1
端子台　6 極	—	1
ゴムブッシング（19）	—	3
ゴムブッシング（25）	—	3
リングスリーブ　小　E 形	—	38
リングスリーブ　中　E 形	—	4
差込形コネクタ　2 本用	—	4
差込形コネクタ　3 本用	—	2
差込形コネクタ　4 本用	—	2

試験に持っていくものチェックリスト

指定工具	□ 受験票と写真票（所定の写真が貼付されているかを確認）
	□ スケール（ものさし）
	□ ペンチ
	□ プラスドライバ
	□ マイナスドライバ
	□ 電工ナイフ
	□ ウォータポンププライヤ
	□ リングスリーブ用圧着ペンチ
指定工具以外	□ 電工ニッパー
	□ ラジオペンチ
	□ ケーブルストリッパ
	□ 工具入れ
筆記用具	□ 黒鉛筆（HB の鉛筆またはシャープペンシル）
	□ 消しゴム
	□ 定規
その他	□ タオル（汗拭き、止血などに使用）
	□ 時計 （携帯電話は使用不可） （スマートウォッチなど通信機能のあるものは使用不可） （アラーム音が出るものは使用不可）

【MEMO】

●著者紹介

石原　鉄郎（いしはら　てつろう）

ドライブシヤフト合同会社 代表社員。電験、電工、施工管理技士、給水装置工事などの技術系国家資格の受験対策講習会などに年間100回以上登壇している。電気主任技術者・エネルギー管理士・ビル管理技術者の法定選任経験あり。第1種電気工事士の法定講習の認定講師。

毛馬内　洋典（けまない　ひろのり）

1974年東京都中野区出身。電気通信大学大学院電子工学専攻博士前期課程修了。同大学院電子工学専攻博士後期課程単位取得退学。有限会社KHz-NET代表取締役社長。電験2種・エネルギー管理士・電気通信主任技術者・第一級陸上無線技術士など、電気・通信系資格を中心に多数取得。現在、私立高校講師・東京都立職業能力開発センター講師のほか、電気・通信系書籍執筆、電験3種受験対策講座の講師などで高い評価を得ている。

2人の共著に『第2種電気工事士 筆記試験 完全合格テキスト＆問題集』『丸覚え！ 電験三種公式・用語・法規』（小社刊）がある

●スタッフ紹介

写真撮影：嶋田写真事務所
動画撮影・編集：PENTO
本文デザイン・組版：志岐デザイン事務所（熱田　肇）
イラスト：北島京輔
編集協力：パケット
編集担当：山路和彦（ナツメ出版企画）

本書に関するお問い合わせは、書名・発行日・該当ページを明記の上、下記のいずれかの方法にてお送りください。電話でのお問い合わせはお受けしておりません。
・**ナツメ社webサイトの問い合わせフォーム**　https://www.natsume.co.jp/contact
・**FAX**（03-3291-1305）
・**郵送**（下記、ナツメ出版企画株式会社宛て）
なお、回答までに日にちをいただく場合があります。正誤のお問い合わせ以外の書籍内容に関する解説・受験指導は、一切行っておりません。あらかじめご了承ください。

第2種電気工事士 技能試験 完全図解テキスト

著　者　石原鉄郎　©Ishihara Tetsuro
　　　　毛馬内洋典　©Kemanai Hironori
発行者　田村正隆

発行所　株式会社ナツメ社
東京都千代田区神田神保町1-52 ナツメ社ビル1F（〒101-0051）
電話　03（3291）1257（代表）　FAX　03（3291）5761
振替　00130-1-58661

制　作　ナツメ出版企画株式会社
東京都千代田区神田神保町1-52 ナツメ社ビル3F（〒101-0051）
電話　03（3295）3921（代表）

印刷所　ラン印刷社　Printed in Japan

〈定価はカバーに表示してあります〉〈落丁・乱丁本はお取り替えいたします〉